新世纪高职高专课程与实训系列教材

HTML+CSS+JavaScript 网页制作实用教程

吕凤顺　王爱华　王轶凤　主　编

清华大学出版社

北　京

内 容 简 介

目前对网页制作的要求已不仅仅是视觉效果的美观，更主要的是要符合 Web 标准。传统网页制作是先考虑外观布局再填入内容，内容与外观交织在一起，代码量大，难以维护。而目前 Web 标准的最大特点就是采用 HTML+CSS+JavaScript 将网页内容、外观样式及动态效果彻底分离，从而可以大大减少页面代码、节省带宽、提高网速，更便于分工设计、代码重用，既易于维护，又能移植到其他或以后的新 Web 程序中。

作者根据多年网页制作的教学、实践经验以及学生的认知规律，精心编写了这本教材。

本书采用全新流行的 Web 标准，通过简单的"记事本"工具，以 DHTML 技术为基础，由浅入深、完整详细地介绍了 XHTML、CSS 及 JavaScript 网页制作内容，还对目前流行的 CSS 布局、常用 JavaScript 动态通用技术以及不同浏览器的兼容问题进行了全面的介绍，可以使读者系统、全面地掌握网页制作技术。

本书知识内容系统、全面，例题丰富，既可以作为本科、专科(高职)院校相关专业的教材，也可作为计算机专业人员的自学或参考用书。

图书在版编目(CIP)数据

HTML+CSS+JavaScript 网页制作实用教程/吕凤顺，王爱华，王轶凤主编. --北京：清华大学出版社，2012.1 (2016.7 重印)

(新世纪高职高专课程与实训系列教材)

ISBN 978-7-302-27754-5

Ⅰ. ①H… Ⅱ. ①吕… ②王… ③王… Ⅲ. ①超文本标记语言，HTML 5—程序设计—高等职业教育—教材 ②网页制作工具，CSS—高等职业教育—教材 ③JAVA 语言—程序设计—高等职业教育—教材 Ⅳ. ①TP312 ②TP393.092

中国版本图书馆 CIP 数据核字(2011)第 276942 号

责任编辑：杨作梅
封面设计：山鹰工作室
版式设计：杨玉兰
责任校对：周剑云
责任印制：杨　艳

出版发行：清华大学出版社
　　　　网　　　址：http://www.tup.com.cn, http://www.wqbook.com
　　　　地　　　址：北京清华大学学研大厦 A 座　　　邮　　编：100084
　　　　社 总 机：010-62770175　　　　　　　　　邮　　购：010-62786544
　　　　投稿与读者服务：010-62776969, c-service@tup.tsinghua.edu.cn
　　　　质 量 反 馈：010-62772015, zhiliang@tup.tsinghua.edu.cn
印 装 者：清华大学印刷厂
经　　销：全国新华书店
开　　本：185mm×260mm　　　印　　张：29.5　　　字　　数：713 千字
版　　次：2012 年 1 月第 1 版　　　印　　次：2016 年 7 月第 5 次印刷
印　　数：8001～9500
定　　价：54.00 元

产品编号：042808-01

前　　言

在当今的 Web 时代，各行各业的企业及个人用户制作网站的需求越来越多，标准越来越高，传统的网站制作教材无论从技术实现还是在网站的维护方面已经远远不能满足技术人员的需求，而目前对网页制作的要求也不仅仅是视觉效果的美观，更主要的是要符合 Web 标准。

传统方式制作的网页内容与外观交织在一起，代码量大，难以维护。而 Web 标准的最大优点是采用 HTML+CSS+JavaScript 将网页内容、外观样式及动态效果彻底分离，从而可以大大减少页面代码、节省带宽、提高网速，更便于分工设计、代码重用，既易于维护，又能移植到其他或以后的新 Web 程序中。

为适应现代技术的飞速发展，培养出技术能力强、能快速适应网站开发行业需求的高级技能型人才，帮助众多喜爱网站开发的人员提高网站的设计及编码水平，作者根据多年的教学经验和学生的认知规律、在潜心研读网站制作前沿技术的基础上，与众多教师经过多次讨论，精心编写了这本教材。本书既可作为本科、专科(高职)大专院校、成人继续教育的教材，也可作为计算机专业人员的自学参考用书。

本书采用全新流行的 Web 标准，通过简单的"记事本"工具，以 DHTML 技术为基础，由浅入深，分三个部分，系统、全面地介绍 XHTML、CSS、JavaScript 的基本知识及常用技巧，并详细重点介绍 CSS 页面布局技术和不同浏览器的兼容性解决方法，以及 JavaScript 的流行通用技术，内容翔实完整。考虑到网页制作较强的实践性，本书配备大量的页面例题和丰富的运行效果图，能够有效地帮助读者理解所学习的理论知识，系统全面地掌握网页制作技术。

本书在每章之后附有大量的理论与实践操作习题，并在附录中给出习题答案，供读者在课外巩固所学的内容。

全书共分 11 章。各章的主要内容说明如下。

第 1 章　介绍网络、网站部署与发布等与网站制作相关的基础知识，并以简单而综合的实例说明 HTML、CSS 和 JavaScript 在页面中的功能、特点及应用方法，以提高读者的学习兴趣，为学习后续内容打下基础。

第 2、3、4 章　详细介绍 HTML、XHTML 的文档结构、基本语法及各种 HTML 标记，重点讲解各种 HTML 标记的功能、属性、语法及应用。

第 5、6 章　详细介绍 CSS 样式表在网页制作中的重要应用，包括样式表的结构、分类、样式规则、选择符及文本、盒状模型的边框、内外边距和浮动定位等布局样式属性。

第 7 章　通过丰富的例题介绍目前流行的 CSS 布局及其应用，介绍 IE5、IE6、IE7、IE8 和火狐等其他不同浏览器的特点及 CSS 样式的兼容性与解决方法。

第 8、9、10 章　详细介绍 JavaScript 脚本语言的相关知识，包括基础语句和语法、流行的事件处理方式、自定义类与对象、全局对象、window/screen/history/location/navigator 等系统对象、Array/String/RegExp/Data/Math/Boolean/Number 等内置对象、document 等各种 DOM 标记对象、event 事件对象以及 style 样式对象。

第 11 章　通过丰富的例题介绍目前流行的 JavaScript 动态效果应用技术，包括自动生成下拉列表技术、动态下拉列表导航技术、图像翻转与漂浮广告通用技术、综合表单验证通用技术。

大专院校将本书作为教材时如果教学课时不足，可以将第 7 章、第 11 章作为学生参考资料或课外自学内容。

本书由吕凤顺、王爱华、王轶凤主编，刘锡冬、李晓霞、刘允涛、宋传玲、李艳杰、曹福德、倪晓瑞、单锦宝、尚玉新、柳景峰、刘晨、王蓓蓓任副主编。

本书在编写过程中还得到了山东商业职业技术学院王伦生、方丽、商琳、徐红、周峰、黄丽民、姚丽娟等老师的大力支持和帮助，在此表示感谢。

由于作者水平有限，如有错误和遗漏，敬请各位同行和广大读者批评指正，并诚恳欢迎提出宝贵的建议。

编者 E-mail：lfshun@163.com

编　者

目 录

第 1 章　HTML、CSS、JavaScript 概述

学习目的与要求

📖　知识点

- 理解 Internet、WWW、Web 页面之间的关系
- 掌握网页的工作原理
- 掌握 HTML 的定义
- 了解 HTML、CSS、JavaScript 在网页中的作用
- 掌握网站的发布步骤

📣　难点

- 网页的工作原理

1.1　Web 网页的基本概念

1.1.1　Internet 网络与 WWW

1. Internet 网络

简单地讲，Internet 就是将世界范围内不同国家、不同地区的众多计算机连接起来的网络——简称互联网。通过 Internet 网可以实现信息资源的共享，处在这个网络上的任何一台计算机都可以获取部署在该网络中任何计算机(服务器)上的网站信息，它也可以通过服务器向该网络上所有的其他计算机发布网站信息。

Internet 可以提供 WWW 网页浏览(HTTP)、电子邮件(如 Outlook)、网上传呼(如 QQ)、文件传输(FTP)等多种服务。

2. WWW 网页浏览服务

人们熟悉的 WWW(World Wide Web)翻译为"万维网"。但 WWW 不是网络，也不代表 Internet，它只是 Internet 提供的一种服务——即网页浏览服务。我们通过浏览器软件阅读其他计算机提供的网页信息时就是在使用 WWW 服务。WWW 是 Internet 上最主要的服务，其他许多网络功能，如网上聊天、网上购物等，都是基于 WWW 服务的。

1.1.2　网页

1. 页面与 Web

我们都知道一本书不可能印在一张纸上，而是印在多张纸上，一张纸的内容称为一页。上网浏览的内容自然也会分为多屏显示，一屏幕显示的内容就是一个页面。

页面内容一般包括站标、导航栏、广告栏和信息区，点击超链接可打开多个页面。如图 1-1 所示为山东商业职业技术学院网站的主页面。

图 1-1 山东商业职业技术学院网站的主页面

Internet 采用超文本(文本、图片)和超媒体(声音、影视)的信息组织方式，在打开的页面上，用户不仅能从一个文本跳到另一个文本，而且可以激活一段声音、显示一幅图像甚至播放一段动画，而且这些内容可以分别来自不同国家或地区的网站——这也就是 WWW 万维网的含义。

如果把页面比作是一个纵横交错的蜘蛛网的话，蜘蛛可以在网上随意地到它想去的任何地方。大家常说的 Web 就是蜘蛛网和网的意思，现在泛指网络、互联网等技术领域，如 Web 网页、Web 网站、Web 服务器等。Web 的具体表现形式可分为超文本(Hypertext)、超媒体(Hypermedia)、超文本传送协议(HTTP)三种。

简单地说，Web 就是一种超文本信息系统，Web 的一个主要概念是超文本的链接性，通过网页的相互链接，就可形成一个像蜘蛛网一样的巨大信息网。

2. 网页

用户在计算机浏览器地址栏中输入所要访问网站的网址，即可打开指定的页面、浏览该网站提供的信息。那么该如何建立网站、设计这些页面呢？

设计网页就是将需要发布的信息数据以文件的形式保存在服务器计算机中，这些文件必须按 Web 标准用 HTML/CSS/JavaScript 编写。由于一个文件对应用户在浏览器中看到的一个页面，习惯上就把这种文件叫做"网页"，或者统称为"HTML 文件"或"HTML 文档"。

可以说"网页"就是保存在服务器计算机中的一个 HTML 文件，是用户在浏览器中可以看到的网站中的一个页面，所谓"网页制作"，就是指编写 HTML 文件。

网页按功能和用途，可分为首页(访问网站首先看到的网页，一般只显示欢迎信息)、主页(设有网站导航的第一页，通常与首页合并为一个页面)、专栏或主题网页(对网站内容进一步细化和归类，是主页和内容网页的中转页面)、功能网页(用于注册、信息反馈的页面)等几类。

网页的扩展名表示了网页文件的类型，例如.htm 或.html 是用 HTML 编写的静态网页、.asp、.jsp 或.php 则分别是用 ASP、JSP 或 PHP 编写的动态网页。

HTML 网页文件一般指静态网页，文件名最好由字母、数字、下划线组成，区分大小写，不能含空格、"$"或"/"等特殊字符，文件名后缀必须是.html 或.htm。

"主页"或"首页"的名称一般是固定的，如 index.html、index.asp 或 index.jsp 等。

3．静态网页

静态页面只能按一定格式显示一定的内容信息，无需用户提交信息，也无法按用户的要求显示任意需要的内容。目前流行的静态页面都是用 HTML+CSS+JavaScript 编写的.htm 或.html 的 HTML 文件。

静态页面使用 JavaScript 可实现具有某种交互性的动态效果，例如动态变换图像、动态更新日期、鼠标指向某个元素或区域时动态出现浮动区域、鼠标指向浮动区域内某个元素时还可动态改变显示效果并可实现超链接功能。

静态网页部署在服务器，收到客户端的请求后必须下载到客户机器上由客户端浏览器运行。

静态网页的所有动态内容都是事先设计好的固定内容，并随页面一同下载到客户机器上，只不过是根据用户的操作由浏览器执行 JavaScript 产生动态效果而已，用户的操作及动态显示都与网站服务器没有关系，因此它并不是真正意义上的动态页面。

4．动态网页

动态页面可以按客户要求任意显示保存在服务器机器上的信息，也可以将自己的信息提交给服务器保存。

动态页面是用 HTML+CSS+JavaScript 与 ASP、PHP 或 JSP 代码混合编写的.asp 或.php 或.jsp 文件。其中 HTML+CSS+JavaScript 生成发送给客户端的页面静态内容，ASP、PHP 或 JSP 代码处理客户请求，保存客户提交的数据，生成客户需要的数据。

动态网页部署在服务器，收到客户端的请求后，在服务器上运行，处理客户请求或根据用户需要的数据自动生成静态 HTML 页面，并发送下载到客户机器上，再由客户端浏览器运行。动态页面的核心是用户与网站服务器的交互，用户的操作如提交注册登录信息或购物指令，都必须发送给服务器的软件程序(可以是动态网页自己)进行处理——保存用户信息或通知购物中心，最后由服务器软件根据处理结果产生新的响应页面并发送给用户浏览器。

1.1.3　网站

在逻辑上可作为一个整体的若干个网页的组合就构成了一个网站，网页是构成网站的基本元素，而网站只是承载各种页面的平台。实际上网站就是部署在服务器计算机上保存网页文件及所有资源文件的一个文件夹，设计网站就是制作各个网页，并将它们分类，按不同目录保存在网站文件夹中。

简单地说，网站的功能就相当于一个布告栏，人们在布告栏里张贴信息条发布信息，让用户阅读，而我们用网站文件夹保存网页，用户可通过网址——文件夹路径来访问其中的某个网页文件，以获取他们需要的信息或享受网站提供的服务。

网站文件夹也称为网站的根目录，一般网站目录的结构如图 1-2 所示。

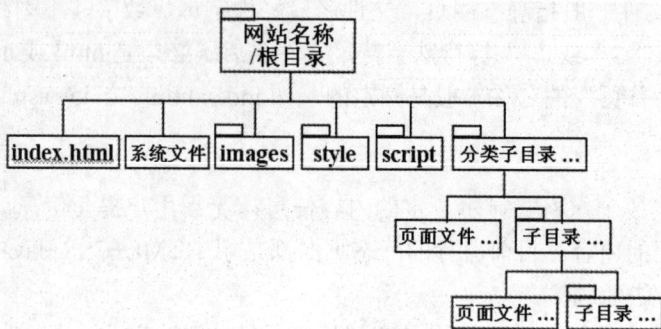

图 1-2　网站目录结构

常见的网站分为专业网站(专业 Internet 服务提供商 ISP 制作的网站)、企业网站、形象类网站(例如政府部门的对外宣传窗口)和个人主页网站。

> 注意：网站的大小是相对的。大到像"网易"、"新浪"那样页面多得无法计数，而且可以分布在多个服务器上；小到可以只有个人的一个页面，使用其他网站的代理服务器即可。

1.1.4　Web 标准

1. W3C 组织

说到 Web 标准，就不得不先说 W3C 组织，W3C 是英文 World Wide Web Consortium 的缩写，中文意思是 W3C 理事会或万维网联盟，一般也称为 W3C 组织。

W3C 于 1994 年 10 月在麻省理工学院计算机科学实验室成立，目前已发展成为由生产技术产品及服务的厂商、内容供应商、团体用户、研究实验室、标准制定机构和政府部门等 500 多名会员组成的一个非营利性组织，致力于在万维网发展方向上制定能达成共识的网络标准。到目前为止，W3C 已开发了超过 50 多个的规范或标准。

有关 W3C 组织及各种标准或规范可以访问 W3C 的官方网站 http://www.w3.org。

2. Web 标准与 Web 2.0

Web 标准是 W3C 组织与其他标准组织在网络发展方向上制定的一系列网页技术标准的统称，其中也包括 HTML、XHTML、XML、CSS、ECMAScript(JavaScript)等若干标准或规范。

既然是网络发展方向上一系列标准的统称，所以没有人能确切地说清楚 Web 标准究竟是什么，包括从 Web 1.0 发展到目前大家流行称谓的 Web 2.0。

笼统地说，Web 2.0 是相对于早期 Web 1.0 的新一类网络应用的统称，或者说是指已经到来的服务，是一个新兴的网络名词和概念。

具体地说，人们能达成共识的关于 Web 2.0 的特点在于以下几个方面。

(1) 用户可参与网站内容的制作

如果说 Web 1.0 是网站单向发布信息、用户通过浏览器获取信息，那么 Web 2.0 网站的内容则可以由用户发布，用户既是网站内容的浏览者，也是网站内容的提供者或制作者。例如博客网站和 wiki 就是典型的用户创造内容的体现。

(2) Web 2.0 更加注重交互性

Web 2.0 不仅用户在发布内容过程中可以实现与网络服务器之间的交互，而且也可实现同一网站不同用户之间的交互，以及不同网站之间的信息交互。

(3) 设计更加符合 Web 标准的网站

Web 标准是目前国际上推广的网站标准，Web 标准典型的应用模式是 CSS+DIV，摒弃了 HTML 4.0 中的表格定位方式。符合 Web 标准的网站对于用户和搜索引擎更加友好。

(4) Web 2.0 网站与 Web 1.0 之间没有绝对的界限

Web 2.0 技术可以成为 Web 1.0 网站的工具，一些在 Web 2.0 概念之前诞生的网站本身也具有 Web 2.0 特性，如 B2B 电子商务网站的免费信息发布和网络社区的内容也是来源于用户的。

(5) Web 2.0 的核心不是技术而是指导思想

Web 2.0 有一些典型的技术，而这些技术主要体现了具有 Web 2.0 特征的应用模式。与其说 Web 2.0 是互联网技术的创新，不如说是互联网应用指导思想的革命。

3．使用 Web 标准的优点

使用 Web 标准制作的网页其最大特点就是采用 XHTML+CSS+JavaScript 将网页的内容(信息)、表现(样式)和行为(交互及动态效果)分离。传统网页制作是先考虑外观布局再填入内容，内容、外观与行为交织在一起，而 Web 标准是将内容、外观与行为彻底分离，各自独立。

目前对网站制作的要求已不仅仅是视觉效果的美观，更主要的是要符合 Web 标准，一个网站的设计是否符合 Web 标准，已经成为衡量这个网站设计水平的重要指标。

使用 Web 标准制作的网页具有以下优点：

- 内容与外观既可分工设计又可代码移植重用，易于修改维护，实现低成本开发。
- 减少网页代码、提高网络传输效率、减少服务器负担、缩短网站加载时间。
- 大幅提高浏览器解析网页的速度，提高页面的浏览速度。
- 通过修改样式可用于多种设备及平台，能保证可移植到以后的新 Web 程序中。

本书将采用 Web 标准设计网页，为读者今后从事网页制作打下良好的基础和培养良好的习惯。本书的目的也就是让读者学会如何用 Web 标准的 XHTML+CSS+JavaScript 编写"网页"文件(网页制作)，并将若干网页组织为"网站"文件夹(网站设计)。

1.2 网页工作原理与制作工具

1.2.1 网页的工作原理

我们将发布信息按 Web 标准用 HTML+CSS+JavaScript 编写为 Web 网页文件并保存在具有 Web 服务器功能的计算机网站文件夹中,当用户在他的计算机浏览器地址栏中输入该网页的网址 URL 后,将通过 Internet 的 WWW 网页浏览服务功能并按 HTTP/IP 协议将指定的网页文件及所有相关的资源文件下载到用户计算机的特定文件夹中,再由用户计算机上的 Web 浏览器软件解析执行该网页文件的指令,并将执行结果显示在浏览器中,最终形成用户看到的页面。网页的工作原理如图 1-3 所示。

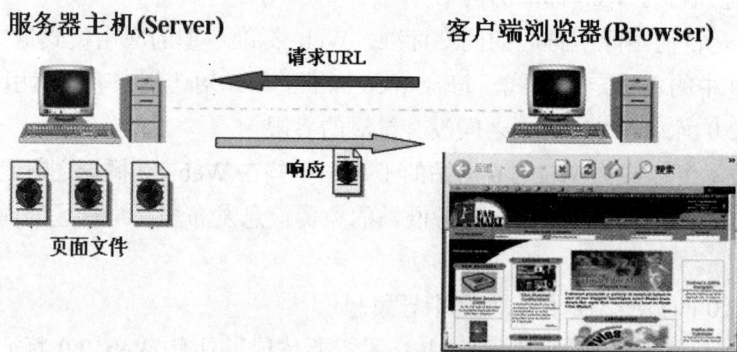

图 1-3 网页的工作原理

我们在浏览器中看到的页面有文本、图像、声音甚至视频,如果在浏览器"查看"菜单中选择"源文件"命令,或在页面上点击鼠标右键,从快捷菜单中选择"查看源文件"命令,就可以通过记事本看到"网页"的源代码内容,如图 1-4 所示。

```
www.sict.edu[1] - 记事本
文件(F) 编辑(E) 格式(O) 查看(V) 帮助(H)
<!DOCTYPE html PUBLIC "-//W3C//DTD XHTML 1.0 Transitional//EN"
"http://www.w3.org/TR/xhtml1/DTD/xhtml1-transitional.dtd">
<html xmlns="http://www.w3.org/1999/xhtml">
<head>
<meta http-equiv="Content-Type" content="text/html; charset=gbk" >
<title>山东商业职业技术学院.</title>
<meta name="keywords" content="" />
<meta name="description" content="" />
<link href="/Templets/images/style.css" rel="stylesheet" type="text/css" >
<link rel="stylesheet" type="text/css" href="/Templets/images/anylink.css" >
<style type="text/css">
<!--
.STYLE1 {
        font-family: "宋体";
        font-size: 18px;
```

图 1-4 山东商业职业技术学院主页的网页文件源代码

我们所看到的"网页"文件实际上只是一个纯文本文件,看不到任何图片、音频或视频,网页文件只是通过各种标记对页面上的文字、图片、表格、声音、视频等元素进行描述,就是说只是存放这些元素的链接位置,而图片文件与网页文件是互相独立存放的,甚至可以不在同一台计算机上。当浏览器对这些标记进行解释执行后，就生成了我们所看到的具有文字、图形甚至声音和视频的页面。

由于网页文件中除包含文字信息外，还包括了图片、音频或视频文件的链接，所以说网页文件不再是普通的"文本文件"，一般把这些包含链接的文件称为"超文本文件"。

1.2.2　网页制作工具

由于网页只是一个纯文本文件，通过"记事本"即可完成网页 HTML 代码的编辑，专业人员为使网页制作更加简单、方便、快捷，一般还会使用专用的网页开发工具。

(1) HTML 编辑器

HTML 编辑器可以自动生成成对的标记，适用于手工编写页面。常用的 HTML 编辑器有 HomeSite、Hotdog Pro、BBEdit 等。

(2) 可视化网页编辑器

可视化网页编辑器也就是所谓"所见即所得"网页编辑器，是目前应用最广泛的网页制作工具。在这种工具环境中拖动图形控件就可以自动生成 HTML 代码，并能在编辑页面时直接看到浏览器的运行效果，常用的可视化网页编辑器有 Dreamweaver、FrontPage 等。

可视化网页编辑器最大的缺陷是会产生大量的废代码，影响网页的可读性和传输速度，更为日后的维护带来不便，因此使用这类开发工具时，应注意切换视图，及时删除废代码。

本书采用最简单的"记事本"工具编写网页代码，以使读者能够专心学习并掌握 XHTML、CSS、JavaScript，也为日后清除专用工具生成的废代码、提高网页质量打下良好的基础。

(3) 浏览器——网页运行软件

几乎所有用户机器上都安装了浏览器软件，目前常用浏览器有 IE6、IE7、IE8、Firefox、Netscape、Safari、Opera 等。本书主要采用 IE8，同时兼顾有差异的浏览器，并在第 7 章详细介绍不同浏览器的特点及兼容性解决设计方法。

1.3　HTML、CSS、JavaScript 简介与示例

Web 标准目前流行的设计方式就是采用 HTML(XHTML)+CSS+JavaScript 将网页的内容、表现和行为分离。HTML、CSS、JavaScript 都是跨平台、与操作系统无关的，只依赖于浏览器。目前几乎所有浏览器都支持 HTML、CSS 与 JavaScript。

1.3.1　HTML 超文本标记语言

HTML(HyperText Markup Language)超文本置标语言是表示网页的一种规范或标准，通过标记符描述页面显示的文本、图片、声音和影视动画。

所谓超文本，主要是指它的超链接功能，通过超链接将图片、声音和影视及其他网页或其他网站链接起来，构成内容丰富多彩的 Web 页面。

1. HTML

HTML 是最早使用的超文本标记语言，目前流行的版本是 HTML4，传统 HTML 对语法要求非常宽松，例如标记可以不闭合、标记名不区分大小写、属性值可以不加引号等。

HTML 文件必须在浏览器环境中运行，常见的浏览器有 Microsoft 的 Internet Explorer (IE)浏览器、Netscape 的 Navigator 浏览器、Firefox(火狐)浏览器等。

若机器中安装了浏览器软件，双击 HTML 文件即可由浏览器自动运行该文件。若要在显示的页面中查看网页"源文件"，可在浏览器中选择"查看"→"源文件"菜单命令、或在页面上点击鼠标右键，从弹出的快捷菜单中选择"查看源文件"命令。

【例 h1-1.html】最简单、不规范的 HTML 网页(见图 1-5)。代码如下：

```
<H2 ALIGN=CENTER> <font color="blue">这是 HTML 页面</font> </h2>
<HR />
<P><font color=RED>我们在学习 HTML+CSS+JavaScript。</font>
```

图 1-5　h1-1.html 页面的运行结果

注意：在标题栏显示的标题是该网页文件在计算机中的路径及文件名。HTML 网页中的标记可以不闭合，标记名称可以大小写混用、属性值可不加引号。

【例 h1-2.html】比较完整的第一个 HTML 网页。代码如下：

```
<HTML>
    <HEAD>
        <title>第一个 HTML 页面</title>
    </HEAD>
    <BODY>
        <H2 align=center> <font color="blue">这是 HTML 页面</font> </h2>
        <hr />
        <P><font color=RED>我们在学习 HTML+CSS+JavaScript。</font></p>
    </BODY>
</HTML>
```

除了在标题栏显示的标题为"第一个 HTML 页面"外，页面运行结果与图 1-5 完全相同。

2. XML

XML(eXtensible Markup Language)是可扩展标记语言，目前使用的版本是 W3C 于 2000 年发布的 XML 1.0。

HTML 是已经定义好各种标记、仅供用户使用的超文本标记语言，而 XML 是一种可以自己创建标记并使用这些标记的语言，用户可以用 XML 创建自己的具有特殊功能的 HTML 版本或其他标记语言。

XML 最初的目的是为了弥补 HTML 的不足以适应网络技术不断发展的需要，可用于表示任何计算机上的任何信息，而不仅仅局限于 Web 网页，但目前 XML 一般用于数据的描述和转换。

3. XHTML

XHTML(eXtensible HyperText Markup Language)是可扩展超文本标记语言，目前推荐的版本是 W3C 于 2000 年发布的 XHTML 1.0 或 XHTML 1.1，其功能与 HTML 4.0 对应。

XHTML 可看作是改进扩充的一个 HTML 版本，但 XHTML 严格遵循 XML 语法并与 XML 兼容，是最终用 XML 代替 HTML 的过渡性技术。由于面对众多基于 HTML 的网站，直接采用 XML 为时过早，所以对 HTML 扩展改进，推出了 XHTML。

从本质上讲，XHTML 与 HTML 的区别不是很大，基本上采用 HTML 已经定义好的标记，还不能像 XML 那样创建自己的标记。但由于 XHTML 遵循 Web 标准、采用了 XML 的严格语法，便于向 XML 过渡，而且可以更好地与 CSS、JavaScript 结合，目前已经成为网页制作的主流。

本书在结合介绍传统 HTML 的同时将完全采用 XHTML 标准。

【例 h1-3.html】采用 XHTML 过渡型标准的第一个 HTML 页面。代码如下：

```
<!DOCTYPE html PUBLIC "-//W3C//DTD XHTML 1.0 Transitional//EN"
  "http://www.w3.org/TR/xhtml1/DTD/xhtml1-transitional.dtd" >
<html xmlns="http://www.w3.org/1999/xhtml">
  <head>
      <title>第一个 HTML 页面</title>
  </head>
  <body>
      <h2 style="text-align:center; color:blue">这是 HTML 页面</h2>
      <hr />
      <p style="color:red">我们在学习 HTML+CSS+JavaScript。</p>
  </body>
</html>
```

运行结果与例 h1-2.html 完全相同。

> 注意：XHTML 标准的 HTML 网页中的标记必须闭合，标记名称必须小写，属性值必须用双引号或单引号。关于 XHTML 与 HTML 的区别，我们将在第 2 章的语法中进行详细介绍。

4. DHTML

DHTML 不是页面设计语言,而是指综合利用 HTML(或 XHTML)、CSS、JavaScript 制作网站的一种技术。简单地说,DHTML 就是 HTML(XHTML)+CSS+JavaScript 的一种集成效果。DHTML 实质上就是用 HTML 指定页面内容、根据 CSS 设置页面布局与样式、根据用户操作执行 JavaScript 代码动态改变 HTML 页面内容及其 CSS 外观样式。

1.3.2　CSS 层叠样式表

CSS(Cascading Style Sheets)层叠样式表用于设置 HTML 页面文本内容或图片的外形 (字体、大小、对齐)以及版面布局——即外观样式。目前推荐使用的版本是 W3C 于 1998 年发布的 CSS 2.0。

如果把页面比作一个女孩,CSS 就是女孩的衣服,女孩需要漂亮的衣着——网页也需要用样式进行装扮。传统 HTML 的标记本身可以简单指定外观样式,但其布局、外观样式的功能有限,且内容与表现混合在一起,使页面内容繁杂。例如必须使用<font>、<color>标记来设置字体的大小和颜色。随着网络的发展,对页面外观、布局的要求越来越高,HTML 已不能满足需求,专门的 CSS 样式就应运而生了。

在 Web 标准中 XHTML 标记只与文档结构内容有关,而与表现无关,应最大限度地使用 CSS 表现布局与外观样式。因此目前网页设计模式都仅用 XHTML 编写网页内容,所有版面布局及文本或图片的外观都用 CSS 指定。

采用 CSS 实现了页面内容结构与外观表现的彻底分离,可以按你喜欢的样式专注于页面外观的设计,使页面样式更丰富,而且易于维护(改变样式时只需修改 CSS)、可移植、可通用。配合 JavaScript 还可实现动态更新(如鼠标操作时自动改变样式)。

CSS 可直接写入 HTML 文件,也可单独创建.css 外部文件。

【例 h1-4.html】XHTML+CSS 采用外部独立 CSS 文件的第一个 HTML 页面。

(1) 用记事本创建独立的 c1-4.css 文件,该文件同时可供 h1-5.html 页面使用:

```
h2   { color:blue; text-align:center; }
p    { color:red; }
span { color:blue; }
```

> 注意:第三行代码是专门用于 h1-5.html 页面的,但不会影响本页面的运行效果。

(2) 在 h1-4.css 同一目录中创建 h1-4.html 页面文件:

```
<!DOCTYPE html PUBLIC "-//W3C//DTD XHTML 1.0 Transitional//EN"
  "http://www.w3.org/TR/xhtml1/DTD/xhtml1-transitional.dtd" >
<html xmlns="http://www.w3.org/1999/xhtml" >
   <head>
      <title>第一个 HTML 页面</title>
      <link type="text/css" rel="stylesheet" href="c1-4.css" />
   </head>
   <body>
      <h2>这是 HTML 页面</h2>
      <hr />
```

```
    <p>我们在学习 HTML+CSS+JavaScript。</p>
  </body>
</html>
```

本例用外部 CSS 文件将 HTML 页面内容与表现样式完全分离，使网页代码简洁，便于分工设计、维护、修改并可实现代码移植重用。运行结果除标题外与图 1-5 完全相同。

对内容较少的网页，也可以将 CSS 代码直接写在 HTML 文件中，但不易维护修改，也不能实现代码移植共用。CSS 代码写在 HTML 文件中的格式如下：

```
<head>
    <title>第一个 HTML 页面</title>
    <style type="text/css">
       h2 { color:blue; text-align:center; }
       p { color:red; }
    </style>
</head>
```

1.3.3　JavaScript 脚本语言

JavaScript 是一种只拥有简单语法的脚本语言，可以开发客户端浏览器的动态应用程序。目前推荐使用的版本是欧洲计算机制造商协会(ECMA)的 ECMAScript 262 标准，目前流行使用的 JavaScript、JScript 可认为是 ECMAScript 的扩展。

HTML 与 CSS 配合只能实现静态页面，提供固定信息与外观，而配合使用 JavaScript 则可以设计出具有交互性动态效果的页面。

JavaScript 代码可以直接写入 HTML 文件、也可以单独创建.js 外部文件——后者易于维护、可移植、可通用。

【例 h1-5.html】使用 c1-4.css 文件，编写外部独立 JavaScript 文件，设计具有简单动态效果的 HTML+CSS+JavaScript 页面。

打开页面前先弹出一个问候对话框，在页面中可动态显示当前日期，晚上 23 点到次日凌晨 5 点前显示"注意身体，早点休息～～"，早上 5~9 点显示"早上好"，下午 17~23 点显示"晚上好"，周一到周五的 9~17 点显示"工作愉快"，周六和周日的 8~18 点显示"周末愉快"。

> **注意：** 在<span>标记中必须有空格，运行时只需修改机器的时间及日期就可以看到不同的页面显示内容。

(1) 在 c1-4.css 同一目录中用记事本创建独立的 j1-5.js 文件：

```
alert("欢迎您光临我们的网站");
onload = initDate;
function initDate()                   //页面装载初始化函数
{
    var date = new Date();            //创建日期时间对象
    var week = date.getDay();         //获取星期几
    var hour = date.getHours();       //获取小时
```

```
var dtstr =
    date.toLocaleDateString();    //获取本地日期，IE6.0 sp3 可能会包含星期几
if (hour>=23 || hour<5) dtstr += "，注意身体，早点休息～～～～～";
else if (hour<9) dtstr += "，早上好！";
else if (hour<17 && week>0 && week<6) dtstr += "，工作愉快！";
else if (hour<17) dtstr += "，周末愉快！";
else dtstr += "，晚上好！";
document.getElementById("date").firstChild.nodeValue = dtstr;
}
```

(2) 在同一目录中创建 h1-5.html 页面文件：

```
<!DOCTYPE html PUBLIC "-//W3C//DTD XHTML 1.0 Transitional//EN"
  "http://www.w3.org/TR/xhtml1/DTD/xhtml1-transitional.dtd" >
<html xmlns="http://www.w3.org/1999/xhtml" >
    <head>
        <title>第一个 HTML 页面</title>
        <link rel="stylesheet" type="text/css" href="c1-4.css" />
        <script type="text/javascript" src="j1-5.js" > </script>
    </head>
    <body>
        <h2>这是 HTML 页面</h2><hr />
        <p>今天是<span id="date"> </span>，我们在学习 HTML+CSS+JavaScript。
        </p>
    </body>
</html>
```

运行结果如图 1-6 和图 1-7 所示。

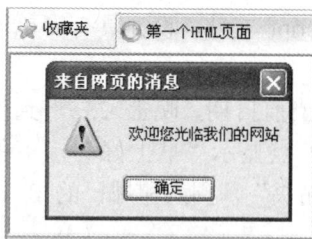

图 1-6　弹出问候对话框　　　　图 1-7　动态显示当前日期及问候

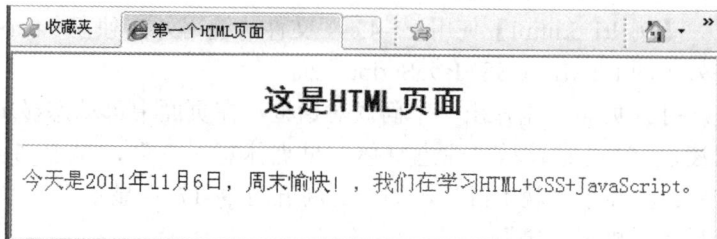

本例用外部 CSS、JavaScript 文件将页面内容与表现、行为完全分离，使网页代码简洁，便于分工设计、维护、修改，并可实现代码移植重用。

对内容较小的网页，可将 CSS、JavaScript 代码直接写在 HTML 文件中，格式如下：

```
<head>
    <title>第一个 HTML 页面</title>
    <link rel="stylesheet" type="text/css" href="c1-4.css" />
    <script type="text/javascript" >
        alert("欢迎您光临我们的网站");
        onload = initDate;
```

```
function initDate()
{
    var date = new Date();
    document.getElementById("date").innerHTML =
        date.toLocaleDateString();
    }
    </script>
</head>
```

1.4　网站的发布与测试

1.4.1　在实验室或局域网内部发布 HTML 页面

在实验室或局域网内可用 Windows IIS 服务器组件创建虚拟网站，来发布 HTML 页面。

1．设计网站文件夹

将 h1-1.html~h1-5.htm 页面文件及 c1-4.css 和 j1-5.js 文件保存在 D 盘下的网站文件夹 abc 中。

2．安装 IIS 服务器插件

首先确认作为服务器的计算机上是否已安装 Internet 信息服务的 IIS 服务器组件，如果尚未安装，则需要准备 Windows 系统安装盘，选择“开始”→“设置”→“控制面板”，单击“添加/删除 Windows 组件”，选中“Internet 信息服务(IIS)”，按系统提示安装好 IIS 服务器组件。

3．在局域网内发布网站

创建名称为 lfshun 的虚拟目录(本地站点)，就是将 lfshun 网站映射到 D:/abc 文件夹。

(1) 选择“开始”→“设置”→“控制面板”→“管理工具”，双击运行“Internet 信息服务”。

(2) 右击“默认网站”，选择“新建”→“虚拟目录”菜单命令，如图 1-8 所示。

(3) 在如图 1-9 所示界面的“别名”文本框中输入虚拟网站名称“lfshun”。

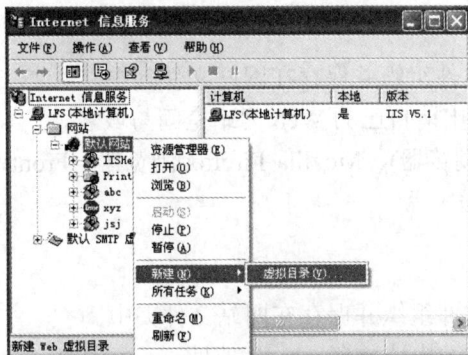

图 1-8　新建虚拟目录　　　　　图 1-9　输入虚拟网站名称

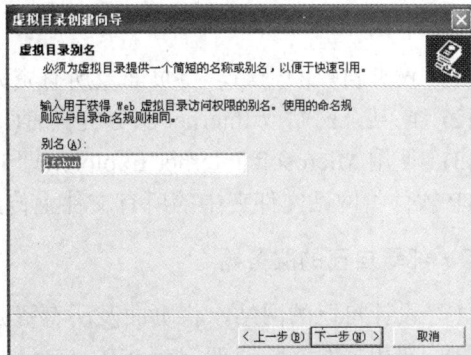

（4）在如图 1-10 所示的界面中选择或输入网站映射的文件夹"D:\abc"，其余默认，最后单击"完成"按钮。

创建好的本地站点如图 1-11 所示。

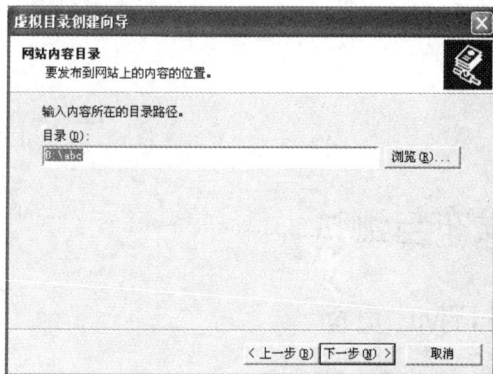

图 1-10　选择网站映射的文件夹

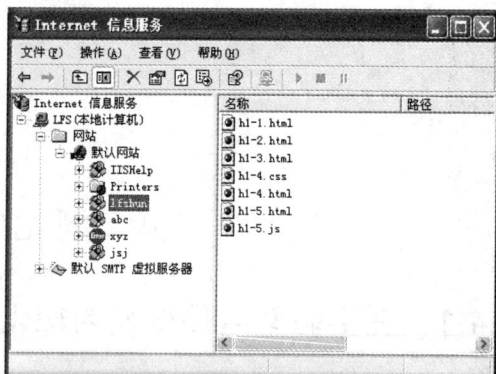

图 1-11　创建完成的虚拟网站

4．在局域网内访问发布的网站

在服务器本机的浏览器中输入"http://localhost/lfshun/h1-1.html"，即可访问 h1-1.html 网页，或者输入"http://127.0.0.1/lfshun/h1-1.html"，效果相同。

局域网内的其他计算机访问该网站时，必须知道服务器计算机的名称或它在局域网中的 IP 地址。要获取计算机名，可右击桌面上的"我的电脑"，选择"属性"菜单命令，在弹出的对话框中选择"计算机名"选项卡，查阅"完整的计算机名称"。要获取 IP 地址，可以通过"开始"→"运行"，输入 cmd 进入 DOS 状态再输入 ipconfig 命令即可。

在局域网其他机器的浏览器中输入"http://服务器计算机名或 IP 地址/lfshun/h1-5.html"，即可访问 lfshun 网站的 h1-5.html 网页。

1.4.2　在 Internet 上发布网站

小型企业或个人可以租赁某个网站或 Internet 服务提供商的 Web 服务器发布网站，大型企业可以通过部署自己的 Web 服务器发布网站。

1．租赁 Web 服务器

（1）设计自己的网站，将页面及所有资源文件组织并保存在网站文件夹中。

（2）向某个网站或 Internet 服务提供者(ISP)申请自己的 Web 网站空间与域名。

（3）使用 Microsoft Internet Explorer(即 IE 浏览器)、Mozilla Firefox 浏览器、FrontPage 或 FTP 软件将网站文件夹中的所有文件上传到服务器。

2．部署自己的服务器

（1）设计自己的网站，将页面及所有资源文件组织并保存在网站文件夹中。

（2）向相关网络管理部门或 ISP 为自己的网站申请域名——IP 地址。

（3）在计算机上安装并运行 Web 服务器软件，将域名映射到网站文件夹，这样别人通过 Internet 网络在浏览器中输入你网站的域名，就可以访问你的网站了。有关申请网站空间、域名、上传或映射网站的操作可查阅相关资料。

1.4.3　测试网页

不但在发布网站前必须对所有网页进行测试，而且在网站发布后还必须通过 Internet 网络再对所有网页进行测试，以确保网页的正常工作。

1．测试内容

(1)　从主页开始，检查所有页面及链接是否可用和有效，注意每次单击链接后应使用"返回"，然后单击下一个链接。

(2)　每个页面完全加载后滚动页面，检查所有图像是否能正常显示。

(3)　使用浏览器设置不同字体浏览网页，检查网页布局是否符合要求。

(4)　有条件的还应检查页面加载时间。

2．测试方法

(1)　使用最新版本的 Microsoft Internet Explorer、Mozilla Firefox 以及至少一个其他浏览器(如 Opera 或 Safari)分别测试，有条件的还应该使用旧版本的 Netscape Navigator 或 Internet Explorer 测试，因为有些人仍使用旧版本，页面显示可能不一样。

(2)　如果可能，应使用 800×600 的分辨率进行测试，因为在这个分辨率下显示效果不错的话在更高分辨率下效果会更好。也可使用 1024×768 或 1600×1200 的分辨率测试。

(3)　测试前先关闭浏览器图像的加载显示功能，检查无图像的页面效果及 alt 属性信息的显示，然后自动加载图像，再对页面测试。

1.5　如何学习 HTML、CSS、JavaScript

若有良好的学习方法，就可以事半功倍地掌握一门知识。既然我们在学习"网页制作"课程，就必须在"制作"上多下功夫，所谓制作，就是要锻炼动手的能力，在掌握语法知识的基础上必须多动手，从最简单的页面开始，多编写制作自己的网页。

1.5.1　掌握 HTML、CSS、JavaScript 的语法结构

网页制作也像学习一门程序设计语言，只有很好地掌握了语法知识，才能得心应手地灵活使用它们。对常用标记必须强化记忆，而对不常用的标记则可一带而过，在用到的时候查阅相关资料即可。

一本书的知识毕竟有限，如果要完全掌握一门知识，还需要阅读更多的相关参考书籍。W3C 的网络学校为我们提供了学习 HTML(XHTML)、CSS、JavaScript 的良好平台，读者可以登录 W3C 的网络学校网站。

- HTML 教程：http://www.w3school.com.cn/html/index.asp
- XHTML 教程：http://www.w3school.com.cn/xhtml/index.asp
- CSS 教程：http://www.w3school.com.cn/css/index.asp
- JavaScript 教程：http://www.w3school.com.cn/js/index.asp

也可参阅本书附录参考文献中推荐的参考书目。

1.5.2　借助 Dreamweaver 网页设计工具

Dreamweaver 是目前应用最广泛的网页制作工具之一，即使不太了解网页制作的人也可以使用 Dreamweaver 创建出自己的网页，在 Dreamweaver 中通过拖动页面元素图形，就可以自动生成 HTML 代码，但这些代码中存在大量的废代码，读者可边操作边学习，并根据自己掌握的语法知识修改这些代码。有关 Dreamweaver 的使用，读者可以查阅相关书籍。

1.5.3　参考已有网站的代码

任何网页的代码一般都是公开的，当你在浏览器地址栏输入网址向服务器发送请求并浏览某个页面时，服务器已经把你请求页面的文档及所有相关的图像、CSS、JavaScript 文件发送并保存到了你的机器上。如果你发现某个页面有比较好的创意和技术，则可以查看相关代码，通过借鉴别人的技术，不断提高自己的网页制作水平。

这里假设请求打开的页面为"http://www.sict.edu.cn/当前文档名"。

在 IE 浏览器中获取该网页及相关资源文件可以采用两种方法。

(1) 获取 HTML、CSS、Javascript 代码文件

① 在浏览器的"查看"菜单中选择"源文件"命令，或在页面上右击，从弹出的快捷菜单中选择"查看源文件"命令，即可获取当前 HTML 源文件的代码。

② 根据 HTML 文件中<link>或<style>标记代码，获取指定的 CSS 文件，对使用"路径/文件名"指定的 CSS 文件可将"路径/文件名"复制到地址栏代替"当前文件名"，即可查看代码。如果是 http://开头、用绝对路径指定的 CSS 文件，直接复制到地址栏即可。

③ 将 HTML 文件中<script>标记引用 JavaScript 文件的"路径/文件名"复制到地址栏代替"当前文件名"，弹出"文件下载"对话框，单击"保存"按钮，获得指定的.js 文件。

(2) 获取页面及所有相关资源文件

① 在浏览器"工具"菜单中选择"Internet 选项"命令，在"常规"选项卡的"Internet 临时文件(IE8 为浏览历史记录)"选项组中选择"删除 Cookies 或临时文件"以清除其他页面的缓存文件，IE6 的设置界面如图 1-12 所示，IE8 如图 1-13 所示。

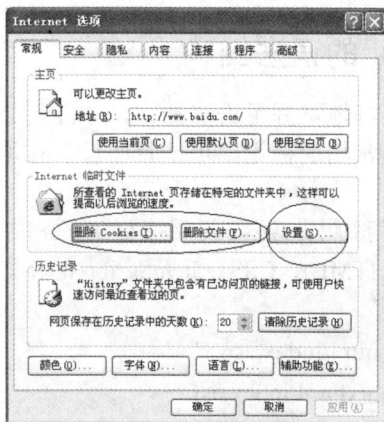

图 1-12　IE6 的设置界面　　　　　　　图 1-13　IE8 的设置界面

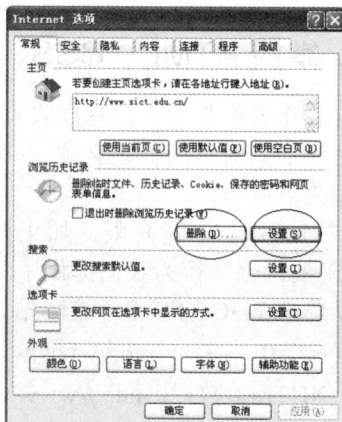

②　关闭对话框后打开或刷新所需页面。再以同样方法重新打开"Internet 选项"对话框，单击"设置"按钮，弹出的设置对话框在 IE6 中如图 1-14 所示，在 IE8 中如图 1-15 所示。单击"查看文件"按钮即可打开缓存文件夹，如图 1-16 所示。

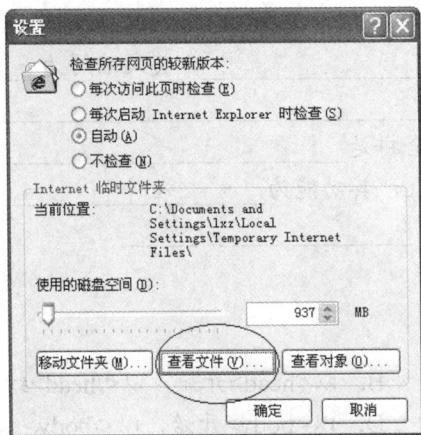

图 1-14　IE6 的设置对话框　　　　　图 1-15　IE8 的设置对话框

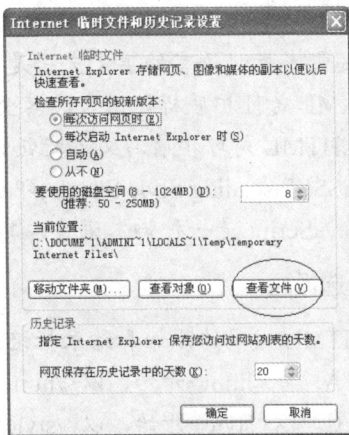

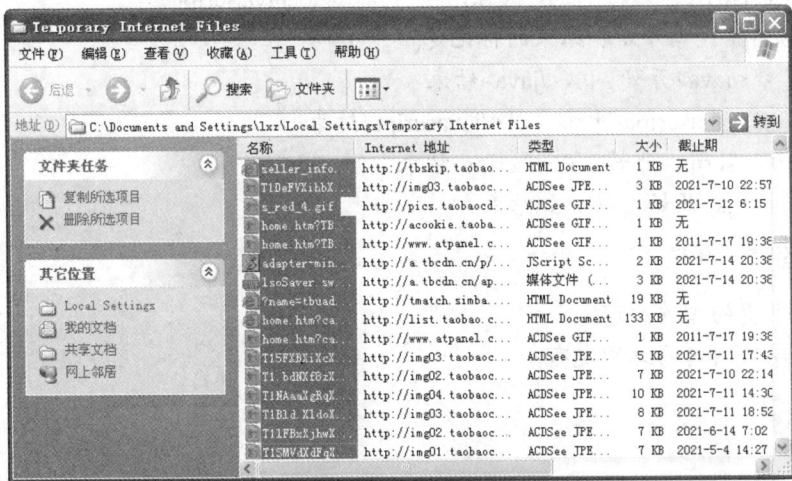

图 1-16　页面文件缓存文件夹

③　在缓存文件夹中无法直接打开文件，必须选中所有文件，复制到自己的新建文件夹中再打开查看(或根据路径在"我的电脑"中打开该文件夹进行复制)。

注意：① 无论文档及资源文件在网站中如何部署，在客户机器上都缓存在同一目录，并在文件名后添加"[数字序号]"区别不同路径，如果需要还原运行该页面，必须根据 HTML 主文档代码中的目录结构创建还原各文件的路径并修改文件名重新部署。
② 缺少的图片可在页面中选中图片并右击，通过"图片另存为"菜单命令获取。
③ 缺少的文件可按方法(1)将"路径/文件名"复制到地址栏，来代替"当前文件名"获取。

1.6 习 题

一、填空题

1. 超文本标记语言的英文全拼是_____，英文缩写为_____。
2. XML 是可扩展标记语言，其全拼是_____。
3. XHTML 是可扩展超文本标记语言，其全拼是_____。
4. CSS(Cascading Style Sheets)即层叠样式表，其功能为_____。
5. JavaScript 是一种脚本语言，其功能为_____。

二、选择题

1. HTML 代码的开始和结束标记是(　　)。
    A. 以<html>开始，以</html>结束　　　B. 以<head>开始，以</head>结束
    C. 以<style>开始，以</style>结束　　　D. 以<body>开始，以</body>结束
2. 下列哪种语言可以实现类似弹出提示框这样的网页交互性功能? (　　)
    A. HTML　　　　　　B. CSS　　　　　　C. JavaScript
3. JavaScript 代码开始和结束的标记是(　　)。
    A. 以<java>开始，以</java>结束
    B. 以<javascript>开始，以</javascript>结束
    C. 以<script>开始，以</script>结束
    D. 以<js>开始，以</js>结束

三、问答题

1. 简述网页的工作原理。
2. 简述局域网内网站的发布。

第 2 章 HTML 基本语法与头部内的标记

学习目的与要求

📖 **知识点**

● 掌握 HTML 文档结构、基本语法
● 掌握 HTML 文档头部相关标记的应用
● 熟悉 XHTML 文档的构成
● 了解 XHTML 文档与 HTML 的区别

📢 **难点**

● 页面元信息的应用

2.1 HTML 文档结构

2.1.1 HTML 文档的构成

HTML 4.0 的网页文档以\<html\>标记开始，到\</html\>标记结束，一对\<html\>\</html\>表示一个页面，也称为 HTML 文档的根标记或根元素。一个完整的页面由文档头部标记\<head\>\</head\>和文档主体标记\<body\>\</body\>两部分构成：

```html
<html>
    <head>
        <title>文档标题</title>
        <!-- 文档头内容标记，设置页面参数 -->
        <!-- 定义 CSS 样式表及 JavaScript 代码或引用外部文件 -->
    </head>
    <body>
        <!-- 文档主体标记，定义页面显示的内容 -->
    </body>
</html>
```

注意： 传统 HTML 文档要求比较宽松，标记名、属性名不区分大小写，甚至可以大小写混用。而 XHTML 规范的标记名与属性名必须小写，但属性值不区分大小写。

2.1.2 HTML 文档头部标记\<head\>

文档头部标记\<head\>\</head\>用于包含设置页面标题和页面参数的标记、定义 CSS 样式表及 JavaScript 代码或引用外部文件，\<head\>\</head\>内的标记只控制页面的性能而不会显示在网页上。

一个 HTML 文档最多含有一对<head></head>标记。

> 注意：传统 HTML 文档不需要<title>时连同<head>标记都可以省略，甚至<body>连同
> <html>标记也可全部省略，如例 h1-1.html 的代码。而在 XHTML 规范中，<html>、
> <head>、<body>都不能省略，<head>中可以没有内容但不能省略。

2.1.3　HTML 文档主体标记<body>

　　HTML 文档主体标记<body></body>用于定义页面所要显示的内容，浏览器页面所显示的所有文本、图像、音频和视频等都必须位于<body></body>标记内。

　　一个 HTML 文档最多含有一对<body></body>标记且必须在<head>标记之后，如果使用了<frameset>框架集标记，则不允许再使用<body>。

```
<body>
    <!-- 文档主体标记，定义页面显示的内容 -->
</body>
```

　　传统 HTML 中<body>标记可使用 text 属性设置文字、使用 color 属性设置文字颜色、使用 bgcolor 属性设置背景颜色、使用 background 属性设置背景图像(不能与背景色同时使用)、使用 topmargin、bottommargin、leftmargin、rightmargin 属性设置页面边距。

　　<body>标记的属性设置对整个页面及页面内的所有标记有效，但可以被某个标记的属性覆盖。

> 注意：这些传统 HTML 属性都是外观的"呈现属性"，XHTML 不赞成使用所有"呈现属
> 性"，可以使用 id、class、title、style 等标准属性代替或通过 CSS 样式表设置。

2.2　HTML 基本语法

2.2.1　标记语法

　　HTML 文档全部由标记构成，所谓标记就是放在<>中表示某个功能的编码命令，也称为标签。页面中需要显示的内容都必须放在对应的标记中才能被浏览器识别。

1．标记的基本格式

标记的基本格式如下：

<标记名 [属性名 1="属性值 1" [属性名 2="属性值 2"] ...] >

[]表示其中的内容可以省略。

例如<html>、<head>、<body>、<h2 align="center">等。

2．体标记

体标记也称为双标记，就是具有开始和结束两个标记符组成的标记：

<标记名 [属性名="属性值" ...] >

```
    <!-- 标记体内容——也可以嵌套其他标记 -->
</标记名>
```

例如：

```
<h2 align="center">这是 HTML 页面</h2>
```

表示用 2 号标题居中显示"这是 HTML 页面"。

> **注意：** ① 标记名之前(即标记名与<或</之间)不允许有空格。
> ② 开始标记可以带有属性，结束标记必须以/开头，且不能带属性。
> ③ 传统 HTML 有些结束标记可以省略，而 XHTML 规范所有体标记必须成对，就是说双标记必须闭合。
> ④ 标记体内可以包含任意其他标记，但必须正确嵌套，不能交叉。

3．空标记

空标记也称为单标记，就是用一个标记即可完整地描述某个功能：

```
<标记名 [ 属性名="属性值" ... ] />
```

例如
表示换行，<hr />表示显示一条水平线。

> **注意：** 在标记名与"/>"之间，即"/>"之前最好留有空格，否则有些标记在某些浏览器中可能会出现差异。

【例 h2-1.html】通过一个传统表格布局页面演示标记的使用，注意标记的正确嵌套：

```
<html>
    <head>
        <title>登录页面</title>
    </head>
    <body>
        <h2 align="center">欢迎您登录本网站</h2>
        <hr />
        <form>
            <table>
                <tr>
                    <td>请输入用户名：</td>
                    <td><input /></td>
                </tr>
                <tr>
                    <td>请输入密码：</td>
                    <td><input type="password" /></td>
                </tr>
            </table>
        </form>
    </body>
</html>
```

运行结果如图 2-1 所示。如果在<title>标记名前插入空格，写为< title>，则运行结果如图 2-2 所示，同时请注意标题栏的变化。如果<title>书写正确，而在</title>标记名前或/前插入空格，写为< / title>，由于<title>未结束，则整个页面内容都变成为了非法标题，结果在浏览器中什么都不显示。

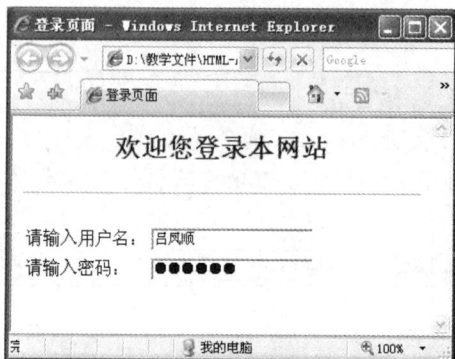

图 2-1　h2-1.html 的正确运行结果

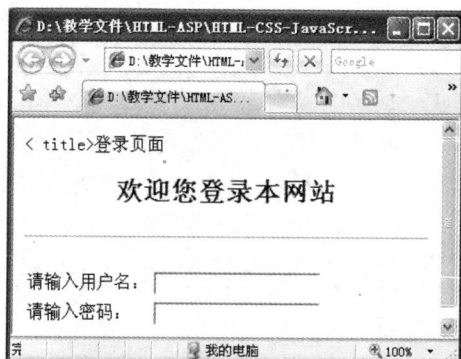

图 2-2　使用了错误标记< title>

注意：这里<h2>标题标记的 align 对齐属性、表格布局都是传统方式，在 XHTMLl 规范里都将使用 style 属性或用 CSS 样式表来代替。

2.2.2　属性语法

HTML 大多数标记都具有属性，属性就是标记的参数，多个属性的设置顺序任意。

例如<body>标记可以使用 text、color 属性设置整个页面的文字、文字颜色。

再如水平线标记<hr />可以具有线条粗细 size、颜色 color、长度 width 及对齐方式 align 等属性：

```
<hr size="线条粗细" align="对齐方式" width="长度" color="颜色" />
```

例如：

```
<hr size="5" align="left" width="75%" color="RED" />
```

表示显示一条粗细为 5 像素、红色、左对齐显示、宽度为页面 75%(随页面宽度变化)的水平线。

任何标记的属性都有默认值，省略该属性则取默认值。

例如<hr />等价于<hr size="2" align="center" width="100%" color="Black" />，表示显示一条粗细为 2 像素、黑色、居中、宽度与页面宽度相同的水平线。

注意：传统 HTML 文档标记的属性值可以不加引号，而 XHTML 规范属性值必须加双引号或单引号。水平线标记<hr />的属性大都是外观"呈现属性"，在 XHTML 规范里都将使用 style 属性或用 CSS 样式表设置。

【例 h2-2.html】显示不同属性的水平线：

```
<html>
```

```
<head> <title>设置水平线的属性</title> </head>
<body>
    粗细为 5 像素、红色、左对齐、宽度为页面 50%的水平线：
    <hr size="5" align="left" width="50%" color="red" />
    默认属性的水平线：
    <hr />
    不同的属性设置，会影响显示内容的外观样式。
</body>
</html>
```

移动页面宽度时，则设置 width 为页面宽度百分比的水平线会随页面的宽度变化而改变，如图 2-3 和 2-4 所示。

如果去掉第一个<hr />标记中的 align="left"属性，则默认居中显示。如图 2-5 所示。

图 2-3　页面比较宽时页面 50%左对齐的水平线

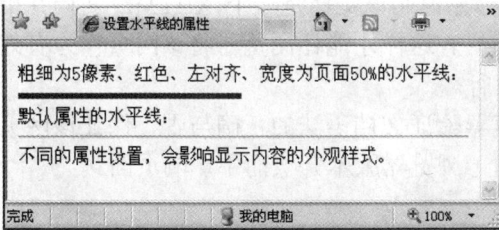

图 2-4　页面 50%随页面宽度变化　　　　图 2-5　默认居中对齐的水平线

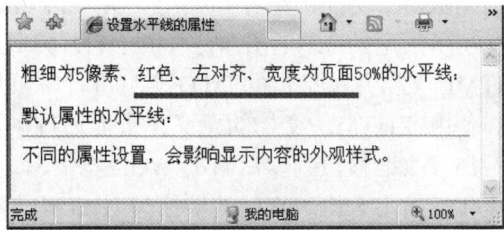

2.3　XHTML 文档结构

2.3.1　XHTML 文档的构成

我们已经知道 XHTML 是严格遵循 XML 语法改进扩充的一个 HTML 版本，是最终用 XML 代替 HTML 的过渡性技术，使用 XHTML 可以更好地遵循 Web 标准将 HTML 与 CSS、JavaScript 融为一体。

XHTML 1.0 的文档结构如下：

```
[ <?xml version="1.0" encodeing="UTF-8" ?> ]
<!DOCTYPE html PUBLIC "-//W3C//DTD XHTML 1.0 Transitional//EN"
  "http://www.w3.org/TR/xhtml1/DTD/xhtml1-transitional.dtd" >
<html xmlns="http://www.w3.org/1999/xhtml" >
  <head>
```

23

```
    <title>文档标题</title>
    <!-- 文档头内容标记，设置页面参数 -->
    <!-- 定义 CSS 样式表及 JavaScript 代码或引用外部文件 -->
  </head>
  <body>
    <!-- 文档主体内容标记，页面内容 -->
  </body>
</html>
```

1. 什么是 DTD

在 XML 中用户可以创建自己的标记，这些标记及其属性的定义都在 DTD(Document Type Definition，文档类型定义)中完成，或者说 DTD 规定了该文档中所用标记及属性的使用规则。

XHTML 只是遵循 XML 语法而不允许自定义标记，但它可以引用标准的 DTD，就是说 W3C 已经为 XHTML 文档定义好了 DTD，其中包含了允许 XHTML 文档使用的标记，而这些标记正是对传统 HTML 标记的扩充和修改。

XHTML 文档可以使用 Strict(严格型)、Transitional(过渡型)或 Frameset(框架型)DTD，不同类型的 XHTML 文档须使用不同的 DTD。

2. 指定 XHTML 文档类型

XHTML 文档必须在开头用<!DOCTYPE>标记说明该文档是一个 XHTML 文档并指定该文档所采用的 XHTML 版本和 DTD 类型，只有这样才能让浏览器将该网页作为有效的 XHTML 文档并按指定的 DTD 类型进行解析执行。

使用 XHTML 文档的意义在于能通过浏览器验证文档语法的正确与否、保证该网页可以不加修改地移植到以后新的 Web 程序中，便于浏览器版本升级而不影响页面。

(1) 指定 Strict DTD 的严格型 XHTML 文档：

```
<!DOCTYPE html PUBLIC "-//W3C//DTD XHTML 1.0 Strict//EN"
  "http://www.w3.org/TR/xhtml1/DTD/xhtml1-strict.dtd" >
```

浏览器对 Strict DTD 文档的解析比较严格，在采用该类型的 XHTML 文档中不允许使用任何表现样式的标记或属性，初学者或已有传统 HTML 基础的读者不建议使用这种类型。

其中 XHTML 1.0 及 xhtml1 指定了所用 XHTML 的版本，由于 XHTML 文档的默认类型为 Strict，所有 Strict 也可以省略。例如 XHTML 1.0 版本采用 Strict DTD 可以写为：

```
<!DOCTYPE html PUBLIC "-//W3C//DTD XHTML 1.0//EN"
  "http://www.w3.org/TR/xhtml1/DTD/xhtml1.dtd" >
```

而 XHTML 1.1 版本采用 Strict DTD 则可以写为：

```
<!DOCTYPE html PUBLIC "-//W3C//DTD XHTML 1.1//EN"
  "http://www.w3.org/TR/xhtml11/DTD/xhtml11.dtd" >
```

(2) 指定 Transitional DTD 的过渡型 XHTML 文档：

```
<!DOCTYPE html PUBLIC "-//W3C//DTD XHTML 1.0 Transitional//EN"
  "http://www.w3.org/TR/xhtml1/DTD/xhtml1-transitional.dtd" >
```

　　浏览器对 Transitional DTD 文档的解析比较宽松，在采用该类型的 XHTML 文档中仍可以使用传统 HTML 4.0 表现样式的标记或属性，但必须符合 XHTML 语法。

　　本书全部采用 Transitional 过渡型 DTD 编写 XHTML 1.0 版本的文档。

> **注意**：读者不必为书写这些代码担忧，使用 Dreamweaver 工具制作网页时会自动生成，若采用记事本编写时，可以将 XHTML 的文档结构作为模板套用。

　　(3) 指定 Frameset DTD 的框架型 XHTML 文档：

```
<!DOCTYPE html PUBLIC "-//W3C//DTD XHTML 1.0 Frameset//EN"
  "http://www.w3.org/TR/xhtml1/DTD/xhtml1-frameset.dtd" >
```

　　这是专门针对使用框架页面的 DTD，尽管目前流行的页面制作已不提倡使用框架，但对习惯使用框架的设计者来说，如果需要在页面中使用框架，就要使用这种类型。

> **注意**：标准的 XHTML 1.1 已不再支持使用框架。

3．声明命名空间

　　前面介绍过，XML 可以在 DTD 中创建自己的标记及属性，如果有两个 XML 文档各自定义了一个同名的标记，而且各自代表不同的含义，那么当这两个 XML 文档交换数据时就会产生混乱。

　　XML 文档使用"命名空间"或"名称空间"(Namespace)解决不同 XML 文档定义同名标记时出现的混乱，实际上"命名空间"就是包含了标记类型、属性名称的 DTD。我们可以为每个 XML 文档指定一个惟一的命名空间，当使用不同 XML 文档的标记时注明各自的命名空间就可避免同名标记引起的混乱。

　　XHTML 文档既然遵循 XML 语法，也需要定义自己的命名空间，由于 XHTML 不允许自己定义标记，因此目前不论哪种文档类型都使用统一的默认命名空间并在<html>根标记中用 xmlns 属性指定该命名空间：

```
<html xmlns="http://www.w3.org/1999/xhtml" >
```

> **注意**：如果省略 xmlns 属性，浏览器也会在解析时自动添加该默认命名空间的声明。

4．指定 XHTML 文档为 XML 文档

　　如果希望自己的 XHTML 文档成为一个可定义自己的 DTD 并创建自己的标记的真正 XML 文档，则可以在第一行使用代码：

```
<?xml version="1.0" encodeing="UTF-8" ?>
```

　　该标记指定当前 XHTML 文档是一个符合 1.0 规范的 XML 文档，其中 encodeing 属性用于指定文档的字符编码类型。

2.3.2　XHTML 标记的通用标准属性

　　XHTML 是最终用 XML 代替 HTML 的过渡性技术，是遵循 XML 语法对 HTML 扩充

和修改的一个版本，XHTML 文档的 DTD 基本上沿用了 HTML 标记，但不同类型的 DTD 对 HTML 标记及属性的扩充修改不同。

XHTML 文档中绝大多数 HTML 标记都可使用 3 类通用的标准属性。

(1) 核心属性：

- id——指定标记的唯一名称，取代 name 属性，用于配合 CSS、JavaScript。
- class——指定标记引用的样式类名，用于配合 CSS、JavaScript，多个标记可以使用同一个 class 类，一个标记的 class 中可指定多个样式类，但必须用空格隔开。
- style——指定标记的内联样式规则。
- title——指定当鼠标指向该标记内容时显示的提示信息。

其中 id、class 是 XHTML 文档中使用最多也是最重要的属性，同一个页面中一个 class 属性值可以被多个标记共同使用，但一个 id 属性值只能被一个标记使用一次。通过标记的 id 可以为特定标记设置特殊的 CSS 样式，也可以在 JavaScript 中方便快速地找到该标记。

注意：① 核心属性不能用于 html、head、base、meta、param、script、style 及 title 标记。
② XHTML 规范禁止使用 name 属性，必须使用 id 属性代替 name 作为标记的惟一标识。考虑某些浏览器仍保留对 name 属性的支持，如表单标记须使用 name，必要时一个标记内可同时使用 name 和 id 属性，但某个标记的 id 不要与其他标记的 name 相同，否则在 IE7 及以下浏览器中通过 id 获取标记时会发生错误。
③ id 属性值必须由字母、数字、下划线组成，开头不能是数字，不能包含空格和连字符。虽然 W3C 验证比较宽松，但 XML、JavaScript 要求必须合法。
④ 在 CSS 2.0 及某些浏览器中 id 或 class 属性值使用下划线也会受到限制。

(2) 语言属性：

- dir——设置文本的方向，取值为 ltr 表示从左到右(默认)、rtl 表示从右到左。
- lang——设置使用的语言，如 en 表示英文、zh-cn 表示简体中文。

注意：语言属性不能用于 base、br、hr、frame、frameset、iframe、param 及 script 标记。

(3) 事件属性：XHTML 标记的事件属性可配合 JavaScript 实现动态效果。

关于 XHTML 标记的核心属性、语言属性及事件属性的意义与使用将在后续内容中详细介绍。

2.3.3　XHTML 的语法规则

1. XHTML 的语法规则

XHTML 的语法规则也体现了 XHTML 与 HTML 的区别，具体说大致有以下几点。

(1) 必须使用<!DOCTYPE >标记指定文档类型，必要时还可使用<?xml >标记指定其作为一个 XML 文档。

(2) 必须拥有根元素<html>并使用 xmlns 属性指定命名空间。

(3) 不能省略<head>与<body>标记，且<title>标记必须是<head>中的第一个元素。

(4) 标记名与属性名必须小写，而属性值不区分大小写。

(5) 标记中所有引用的属性都必须赋值，即不能使用没有值的属性。

(6) 属性值都必须加双引号或单引号。如 HTML 可以使用<img src=picture/new.jpg />，而 XHTML 必须使用<img src="picture/new.jpg" />或<img src='picture/new.jpg' />。

(7) 所有标记都必须闭合。非空双标记必须有</标记>作为结束标记，空标记(单标记)必须写为<标记 />独自闭合。如 HTML 可以使用
换行，而 XHTML 必须使用
。

(8) 除了在注释标记的开头与结尾使用 "--" 字符，不能在注释内容中间使用 "--"。例如：

```
<!--注释内容----不在页面中显示-->
```

该句错误，应当改写为：

```
<!--注释内容====不在页面中显示-->
```

(9) XHTML 不赞成使用所有外观属性，可用 style 属性代替，或者使用 CSS 样式表来设置。

(10) XHTML 不赞成使用<basefont>、<center>、<font>、<s>、<u>、<xmp>、<strike>、<dir>、<applet>、<isindex>、<menu>等标记。

2. 编写 XHTML 文件的注意事项

编写 XHTML 文件的注意事项如下：
- 成对标记的开始与结束标记最好先同时输入以免遗忘。
- 标记必须合理嵌套，不能交叉。
- 标记开头不能有空格，空标记闭合符 "/" 之前最好留有空格。
- 标记名与属性之间、属性与属性之间用空格分开。

【例 h2-3.html】将 h1-3.html 过渡型 XHTML 页面改为 XHTML 1.1 版本 Static(可以省略)严格型 DTD，同时符合 XML 1.0 规范的文档。代码如下：

```
<?xml version="1.0" encodeing="UTF-8" ?>

<!DOCTYPE html PUBLIC "-//W3C//DTD XHTML 1.1 Static//EN"
  "http://www.w3.org/TR/xhtml11/DTD/xhtml11-static.dtd" >

<html xmlns="http://www.w3.org/1999/xhtml" >
    <head>
        <title>第一个 XHTML 页面</title>
    </head>
    <body>
        <h2 style="text-align:center; color:blue" >这是 HTML 页面</h2>
        <hr />
        <p style="color:red">我们在学习 HTML+CSS+JavaScript。</p>
    </body>
</html>
```

运行结果如图 2-6 所示。

图 2-6 h2-3.html 页面

2.4 HTML 文档头部的相关标记

文档头部的相关标记必须嵌入在<head></head>标记内，用于设置页面的功能，包括页面标题及各种参数，这些标记内容不会显示在页面上。

2.4.1 设置页面标题<title>

一个网页最多一个<title>标记，可以省略，但如果使用则必须是<head>中的第一个：

```
<title>[文档标题文本]</title>
```

<title>标记用于将指定文本显示在页面标题栏左边——页面标题，省略标记文本内容则显示空白，如果省略<title>标记则显示默认标题(一般为页面路径或浏览器名称版本)。

<title>可用属性：dir 表示文本方向、lang 表示语言。

2.4.2 设置基底网址<base />

<base />标记必须在<head>内<title>之后，且只有一个：

```
<base href="文件路径" [target="目标窗口"] />
```

<base />标记用于为当前页面<a>、<img>、<link>、<form>标记中所有未指定路径的资源文件或超链接文档提供基准 URL 路径并指定显示的目标窗口。其中 href 指定基准路径是必需属性，target 是可选属性，可指定被链接页面显示的目标窗口。

如果不指定路径，浏览器默认按当前网页的 URL 路径链接指定文档。例如点击：

```
<a href="show.html">链接信息</a>
```

浏览器将在当前页面的路径中查找并链接 show.html 页面。

如果被链接页面与当前页面不在同一目录中，则必须使用绝对或相对路径(详见<a>标记)指定被链接页面：

```
<a href="/子目录1/……/子目录n/show.html">链接信息</a>
```

假设有多个被链接页面保存在"根目录/子目录 1/……/子目录 n"同一目录内，但与当前页面路径不同，我们可以用<base />提供基准链接路径：

```
<base href="/子目录1/……/子目录n" />
```

当遇到没有指定路径的超链接时，浏览器将按 href 指定的路径链接页面。

例如点击:

```
<a href="show.html">链接信息</a>
```

则等价于:

```
<a href="/子目录1/……/子目录n/show.html">链接信息</a>
```

这样可以省略对每个超链接路径的设置,以简化代码。

传统 HTML 可使用 target 属性指定被链接页面显示的目标窗口,规定 target 属性的取值为:

- _self　　使用当前窗口(默认值)
- _blank　　打开新窗口
- _parent　　使用父窗口(用于框架)
- _top　　使用最顶层父窗口(用于框架)

注意: XHTML 规范已禁用 target 属性,可在超链接或 JavaScript 代码中指定目标窗口。

【例 h2-4.html】设置基底网址访问 163 网站的主页 index.html:

```
<!DOCTYPE html PUBLIC "-//W3C//DTD XHTML 1.0 Transitional//EN"
  "http://www.w3.org/TR/xhtml1/DTD/xhtml1-transitional.dtd" >
<html>
    <head>
        <title>设置基底网址</title>
        <base href="http://www.163.com" />
    </head>
    <body>
使用base标记设置基准链接路径, <a href="index.html">点击这里</a>可以访问163网站
的主页index.html。<br />
    ……
    </body>
</html>
```

该页面运行后显示的效果如图 2-7 所示。如果取消<base href="http://www.163.com" />则单击"点击这里"时,结果如图 2-8 所示,这是由于超链接<a href="index.html">无法找到 index.html 页面,必须在<a>标记中使用绝对网址。

本例中使用<base />标记设置基底网址之后,文档中的<a href="index.html">标记等价于<a href="http://www.163.com/index.html">。点击超链接后,运行结果如图 2-9 所示。

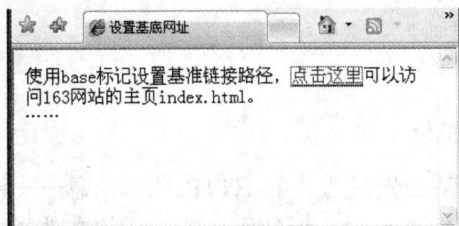

图 2-7　h2-4.html 页面　　　　图 2-8　删除<base />后超链接的结果

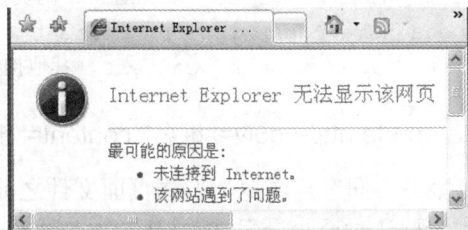

图 2-9 点击超链接后显示的 163 页面

2.4.3 设置基准字体<basefont />

HTML 设置基准字体的语法格式为：

```
<basefont face="字体名称列表" size="字号大小" color="字体颜色" />
```

传统 HTML 可使用<basefont />标记指定整个页面默认使用的文本字体、字号和颜色，没有单独定义样式的标记都自动采用基准字体显示。

注意：XHTML 已禁止使用该标记，可通过对<body>标记定义 CSS 样式设置基准字体。

2.4.4 定义页面元信息<meta />

在<head>头部中可以包含任意数量的<meta />标记，用于定义该页面的相关参数信息。例如为搜索引擎提供信息、为浏览器设置显示该页面的相关参数。

1. <meta name="键名" content="键值" />

许多搜索引擎都会根据网页 META 标记提供的信息进行搜索，例如按关键字、作者姓名、内容描述等进行搜索。

在<meta />标记中使用 name/content 属性可为网络搜索引擎提供信息，其中 name 属性提供搜索内容名，content 属性提供对应的搜索内容值。例如：

```
<meta name="keywords" content="内容关键字1，关键字2，……" />
<meta name="author" content="网页作者姓名" />
<meta name="revised" content="网页程序版本号" />
<meta name="description" content="页面描述文字" />
<meta name="others" content="其他搜索内容" />
```

2. <meta http-equiv="键名" content="键值" />

在服务器向客户浏览器发送页面文件之前，都会先发送一个 HTTP 头部信息——即指令参数，默认时至少会发送 content-type:text/html 键/值对，通知浏览器发送的文件类型是 HTML 文档。

使用 http-equiv/content 属性可设置服务器发送给浏览器的 HTTP 头部信息，为浏览器显示该页面提供相关的参数。其中 http-equiv 属性提供参数类型，content 提供对应的参数值。

```
<meta http-equiv="content-type" content="文档类型[;编码方式]" />  — 默认
text/html
<meta http-equiv="charset" content="文档字符编码方式" />
<meta http-equiv="refresh" content="页面自动刷新秒数" />
<meta http-equiv="refresh" content="秒数;url=页面 url" /> — 延时后自动转向指
定页面
<meta http-equiv="expires" content="客户机器页面缓存过期时间" />
<meta http-equiv="set-cookie" content="设置页面 cookie" />
```

注意：name 属性与 http-equiv 属性不能同时在一个<meta />标记中使用。

【例 h2-5.html】设置搜索信息及浏览器参数，每 2 秒钟刷新一次当前页面，到 10 秒钟后自动链接到网易 163 页面，该页面客户机器缓存过期时间设置为 2012 年 10 月 1 日 0时。代码如下：

```
<!DOCTYPE html PUBLIC "-//W3C//DTD XHTML 1.0 Transitional//EN"
  "http://www.w3.org/TR/xhtml1/DTD/xhtml1-transitional.dtd" >
<html>
    <head>
        <title>设置搜索信息与浏览器参数</title>
        <meta name="keywords" content="图书,计算机,网页编程" />
        <meta name="author" content="吕凤顺" />
        <meta name="discription" content="HTML、CSS、JavaScript 网页制作" />
        <meta http-equiv="Content-Type"
          content="text/html;charset=gb2312" />
        <meta http-equiv="Content-Language" content="zh-cn" />
        <meta http-equiv="refresh" content="2" />
        <meta http-equiv="refresh" content="10;url=http://www.163.com" />
        <meta http-equiv="expires"
          content="Mon,1 Oct 2012 00:00:00 GMT" />
    </head>
    <body>
        我们在学习 HTML+CSS+JavaScript。10 秒钟后自动链接到网易 163 页面。<br />
        ……
    </body>
</html>
```

运行时出现如图 2-10 所示的结果，经过 10 秒钟后又会出现如图 2-11 所示的结果。

在 2012 年 10 月 1 日 0 点之前再次运行该网页时，如果用户没有删除缓存文件，则浏览器直接读取客户端机器内保存的副本，而不会向 Web 服务器发送新请求。若将机器时间调整为 2012 年 10 月 1 日之后再运行该页面，客户端浏览器则会直接向 Web 服务器发送新请求以重新获得该网页信息。

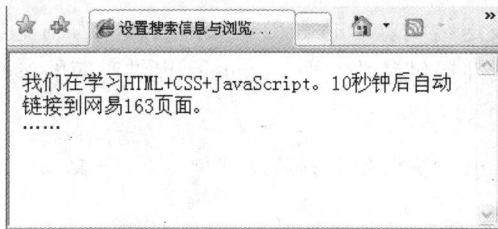

图 2-10　h2-5.html 页面　　　　　图 2-11　10 秒钟后自动连接到 163

2.4.5　引用外部文件<link />

一个页面往往需要多个外部文件配合，在<head>中使用<link />标记可引用外部文件，一个页面允许使用多个<link />标记引用多个外部文件。此标记的语法为：

```
<link type="目标文件类型" rel/rev="stylesheet"
 href="相对路径/目标文档或资源 URL"
 [media="适用介质列表" charset="目标文件编码"] />
```

href——该属性指定引用外部文件的 URL。

type——该属性规定目标文件类型，常用取值有 text/css、text/javascript、image/gif。

rel/rev——这两个属性表示当前源文档与目标文档之间的关系和方向。rel 属性指定从源文档到目标文档(前向链接)的关系，而 rev 属性则指定从目标文档到源文档(逆向链接)的关系。这两种属性可以在<link>或<a>标记中同时使用。这两个属性的取值解释如下：

- alternate——可选版本
- stylesheet——外部样式表
- start——第一个文档
- next——下一个文档
- prev——前一个文档
- contents——文档目录
- index——文档索引
- copyright——版权信息文档
- chapter——文档的章
- section——文档的节
- subsection——文档子段
- appendix——文档附录
- help——帮助文档
- bookmark——相关文档
- glossary——文档字词的术语表或解释
- external——外部文档

注意：HTML 或 XHTML 标准并没有正式提出这两种属性，也没有浏览器能支持 rel/rev 属性，但其他工具可使用该属性构建特殊的链接集合、目录和索引，极少数浏览器可利用该属性改变链接的外观。所使用的关系名属性值及含义可取决于用户自己。

新世纪高职高专课程与实训系列教材

media 属性指定适用介质，取值为：

- all(默认)——所有介质
- screen——屏幕
- print——打印机
- tv——电视
- projection——投影
- handheld——手持设备
- aural——声音
- braille——盲文
- embossed——浮凸印刷

例如，在 h1-4.html 代码中<link rel="stylesheet" type="text/css" href="c1-4.css" />表示引用当前页面文件目录中的 c1-4.css 文件。

再例如，<link rel="stylesheet" type="text/css" href="mycss/csstest1.css" >表示引用当前目录中 mycss 文件夹内的 csstest1.css 文件。

2.5　习　　题

一、填空题

1. 网页标题会显示在浏览器的标题栏中，则网页标题应写在开始标记符_____和结束标记符_____之间。

2. 要设置一条 1 像素粗的水平线，应使用的 HTML 语句是_____。

3. XHTML 文档可以使用_____、_____或_____类型的 DTD，不同类型的 XHTML 文档须使用不同的 DTD。

4. DTD 的英文全称为_____，中文译为_____。

5. 设置网页超链接的基准路径为 http://www.sict.edu.cn，链接页面显示的目标窗口为新窗口。该语句书写为：_____。

6. 设置网页的字符编码方式为 gb2312，则代码书写为_____。

7. 设置运行网页 20 秒后，自动跳转到 http://www.sina.com.cn，则代码书写为_____。

8. 引用外部文件的语句书写为：_____。

二、选择题

1. 不属于 HTML 标记的是(　　)。

   A. <html>　　　　B. <head>　　　　C. color　　　　D. <body>

2. 为了标识一个 HTML 文件，应该使用的 HTML 标记是(　　)。

   A. <p></p>　　　　　　　　　B. <body></body>

   C. <html></html>　　　　　　D. <table></table>

3. 用 HTML 标记语言编写一个简单的网页，网页最基本的结构是(　　)。

   A. <html><head>　　</head><frame>　　</frame></html>

   B. <html><title>　　</title><body>　　</body></html>

C.　<html><title>　　</title><frame>　　</frame></html>

D.　<html><head>　　</head><body>　　</body></html>

4.　以下标记符中，没有对应的结束标记的是(　　)。

　　A.　<meta>　　　　B.　<title>　　　C.　<head>　　　　D.　<html>

5.　<hr color="red">表示(　　)。

　　A.　页面的颜色是红色　　　　　　B.　水平线的颜色是红色

　　C.　框架颜色是红色　　　　　　　D.　页面顶部是红色

三、提高题

有这样一段 HTML，请指出问题：

<P> 前端开发工程师写 HTML，也写 JS。

  我说：
最基础的 HTML+CSS

提示：注意 HTML 和 XHTML 之间的区别，即在 HTML 下是否正确，在 XHTML 下是否正确。

新世纪高职高专课程与实训系列教材

第 3 章　HTML 页面基本元素

3.1　HTML 文本字符、注释标记及标记分类

在浏览器页面内显示的内容(包括文本、图像、音频或视频等)都必须放在 HTML 文档的主体标记<body></body>内。一个 HTML 文档最多一个 body 且必须在 head 之后。

3.1.1　普通文本、实体字符与注释标记

(1) 普通文本

对不需要任何外观及布局修饰的普通文本，可在<body>标记中直接书写，所显示的文本字体、字号、颜色则采用<body>标记的设置，如不设置则按浏览器的默认设置。

(2) 实体字符

实体字符就是文本中使用的特殊字符，例如“<”和“>”在 HTML 中已经作为标记的定界符，当我们作为尖括号、小于或大于号使用时将被浏览器解析为标记符号，就会引起混乱，出现错误。如果我们需要在页面中显示这些特殊字符，则必须使用这些字符的实体名称或实体编号。常用特殊字符的实体名称和实体编号见表 3-1。

字符实体编号可以通过计算机“开始”→“程序”→“附件”→“系统工具”→“字符映射表”来获取。

表 3-1 常用特殊字符的实体名称和实体编号

字　符	描　述	实体名称	实体编号
	空格	\	\
<	小于号	\<	\<
>	大于号	\>	\>
&	和号	\&	\&
¥	人民币	\¥	\¥
©	版权	\©	\©
®	注册商标	\®	\®
°	摄氏度	\°	\°
±	正负号	\±	\±
×	乘号	\×	\×
÷	除号	\÷	\÷
2	平方2(上标2)	\²	\²
3	立方3(上标3)	\³	\³

注意：在 HTML 文档的文本中不论使用多少空格或回车换行，在浏览器页面中显示时不起作用，最多只显示一个空格，因此空格符可使用\ 或\ ，换行用
来标记。

(3) 注释标记

如果需要在 HTML 文档中添加一些便于阅读理解但不需要显示在页面中的注释文字，可将注释内容放在<!-- -->注释标记内：

<!-- 注释内容 -->　　或：　<comment>注释内容</comment>

注释内容作为 HTML 文档的内容也会被下载到客户机器上，虽然浏览器页面不显示，但查看源代码时可以看到。

注意：XHTML 规范除了在注释标记的开头结尾使用 "--" 字符外，不能在注释内容中间使用两个以上连字符 "--"。

【例 h3-1.html】在页面中显示普通字符和实体字符，注意文档中的换行与页面中的换行的差异(见图 3-1)：

```
<!DOCTYPE html PUBLIC "-//W3C//DTD XHTML 1.0 Transitional//EN"
  "http://www.w3.org/TR/xhtml1/DTD/xhtml1-transitional.dtd" >
<html>
    <head> <title>显示普通字符和实体字符</title> </head>
    <body>
        不需要任何外观、布局修饰的文本可在&lt;body&gt;标记中
        <!-- 此处有若干空格、换行 -->
                                直接输入。<br />
        HTML 文档中的空格、换行对浏览器页面的显示无效。<br />
```

```
   这里使用了 空格符和&lt;br /&gt;换行标记。
<!-- 这是注释内容——页面不显示,.但查看源代码可见 -->
<comment>这也是注释内容</comment>
    </body>
</html>
```

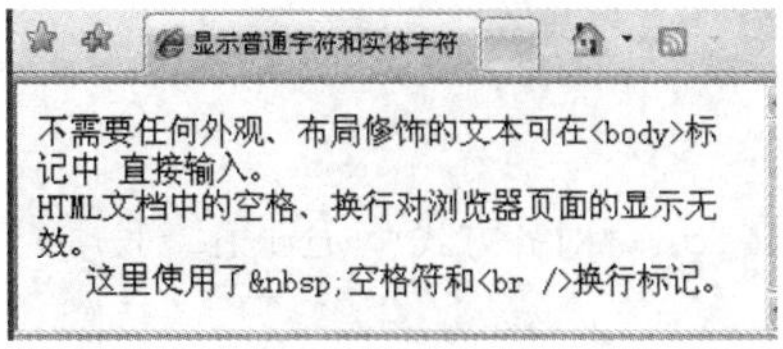

图 3-1　使用实体字符的页面

3.1.2　HTML 文档的标记与分类

由于页面外观布局的需要，在浏览器页面内显示的文本、图像、音频或视频等都必须作为某个标记的内容或属性，这些标记的组合就构成了完整的 HTML 文档。当客户请求的 HTML 网页下载到客户端机器后，由客户端浏览器对这些标记进行解析执行，就形成了我们看到的页面。

HTML 标记按页面布局可分为块级标记、行内标记、列表标记三大类，了解标记的分类可为使用 CSS 设计外观样式和布局打下基础。

(1)　块级标记(display:block)

块级标记在页面中以区域块的形式出现，可以设置块的高度、宽度和边框。简单说块级标记在页面中会独自占据一整行(逻辑行)，其开头结尾都会自动换行。如<h>标题标记、<p>段落标记和<div>层标记。

(2)　行内标记(display:inline)

行内标记也称为内联或内嵌标记，顾名思义，行内标记与它前后的其他标记内容显示在一行中，是某个区域块中的一部分。行内标记只有自身的字体大小或图像尺寸，不能独立设置其高度、宽度和边框。如<a>超链接标记、<img>图像标记、<span>标记。

行内标记可以通过 CSS 中 display 属性的 block 值转变为块级元素。

(3)　列表项标记(display:list-item)

列表标记中的每一个列表项都是列表的一部分，但都会独立分行显示，如<li>标记。

在 CSS 中，以上 3 类标记都可通过 display 属性的 none 值转变为隐藏元素，虽然存在于页面中，但不能显示出来，用户操作时再通过 JavaScript 代码将内容显示出来。

3.2　文本与修饰标记

3.2.1　设置文本标记

有关文本字体设置、修饰的标记都是行内标记。XHTML 标准不赞成使用单纯设置大小、颜色等外观样式的标记，可统一使用<span>标记配合 CSS 进行设置。

(1) 换行标记\<br /\>

换行标记只是在文本中插入一个换行符，使文本看上去有分段的效果，但它没有块级标记划分段落的功能，前后内容仍属于同一区域块，因此\<br /\>属于行内标记。

注意：传统 HTML 可以使用\<br\>，而 XHTML 标准必须写为\<br /\>自行闭合。

(2) 水平线标记\<hr /\>

该标记的语法格式为：

```
<hr [size="线条粗细" align="对齐方式" width="长度" color="颜色"] />
```

其中：

- size——该属性指定线条粗细，以像素为单位，默认为 2(边框 1)。
- align——该属性指定对齐方式，取值为左 left、居中 center(默认)、右 right。
- width——该属性指定长度，可用像素数字，也可用相对当前浏览器宽度的百分比，默认为 100%。
- color——该属性指定颜色，可用颜色名称、十六进制#RGB、十进制 rgb(r,g,b)。默认为黑色。

\<hr /\>标记尽管前后插入换行符单独一行，有分隔段落的视觉效果，但仍是行内标记。XHTML 不赞成使用所有呈现属性，可使用标准属性 id、class、title、style 并配合 CSS。

(3) 缩写标记\<abbr\>、\<acronym\>

① \<abbr\>标记的语法格式为：

```
<abbr>缩写短语</abbr>
```

该标记用于定义短语缩写，如"Inc."、"etc."。

注意：可用于 IE7 以上及火狐浏览器，IE6 及以下版本不支持\<abbr\>标记。

② \<acronym\>标记的语法格式为：

```
<acronym>缩写名称</acronym>
```

该标记用于只取首字母的缩写名称短语，如"CCTV"。可为拼写检查程序、翻译系统或搜索引擎提供有用的信息。

\<abbr\>、\<acronym\>标记可配合 title 属性，当鼠标移至缩略词语上时显示完整内容。

(4) 等宽文本标记\<tt\>、\<kbd\>、\<code\>、\<samp\>

对这几种标记分别示例说明如下：

- \<tt\>显示打字机风格的文本效果\</tt\>
- \<kbd\>显示键盘输入的文本效果\</kbd\>
- \<code\>显示计算机代码的文本效果\</code\>
- \<samp\>显示样本的文本效果\</samp\>

\<tt\>、\<kbd\>、\<code\>、\<samp\>标记一般都显示为固定宽度的字体。

(5) 上下标标记\<sup\>、\<sub\>

对这两种标记分别示例说明如下：

- ^{上标文本}
- _{下标文本}

【例 h3-2.html】鼠标指向 etc.时显示"多余的人"，指向 UN 时显示"United Nations 联合国"，如图 3-2、图 3-3 所示。代码如下：

```
<!DOCTYPE html PUBLIC "-//W3C//DTD XHTML 1.0 Transitional//EN"
    "http://www.w3.org/TR/xhtml1/DTD/xhtml1-transitional.dtd" >
<html>
    <head> <title>设置文本</title> </head>
    <body>
        使用缩写：不需要<abbr title="多余的人">etc.</abbr>。<br />
        使用缩写：这里是<acronym title="United Nations 联合国">UN</acronym>。
        <br />
        this is a book! ABCDEFG 正常显示文本。<br />
        <tt> this is a book! ABCDEFG tt 打字机风格文字 </tt> <br />
        <kbd> this is a book! ABCDEFG kbd 键盘输入文字效果 </kbd> <br />
        <code> this is a book! ABCDEFG code 计算机代码效果 </code> <br />
        <samp> this is a book! ABCDEFG samp 样本文本效果 </samp> <br />
        使用上标：a<sup>2</sup>+b<sup>2</sup>=c<sup>2</sup> <br />
        使用下标：x<sup>y 上标</sup>+x<sub>1 下标</sub>=z <br />
    </body>
</html>
```

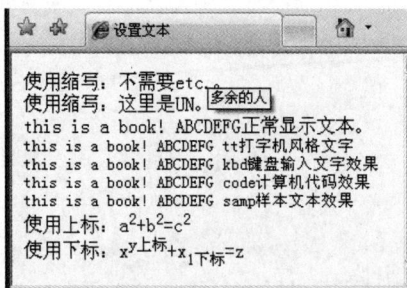

图 3-2　设置字体(IE6 以下不显示该提示)

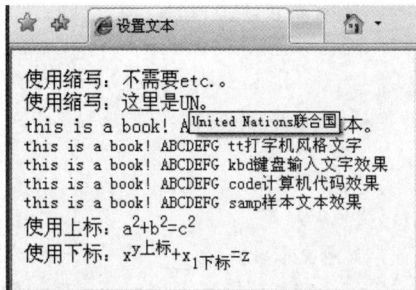

图 3-3　鼠标指向 UN 时显示提示信息

(6)　文本字体标记<font>

语法格式如下：

```
<font face="字体列表" size="字号" color="颜色">显示文本内容</font>
```

XHTML 不赞成使用<font>标记，可使用<div>或<span>配合 CSS 样式。

3.2.2　文本修饰标记

对各种文本修饰标记说明如下。

- 加粗：<b>加粗文本</b>　XHTML 推荐使用<strong>……</strong>。
- 斜体：<i>斜体文本</i>　XHTML 推荐使用<em>……</em>。

- 删除线：`<s>……</s>` 或 `<strike>……</strike>`   XHTML 推荐使用`<del>……</del>`。

- 引用：`<cite>……</cite>`   可引用外部文档作标注——斜体显示。

- 项目：`<dfn>……</dfn>`   可定义项目——斜体显示。

- 插入文本：`<ins>……</ins>`   加底划线显示，配合`<del>`可产生更改效果。
  使用 cite 属性可引用外部文档 URL 作标注，以解释插入文本的原因。
  使用 datetime 属性可定义文本被插入的日期和时间 YYYYMMDD。

- 加引号：`<q>……</q>`   在行内为文本自动加引号——IE 不支持。

- 大字体：`<big>`加大字号文本`</big>`。

- 小字体：`<small>`减小字号文本`</small>`。

- 下划线：`<u>……</u>`   ——容易混淆为超链接，XHTML 不赞成使用。

注意：以上标记均可使用`<span>`标记配合 CSS 样式设置。

【例 h3-3.html】传统文本修饰及 CSS 设置字体与鼠标指向时的提示标注：

```
<!DOCTYPE html PUBLIC "-//W3C//DTD XHTML 1.0 Transitional//EN"
  "http://www.w3.org/TR/xhtml1/DTD/xhtml1-transitional.dtd" >
<html>
    <head>
        <title>字体修饰</title>
        <style type="text/css">
        .font {
        font-family:楷体_GB2312;
        font-weight:bold;
        font-size:18pt; color:blue;
        }
        </style>
    </head>
    <body>
    正常显示文本<br />
    <cite>cite 引用文本</cite>，<dfn>dfn 项目文本</dfn> <br />
    <b>传统 b 加粗文本</b>，<strong>推荐 strong 加粗文本</strong> <br />
    <i>传统 i 斜体文本</i>，<em>推荐 em 斜体文本</em> <br />
    <big>传统 big 大字体</big>，<small>传统 small 小字体</small> <br />
    <u>传统 u 带下划线文本</u>，容易与超链接混淆<br />
    <s>传统 s 带删除线文本</s>，<strike>传统 strike 带删除线文本</strike>，
    <del>推荐 del 带删除线文本</del> <br />
    <ins>ins 标记插入文本</ins>，可配合 del 产生更改效果：<br />
    <strong>跳楼大甩卖！原价<del>180</del>，现价<ins>30</ins>！</strong>
    <br />
    <span class="font">用 span 标记 CSS 设置蓝色 18 磅楷体加粗文本</span> <br />
    <span title="志愿军">当代最可爱的人</span>—鼠标指向时显示提示内容<br />
    </body>
</html>
```

页面的运行效果如图 3-4 所示。

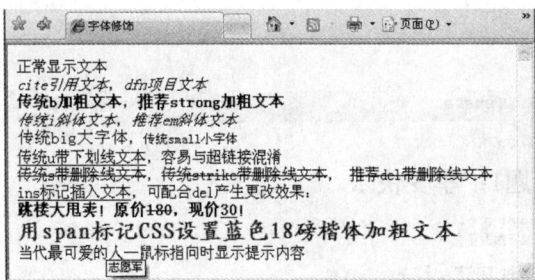

正常显示文本
cite引用文本, *dfn项目文本*
传统b加粗文本，推荐strong加粗文本
传统i斜体文本，推荐em斜体文本
传统big大字体，传统small小字体
传统u带下划线文本，容易与超链接混淆
传统s带删除线文本，传统strike带删除线文本，推荐del带删除线文本
ins标记插入文本，可配合del产生更改效果。
跳楼大甩卖！原价180，现价30！
用span标记CSS设置蓝色18磅楷体加粗文本
当代最可爱的人—鼠标指向时显示提示内容
志愿军

图 3-4　h3-3.html 页面

3.2.3　块级文本标记

单纯设置文本段落的块级标记目前已逐渐被<div>标记取代。

(1) 标题标记<h>

<h1>标题文本</h1> ～ <h6>标题文本</h6>：<h>是前后自动换行的块级标记，可用于定义标题文本，其中<h1>字号最大。

XHTML 不赞成使用<h>标记的 align 对齐属性，可使用 style="text-align:对齐方式"属性或通过 CSS 设置。

(2) 段落标记<p>

<p>分段显示的文本</p>：<p>标记是前后自动换行并保持一定间距(空行)的块级标记，用于定义一个文本段落。

XHTML 不赞成使用所有设置字体、字号、颜色、背景、对齐方式的呈现属性，可使用 style 属性或 CSS 设置。

由于<p>标记段落之间的距离非常大，而且无法通过样式表调整，往往不能完全符合页面设计要求，已逐渐被<div>取代。

注意：传统 HTML 中可省略</p>直到下一个<p>，XHTML 规范中不能省略，必须闭合。

【例 h3-4.html】使用标题与段落标记，如图 3-5 所示。代码如下：

```
<!DOCTYPE html PUBLIC "-//W3C//DTD XHTML 1.0 Transitional//EN"
  "http://www.w3.org/TR/xhtml1/DTD/xhtml1-transitional.dtd" >
<html>
    <head> <title>标题与段落</title> </head>
    <body>
        正常显示文本<h1>标题 1：享受快乐</h1>这是普通的正文……<br />
        这是换行后的正文……<p>这是使用段落的第一段文本……</p>
        <p>这是使用段落的第二段文本……</p>
        <h2 style="text-align:center">居中标题 2：享受生活</h2>
        <p style="text-align:center">居中显示的段落文本……</p>
        <h3 style="text-align:right">右对齐标题 3：享受学习生活的快乐</h3>
        <p style="text-align:right">右对齐显示的段落文本……</p>
        <h4>标题 4：享受学习生活的快乐</h4> <h5>标题 5：享受学习生活的快乐</h5>
```

```
        <h6>标题 6：享受学习生活的快乐</h6>正常显示文本……
    </body>
</html>
```

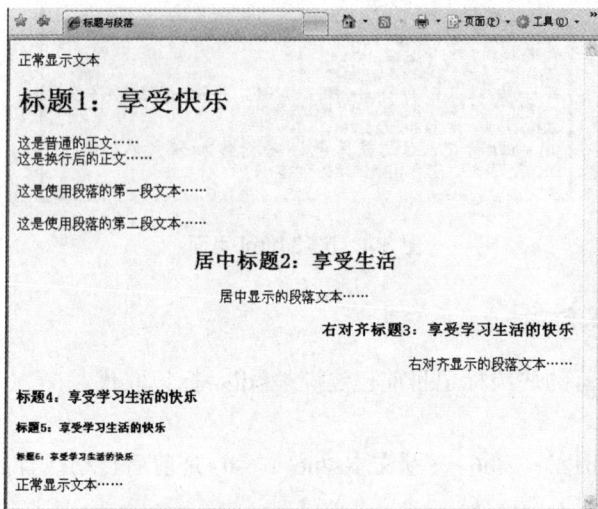

图 3-5　使用标题与段落标记的页面

(3)　缩进段落标记<blockquote>

<blockquote>段落缩进文本</blockquote>：<blockquote>与<p>标记类似，可定义一个文本段落，但该标记内的段落文本会在左、右两边都自动缩进 5 个字符，有的浏览器还可能会使用斜体字。<blockquote>标记可以嵌套，嵌套时每一级文本都会在左、右两边逐级缩进 5 个字符。

注意：<blockquote>标记内应包含块级标记而不是纯文本。

(4)　地址文本标记<address>

<address>地址或邮箱文本</address>：<address>标记可以突出显示一个地址(比如电子邮件)、签名或者文档作者，通常显示为斜体。大多数浏览器会在<address>前后添加换行符并作为块级标记。

【例 h3-5.html】缩进段落标记与地址文本标记，如图 3-6 所示。代码如下：

```
<!DOCTYPE html PUBLIC "-//W3C//DTD XHTML 1.0 Transitional//EN"
  "http://www.w3.org/TR/xhtml1/DTD/xhtml1-transitional.dtd" >
<html>
    <head> <title>段落缩进与地址文本</title> </head>
    <body>
        正常显示文本<blockquote>1 级缩进文本……</blockquote>
        <blockquote>
            1 级缩进文本……
            <blockquote>
                2 级缩进文本……
                <p>blockquote 标记类可定义一个自动缩进的文本段落，嵌套时每一级文本都
```

会在左、右两边逐级缩进 5 个字符，有的浏览器可能会使用斜体字。</p>

```
            </blockquote>
            1 级缩进文本
        </blockquote>
        请联系我们：<address>商职学院计算机系</address>
        <address>Email:lfshun@163.com</address>
    </body>
</html>
```

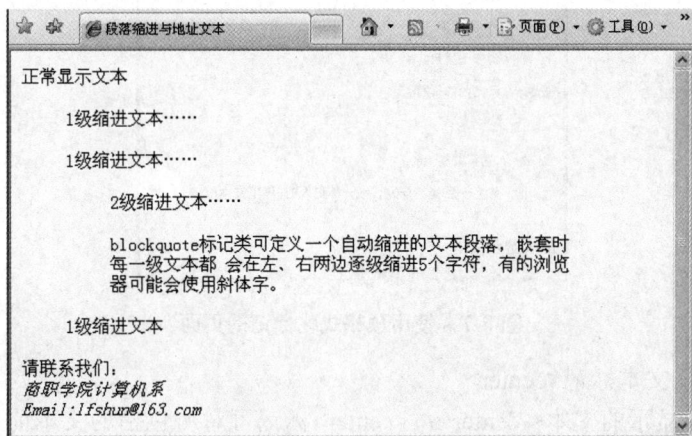

图 3-6　使用缩进、段落、地址、标记的页面

(5) 预格式化标记<pre>

<pre>等宽字体并保持原状的文本</pre>：<pre>标记可完全按 HTML 文档内书写的格式显示该标记内的文本，标记内整块文本显示为等宽字体并保持原状，包括空格、制表符 tab 和换行符。<pre>标记前后换行并保持一定间距。

(6) 忽略 HTML 标记的标记<xmp>

<xmp>包括 HTML 标记都会保持原状的文本</xmp>：<xmp>与<pre>标记类似，可原样显示标记内文本，但该标记内的 HTML 标记也会作为文本原样显示。

【例 h3-6.html】预格式化标记与忽略 HTML 标记的标记，如图 3-7 所示。代码如下：

```
<!DOCTYPE html PUBLIC "-//W3C//DTD XHTML 1.0 Transitional//EN"
  "http://www.w3.org/TR/xhtml1/DTD/xhtml1-transitional.dtd" >
<html>
    <head> <title>预格式化与忽略 HTML 标记</title> </head>
    <body>
        登黄鹤楼<br />
        白日依山尽，
        黄河入海流。
        <pre>        登黄鹤楼<br />
        欲穷千里目，
        更上一层楼。<p>这是 pre 标记内的 p 段落文本</p>
        </pre>
        <xmp>        登黄鹤楼<br />
```

```
欲穷千里目,
更上一层楼。<p>这是 xmp 标记内的 p 段落文本</p>
</xmp>正常显示文本……
</body>
</html>
```

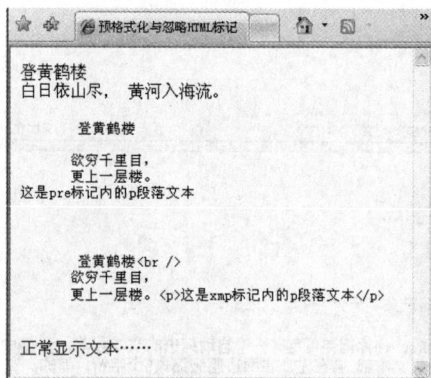

图 3-7　使用预格式化标记的页面

(7) 居中显示文本标记<center>

<center>居中显示的文本</center>：<center>标记可对所包括的文本前后换行后居中显示，包括其中没有单独设置对齐方式的其他块级元素内容。

XHTML 不赞成使用该标记，可用<div>及 style 属性或配合 CSS 代替。

3.2.4　样式组织标记<span><div>

样式组织标记<span>和<div>是 HTML 4.0 及 XHTML 1.0 后增加的一种中性伪标记，即没有特定功能，也不对页面添加任何东西，仅仅通过 id、class、title、style、dir、lang 等标准属性结合 CSS 样式表、JavaScript 脚本实现对页面内容的控制，为页面内容增添视觉效果和动态效果，是目前网页设计中最流行的样式布局元素，

(1) 行内样式标记<span>

<span>行内显示文本</span>：<span>是一个行内标记，通过 CSS 样式表可为行内部的文本设置视觉效果或配合 JavaScript 产生动态效果。

目前大多数行内修饰标记，例如设置字体字号颜色标记<font>、加粗<b>/<strong>、斜体<i>/<em>、大号<big>、小号<small>、下划线<u>等都已被<span>取代。

注意：<span>是行级容器标记，只能包含文本内容而不能嵌套图像或其他段落标记。

(2) 块级样式标记<div>

<div>文本、图像、多媒体等任意页面元素</div>：div 是 division 的简写，意为分割、区域或分组。W3C 对 div 的定义是：div 元素通过与 id、class 等属性配合，可提供向文档添加额外结构的通用机制。

<div>标记也称为图层标记，标记中的内容自动在开始和结束时插入换行但没有多余的间距，通过 CSS 样式可分层格式化整块文本，配合 JavaScript 产生动态效果。

目前大多数块级文本标记如标题<h>、段落<p>、居中<center>、缩进<blockquote>、布局表格等都可用<div>代替。

> **注意：**<div>标记是块级容器标记，可包含多个段落、行、标题、图像，<div>可以嵌套多层<div>，但不能在段落标记<p>中使用<div>。

【例 h3-7.html】用<div>设置区域块背景颜色显示本杰明·富兰克林的名言，并用<span>设置红色、黑体显示重点单词(配合 JavaScript 还可在鼠标指向单词时变换字体或显示图像)。代码如下：

```
<!DOCTYPE html PUBLIC "-//W3C//DTD XHTML 1.0 Transitional//EN"
  "http://www.w3.org/TR/xhtml1/DTD/xhtml1-transitional.dtd" >
<html>
    <head>
        <title>使用 span 标记</title>
        <style type="text/css">
            span { color:red;font-family:黑体; }
        </style>
    </head>
    <body>
        正常显示文本
        <div style="background:Cyan;">
        早睡早起使人<span>健康</span>、<span>富裕</span>和<span>聪颖</span>。
        </div>正常显示文本
    </body>
</html>
```

运行结果如图 3-8 所示。

图 3-8　使用<div>和<span>标记

3.3　列　表　标　记

列表可提供容易阅读、结构化的索引信息，如提纲、目录、索引清单，可以帮助访问者方便地找到信息，并引起访问者对重要信息的注意。例如以下对列表类型的介绍本身就是一个无序列表：

- 有序列表<ol>　　　　　列表项前有数字或字母变化的顺序缩进列表。
- 无序列表<ul>　　　　　列表项前有特殊项目符号的缩进列表。
- 定义列表<dl>　　　　　列表项前没有任何编号或符号的缩进列表。
- 目录列表<dir>　　　　　类似无序列表。
- 菜单列表<menu>　　　　类似无序列表。

列表标记都是块级标记。

3.3.1 有序列表<ol>

有序列表<ol>的语法如下：

```
<ol [type="编号类型" start="编号起始值"]>
    <li [type="无序符号类型" value="值"] >列表项 1</li>
    <li>列表项 2</li>
    <li>列表项 3</li>
    ...
</ol>
```

<ol>标记定义有序列表，至少包含一个<li>列表项，每个<li>列表项前自动添加<ol>指定的递增编号或字母，自动分行且每行自动缩进。<ol>及<li>标记都必须闭合。

各属性值含义如下表所示：

type 编号类型	显示内容	start 默认值
1(默认)	数字 1　2　3 ...	1
a 或 A	英文字母 a　b　c... 或 A　B　C...	a 或 A
i 或 I	罗马数字 i　ii　iii... 或 I　II　III ...	i 或 I

XHTML 不赞成<ol><li>使用 type、start、value 属性，应使用 style 或设置 CSS 样式。

3.3.2 无序列表<ul>

无序列表<ul>的语法如下：

```
<ul [type="项目符号类型"] >
    <li>列表项 1</li>
    <li>列表项 2</li>
    ...
</ul>
```

<ul>标记定义无序列表，至少包含一个<li>列表项，每个<li>列表项前自动添加<ul>指定的项目符号，自动分行且每行自动缩进。<ul>及<li>标记都必须闭合。

type 项目符号类型：　　　　　　显示内容：
- disc(第 1 级默认)　　　　　●
- circle (第 2 级默认)　　　　○
- square(第 3 级默认)　　　　■

XHTML 不赞成<ul>使用 type 属性，应使用 style 或设置 CSS 样式。

> 注意：项目符号类型必须小写，例如 Circle、Square 可能在某些浏览器中无效。

【例 h3-8.html】使用有序、无序列表，如图 3-9 所示。代码如下：

```
<!DOCTYPE html PUBLIC "-//W3C//DTD XHTML 1.0 Transitional//EN"
```

```
                    "http://www.w3.org/TR/xhtml1/DTD/xhtml1-transitional.dtd" >
<html>
    <head> <title>有序无序列表</title> </head>
    <body>
        <ol> <li>苹果</li><li>香蕉</li><li>茄子</li> </ol>
        <hr />
        <ol type="I" start="3" >
                <li>苹果</li>
                <li>香蕉</li>
                <li>茄子</li>
        </ol>
        <hr />
        美国民主党总统:
        <div style="background:blue;">
            <ul><li>富兰克林.D.罗斯福</li><li>哈利.S.杜鲁门</li>
                <li>约翰.F.肯尼迪</li><li>林登.B.约翰逊</li>
                <li>吉米.卡特</li><li>比尔.克林顿</li><li>贝拉克·奥巴马</li>
            </ul>
        </div>
        美国共和党总统:
        <div style="background:red;">
            <ul style="list-style-type:circle">
                <li>德怀特.D.艾森豪威尔</li><li>理查德.尼克松</li>
                <li>杰拉尔德.福特</li><li>罗纳德.里根</li>
                <li>乔治.布什</li><li>乔治.W.布什</li>
            </ul>
        </div>
    </body>
</html>
```

图 3-9 使用有序、无序列表

3.3.3 定义列表<dl>

定义列表的语法格式如下：

```
<dl>
    <dt>名词 1</dt>
        <dd>名词 1 解释 1</dd>
        <dd>名词 1 解释 2</dd>
        ...
    <dt>名词 2</dt>
        <dd>名词 2 解释 1</dd>
        <dd>名词 2 解释 2</dd>
        ...
    ...
</dl>
```

各标记解释如下：

* <dl>标记定义无编号、无符号的术语"定义列表"，是一种两个层次的列表，可提供术语名词和该名称解释的两级信息。
* <dt>标记指定术语名称不缩进，</dt>可省略但必须有文本。
* <dd>标记指定对术语的解释自动缩进，</dd>可省略。

一个<dt>术语定义可以有多个<dd>内容解释、也可内嵌块级元素。

【例 h3-9.html】定义列表，如图 3-10 所示。代码如下：

```
<!DOCTYPE html PUBLIC "-//W3C//DTD XHTML 1.0 Transitional//EN"
  "http://www.w3.org/TR/xhtml1/DTD/xhtml1-transitional.dtd" >
<html>
    <head> <title>定义列表</title> </head>
    <body>
        <dl>
            <dt>星期日</dt>
                <dd>一周的第一天</dd>
            <dt>HTML</dt>
                <dd>超文本标记语言</dd>
                <dd>描述页面内容</dd>
            <dt>网页三剑客</dt>
                <dd>Dreamweaver</dd>
                <dd>Flash</dd>
                <dd>Fireworks</dd>
        </dl>
    </body>
</html>
```

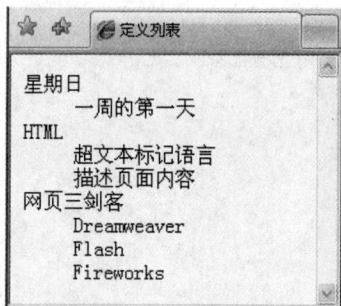

图 3-10　定义列表页面

3.3.4　目录、菜单列表<dir><menu>

目录列表<dir>、菜单列表<menu>的功能及显示效果与无序列表<ul>相同。

（1）目录列表：

```
<dir>
    <li>列表项</li>
    ...
</dir>
```

（2）菜单列表：

```
<menu>
    <li>列表项</li>
    ...
</menu>
```

【例 h3-10.html】使用目录、菜单列表，如图 3-11 所示。代码如下：

```
<!DOCTYPE html PUBLIC "-//W3C//DTD XHTML 1.0 Transitional//EN"
 "http://www.w3.org/TR/xhtml1/DTD/xhtml1-transitional.dtd" >
<html>
    <head> <title>目录、菜单列表</title> </head>
    <body>
        <dir> <li>联系人</li><li>联系地址</li><li>邮政编码</li> </dir>
        <hr />
        <menu>
            <li>联系人：张明</li>
            <li>联系地址：济南彩石</li>
            <li>邮政编码：250100</li>
        </menu>
    </body>
</html>
```

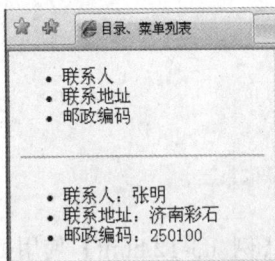

图 3-11　目录、菜单列表

3.3.5　列表嵌套应用

不同列表都可以互相多层地嵌套，并自动按所在层次缩进。

【例 h3-11.html】三种列表的嵌套示例，如图 3-12 所示。代码如下：

```
<!DOCTYPE html PUBLIC "-//W3C//DTD XHTML 1.0 Transitional//EN"
 "http://www.w3.org/TR/xhtml1/DTD/xhtml1-transitional.dtd" >
<html>
    <head> <title>列表嵌套</title> </head>
    <body>
        <ol style="list-style-type:lower-alpha" >  <!-- 等价于 type="a" -->
            <li>水果类</li>
                <ul style="list-style-type:square">
                    <li>苹果</li> <li>香蕉</li> <li>茄子</li>
                </ul>
            <li>蔬菜类</li>
            <ol> <li>萝卜</li> <li>白菜</li> <li>土豆</li> </ol>
        </ol>
```

```
    <hr />
    <ul><li>体育三大球</li>
        <ol> <li>足球</li> <li>篮球</li> <li>排球</li> </ol>
        <li>音乐分类</li>
        <dl> <dt>民族音乐<dd>中国传统音乐
            <dt>流行音乐<dd>中西结合音乐
            <dt>古典音乐
            <ul> <li>昨天的</li><li>今天的</li><li>明天的</li></ul>
        </dl>
    </ul>
  </body>
</html>
```

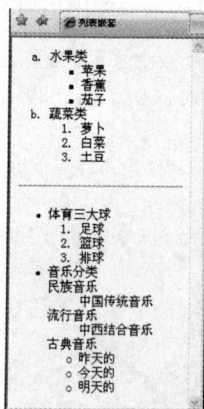

图 3-12　列表嵌套页面

【例 h3-12.html】使用列表发布 HTML 教材部分目录(或发布考试题)，如图 3-13 所示。代码如下：

```
<!DOCTYPE html PUBLIC "-//W3C//DTD XHTML 1.0 Transitional//EN"
 "http://www.w3.org/TR/xhtml1/DTD/xhtml1-transitional.dtd" >
<html>
 <head> <title>HTML 部分目录</title> </head>
 <body>
  <h2 style="text-align:center;font-weight:bold">目录</h2>
  <ol style="list-style-type:upper-roman">  <!-- 等价于 type="I" -->
    <li><strong>HTML 页面基本元素</strong>
      <ol><li>HTML 文本字符、注释标记及标记分类   <!-- 默认数字 -->
          <ol style="list-style-type:upper-alpha">
           <!-- 等价于 type="A" -->
           <li>普通文本、实体字符与注释标记</li>
           <li>HTML 文档的标记与分类</li>
          </ol> </li>
        <li>文本与修饰标记
          <ol style="list-style-type:upper-alpha">
           <li>设置文本标记</li> <li>文本修饰标记</li>
```

```
        <li>块级文本标记
              <ol style="list-style-type:lower-alpha">
                  <!-- 等价于 type="a" -->
              <li>标题标记</li> <li>段落标记</li> <li>预格式化标记</li>
                  </ol> </li>
          <li>样式组织标记
              <ol style="list-style-type:lower-alpha">
                  <!-- 等价于 type="a" -->
              <li>span 标记</li> <li>div 标记</li>
              </ol> </li>
          </ol>
        </li>
      </ol>
    </li>
  <li><strong>HTML 框架、表单、多媒体</strong>
      <ol><li>框架集、框架标记
          <ol style="list-style-type:upper-alpha">
              <li>框架集文档的结构</li> <li>框架集标记</li>
              <li>框架标记</li>        <li>浮动框架标记</li>
          </ol> </li>
        <li>表单标记
          <ol style="list-style-type:upper-alpha">
              <li>创建表单标记</li> <li>表单输入标记</li>
              <li>文本区标记</li>   <li>按钮标记</li>
          </ol> </li>
      </ol>
    </li>
  </ol>
 </body>
</html>
```

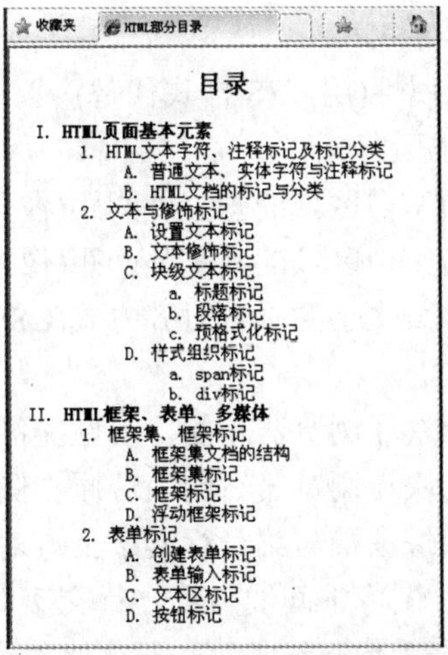

图 3-13　使用列表发布的 HTML 教材目录

3.4 插入图像标记

插入图像标记的语法格式如下：

```
<img src="图像 URL" alt="图像提示描述文本" />
```

<img />标记是行内元素，用于在当前行中插入一幅图像，无论图像大小，都只是区域块中的一行，前后的文本默认与图像底部对齐。

注意：传统 HTML 可写为<img src="图像">，XHTML 标准则必须用 "/" 闭合。

(1) 必需属性

src 指定图像路径(绝对或相对路径参见超链接)及文件名，考虑到下载速度，图像文件一般采用 JPEG、JPG、GIF 或 PNG 格式。

alt 指定页面中图像不能显示时的替代文本信息(不超过 1024 个字符)。

注意：① HTML 文档如果没有设置 title 属性，当鼠标指向图像时，则会显示 alt 文本作为提示。

② XHTML 文档 IE7 及以下浏览器如果不设置 title 属性，鼠标指向图像时，则会显示 alt 文本，IE8 及火狐鼠标指向图像时仅显示 title 内容，没有 title 也不会显示 alt 文本。

(2) 可选属性

width   设置图像在页面中的显示宽度(像素，XHTML 不支持%页面百分比)。

height   设置图像的高度(像素，XHTML 不支持%页面百分比)。

ismap   与<a>标记配合指定图像为服务器端图像映射。

usemap   与<map>和<area>配合指定图像为客户端图像映射。

lowsrc   低分辨率图像。

longdesc 指向图像描述文档的 URL。

(3) XHTML 不赞成使用的属性(用 CSS 样式代替)

border   设置图像的边框宽度(像素)。

vspace   设置图像上下两边空白区域的垂直外间距(像素)。

hspace   设置图像左右两边空白区域的水平外间距(像素)。

align   设置同一行中图像与文字的垂直对齐方式(CSS 对应属性 vertical-align)，align 属性的取值为：

- left   图像变为浮动块靠浏览器左侧，若原左侧有文本会下移后靠左侧。
- right   图像变为浮动块靠浏览器右侧，若原右侧有文本会下移后靠右侧。
- top   或 texttop，图像顶端与第一行文字上方对齐。
- middle   或 absmiddle，图像中间线与第一行文字对齐。
- bottom   或 absbottom，图像底线与第一行文字对齐。
- baseline 图像底线与第一行文字基线对齐。

> **注意**：图像可美化页面，但图像太多会影响下载时间。如果设置图像为单独一行及其在页面的左、中、右水平对齐，必须将<img>标记放在<p>或<div>父标记中，用 CSS 的"text-align:对齐方式"对父标记设置对齐方式。

【例 h3-13.html】在当前网页文件目录中的下一级文件夹 img 中保存 p3-1.jpg 图像文件，用表格按不同设置显示该图像。代码如下：

```
<!DOCTYPE html PUBLIC "-//W3C//DTD XHTML 1.0 Transitional//EN"
   "http://www.w3.org/TR/xhtml1/DTD/xhtml1-transitional.dtd" >
<html>
    <head> <title>显示图像</title> </head>
    <body>
        <h2 style="text-align:center" >设置图像尺寸和边框</h2>
        <hr />
        <table>
            <tr><td>原图 379x400</td>
                <td>设置 300x150</td>
                <td>设置 300x300 带边框</td>
            </tr>
            <tr><td><img src="img/p3-1.jpg" alt="原尺寸图像"
              title="原图 379x400" />
            </td>
            <td> <img src="img/p3-1.jpg" alt="设置 300x150"
                    width="300" height="150" /> </td>
            <td> <img src="img/p3-1.jpg" alt="设置 300x300 带边框"
                    border="5" width="300" height="300" /> </td>
            </tr>
        </table>
    </body>
</html>
```

IE7 及以下浏览器当鼠标指向图像时会显示 title 提示信息，无 title 则显示 alt 文本(见图 3-14)。IE8 及以上或火狐当鼠标指向图像时仅显示 title，无 title 也不会显示 alt 文本。

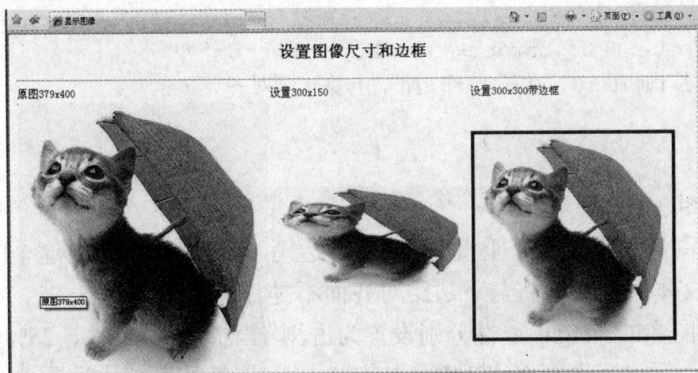

图 3-14　h3-13.html 页面及鼠标指向时的提示

从浏览器通过"工具"→"Internet 选项"→"高级"→"多媒体"取消"显示图片"后，刷新页面时不再显示图像而显示 alt 文本，如图 3-15 所示。

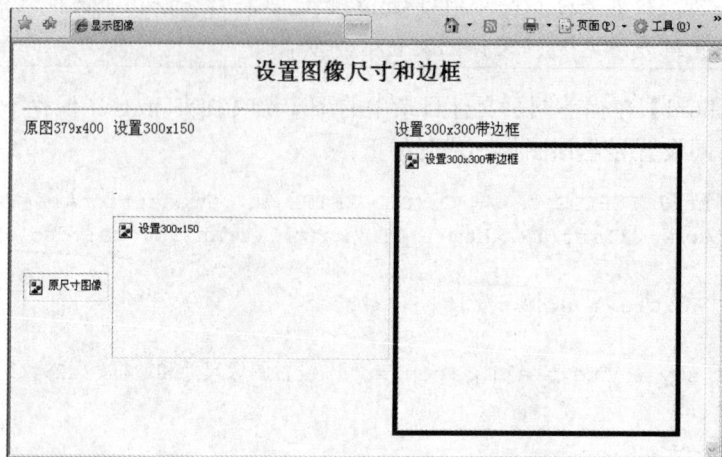

图 3-15 关闭浏览器图像的页面

【例 h3-14.html】使用传统 HTML 属性设置图像大小、间距以及图像与文本的对齐。程序代码如下：

```
<!DOCTYPE html PUBLIC "-//W3C//DTD XHTML 1.0 Transitional//EN"
   "http://www.w3.org/TR/xhtml1/DTD/xhtml1-transitional.dtd" >
<html>
    <head> <title>图像间距与对齐</title> </head>
    <body>
        <h2 style="text-align:center" >设置图像间距与对齐</h2>
        <hr />
        <img src="img/p3-2.jpg" alt="蓝梦" height="100" hspace="10"
          align="top" />
        图像水平间距 10，与文本上对齐<br />
        <img src="img/p3-2.jpg" alt="蓝梦" height="150" hspace="20"
          align="middle" />
        图像水平间距 20，与文本居中对齐<br />
        <img src="img/p3-2.jpg" alt="蓝梦" height="200" hspace="30"
          vspace="30" border="3" align="bottom" />
        图像水平间距 30、垂直 30 带边框，与文本下对齐
    </body>
</html>
```

运行结果如图 3-16 所示。

其中第 3 个图像由于设置了垂直(上下)的外边距 vspace="30"，而这个间距也属于图像元素本身，所以文本下对齐时将与下边距对齐而不是与图像下方对齐。

如果将 3 幅图像的 height 属性分别设置为占浏览器高度的 15%、25%、35%，则必须去掉<!DOCTYPE>标记，否则 XHTML 不支持 height 属性的百分比设置，在 XHTML 文档中如果必须使用百分比，可通过 CSS 设置。

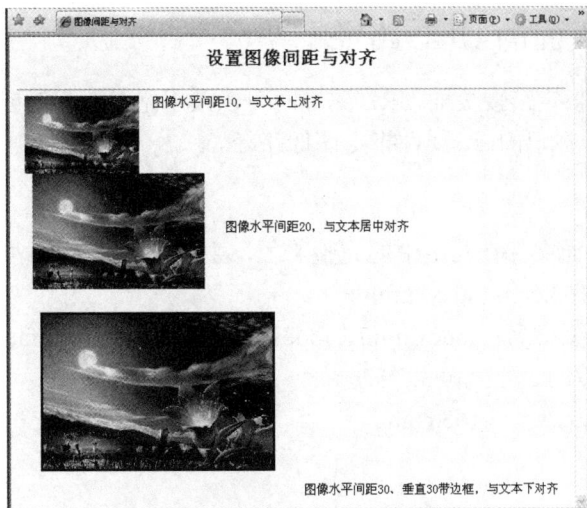

图 3-16　h3-14.html 页面

注意：目前流行的网页制作中，装饰性的图像都不要放在页面中，而是通过 CSS 作为背景图像来实现。

3.5　超链接标记

一个网站往往有许多页面，使用超链接可以建立彼此的关系，单击超链接文本或图像就可以转向或打开另一个页面。

超链接的含义是通过链接文本或图形锚定(anchor)到另一个页面，或者锚定到当前页面中的某一个锚点(anchor)。

3.5.1　超链接、设置锚点标记\<a>

超链接、设置锚点标记\<a>的语法如下：

```
<a [href="URL 或#锚点或 Email" [target="目标窗口"]]>链接文本或图像</a>
```

\<a>标记是一个行内标记，使用 href 属性时就是一个超链接标记，点击链接文本或图像(热点文字)则可链接到 href 指定的网页或锚点。省略 href 仅仅在文档中设置一个锚点。

- href 属性：指定链接文档的 URL、锚点或用 Email 发送邮件。
- target 属性：指定链接页面的显示窗口(默认为_self 当前窗口，还可设置为_blank 新窗口、_parent 父框架、_top 顶层框架)，该属性已被 XHTML 1.1 禁用。
- rel/rev 属性：可定义当前文档与目标 URL 之间的关系(详见 link 标记)。
- type 属性：用于指定目标 URL 的 MIME 类型。

链接热点文本如果没有设置 CSS 样式，默认以蓝色带下划线显示，点击后变为紫红色，对链接图像则默认带蓝色边框，点击后为紫红色边框。可通过 CSS 设置各种操作状态的外观样式。

3.5.2 超链接页面的 URL 路径

<a>标记用 href 指定链接页面 URL 路径时可以采用绝对、相对或根路径，这些路径也适为<img />插入图像标记的 src 属性指定图像路径。

1．绝对路径

绝对路径就是页面文件在网络中的完整路径，主要用于其他网站的友情链接。

如：http://www.163.com/index.html

如果用默认首页文件名：index.html、index.htm、index.jsp、default.html、default.htm、default.jsp 则连同最后的"/"都可以省略。

上例等同于：http://www.163.com

2．相对路径

相对路径即页面文件相对于当前页面文件的路径，用于链接同一网站内的其他页面。

同一目录内：只写被链接的文件名。如 abc.html

下一级目录：目录名/文件名。如 view/abc.html

上一级目录：../文件名。如../abc.html

3．根路径

根路径就是从设置为网站的文件夹开始并以"/"表示该文件夹，后面是文件所在路径及文件名，用于链接同一网站不同目录内的其他页面，如/view/abc.html。

4．#表示链接当前页面自身

【例 h3-15.html】被链接页面 h3-16.html 与主页面 h3-15.html 保存在同一文件夹目录下、被链接页面 h3-17.html 及图像文件 p3-3.jpg 保存在当前目录的下一级文件夹 img 中。代码如下：

```
<!DOCTYPE html PUBLIC "-//W3C//DTD XHTML 1.0 Transitional//EN"
  "http://www.w3.org/TR/xhtml1/DTD/xhtml1-transitional.dtd" >
<html>
    <head> <title>超链接页面</title> </head>
    <body>
        <ul>
            <li> <a href="http://www.163.com" target="_blank"
                title="单击这里链接163网站">163网站</a> </li>
            <li> <a href="h3-16.html" target="_blank">学习页面</a> </li>
            <li> <a href="img/h3-17.html" target="_blank">
                <img src="img/p3-3.jpg" alt="单击通过页面查看原图像"
                 width="30" height="35" border="0" />
                </a> </li>
        </ul>
    </body>
</html>
```

【例 h3-16.html】被链接子页面，必须与主页面保存在同一目录中。代码如下：

```
<!DOCTYPE html PUBLIC "-//W3C//DTD XHTML 1.0 Transitional//EN"
  "http://www.w3.org/TR/xhtml1/DTD/xhtml1-transitional.dtd" >
<html>
    <head> <title>学习页面</title> </head>
    <body>
        <h1 style="text-align:center" >学习 HTML 课程页面</h1>
        <hr />被链接子页面，与主页面保存在同一目录中。
    </body>
</html>
```

【例 h3-17.html】被链接子页面，必须保存在主页文件目录中的下一级文件夹 img 中。代码如下：

```
<!DOCTYPE html PUBLIC "-//W3C//DTD XHTML 1.0 Transitional//EN"
  "http://www.w3.org/TR/xhtml1/DTD/xhtml1-transitional.dtd" >
<html>
    <head> <title>图像页面</title> </head>
    <body>
        <h2 style="text-align:center" >图像原图</h2>
        <hr />
        被链接子页面，<img src="p3-3.jpg" alt="小雪" />连同图像 p3-3.jpg 保存在
        主页文件目录中的下一级文件夹 img 中。
    </body>
</html>
```

运行结果如图 3-17~3-19 所示。

图 3-17   h3-15.html 主页面

图 3-18   h3-16.html 被链接子页面

图 3-19   h3-17.html 被链接子页面

3.5.3 关于 target 属性

HTML 中 target 属性可指定打开链接页面的窗口，XHTML 禁用该属性的目的是防止有些网站恶意自动打开众多的广告页面。

虽然 XHTML 1.1 禁用 target 属性，但如果特别需要打开新窗口显示被链接页面，可以用 JavaScript 代码设置<a>标记的 target 属性，也可为超链接设置单击事件，在事件函数中使用 window 对象的 open 方法打开新窗口。

为了便于查阅，我们先在这里介绍一下设置<a>标记 target 属性的 JavaScript 代码。

首先在需要打开新窗口显示链接页面的<a>标记中增加一个合法的 rel 属性作为打开新窗口的标志(也可使用 id 或 class 属性，但对应 JavaScript 代码不同)：

```
<a href="URL" rel="external" >文本或图像</a>
```

然后在页面文档或已有的外部.js 文件中添加以下 JavaScript 代码：

```
window.onload=externalLinks;                              //页面装载完毕调用函数
function externalLinks()                                  //打开新窗口的函数
{ var anchors=document.getElementsByTagName("a");         //获取所有<a>标记数组
   for (var i=0; i<anchors.length; i++)
   { var a=anchors[i];
     if (a.getAttribute("rel")=="external")
        a.target="_blank";  //设置 target 属性
   }
}
```

3.5.4 链接到普通文档、图像或多媒体文件

超链接<a>标记的 href 可直接链接普通文档、表格、图像或音频、视频等多媒体文件。

在 IE7 及以下或火狐浏览器中，当用户单击链接文本时，可直接在浏览器页面中显示文档、表格、图像，对音频或视频等多媒体文件，如果用户机器上安装了播放软件，也可直接播放，如果没有安装播放软件，一般浏览器会提示用户下载软件并自动播放或者提示用户下载"保存"文件供以后播放。

在 IE8 浏览器中，当用户单击链接文本时，则会弹出如图 3-20 所示的文件下载对话框，提示"打开"或"保存"文件，如果需要在页面中直接显示或播放，必须超链接 html 文档通过<img>显示图像或通过<object>播放多媒体，例如 h3-15.html 通过链接 h3-17.html 文档显示图片。

【例 h3-18.html】链接图像或多媒体文件，本例页面使用了背景图片

```
<!DOCTYPE html PUBLIC "-//W3C//DTD XHTML 1.0 Transitional//EN"
  "http://www.w3.org/TR/xhtml1/DTD/xhtml1-transitional.dtd" >
<html>
  <head> <title>链接视频文件</title> </head>
  <body style="background-image:url(img/p3-4.jpg)">
```

```
<p style="text-align:center">
单击超链接小图像可打开查看或保存原图：<br />
<a href="img/p3-5.jpg">
    <img src="img/p3-5_sm.jpg" alt="查看或保存原图" /></a>
<a href="img/p3-6.jpg">
    <img src="img/p3-6_sm.jpg" alt="查看或保存原图" /></a>
<a href="img/p3-7.jpg">
    <img src="img/p3-7_sm.jpg" alt="查看或保存原图" /></a>
<a href="img/p3-8.jpg">
    <img src="img/p3-8_sm.jpg" alt="查看或保存原图" /></a>
</p>
<p style="text-align:center">
单击该动画可以链接播放或保存视频文件：
<a href="img/pond.mov">
    <img src="img/projector.gif" width="40"
        height="50" align="middle" />
</a>
</p>
</body>
</html>
```

页面运行结果如图 3-20 所示，单击链接图片时 IE7 及以下或火狐浏览器可直接在页面中显示图片，而 IE8 则弹出下载对话框提示"打开"或"保存"文件，如图 3-21 所示。

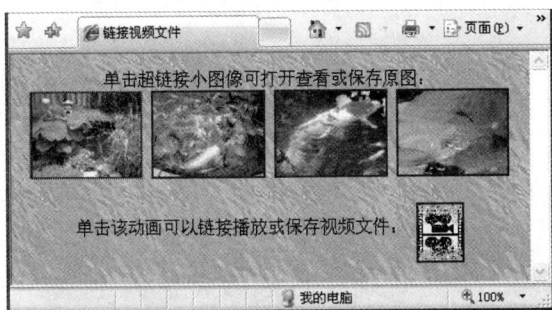

图 3-20　h3-18.html 主页面

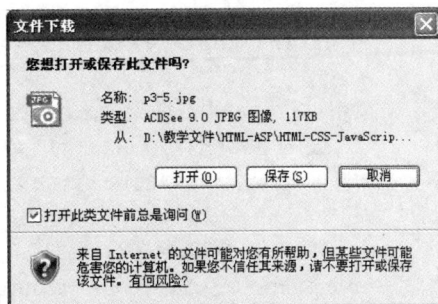

图 3-21　IE8 提示打开或保存资源文件

3.5.5　设置锚点与 E-mail 链接

锚点链接可以在点击链接后跳转到同一文档或其他文档中的某个指定位置，但必须使用不带 href 属性的<a>标记在该位置设置锚点标识符：

```
<a name||id="锚点唯一标识符" > </a>
```

设置锚点不能使用 href 属性，传统 HTML 使用 name 属性设置锚点，XHTML 标准统一使用 id 属性，锚点标识符必须惟一且不能以数字开头，不同页面的锚点可以相同。

（1）链接跳转到同一页面内的指定锚点：

```
<a href="#锚点标识符" >链接文本或图像</a>
```

(2) 链接其他页面并跳转到指定锚点：

```
<a href="文档URL#锚点标识符" [target="目标窗口"] >链接文本或图像</a>
```

(3) 链接 E-mail 地址发送电子邮件：

```
<a href="mailto:Email 地址 [?subject=主题 [&body=正文] ]" >链接文本或图像</a>
```

如果用户机器安装了 Outlook 邮件发送软件，点击该超链接时可自动启动邮件发送。Email 地址 "?" 后可以带有多个属性，但属性之间必须用&隔开。例如：

```
<a href="mailto:lfshun@163.com?subject=作业&body= HTML 作业">提交作业</a>
```

应用技巧：为防止垃圾邮件制造者自动收集 E-mail 地址，可用字符实体替换 E-mail 地址中的一些字符。

如字母 f 可使用 "f"，lfshun@163.com 可写为 lfshun@163.com，再如链接文本中的逗号可用 "%2C" 代替、空格可用下划线 "_" 代替。

【例 h3-19.html】可以超链接到本页面 top、A 锚点或 h3-20.html 页面 A、B 锚点并可启动发送 E-mail 邮件的主页。代码如下：

```
<!DOCTYPE html PUBLIC "-//W3C//DTD XHTML 1.0 Transitional//EN"
  "http://www.w3.org/TR/xhtml1/DTD/xhtml1-transitional.dtd" >
<html>
  <head> <title>带锚点主页面</title> </head>
  <body>
    <h2 style="text-align:center">
      <a id="top"> </a>HTML 学习　第一章         <!-- 设置锚点 top -->
    </h2>
    索引：1-1 <a href="#A">1-2</a>               <!-- 链接本页锚点 A -->
      <a href="h3-20.html#A">2-1</a>            <!-- 链接 h3-20.html 锚点 A -->
      <a href="h3-20.html#B">2-2</a>            <!-- 链接 h3-20.html 锚点 B -->
    <hr />
    1-1 第一节：标记<br /><br /><br /><br /><br /><br /><br /><br />
    <br /><br /><br /><br /><br /><br /><br /><br /><br /><br />
    <br /><br /><br /><br /><br /><br /><br /><br /><br /><br />
    <br /><br />
    <a id="A"> </a>                             <!-- 设置锚点 A -->
    1-2 第二节：属性<br /><br /><br /><br /><br /><br /><br /><br />
    <br /><br /><br /><br /><br /><br />
    <a href="#top">返回开始</a> <br />          <!-- 链接本页锚点 top -->
    <a href="mailto:l&#102;shun@163.com">联系我们</a> <br />
    <a href="mailto:l&#102;shun@163.com?subject=作业&body= HTML">提交作业
    </a>
  </body>
</html>
```

【例 h3-20.html】被链接子页面与主页面 h3-19.html 保存在同一目录。代码如下：

```
<!DOCTYPE html PUBLIC "-//W3C//DTD XHTML 1.0 Transitional//EN"
```

```
    "http://www.w3.org/TR/xhtml1/DTD/xhtml1-transitional.dtd" >
<html>
    <head> <title>带锚点子页面</title> </head>
    <body>
        <h2 style="text-align:center">
            <a id="A"> </a> HTML 学习　第二章　　　　 <!-- 设置锚点 A -->
        </h2>
        <hr />
        2-1 第一节：<br /> <br /> <br /> <br /> <br /> <br /> <br /> <br />
        <br /> <br /> <br /> <br /> <br /> <br /> <br /> <br /> <br />
        <br /> <br /> <br /> <br /> <br /> <br /> <br /> <br /> <br />
        <br /> <br /> <br /> <br /> <br /> <br /> <br /> <br /> <br />
        <br /> <br /> <br />
        <a id="B"> </a>                         <!-- 设置锚点 B -->
        2-2 第二节：<br /> <br /> <br /> <br /> <br /> <br /> <br /> <br />
        <br /> <br /> <br /> <br /> <br /> <br /> <br /> <br /> <br />
        <br /> <br /> <br /> <br /> <br />
        <a href="h3-19.html" title="单击返回主页第一章">返回</a>
    </body>
</html>
```

运行结果如图 3.22 和 3.23 所示。

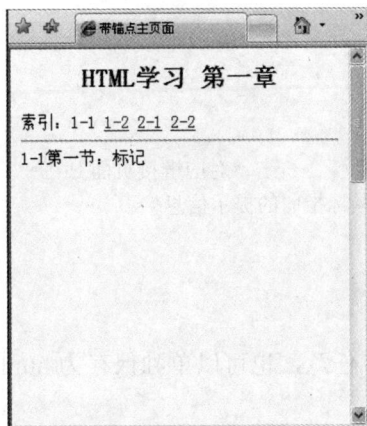

图 3-22　h3-19.html 页面　　　　　　　图 3-23　超链接到锚点页面

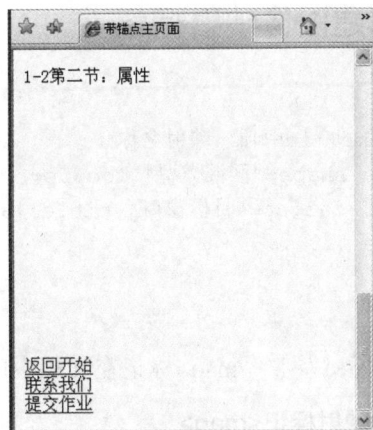

3.6　图像映射标记

一幅图像可以整体作为超链接使用，如果需要将一幅图像分为几个部分分别链接不同的页面，可以使用图像映射。例如医疗用人体图像，不同部位可链接不同医疗方案的页面，再如用户单击中国地图中的不同城市，则可链接到该城市的详细地图页面。

图像映射一般仅用于不规则的、比较复杂的图像，对有规则的图像，可用图像处理软件将图像分割为若干块独立的小图像，每个图像块用一个超链接将它们单独链接到不同页面，然后再把小图像按原顺序排列起来。

> 注意：这些小图像的超链接标记虽然比较多，但属于同一行，如果需要换行时，必须在标记内部换行，标记之间不要换行或使用空格，避免图像排列后有间隙。

3.6.1 图像映射方式

图像映射可以采用两种方式。

(1) 服务器端图像映射：

```
<a> <img /> </a>
```

在<img />图像标记中用 ismap="ismap"属性指定由服务器处理图像映射，配合<a>提交给服务器处理程序，服务器根据用户点击的坐标，链接到不同的页面。目前这种方式已不采用。

(2) 客户端图像映射。

用<map>映射标记、<area />区域标记划分出<img />图像的各个超链接区域，直接在客户端页面中创建图像映射，链接到不同的页面，而不需要编写专门的服务器程序，目前的图像映射大多采用这种方式。

3.6.2 创建图像映射标记

语法如下：

```
<map name||id="唯一映射名称" >
    <area shape="区域类型" coords="区域参数"  href="对应链接页面 URL"
        [ target="目标窗口" title||alt="鼠标指向的提示信息"]  />
    <area ... />
    ...
</map>
```

<map> <area /> ... </map>标记在文档中的位置任意，也可以单独保存为.html 文件。

1. 图像映射标记<map>

<map>标记用于定义客户端图像映射，标记内必须包含内嵌的<area />划分区域标记。name||id 属性指定唯一的映射名称，并在<img />标记中使用该名称建立映射关联。

2. 指定图像区域及对应链接页面标记<area />

<area />标记用于指定图像中可单击的一个区域及对应的链接页面，当用户单击这个区域时即可自动超链接到指定的页面。

shape 属性指定所选区域的形状：rectangle 矩形、circle 圆、polygon 多边形。

coords 属性指定区域坐标(像素)：图像左上角坐标(0,0)，超出边界的值将被忽略。

- 矩形："x1,y1,x2,y2"分别为矩形左上角(x1,y1)右下角(x2,y2)坐标。

● 圆形："x,y,r"分别为圆心坐标(x,y)和半径 r。

● 多边形："x1,y1,x2,y2,x3,y3,..."分别是顺序顶点坐标，结尾点无须与开始点重复。

nohref 属性可以指定排除不链接的映射区域，取值为 true 或 false。

图像映射热点区域的坐标可用 FrontPage、DreamWeaver 等软件工具获取，这些软件能让用户在图像上绘制热点区域，然后自动生成坐标数据或 HTML 代码文件。

> 注意：① HTML 可使用 title 或 alt 显示鼠标指向对应区域时的提示信息，对 XHTML 文档 IE7 及以下可使用 title 或 alt，IE8 及火狐只能用 title 显示鼠标指向的提示信息。
> ② 如果<area />指定区域重叠，则先定义优先，之后重复定义的无效，可在之前用 <area href="" />覆盖暂时不需要映射的区域为"死区域"，需要时再去掉<area href="" />。

3.6.3　使用图像映射的<img />图像

定义图像映射后即可在需要的位置用<img />插入带映射的图像，但必须使用 usemap 属性关联<map>的图像映射，当用户单击某个热点区域时即可自动超链接到指定的页面：

```
<img src="URL" alt="替代文本" usemap="#map 标记指定的映射名" />
```

如果图像映射标记单独保存在 xxx.html 文件中，则可使用：

```
<img src="URL" alt="替代文本" usemap="xxx.html#map 标记指定的映射名" />
```

> 注意：XHTML 1.0 需要在映射名前加"#"，XHTML 1.1 则不需要加"#"，而目前有的 浏览器尚不支持不加"#"，因此使用图像映射时应使用 XHTML 1.0 标准。

【例 h3-21.html】使用图像映射制作一个介绍项目工作流程的页面，项目工作流程图像 p3-9.jpg 设置了 6 个热点映射区域，分别对应 h3-21 目录中的 6 个页面文档，通过超链接对应的页面可以了解每个阶段的工作任务。

(1) 创建 h3-21.html 文档：

```
<!DOCTYPE html PUBLIC "-//W3C//DTD XHTML 1.0 Transitional//EN"
  "http://www.w3.org/TR/xhtml1/DTD/xhtml1-transitional.dtd" >
<html>
  <head> <title>项目工作流程</title> </head>
  <body>
    <h1>项目工作流程</h1>
    <p>下面是授课过程中软件开发的工作流程，
        在图片上移动鼠标可了解每个过程的大致需要完成的任务。</p>
    <p style="text-align:center">
      <img src="img/p3-9.jpg" alt="项目流程" style="border:none"
        usemap="#p3-9" />
    </p>
    <map id="p3-9">
      <area shape="rect" coords="32,55,189,108" href="h3-21/h3-21-1.html"
          title="点击查看 h3-21-1.html 项目背景详细内容" target="_blank" />
```

```
      <area shape="rect" coords="118,121,275,171"
        href="h3-21/h3-21-2.html" title="解决方案" target="_blank" />
      <area shape="rect" coords="189,185,346,235"
        href="h3-21/h3-21-3.html" title="项目开发" target="_blank" />
      <area shape="rect" coords="282,248,437,298"
        href="h3-21/h3-21-4.html" title="项目测试" target="_blank" />
      <area shape="rect" coords="351,317,508,367"
        href="h3-21/h3-21-5.html" title="项目汇报" target="_blank" />
      <area shape="rect" coords="427,386,583,436"
        href="h3-21/h3-21-6.html" title="项目总结" target="_blank" />
    </map>
  </body>
</html>
```

(2) 在 h3-21.html 目录中创建文件夹 h3-21 并保存图像映射的超链接页面(简略文档)。

① h3-21/h3-21-1.html 项目背景：

```
<p>主要是带领学生一起了解需要开发项目的背景，并通过以下几种方法完成项目的需求分析文
档：</p>
<ul><li>直接给出项目需求分析文档</li>
    <li>通过不同角色扮演，多次交流得到需求分析文档</li>
    <li>真实拜访客户，多次交流得到需求分析文档</li>
</ul>
```

② h3-21/h3-21-2.html 解决方案：

```
<p>主要是带领学生一起设置开发项目的解决方案，主要包括项目的界面设计、数据库设计以及功
能模块设计三大部分。</p>
```

③ h3-21/h3-21-3.html 项目开发：

```
<p>主要是带领学生一起根据第二步设置的解决方案，进行具体的开发。此时需要针对具体的业务
流程、技术知识点、编码规范等进行讲解。</p>
```

④ h3-21/h3-21-4.html 项目测试：

```
<p>主要是指导学生设计测试用例，然后根据测试用例进行项目测试，完成设计的测试用例。最终
完成整个项目各阶段的测试。</p>
```

⑤ h3-21/h3-21-5.html 项目汇报：

```
<p>主要是要求学生制作幻灯片进行项目开发的汇报以及项目演示。在该阶段同时可以让学生对各
自的优缺点进行互评。</p>
```

⑥ h3-21/h3-21-6.html 项目总结：

```
<p>主要让各组学生对本次项目开发的整个过程进行总结。同时在该阶段可以让学生简单了解一些
项目提交给用户后的维护工作。</p>
```

运行结果如图 3-24 所示。

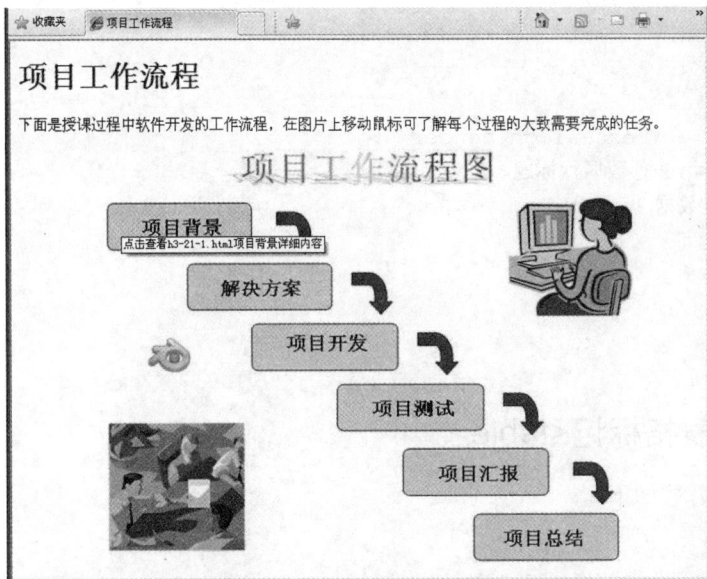

图 3-24　使用图像映射的项目工作流程图像

3.7　表　格　标　记

表格标记在传统网页制作的布局方面举足轻重，几乎所有布局都采用表格，而且多重表格层层嵌套，代码非常混乱，既不易阅读，也不易维护和修改。在目前基于 Web 2.0 标准的网页制作中，布局都采用 CSS，表格也恢复了它原有的功能，仅用于显示数据而已。

3.7.1　表格的语法结构

假设在页面中显示一个如图 3-25 所示的表格。

表格标题

行列标题	第1列数据标题	第2列数据标题	第3列数据标题
第1行数据行标题	数据1.1	数据1.2	数据1.3
第2行数据行标题	数据2.1	数据2.2	数据2.3
第3行数据行标题	数据3.1	数据3.2	数据3.3

图 3-25　页面表格示例

则对应图 3-25 中表格的简化代码及语法结构如下：

```
<table border="1" width="600" >              — 表格标记，块级元素
    <caption>表格标题</caption>               — 表格前大标题
    <tr>                                      — 行标记，每行必须独立使用<tr></tr>
        <th>行列标题</th> <th>第 1 列数据标题</th> ...   — 表内行列小标题标记
    </tr>
    <tr style="text-align:center" >           — 等价于 align="center"属性
        <th>第 1 行数据行标题</th>
```

```
        <td>数据 1.1</td>                        — 列标记，每列必须独立使用<td></td>
        <td>数据 1.2</td>
        <td>数据 1.3</td>
    </tr>
    <tr style="text-align:center" >
        <th>第 2 行数据行标题</th>
        <td>数据 2.1</td>
        ...
    </tr>
    ...
</table>
```

3.7.2 创建表格标记<table>

创建表格的语法如下：

```
<table>
    表格内容 — 包含标题标记、行标记、列标记
</table>
```

<table>标记是块级元素，标记内可以放置表格大标题、行、行列标题和列标记等内容，构成一个完整的数据表格，也可以在每个单元格中放置任意的文本块、图像或其他表格，起到排版定位的效果，但表格嵌套不宜超过三层，否则会影响页面打开的速度。

(1) <table>标记的可选属性：

width/height	指定表格的总宽度/总高度。
border	指定边框宽度(像素)，默认 border="0"表示无边框。
bordercolor	指定边框颜色。
bordercolorlight	指定亮边框颜色。
bordercolordark	指定暗边框颜色。
frame	指定表格外围哪一侧边框可见，必须配合 border 设置边框后使用。frame 取值为：border‖box 四周(默认)、above 上、below 下、hsides 上下、lhs 左、rhs 右、vsides 左右、void 全无。
rules	指定表格内部哪些分界线边框可见，必须配合 border 设置边框后使用。rules 取值为：all 全部(默认)、rows 行框、cols 列框、none‖groups 全无。
cellspacing	指定单元格与单元格边框之间的空白间距(默认 2)。
cellpadding	指定单元格内容与边框的空白间距(默认 1)。
summary	为语音合成非视觉浏览器指定表格摘要。

注意：XHTML 不赞成使用外观呈现属性，对 cellspacing 和 cellpadding 属性虽然 CSS 中有等价的属性，但考虑某些浏览器可能不支持，仍建议使用 cellspacing 和 cellpadding。

(2) XHTML 不赞成使用的属性：

bgcolor　　　指定背景颜色。

background　　指定背景图片。

align　　　　指定表格在浏览器中的水平对齐方式。

注意：<table>不接受或者说不继承外部父标记设置的样式属性，必须独立设置。

3.7.3　标题标记<caption>

标题标记的语法格式如下：

`<caption>表格标题</caption>`

<caption>标记定义表格前的大标题，必须在<table>内第一个<tr>行标记之前，且只能有一个，该标题默认在表格之前居中显示。

3.7.4　行标记<tr>

行标记的语法格式如下：

`<tr>一行内容</tr>`

<tr>标记定义表格中的一行，可以继承<table>设置的属性，也可以单独设置覆盖<table>属性。

align　　　　指定本行内<th>、<td>所有单元格中文本的水平对齐方式。

　　　　　　　取值 left(默认)、right、center、justify(两端对齐)、char(按字符对齐)。

valign　　　指定本行所有单元格中文本的垂直对齐方式。

　　　　　　　取值 top、middle(默认)、bottom、baseline(按基线对齐)。

bgcolor　　　指定本行的背景颜色。

char="字符"　　当 align="char"时才能使用，char 属性指定对齐的字符。

charoff="偏移量"　当 align="char"且已设置 char 属性才能使用，charoff 指定第一个

　　　　　　　对齐字符的偏移量。

注意：<tr>属性对本行内的所有单元格有效，XHTML 不赞成使用 align、bgcolor 属性。

3.7.5　单元格标记<th><td>

表格内的行列小标题标记<th>、列标记<td>是表格内的最小单元，也称为单元格标记。

1．列标记<td>

列标记的语法格式如下：

`<td>单元格内容</td>`

<td>标记定义每行中的数据单元格，继承<tr>样式属性，也可单独设置覆盖<tr>属性。

align	设置该单元格文本水平对齐方式，取值同<tr>标记。
valign	设置该单元格文本垂直对齐方式，取值同<tr>标记。
colspan	指定该单元格可横跨的列数。
rowspan	指定该单元格可竖跨的行数。
abbr	指定单元格中内容的缩写版本。
axis	为单元格定义一个 category_names 别名。

headers="header_cells'_id 空格分隔的表头 ID 列表"　用于将表头和单元格联系起来。

scope　　指定此单元格是否为可以将单元格与表头联系起来。

如果某个单元格内没有文本数据内容，通常该单元格也不会显示，为保证表格视觉上的完整性，最好使用空格实体字符：<td> </td>。

注意：XHTML 不赞成使用 bgcolor、height、width 及 nowrap(环绕)属性。

2．行列标题标记<th>

行列标题标记的语法格式如下：

<th>行或列标题</th>

<th>标记一般用于第一行定义每列的列标题，或者用于在每行的第一列定义该行的行标题。

<th>标记与<td>标记的属性、用法完全相同，区别是<td>标记默认普通文本左对齐显示，而<th>标记默认以粗体居中显示。

【例 h3-22.html】使用行、列标题。代码如下：

```
<!DOCTYPE html PUBLIC "-//W3C//DTD XHTML 1.0 Transitional//EN"
  "http://www.w3.org/TR/xhtml1/DTD/xhtml1-transitional.dtd" >
<html>
    <head> <title>使用行、列标题</title> </head>
    <body>
      <table width="500" border="1" align="center"
        style="text-align:center">
        <caption>使用行、列标题</caption>
        <tr><th> </th>
            <th>网页设计</th> <th>数据库开发</th> <th>程序设计</th> </tr>
        <tr><th>清华出版社</th>
            <td>Dreamweaver</td> <td>Access</td> <td>C++</td> </tr>
        <tr><th>北大出版社</th>
            <td>FrontPage</td> <td>SQL SERVER</td> <td>C#</td> </tr>
      </table>
    </body>
</html>
```

在<table>标记中的内联 CSS 属性 style="text-align:center"对表格内所有单元格都有效，但对表格本身无效，可使用 CSS 布局设置。这里用传统的 align="center"设置整个表格在浏览器中的对齐方式，运行结果如图 3-26 所示。去掉 width="500"，采用默认宽度时，效果如图 3-27 所示。

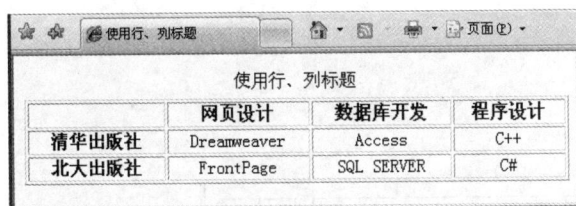

图 3-26   h3-22.html 页面   图 3-27   使用默认宽度时的页面

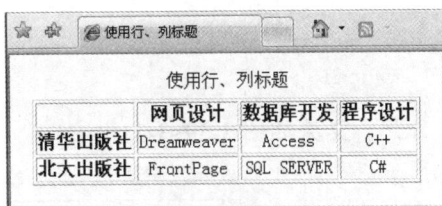

【例 h3-23.html】设置边框为蓝色，只有上下外边框，没有左右外边距及内部行列边框，背景为红色。代码如下：

```
<!DOCTYPE html PUBLIC "-//W3C//DTD XHTML 1.0 Transitional//EN"
  "http://www.w3.org/TR/xhtml1/DTD/xhtml1-transitional.dtd" >
<html>
    <head> <title>设置表格边框与背景</title> </head>
    <body>
        <table width="400" height="40" border="1" bordercolor="blue"
          bgcolor="red" frame="hsides" rules="none" >
            <tr> <td>Dreamweaver</td> <td>Access</td> <td>C++</td> </tr>
            <tr> <td>FrontPage</td> <td>SQL SERVER</td> <td>C#</td> </tr>
        </table>
    </body>
</html>
```

运行结果如图 3-28 所示。

图 3-28   设置边框与背景颜色的表格

若将 frame="hsides"改为"vsides"，则只有左右外边框，改为"void"则没有外边框，若将 rules="none"改为"rows"则显示内部行边框、改为"cols"则显示内部列边框，去掉 frame 和 rules 属性默认将显示全部内外边框。

【例 h3-24.html】用 cellspacing 设置单元格与单元格边框之间的间距(默认为 2)，用 cellpadding 设置单元格内容与边框的间距(默认为 1)。代码如下：

```
<!DOCTYPE html PUBLIC "-//W3C//DTD XHTML 1.0 Transitional//EN"
  "http://www.w3.org/TR/xhtml1/DTD/xhtml1-transitional.dtd" >
<html>
    <head> <title>设置单元格间距与边距</title> </head>
    <body>
        <table width="400" height="40" border="1" bordercolor="blue"
          cellspacing="10" cellpadding="0" >
            <tr> <td>Dreamweaver</td> <td>Access</td> <td>C++</td> </tr>
```

```
    <tr> <td>FrontPage</td> <td>SQL SERVER</td> <td>C#</td> </tr>
    </table>
  </body>
</html>
```

运行结果如图 3-29~3-31 所示。

| Dreamweaver | Access | C++ |
| FrontPage | SQL SERVER | C# |

图 3-29 设置 cellspacing="10" cellpadding="0"的表格

| Dreamweaver | Access | C++ |
| FrontPage | SQL SERVER | C# |

图 3-30 设置 cellspacing="0" cellpadding="10"的表格

| Dreamweaver | Access | C++ |
| FrontPage | SQL SERVER | C# |

图 3-31 去掉 cellspacing、cellpadding 属性，采用默认值的表格

【例 h3-25.html】使用合并单元格的\<th>或\<td>。用 colspan 属性横跨列的单元格将占用该行后面的列单元格，用 rowspan 属性竖跨行的单元格将占用下一行中该列的单元格。代码如下：

```
<!DOCTYPE html PUBLIC "-//W3C//DTD XHTML 1.0 Transitional//EN"
  "http://www.w3.org/TR/xhtml1/DTD/xhtml1-transitional.dtd" >
<html>
  <head> <title>合并单元格</title> </head>
  <body>
    <table width="300" border="1">
      <tr><th colspan="3">第一学期</th><th colspan="3">第二学期</th></tr>
      <tr> <th>数学</th> <th>物理</th> <th>英语</th>
        <th>数学</th> <th>物理</th> <th>英语</th>
      </tr>
      <tr> <td>98</td> <td>95</td> <td>80</td>
        <td>95</td> <td>87</td> <td>88</td>
      </tr>
    </table>
    <hr />
    <table width="300" border="1">
      <tr><th colspan="2"> </th><th>螺母</th><th>螺栓</th><th>锤子
      </th></tr>
```

```
    <tr> <th rowspan="3">第一季度</th>
        <th>一月</th> <td>2500</td> <td>1000</td> <td>1240</td>
    </tr>
    <tr> <th>二月</th> <td>3000</td> <td>2500</td> <td>4000</td> </tr>
    <tr> <th>三月</th> <td>3200</td> <td>1000</td> <td>2400</td> </tr>
    </table>
  </body>
</html>
```

运行结果如图 3-32 所示。

第一学期			第二学期		
数学	物理	英语	数学	物理	英语
98	95	80	95	87	88

		螺母	螺栓	锤子
第一季度	一月	2500	1000	1240
	二月	3000	2500	4000
	三月	3200	1000	2400

图 3-32　跨行跨列的表格

3.7.6　表格结构划分标记<thead><tfoot><tbody>

<thead>、<tfoot>、<tbody>标记可对表格的结构进行划分，用于对内容较多的表格实现表格头和页脚的固定，只对表格正文滚动或在分页打印长表格时能将表头和页脚分别打印在每张页面上。

- <thead>：定义表格头，必须包含<tr>行标记，一般包含表格前大标题和第一行列标题。
- <tfoot>：定义表格页脚，可以不包含<tr>行标记，一般包含合计行或脚注标记。
- <tbody>：定义一段表格主体，只能包含<tr>行标记，可以指定多行数据划分为一组。

<thead>、<tfoot>、<tbody>标记很少被浏览器支持，目前仅 IE 5.0 或更高版本可用。

> 注意：表格结构划分标记必须在<table>内使用，一个表格只能有一个<thead>、一个<tfoot>、可以有多个<tbody>，三种标记不能相互交叉，且必须按<thead>、<tfoot>、<tbody>顺序全部使用三种标记。之所以<tfoot>在<tbody>之前，是为了浏览器能在收到全部数据之前即可显示页脚。

【例 h3-26.html】使用表格结构划分。代码如下：

```
<!DOCTYPE html PUBLIC "-//W3C//DTD XHTML 1.0 Transitional//EN"
  "http://www.w3.org/TR/xhtml1/DTD/xhtml1-transitional.dtd" >
<html>
  <head> <title>设置表格结构</title></head>
  <body>
    <table width="400" border="1" >
```

```
      <thead>
         <caption>表格结构划分</caption>
         <tr> <th> </th>
            <th>网页设计</th> <th>数据库开发</th> <th>程序设计</th>
         </tr>
      </thead>
      <tfoot>
         <tr> <th>页脚合计：</th>
            <td>合计 1</td> <td>合计 2</td> <td>合计 3</td>
         </tr>
      </tfoot>
      <tbody>
         <tr> <th>清华出版社</th>
            <td>Dreamweaver</td><td>Access</td><td>C++</td>
         </tr>
         <tr> <th> </th><td> </td><td> </td><td> </td>
          </tr>
      </tbody>
      <tbody>
          <tr> <th>北大出版社</th>
            <td>FrontPage</td> <td>SQL SERVER</td> <td>C#</td>
         </tr>
         <tr> <th> </th><td> </td><td> </td><td> </td>
          </tr>
      </tbody>
    </table>
  </body>
</html>
```

运行结果如图 3-33 所示。

表格结构划分

	网页设计	数据库开发	程序设计
清华出版社	Dreamweaver	Access	C++
北大出版社	FrontPage	SQL SERVER	C#
页脚合计：	合计1	合计2	合计3

图 3-33　使用结构划分的表格

3.8　表格与 DIV 页面布局

3.8.1　布局示例一

传统网页布局大都采用表格进行布局，假设某网站采用如图 3-34 所示的布局结构。

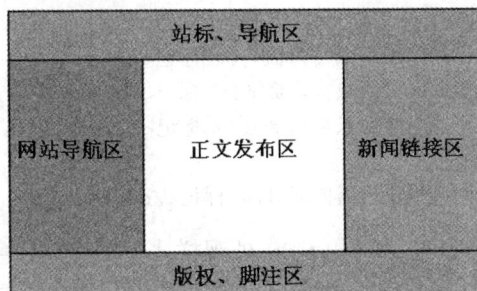

图 3-34　某网站的布局结构

1．表格布局一

最外层用 3 行 1 列的表格，第 2 行嵌套一个 1 行 3 列的表格，页面代码结构为：

```
<table>                     — 3 行 1 列的表格
  <tr>
    <td>站标、导航区</td>       — 若包含不同区域块还需再内嵌表格
  </tr>
  <tr>
    <table>                 — 1 行 3 列的内嵌表格
      <tr> <td>网站导航区</td> — 若包含不同区域块还需再内嵌表格
          <td>正文发布区</td> — 若包含不同区域块还需再内嵌表格
          <td>新闻链接区</td> — 若包含不同区域块还需再内嵌表格
      </tr>
    <table>
  </tr>
  <tr>
    <td>版权、脚注区</td>       — 若包含不同区域块还需再内嵌表格
  </tr>
</table>
```

使用表格布局时，如果某个区域又是由不同区域块组成，还必须再内嵌一层表格，表格嵌套太多会影响页面加载速度。而如果行列的尺寸不同、显示的外观不同，还必须使用大量属性进行设置，如果布局结构不规则，表格嵌套会很繁琐，也会使页面代码臃肿。虽然可以使用可视化工具自动生成代码，但对日后的维护会带来很大的麻烦。

2．表格布局二

也可以采用 3 行 3 列表格布局，第 1 行合并单元格显示站标、导航区，第 2 行的 3 列分别显示网站导航区、正文发布区、新闻链接区，第 3 行合并单元格显示版权、脚注区。

3．DIV 布局

现代流行的 Web 2.0 标准用<div>块标记表示任意的区域块，一个区域块用一个<div>标记，可以实现任意层次的嵌套，只需配合 CSS 样式即可轻松实现任意结构的网页布局。对图 3-34 的网站布局使用<div>代码结构如下：

```
<div>站标、导航区，不同区域块只需内嵌 div 标记</div>
```

```
<div>
    <div>网站导航区，不同区域块只需内嵌 div 标记</div>
    <div>正文发布区，不同区域块只需内嵌 div 标记</div>
    <div>新闻链接区，不同区域块只需内嵌 div 标记</div>
</div>
<div>版权、脚注区，不同区域块只需内嵌 div 标记</div>
```

如果这三个区域块具有某些相同的 CSS 外观样式，如字体、字号、颜色、背景、对齐等，则可以在最外层再增加一个<div>标记以设置这三个区域的共同样式。

3.8.2 布局示例二

设计类似如图 3-35 所示的某个足球运动员的个人页面。

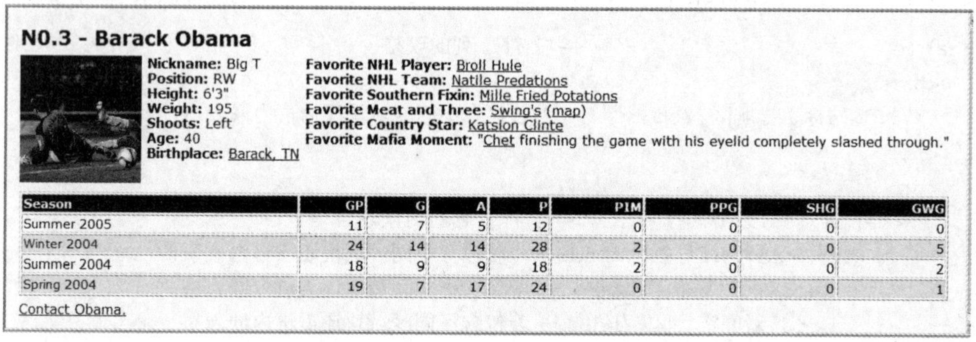

N0.3 - Barack Obama

Nickname: Big T
Position: RW
Height: 6'3"
Weight: 195
Shoots: Left
Age: 40
Birthplace: Barack, TN

Favorite NHL Player: Broll Hule
Favorite NHL Team: Natile Predations
Favorite Southern Fixin: Mille Fried Potations
Favorite Meat and Three: Swing's (map)
Favorite Country Star: Katsion Clinte
Favorite Mafia Moment: "Chet finishing the game with his eyelid completely slashed through."

Season	GP	G	A	P	PIM	PPG	SHG	GWG
Summer 2005	11	7	5	12	0	0	0	0
Winter 2004	24	14	14	28	2	0	0	5
Summer 2004	18	9	9	18	2	0	0	2
Spring 2004	19	7	17	24	0	0	0	1

Contact Obama.

图 3-35 一个足球运动员的个人页面

1. 表格布局

如果采用表格布局，外层可使用 4 行 3 列表格，第 1 行合并单元格显示运动员姓名，第 2 行的 3 列单元格分别放置照片、基本资料、业余爱好和特长，第 3 行合并单元格内嵌一个表格显示该运动员的比赛数据，第 4 行合并单元格用 E-mail 链接。

布局结构如图 3-36 所示。

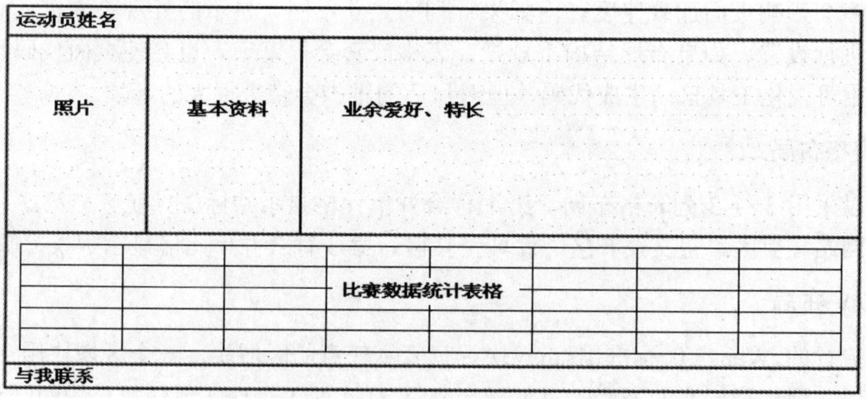

图 3-36 表格布局的足球运动员个人页面

对应表格布局的代码结构为：

```
<table cellspacing="5">
  <tr> <td colspan="3"> <div>运动员姓名</div> </td> </tr>
  <tr> <td>照片</td>
      <td> <div>基本资料</div> </td>
      <td> <div>业余爱好、特长</div> </td>
  </tr>
  <tr> <td colspan="3">
        <table border="1" >比赛数据表格</table>
      </td>
  </tr>
  <tr> <td colspan="3"> <div> <a href="">与我联系</a> </div> </td> </tr>
</table>
```

2．DIV 布局

使用<div>配合 CSS 布局的代码结构为：

```
<div id||class="" >运动员姓名</div>
<div> <div id||class="" >照片</div>
    <div id||class="" >基本资料</div>
    <div id||class="" >业余爱好、特长</div>
</div>
<div> <table border="1">比赛数据表格</table> </div>
<div id||class="" > <a href="">与我联系</a> </div>
```

3.8.3　简单布局应用

设计一个如图 3-37 所示的页面，表格结构如图 3-38 所示。

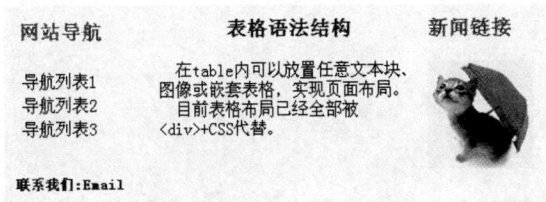

图 3-37　应用布局的页面

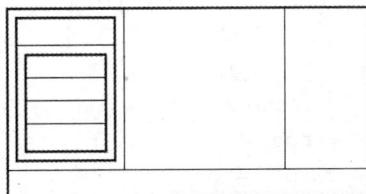

图 3-38　三层表格嵌套

1．表格布局

【例 h3-27.html】本例布局使用了三层表格嵌套，最外层为 2 行 3 列，内层 2 行 1 列表格中再嵌套一个 4 行 1 列的表格(见图 3-38)。页面代码如下：

```
<!DOCTYPE html PUBLIC "-//W3C//DTD XHTML 1.0 Transitional//EN"
  "http://www.w3.org/TR/xhtml1/DTD/xhtml1-transitional.dtd" >
<html>
  <head>
    <title>表格页面布局</title>
  </head>
```

```
<body>
  <table cellspacing="5">
    <tr>
      <td width="130">
        <table>
          <tr><td><h3 style="color:red">网站导航</h3></td></tr>
          <tr><td><table> <tr><td>导航列表 1</td></tr>
                          <tr><td>导航列表 2</td></tr>
                          <tr><td>导航列表 3</td></tr>
                          <tr><td> </td></tr>
              </table>
            </td>
          </tr>
        </table>
      </td>
      <td width="250" valign ="top">
        <h3 style="text-align:center">表格语法结构</h3>
            在 table 内可以放置任意文本块、图像或嵌套表格,
          实现页面布局。<br />  目前表格布局已经全部被
          &lt;div&gt;+CSS 代替。
      </td>
      <td width="130">
        <h3 style="color:red;">新闻链接</h3>
        <img src="img/p3-1.jpg" alt="小猫" width="100" height="100" />
      </td>
    </tr>
    <tr><td colspan="3"><span
        style="font-size:10pt;font-weight:bold;color:blue">
        联系我们:Email</span>
      </td>
    </tr>
  </table>
  </body>
</html>
```

本例也可采用一个 3 行 3 列的表格布局,如图 3-39 所示,读者可以自行完成代码。

网站导航	表格语法结构	新闻链接
导航列表	正文	图像
联系我们(合并单元格)		

图 3-39 用 3 行 3 列表格布局设计如图 3-37 所示的页面

2. DIV 布局

采用<div>设置 idclass 属性配合 CSS 可实现任意外观样式及布局,本例使用了 4 个

<div>标记布局，并使用不带项目编号的<ul>无序列表代替内嵌表格。

【例 h3-28.html】针对图 3-37 的页面使用<div>布局的页面代码：

```
<!DOCTYPE html PUBLIC "-//W3C//DTD XHTML 1.0 Transitional//EN"
  "http://www.w3.org/TR/xhtml1/DTD/xhtml1-transitional.dtd" >
<html>
  <head>
    <title>DIV 页面布局</title>
    <link href="c3-28.css" type="text/css" rel="stylesheet" />
  </head>
  <body>
    <div id="left" >
      <h3>网站导航</h3>
      <ul> <li>导航列表 1</li><li>导航列表 2</li><li>导航列表 3</li> </ul>
    </div>
    <div id="center">
      <h3 id="middle">表格语法结构</h3>
        在 table 内可以放置任意文本块、图像或嵌套表格，实现页面布局。
      <br />  目前表格布局已经全部被&lt;div&gt;+CSS 代替。
    </div>
    <div id="right" >
      <h3>新闻链接</h3>
      <img src="img/p3-1.jpg" alt="小猫" />
    </div>
    <div id="bottom" >联系我们:Email</div>
  </body>
</html>
```

没有 CSS 样式时，运行 h3-28.html 页面，效果如图 3-40 所示。

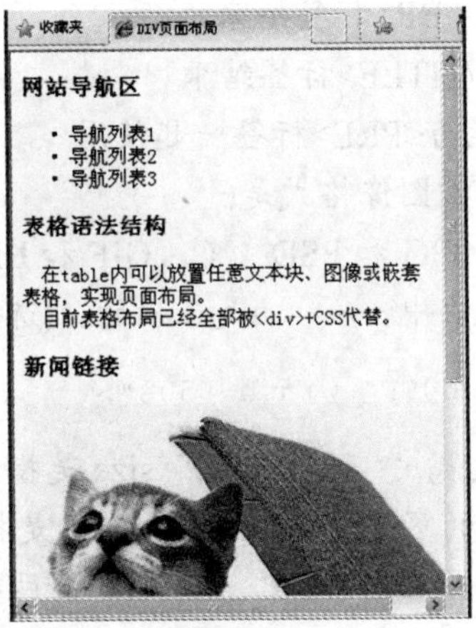

图 3-40　不使用 CSS 样式的运行结果

在同一目录下创建 CSS 文件 c3-28.css 如下：

```
#left, #center, #right { width:140px; height:165px;
                float:left; margin-top:8px; }
```

```
#center { width:260px; }
#bottom { font-size:10pt;font-weight:bold;
        color:blue; clear:left; }
ul { list-style-type:none; margin:10px; padding:0px; }
img { width:100px; height:100px; }
h3 { color:red; }
#middle { color:#000; text-align:center; }
```

创建 c3-28.css 文件后，运行 h3-28.html 页面，效果与图 3-37 相同。

3.9 习   题

一、选择题

1. 针对以下 HTML 代码，后面的说法(   )是正确的。

```
<HEAD>
  <TITLE>时装街
</HEAD>
<BODY>
  <P>在时装街购买时装<BR>
  <PRE> <FONT color="red">
          人来人往
          男女老幼
          尽情享受时装街购物的乐趣 </FONT>
  </PRE>
</BODY>
```

    A. <P>标签没有以</P>标签结束

    B.
标签没有以</BR>标签结束

    C. <TITLE>没有以</TITLE>标签结束

    D. <FONT>标签不能与<PRE>标签一起使用

2. 在网页中最为常用的两种图像格式是(   )。

    A. JPG 和 GIF   B. JPG 和 PSD   C. GIF 和 BMP   D. BMP 和 SWF

3. 关于下列代码片段的说法中，(   )是正确的。(选择两项)

```
<HR size="5" color="#0000FF" width="50%">
```

    A. size 是指水平线的宽度   B. size 是指水平线的高度

    C. width 是指水平线的宽度   D. width 是指水平线的高度

4. 下列有关锚记的叙述中，正确的有(   )。(选择两项)

    A. 锚记可指向各种 Web 资源，如 HTML 页面、图像、声音文件甚至影片

    B. <A>标签用于指定要链接的文档地址，href 属性用于创建至链接源的锚记

    C. 在使用命名锚记时，可以创建能够直接跳到页面特定部分的链接

    D. 如果浏览器无法找到指定的命名锚记，则转到文档的底部

5. 运行下面创建表格的代码，在浏览器里会看到(　　)的表格。

```
<TABLE width="20%" border="1">
  <TR><TD> </TD> <TD> </TD> <TD> </TD></TR>
  <TR><TD> </TD> <TD> </TD> <TD> </TD></TR>
</TABLE>
```

　　　　A. 3 行 2 列　　　B. 2 行 3 列　　　C. 3 行 3 列　　　D. 2 行 2 列

6. 运行下面的代码，在浏览器里会看到(　　)。

```
<TABLE width="20%" border="1">
  <TR><TD colspan="2""> </TD></TR>
  <TR><TD rowspan="2"> </TD><TD> </TD></TR>
  <TR><TD> </TD></TR>
</TABLE>
```

　　　　A. 6 个单元格　　　　B. 5 个单元格　　　　C. 4 个单元格　　D. 3 个单元格

7. HTML 语言中，设置表格中文字与边框距离的标签是(　　)。
　　　　A. <TABLE border=#>　　　　　　　　B. <TABLE cellspacing=#>
　　　　C. <TABLE cellpadding=#>　　　　　　D. <TABLe width=# or %>

8. 想要使用户在单击超链接时弹出一个新的网页窗口，下面的(　　)选项符合要求。
　　　　A. <A href="right.html" target="_blank">新闻</A>
　　　　B. <A href="right.html" target="_parent">体育</A>
　　　　C. <A href="right.html" target="_top">财经</A>
　　　　D. <A href="right.html" target="_self">教育</A>

9. 在 HTML 中，要定义一个空链接，使用的标记是(　　)。
　　　　A. <a href="#">　　　B. <a href="?">　　　C. <a href="@"> D. <a href="!">

二、操作题

1. 创建如图 3-41 所示网页的定义列表。
2. 创建如图 3-42 所示网页的列表。

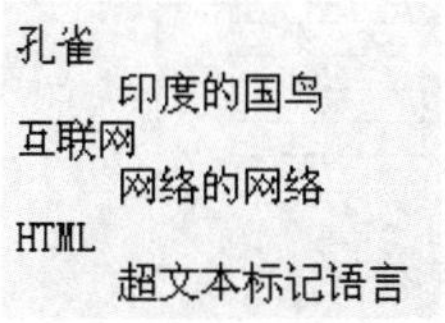

图 3-41　创建定义列表 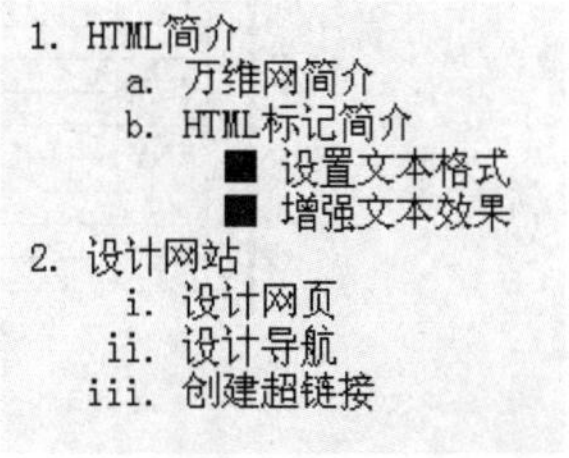　　　　　　图 3-42　创建列表

3. 创建一个图像映射标记的中国地图页面，并完成点击该页面上中国地图的山东、台湾、新疆三个地区的相应位置，打开对应省份的地图。

4. 设置如图 3-43 所示的外部超链接(保存为 exec3-4.html)。

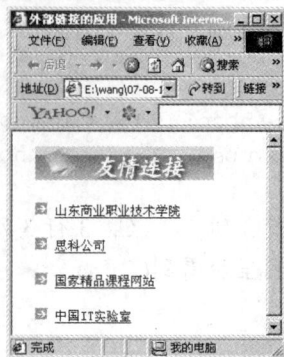

图 3-43　外部超链接运行图

其中图片文件"友情链接.jpg"和"箭头.gif"的要求如下。

(1) 每个链接都要在新窗口中打开。

(2) 每行开始要保留两个空格的距离。

友情链接地址如下。

(1) 山东商业职业技术学院：www.sict.edu.cn

(2) 思科公司：www.cisco.com

(3) 国家精品课网站：166.111.180.5

(4) 中国 IT 实验室：www.chinaitlab.com

5. 在第 4 题的"中国 IT 实验室"后面添加"联系站长"，将您的邮箱地址设置为链接内容。

6. 设计如图 3-44 所示的表格，保存为 exec3-6.html。

图 3-44　课程表

要求：将每门课程按表中给定样式添加进来；自习课内容设置为 。

(1) 表格宽度为 500 像素，居中显示，表格的颜色设置为#0000FF，单元格间距为 1 像素。

(2) 标题为"幼圆"，红色，7 号字体。

(3) 表头行设置背景色为#aa00dd。

(4) 下面所有内容都包含在表格主体<tbody>中，设置背景色为#FFFFFF，单元格文字居中显示。

第 4 章 HTML 框架、表单、多媒体

学习目的与要求

📖 知识点

- 掌握内嵌框架的使用
- 掌握表单的制作
- 掌握多媒体标记的使用
- 熟悉框架结构网页的设置

📢 难点

- 表单各元素的应用

4.1 框架集、框架标记

框架可以将浏览器窗口划分为若干个区域，在每个区域内显示一个独立的页面，使用框架可以在一个浏览器中同时显示多个不同的独立页面，可以方便地进行网页导航。但如果框架太多，包含很多不同内容的页面可能会让用户感到困惑，而顾此失彼。

XHTML 1.0 的 Frameset 框架型 DTD 保留了框架，而标准的 XHTML 1.1 则不再支持。因此使用框架集的 XHTML 文档必须指定为 Frameset DTD 框架型 XHTML 1.0 文档：

```
<!DOCTYPE html PUBLIC "-//W3C//DTD XHTML 1.0 Frameset//EN"
  "http://www.w3.org/TR/xhtml1/DTD/xhtml1-frameset.dtd" >
```

4.1.1 框架集文档的结构

框架集文档实际上并不包含任何页面内容，它只是告诉浏览器将浏览器窗口如何排列分成几个框架、每个框架加载哪个 HTML 页面：

```
<!DOCTYPE html PUBLIC "-//W3C//DTD XHTML 1.0 Frameset//EN"
  "http://www.w3.org/TR/xhtml1/DTD/xhtml1-frameset.dtd" >
<html>
    <head>… </head>
    <frameset>                              — 框架集标记
        <frame src="HTML 页面文件 1" />      — 框架 1
        <frame src=" HTML 页面文件 2" />     — 框架 2
    ...
        <frameset>                          — 内嵌框架集
            <frame src=" HTML 页面文件 3" /> — 框架 3
            <iframe src=" HTML 页面文件 4"/> — 浮动框架
```

```
        ...
    </frameset>
    <noframes>                              — 不支持框架时显示的页面内容
        <body>...</body> || <a href="页面"></a>
    </noframes>
</frameset>
</html>
```

> **注意**：框架集文档不允许使用<body>标记，就是说<frameset>标记不允许与<body>标记同时使用，只有在为不支持框架的浏览器而设置的<noframes>标记内可包含<body>。

4.1.2 框架集标记<frameset>

框架集标记<frameset>的语法格式如下：

```
<frameset rows||cols="框架(集)1 大小，框架(集)2 大小，... " >
    <frame src="HTML 页面文件" />        — 框架
    <iframe src="HTML 页面文件"/>        — 浮动框架
    <noframes>不支持框架时显示的页面内容</noframes>
    ...
</frameset>
```

<frameset>标记定义一个框架集，用于组织包含多个框架(窗口)，指定框架的数量、尺寸、间距、颜色以及排列方式(见图 4-1)。也可包含内嵌框架集。

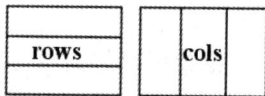

图 4-1　框架排列方式

- rows：按行纵向划分——各框架上下排列。
- cols：按列横向划分——各框架左右排列。

> **注意**：rows、cols 属性不要同时使用，否则容易引起混乱。rows、cols 属性值的个数就是所包含框架或子框架集的个数，属性值的大小分别为对应框架或子框架集的尺寸，数字表示像素单位、%表示相对浏览器或父框架尺寸的百分比、*表示剩余空间(如果多个*则平均分配剩余空间)。例如：cols="80, *, 30%" 表示 3 列 3 个框架，第 1 个 80 像素，第 3 个占浏览器窗口或父框架尺寸的 30%，第 2 个占据剩余空间。

- framespacing：设置框架集中框架之间的间隔区域的宽度，也就是框架轮廓之外外边距的宽度，默认为 2(像素)
- frameborder：设置框架集中框架外边距是否可见，取值为 1 时外边距颜色可见、取值为 0 时外边距颜色不可见——透明白色的空白区域。

> **注意**：框架集<frameset>用 frameborder 属性设置框架外边距的可见性，而框架<frame>用 frameborder 属性设置自己边框的可见性，在 IE 浏览器中，这两个属性的设置会相互影响。一般情况下框架集的 frameborder 默认为 1——外边距可见，但如果框架集所包含的所有框架都用 frameborder="0"设置为轮廓线不可见，则框架集 frameborder 将默认为 0——外边距不可见，此时，如果需要显示外边距颜色，则必须自己设置 frameborder="1"。
> 内嵌框架集默认采用外层父框架集的设置，也可独立设置覆盖父框架集的设置。

- bordercolor：设置框架集中框架外边距颜色，默认与边框轮廓一体的凸起灰白色。如果 framespacing 外边距或 frameborder 可见性设置为 0，则颜色设置无效。

4.1.3　框架标记<frame />

框架标记<frame />的语法格式如下：

```
<frame src="页面文件 URL" />
```

<frame />标记按照顺序定义框架集中的一个框架，注意必须在<frameset>框架集标记内使用。框架的常用属性说明如下。

- src：指定显示在该框架中的 HTML 页面文件的绝对或相对 URL。
- id||name：为框架指定唯一的名称，用于指定超链接页面显示的框架。
- scrolling：为框架设置滚动条，取值 auto(默认，需要时自动添加)、yes(总有)、no(无)。
- noresize：设置框架是否可用鼠标调整大小，默认可调整、取值 noresize 为不可调整。
- marginheight：定义框架的上下内边距，即显示内容距边框的距离。
- marginwidth：定义框架的左右内边距。
- frameborder：设置框架的边框轮廓线是否可见，取值 1 可见、0 不可见。

> 注意：对尚不支持 id 属性的浏览器，可同时使用 name 属性指定框架的唯一标识名称。
> 如果没有设置框架的 frameborder 属性，其属性值继承框架集 frameborder 的属性值，如果框架集 frameborder 默认或设置为 1(外边距可见)，则所包含框架的边框轮廓线会默认为 1 可见，但如果框架集设置为 frameborder="0"，则所包含框架的边框轮廓线会默认为 0(不可见)，此时如果需要显示框架的边框轮廓线则必须自己设置 frameborder="1"。而且所有框架的 frameborder 设置为 0，那么框架集的 frameborder 也会默认为 0，即外边距不可见。

在框架内的页面中使用<a>链接时，可使用 target 属性将页面链接到 id||name 指定的任意框架或_self(当前框架，默认)、_blank(新窗口)、_parent(父框架)、_top(顶层浏览器窗口)。语法如下：

```
<a href="URL" target="目标框架 id 或 name">链接文本</a>
```

4.1.4　不支持框架标记<noframes>

不支持框架标记<noframes>的语法格式如下：

```
<noframes>不支持框架时显示的页面内容</noframes>
```

<noframes>标记必须位于<frameset>标记内，用于为不支持框架的浏览器提供备用显示的页面，对支持框架的浏览器该标记内容无效，被忽略。

在<noframes>标记内，可以使用<body>定义完整独立的页面，也可直接超链接到某个页面。

例如：

```
<frameset>
    <frame src="页面" />
    ...
    <noframes>
        <body>
            <p>对不起，您的浏览器不支持框架网页的显示。<br />
                <a href="#" >点击这里</a>可以查看其它相关页面。
            </p>
        </body>
    </noframes>
</frameset>
```

【例 h4-1.html】用 rows 属性设计有上下 3 行的框架集，框架外边距为蓝色，5 像素。第一个框架高度为 100 像素，没有滚动条、不可用鼠标调整大小，装载 h3-22.html。第二个框架为剩余浏览器高度，总是有滚动条、边框轮廓线不可见，装载 h3-13.html。第三个框架为浏览器高度 25%，自动使用滚动条(默认)、水平与垂直内边距 50 像素，装载 h3-27.html 页面。运行效果如图 4-2 所示。

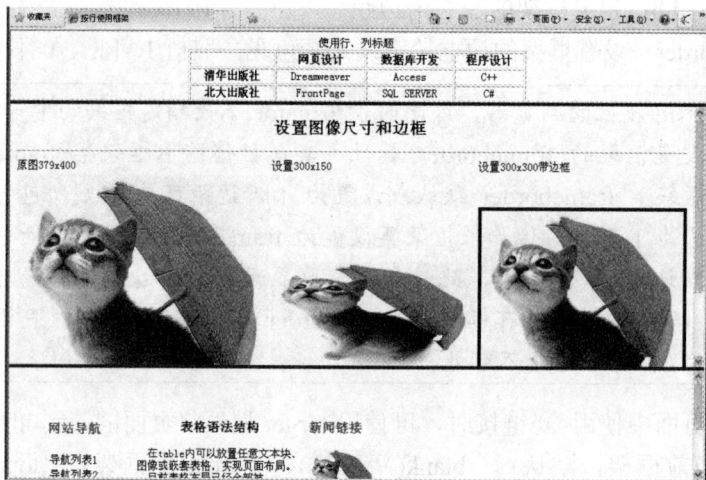

图 4-2　h4-1.html 页面

具体实现代码如下：

```
<!DOCTYPE html PUBLIC "-//W3C//DTD XHTML 1.0 Frameset//EN"
  "http://www.w3.org/TR/xhtml1/DTD/xhtml1-frameset.dtd" >
<html>
  <head> <title>按行使用框架</title> </head>
  <frameset rows="100, *, 25%" framespacing="5" bordercolor="blue" >
    <frame src="../cha3/h3-22.html" scrolling="no" noresize="noresize" />
    <frame src="../cha3/h3-13.html" scrolling="yes" frameborder="0" />
    <frame src="../cha3/h3-27.html" scrolling="auto" frameborder="0"
                    marginwidth="50" marginheight="50" />
    <noframes>
```

```
    <body>
      <p>对不起，您的浏览器不支持框架网页的显示。
        <a href="../cha3/h3-27.html" >点击这里</a>查看其他相关页面。
      </p>
    </body>
  </noframes>
</frameset>
</html>
```

【例 h4-2.html】用默认属性按列使用框架。代码如下：

```
<!DOCTYPE html PUBLIC "-//W3C//DTD XHTML 1.0 Frameset//EN"
  "http://www.w3.org/TR/xhtml1/DTD/xhtml1-frameset.dtd" >
<html>
  <head> <title>按列使用框架</title> </head>
  <frameset cols="120, *, 25%" >
    <frame src="../cha3/h3-7.html" />
    <frame src="../cha3/h3-8.html" />
    <frame src="../cha3/h3-11.html" />
    <noframes>
      <body>浏览器不支持框架<a href="../cha3/h3-8.html">点击这里</a>显示页面
      </body>
    </noframes>
  </frameset>
</html>
```

运行效果如图 4-3 所示。

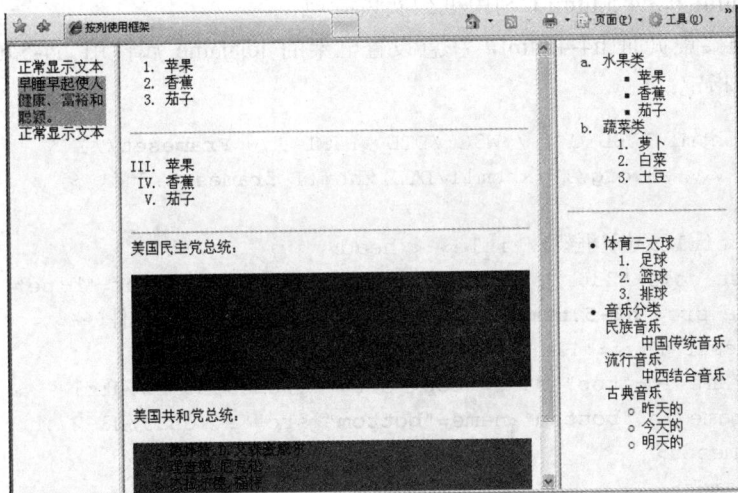

图 4-3　h4-2.html 页面

【例 h4-3.html】使用框架嵌套。代码如下：

```
<!DOCTYPE html PUBLIC "-//W3C//DTD XHTML 1.0 Frameset//EN"
  "http://www.w3.org/TR/xhtml1/DTD/xhtml1-frameset.dtd" >
<html>
```

```
<head> <title>框架嵌套</title> </head>
<frameset cols="220, *" framespacing="5" bordercolor="blue" >
  <frame src="../cha3/h3-11.html" />
  <frameset rows="40%, 60%" framespacing="3" bordercolor="red" >
    <frame src="../cha3/h3-22.html" />
    <frame src="../cha3/h3-27.html" />
  </frameset>
  <noframes>
    <body>浏览器不支持框架<a href="#">点击这里</a>显示页面</body>
  </noframes>
</frameset>
</html>
```

运行效果如图 4-4 所示。

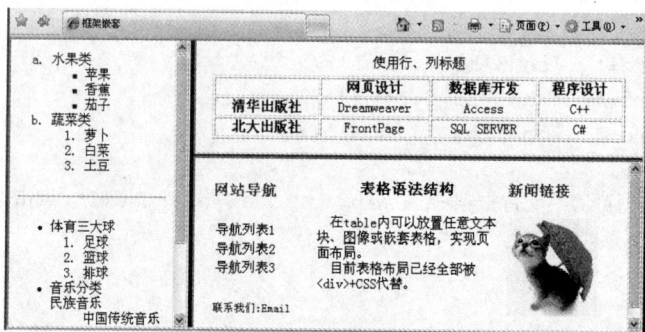

图 4-4　h4-3.html 页面

【例 h4-4.html 和 h4-5.html】利用框架实现导航。

(1) 创建框架集页面 h4-4.html，注意设置框架的 id||name 属性由 h4-5.html 页面的超链接 target 属性指定：

```
<!DOCTYPE html PUBLIC "-//W3C//DTD XHTML 1.0 Frameset//EN"
  "http://www.w3.org/TR/xhtml1/DTD/xhtml1-frameset.dtd" >
<html>
  <head> <title>导航框架</title> </head>
  <frameset cols="230, *" framespacing="3" bordercolor="blue" >
    <frame src="h4-5.html" />          <!-- 链接导航页面文件 -->
    <frameset rows="40%, 60%" >
      <frame id="top" name="top" src="../cha3/h3-22.html" />
      <frame id="bottom" name="bottom" src="../cha3/h3-27.html" />
    </frameset>
    <noframes>
      <body>浏览器不支持框架<a href="#">点击这里</a>显示页面</body>
    </noframes>
  </frameset>
</html>
```

运行结果如图 4-5 所示。

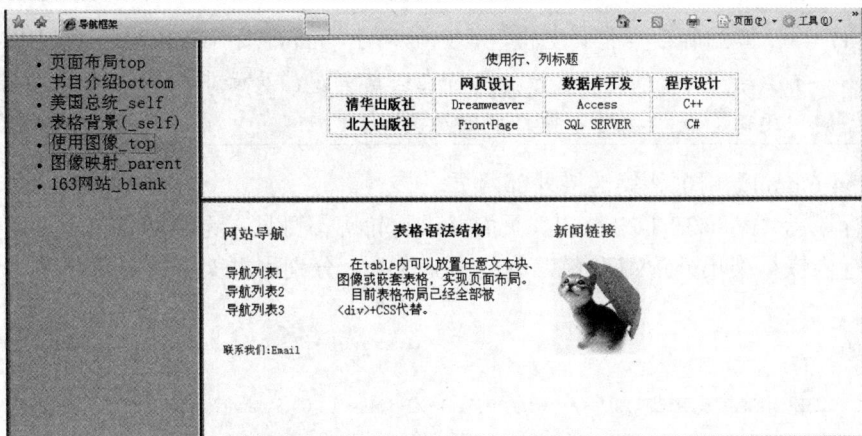

图 4-5　h4-4.html 页面

（2）创建框架集使用的导航页面 h4-5.html，注意用超链接 target 属性指定框架的 id||name。另外本文档使用 CSS 设置取消了默认超链接的底划线和颜色变化。

代码如下：

```html
<!DOCTYPE html PUBLIC "-//W3C//DTD XHTML 1.0 Transitional//EN"
  "http://www.w3.org/TR/xhtml1/DTD/xhtml1-transitional.dtd" >
<html>
  <head>
    <title>导航页面</title>
    <style type="text/css" >
      a { font-size:16pt; color:#000; text-decoration:none; }
    </style>
  </head>
<body style="background:Cyan;">            <!-- 设置整个页面背景颜色 -->
    <div>
      <ul><li><a href="../cha3/h3-27.html" target="top" >页面布局 top
        </a></li>
        <li><a href="../cha3/h3-22.html" target="bottom" >书目介绍 bottom
          </a></li>
        <li><a href="../cha3/h3-8.html" target="_self" >美国总统_self
          </a></li>
        <li><a href="../cha3/h3-23.html" >表格背景(_self)</a></li>
        <li><a href="../cha3/h3-13.html" target="_top" >使用图像_top
          </a></li>
        <li><a href="../cha3/h3-21.html" target="_parent" >
          图像映射_parent</a></li>
        <li><a href="http://www.163.com" target="_blank" >
          163 网站_blank</a></li>
      </ul>
    </div>
  </body>
</html>
```

注意：target 属性值内前后不能有空格，否则等同于_blank 打开新窗口。本例中_top 顶层浏览器窗口与_parent 父框架等价，都在当前浏览器页面中打开链接页面，可使用浏览器的"返回"或"后退"按钮返回原页面。

【例 h4-6.html】用框架集链接外部网页。

第一行显示 "../cha3/h3-27.html" 页面并设置轮廓不可见、无滚动条、不可调整大小。

第二行内嵌框架集外边距设置为蓝色，6 像素，分别用框架链接显示新浪、网易 163 主页。

代码如下：

```
<!DOCTYPE html PUBLIC "-//W3C//DTD XHTML 1.0 Frameset//EN"
  "http://www.w3.org/TR/xhtml1/DTD/xhtml1-frameset.dtd" >
<html>
  <head> <title>框架集页面</title> </head>
  <frameset rows="180,*" framespacing="3" bordercolor="red" >
    <frame src="../cha3/h3-27.html" id="topFrame" name="topFrame"
        frameborder="0" scrolling="no" noresize="noresize" />
    <frameset cols="200,*" framespacing="6" bordercolor="blue" >
      <frame src="http://www.sina.com.cn" id="leftFrame"
        name="leftFrame" />
      <frame src="http://www.163.com" id="mainFrame" name="mainFrame" />
    </frameset>
    <noframes>
      <body>浏览器不支持框架<a href="#">点击这里</a>显示页面</body>
    </noframes>
  </frameset>
</html>
```

运行结果如图 4-6 所示。

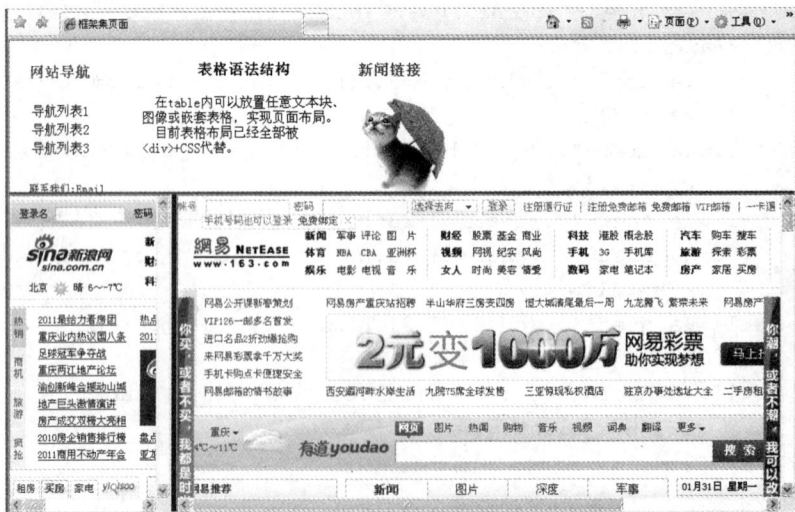

图 4-6 用框架集链接外部网页

4.1.5　浮动框架标记<iframe>

浮动框架标记<iframe>的语法格式如下：

```
<iframe src="页面文件 URL" ></iframe>
```

<iframe>是一个行内双标记，可用于在<body>页面中创建一个内联"浮动"框架，即内部窗口，在该窗口内可打开一个独立的页面。浮动框架的常用属性说明如下。

- width：该属性设置浮动框架的宽度。
- height：该属性设置浮动框架的高度。
- align：该属性设置浮动框架在页面中的对齐方式(left、right、center)。

其他如 id||name(唯一名称)、scrolling(滚动条(auto、yes、no))、marginheight(上下内边距)、marginwidth(左右内边距)等属性与<frame>框架标记用法相同。

同样，在超链接<a>标记 target 属性中指定<iframe>的 id||name 属性值，可以将链接页面加载显示在指定的<iframe>浮动窗口内。

注意：在不支持<iframe>的老版本浏览器中，<iframe>标记将被忽略不可见。

【例 h4-7.html】在普通<body>页面中使用浮动框架。

代码如下：

```
<!DOCTYPE html PUBLIC "-//W3C//DTD XHTML 1.0 Transitional//EN"
  "http://www.w3.org/TR/xhtml1/DTD/xhtml1-transitional.dtd" >

<html>
  <head>
    <title>使用浮动框架</title>
  </head>
  <body>
    <h2 style="text-align:center">使用浮动框架</h2>
    <p>在框架集 frameset 或页面 body 中可创建内联"浮动"框架——内部窗口，以打开另外
      一个独立页面或一幅图像。</p>
    <iframe src="../cha3/h3-23.html" id="left" name="left" width="430"
     height="150">
    </iframe>
    <iframe src="../cha3/h3-22.html" id="right" name="right" width="550"
     height="200">
    </iframe>
    <br />
    <a href="../cha3/h3-27.html" target="left">点击这里</a>可在第一个浮动框
      架中浏览<span style="color:red">表格布局</span>页面。<br />
    <a href="../cha3/h3-21.html" target="right">点击这里</a>可在第二个浮动框
      架中浏览<span style="color:red">图像映射</span>页面。
  </body>
</html>
```

运行结果如图 4-7 和 4-8 所示。

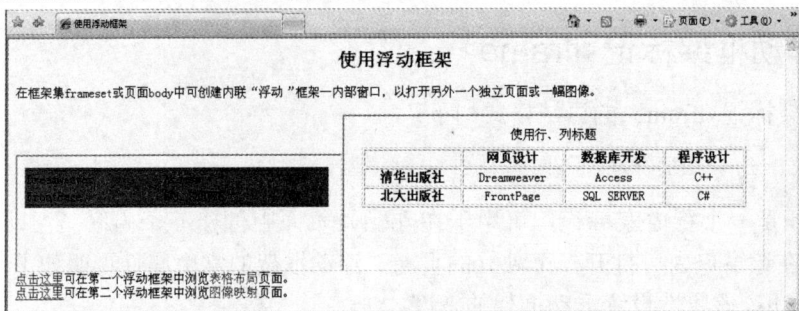

图 4-7　h4-7.html 使用浮动框架的页面

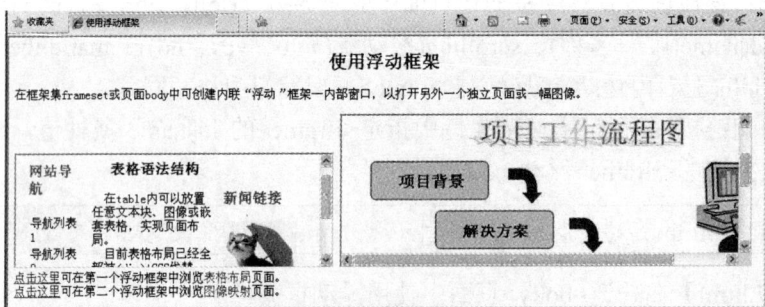

图 4-8　点击超链接后浮动框架的页面

4.2　表单标记

到目前为止，所能设计的网页都属于静态网页，用户只能单向从网站获取浏览信息，即使使用 JavaScript 也只能实现视觉上的动态效果，而不是真正意义上的动态网页。

实际上 HTML 是一条双行通道，用户也可以通过网页向网站服务器提交发送信息，由服务器的处理程序收集保存，具有向服务器提交信息功能的网页就是所谓的动态网页。

动态网页由两部分构成：

● 用表单收集并发送用户信息的 HTML 页面。

● 接收处理用户信息并对用户做出响应的后台服务器程序。

在 HTML 页面中能接受用户输入信息并提交发送给服务器的标记统称为表单，表单是用户通过页面与网站服务器进行交互的工具，可实现网络注册、登录验证、问卷调查、信息发布、订单购物等功能。

本书只介绍 HTML 页面中使用的表单标记，有关接收处理用户信息的后台服务器程序可参阅 ASP、JSP、PHP 等相关书籍。

4.2.1　创建表单标记<form>

创建表单标记<form>的语法格式如下：

```
<form action="服务器url||mailto:Email" [ id||name="表单唯一名称"
    method="post||get" ] >
  <用户输入标记>        — 位置任意，但只有在<form>中才能将信息发送给服务器
```

```
<其他任意 HTML 标记>      — 实现正常显示功能，不发送给服务器
</form>
```

<form>标记负责收集用户输入的信息、并在用户单击提交按钮时将这些信息发送给 action 指定的服务器程序。

在 HTML 页面<body>内任意位置插入<form>...</form>标记即可创建一个表单，一个页面可创建多个表单，并可发送给同一个或者是不同的服务器程序。

- action：指定接收并处理表单数据的服务器程序 URL 或是接收数据的 E-mail 邮箱地址。服务器程序 URL 可以是绝对或相对路径，#表示提交给当前页面程序。
- id||name：指定表单唯一名称，用于区分同一页面的多个表单。若不支持 id 可同时使用 name 属性设置相同取值。
- method：指定传送数据的 HTTP 方法，可以使用 get(默认)或 post 方法。
  - get 方法将信息附加在提交 url?之后发送：url?键名 1=键值 1&键名 2=键值 2&...，该方法提交的数据在地址栏中可以看到，保密性较差，而且信息内容不能包含非 ASCII 字符、长度不超过 8192 个字符。
  - post 方法将信息封装在表单的特定对象中发送，没有字符限制，保密性强。

accept、accept-charset、enctype 属性可指定服务器接受的内容类型及字符编码、表单内容编码的 MIME 类型。

4.2.2　表单输入标记<input />

用户输入提交数据使用的文本框、单选按钮、复选框、提交重置按钮等都是<input />表单输入元素(控件)。

<input />标记用于接受用户的输入信息，可位于页面<body>中的任意位置，但只有在<form>标记内才能被<form>收集并发送给服务器，否则只具有显示功能。

表单输入标记<input />的语法格式如下：

```
<input type="控件类型" name="控件名称" />
```

- type：指定元素的控件类型，默认为单行文本框"text"。
- name：指定与输入数据(键值)相关联的唯一标识名称(键名)。
- id：指定唯一名称——配合 JavaScript 响应事件时操作元素。

> 注意：<input />标记是仅包含属性的行内空标记(必须正确关闭)，除 type、id、name 等必需属性外，不同类型的控件尚有其他不同的可选属性。<input />标记可联合<label>标记使用。

1．单行文本框 type="text"(默认)

单行文本框 type="text"的语法格式如下：

```
<input [type="text"] name="名称" value="默认值" size="显示宽度"
  maxlength="允许输入最多字符数" readonly="readonly" disabled="disabled" />
```

- value：指定控件默认自动输入显示的初值，或者是用户不输入时提交的 name

键值。

- size：指定控件在页面中的显示宽度(默认显示宽度为 20 个英文字符)。
- maxlength：指定控件允许输入的最多字符或汉字个数(默认不限)。
- disabled：设置第 1 次加载页面时禁用该控件——灰色不可用(默认可用)。
- readonly：指定该控件内容为只读——不能输入编辑修改(默认可编辑输入)。

2. 密码框 type="password"

密码框 type="password"的语法格式如下：

```
<input type="password" name="名称" value="默认值" size="显示宽度"
  maxlength="最大字符数" readonly="readonly" disabled="disabled" />
```

用户在密码框中输入的内容自动显示为圆点，各属性的设置用法与文本框完全相同。

3. 隐藏表单域 type="hidden"

隐藏表单域 type="hidden"的语法格式如下：

```
<input type="hidden" name="名称" value="默认值" />
```

隐藏表单域在页面中不显示，就是说对用户是不可见的，但当用户提交表单时，隐藏表单域的 name 键名与 value 键值会自动发送到服务器。

有时不同页面的表单数据会提交给同一个服务器程序处理，网页设计人员一般就是利用隐藏表单域对不同的页面设置不同的默认值，服务器程序根据隐藏表单域的值即可判断出是哪个页面发送的表单数据，从而确定该如何处理这些数据。

隐藏表单域不能使用 disabled 属性禁用该控件。

【例 h4-8.html】使用文本框、密码框、隐藏表单域。代码如下：

```
<!DOCTYPE html PUBLIC "-//W3C//DTD XHTML 1.0 Transitional//EN"
  "http://www.w3.org/TR/xhtml1/DTD/xhtml1-transitional.dtd" >
<html>
  <head> <title>文本框、密码框、隐藏表单域</title> </head>
  <body>
   <form action="#" method="post" >
     <h3 style="text-align:center">用户登录页面</h3>
     用户名：<input name="userName" size="10" /> <br />
     密  码：<input type="password" name="pass" size="10" />
      <br />
     <input type="hidden" name="type" value="3" />
     提交的数据：userName="输入的用户名";pass="输入的密码";隐藏 type="3"
     <hr />
     <table><tr><td>默认文本框(输入不限)</td> <td> <input /> </td></tr>
         <tr><td>文本框 maxlength="10"</td>
            <td>
             <input value="最多输入 10 个字符" size="16" maxlength="10" />
            </td></tr>
         <tr><td>文本框 readonly="readonly" </td>
            <td><input value="只读不能输入修改" size="16"
```

```
            readonly="readonly" /> </td> </tr>
        <tr><td>密码框 maxlength="10"</td>
          <td><input value="最多 10 个字符" type="password" size="16"
            maxlength="10" /> </td> </tr>
        <tr><td>密码框 disabled="disabled"</td>
          <td><input value="灰色不可用" type="password" size="16"
            disabled="disabled" /> </td> </tr>
      </table>
    </form>
  </body>
</html>
```

运行效果如图 4-9 所示。

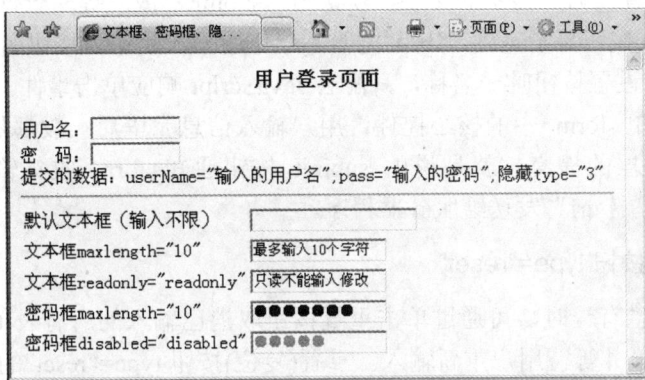

图 4-9　h4-8.html 页面

4．复选框 type="checkbox"

复选框 type="checkbox"的语法格式如下：

```
<input type="checkbox" name="名称" value="提交值"
  checked="checked" disabled="disabled" />
```

checked：设置第一次加载时该控件已被选中(默认不选中)。

一组复选框中允许同时选中多个，<form>表单提交服务器的值为数组：

```
name 名称={ 选中的提交值 1，选中的提交值 2，... }
```

> **注意**：同一组中多个复选框的 name 名称必须相同，每个复选框用 value 设置自己被选中时的提交值。

5．单选按钮 type="radio"

单选按钮 type="radio"的语法格式如下：

```
<input type="radio" name="名称" value="提交值"
  checked="checked" disabled="disabled" />
```

> **注意**：① 同一组多个单选按钮是互斥的，任何时刻只能选择其中一个——提交值最多只

有一个。

② 同一组多个单选按钮的 name 名称必须相同，各自用 value 设置自己被选中时的提交值。

③ 同一组中最多只能有一个单选按钮可用 checked 属性，设置第一次加载时已被选中。

6．提交按钮 type="submit"

提交按钮 type="submit"的语法格式如下：

```
<input type="submit" id||name="名称" value="显示文字" size="显示宽度"
  disabled="disabled" />
```

- value：设置按钮上显示的文字，默认为"submit"或"提交查询内容"。
- size：设置按钮显示宽度，IE 浏览器不起作用——默认为按钮名称的长度。
- id||name：设置按钮唯一名称，只配合 JavaScript 响应单击事件。

提交按钮是表单<form>中的核心控件，用户输入信息完毕后一般都是通过单击提交按钮才能完成表单数据的提交，就是说由 submit 按钮通知<form>收集输入元素的值并按 action 指定的"服务器 url"发送给服务器程序。

7．重置(复位)按钮 type="reset"

当用户输入信息有误时，可通过单击重置按钮取消已输入的所有表单信息，使输入元素恢复为初始默认值并等待用户重新输入。重置(复位)按钮 type="reset"的语法格式如下：

```
<input type="reset" id||name="名称" value="显示文字" size="显示宽度"
  disabled="disabled" />
```

- value：设置按钮上显示的文字，默认为"reset"或"重置"。
- size：设置按钮显示宽度，IE 浏览器不起作用——默认为按钮名称的长度。
- id||name：设置按钮的唯一名称，只配合 JavaScript 响应单击事件。

【例 h4-9.html】用 submit 提交信息、用 reset 重置按钮重新输入信息。代码如下：

```
<!DOCTYPE html PUBLIC "-//W3C//DTD XHTML 1.0 Transitional//EN"
  "http://www.w3.org/TR/xhtml1/DTD/xhtml1-transitional.dtd" >
<html>
  <head> <title>提交、重置输入信息</title> </head>
  <body>
    <form action="#" method="post" >
      <h3 style="text-align:center">用户注册页面</h3>
      输入名称：<input name="user" maxlength="20" /><br />
      输入密码：<input type="password" name="pass1" maxlength="16" />
       <br />
      确认密码：<input type="password" name="pass2" /><br />
      选择性别：<input type="radio" name="nv" value="0"
        checked="checked" />男
           <input type="radio" name="nv" value="1"/>女<br />
      选择您喜欢的运动：
```

```
        <input type="checkbox" name="yd" value="爬山"
            checked="checked" />爬山  
        <input type="checkbox" name="yd" value="游泳"
            checked="checked" />游泳   
        <input type="checkbox" name="yd" value="跑步"/>跑步<br />
    <input type="hidden" name="type" value="3" /><br />
    <input type="submit" value="提交" />
    <input type="reset" value="取消" />
  </form>
  </body>
</html>
```

运行结果如图 4-10 所示。

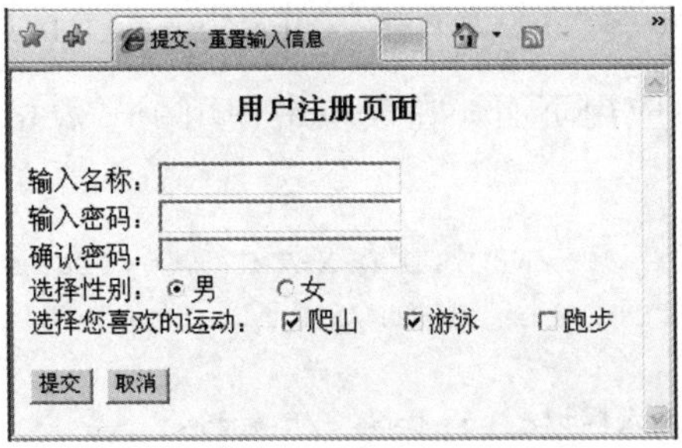

图 4-10　h4-9.html 页面

8．上传文件选择框 type="file"

上传文件选择框 type="file" 的语法格式如下：

```
<input type="file" name="名称" size="显示宽度"
  accept="文件 MIME 类型列表" disabled="disabled" />
```

该标记显示为一个文本框并带一个"浏览…"按钮，可以直接在文本框中输入上传文件的路径及文件名，也可通过单击"浏览…"按钮，在弹出的文件选择对话框中选择。

accept：指定上传文件的 MIME 类型列表，如果指定多种类型，应使用逗号隔开。

例如上传 GIF 和 JPEG 两种图像：

```
accept="image/gif, image/jpeg" 或 accept="image/*"
```

注意：应避免使用 accept 属性，而由服务器负责验证上传的文件。

9．用图像代替提交按钮 type="image"

用图像代替提交按钮 type="image" 的语法格式如下：

```
<input type="image" src="图像文件 URL" id||name="名称" size="显示宽度"
  border="0||1" alt="图像不显示的替代文本" width="宽度" height="高度" />
```

该标记可以显示图像以代替提交按钮，当用户单击该图像时，即可通知<form>收集表单数据并按 action 指定的"服务器 url"发送给服务器程序。

10. 标准按钮 type="button"

标准按钮 type="button"的语法格式如下：

```
<input type="button" id||name="名称" value="显示名称" size="显示宽度" />
```

size：该属性设置按钮显示宽度，IE 浏览器不起作用——默认为按钮名称的长度。

该标记定义一个可点击的按钮，单击按钮时对表单没有任何行为，但可响应单击事件启动 JavaScript 程序。

例如通过单击按钮可调用 JavaScript 的 check()函数对表单中的某些数据进行验证：

```
<input type="button" value="验证表单数据" onclick="check()" />
```

或者单击按钮调用 JavaScript 的 play()函数启动音频播放器播放指定的音乐：

```
<input type="button" value="打开背景音乐" onclick="play()" />
```

【例 h4-10.html】表单应用页面，在表单中使用少量表格，可以对表单元素布局定位。代码如下：

```
<!DOCTYPE html PUBLIC "-//W3C//DTD XHTML 1.0 Transitional//EN"
  "http://www.w3.org/TR/xhtml1/DTD/xhtml1-transitional.dtd" >
<html>
  <head> <title>应用输入标记</title> </head>
  <body>
   <form action="#" method="post" >
    <h3 style="text-align:center">应用输入标记</h3>
    <table>
     <tr><td>输入名称：</td> <td><input name="user" /></td></tr>
     <tr><td>输入密码：</td> <td><input type="password" name="pass1" />
      </td></tr>
     <tr><td>选择性别：</td> <td><input type="radio" name="nv"
      value="男" />男
         <input type="radio" name="nv" value="女"/>女
      </td></tr>
     <tr><td>喜欢的运动：</td> <td>
        <input type="checkbox" name="yd" value="爬山"
          checked="checked" />爬山
         <input type="checkbox" name="yd" value="游泳"
                 checked="checked" />游泳</td></tr>
     <tr><td>上传照片：</td> <td>
        <input type="file" name="pic" size="30" /></td></tr>
    </table>
    <input type="hidden" name="type" value="3" /> <br />
    <input type="image" src="img/p4-1.gif" alt="提交" />
       单击图像提交表单数据
    <input type="reset" /><br />
    <input type="button" value="验证表单数据" onclick="checke()" />
    <input type="button" value="打开背景音乐" onclick="play()" />
```

```
    </form>
  </body>
</html>
```

运行结果如图 4-11 所示。

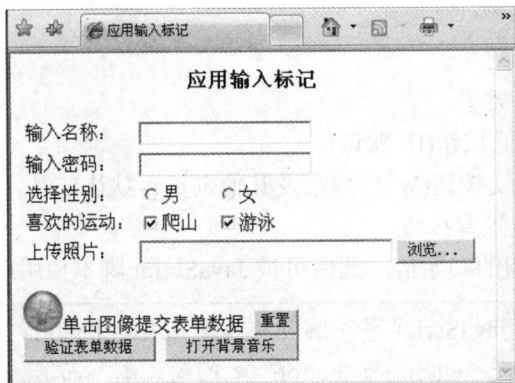

图 4-11　h4-10.html 页面

4.2.3　文本区标记\<textarea\>

\<textarea\>标记可定义一个多行文本区域，用于输入无限数量的文本，但只有位于\<form\>标记内才能被\<form\>收集文本数据并发送给服务器。

文本区标记\<textarea\>的语法格式如下：

```
<textarea name="名称" rows="可见行数" cols="可见列数" wrap="换行模式"
  readonly="readonly" disabled="disabled" >
  [初始默认文本]
</textarea>
```

- rows、cols：指定文本区显示的行列数，建议使用 CSS 的 height 和 width 属性来设置。
- wrap：指定文本换行模式，取值为 virtual、physical、off。
  - virtual：按文本区宽度自动换行显示，但传给服务器的文本中自动换行无效，只在用户控制换行的地方有换行符。
  - physical：按文本区宽度自动换行并将该换行符传送给服务器。
  - off：由用户自己控制换行。

> **注意：** 文档中文本区标记内初始默认文本中的空格、换行都会显示在文本区内，用户在文本区内输入的文字默认采用等宽字体(Fixed Pitch)，输入时可打回车或用"%OD%OA"回车换行符进行段落分隔。输入超出显示区域后会自动增加滚动条。

4.2.4　按钮标记\<button\>

\<button\>标记可自定义按钮，比\<input type="button" /\>按钮提供了更强大的功能和更丰富的内容，在 button 按钮内可放置任意文本或图像，包括多媒体播放内容，唯一禁止的是在按钮内使用图像映射，以避免鼠标单击按钮与单击图像热点区域的混淆。

按钮标记<button>的语法格式如下：

```
<button id||name="名称" type="按钮类型" value="初始值"
  disabled="disabled" >
    [按钮文本、图像或多媒体]
</button>
```

- type：指定按钮类型。
  - ◆ button：普通按钮(IE 默认)。
  - ◆ submit：提交按钮(W3C 规范及其他浏览器默认)。
  - ◆ reset：复位重置按钮。
- value：设置按钮的初始值，此值可被 JavaScript 脚本使用或修改。

注意：<button>最好配合 JavaScript 事件使用，如果在表单中使用，不同浏览器会提交不同的值，例如 IE 提交<button>与<button/>之间的文本，而其他浏览器将提交 value 属性值。

【例 h4-11.html】使用文本区与 button 按钮。

代码如下：

```
<!DOCTYPE html PUBLIC "-//W3C//DTD XHTML 1.0 Transitional//EN"
  "http://www.w3.org/TR/xhtml1/DTD/xhtml1-transitional.dtd" >

<html>
  <head> <title>使用文本区与 button 按钮</title> </head>
  <body>
    <form action="#" method="post" >
        单行文本框：<input value="只有一行内容"/> <br />
        <textarea rows="5" cols="30" wrap="off" >标记内空格换行有效。
            这是 5 行 40 列文本区，只能由用户自己控制换行。
        </textarea>
        <textarea rows="6" cols="30" wrap="physical" >这个文本区采用自动换行模
            式，可按文本区宽度自动换行并将该换行符传送给服务器。
        </textarea>
        <br /><br />
        <button type="button" onclick="msg()">
            <br /><h3>这是一个包含任意内容的按钮。</h3>
            <img src="img/p4-1.gif" alt="按钮图片" />
            <h3>单击这个按钮可以引发 JavaScript 事件。</h3>
        </button>
    </form>
  </body>
</html>
```

运行结果如图 4-12 所示。

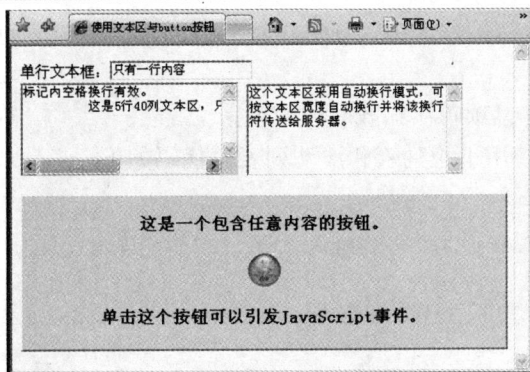

图 4-12　h4-11.html 页面

4.2.5　滚动列表与下拉列表标记<select><option>

1. 创建滚动、下拉列表标记<select>

创建滚动、下拉列表标记<select>的语法格式如下：

```
<select name="名称" size="可见选项数" multiple="multiple"
  disabled="disabled" >
   <option>选择项</option>
    ...
</select>
```

<select>标记可创建下拉列表(也称为单选菜单，只能选择其中一项)，也可创建滚动列表(也称为多选菜单，既可以单选一项、也可以按住 Ctrl 键同时选择多项)。

- size：指定列表可见选择项数，同时也指定了滚动或下拉列表类型。省略 size 或取值为"1"则创建下拉列表——单选，取值大于 1 则为创建滚动列表。
- multiple：该属性仅当 size 取值大于 1 创建滚动列表时有效，对下拉列表无效。使用 multiple="multiple"则允许滚动列表按住 Ctrl 键同时选择多项。省略该属性时，默认滚动列表只能单选。

对下拉列表<form>表单提交服务器的值为单值：name 名称=所选项的单个 value 值。

对滚动列表<form>表单提交服务器的值为数组多值：

name 名称={所选项 1 的 value 值, 所选项 2 的 value 值, ...}

2. 列表选项标记<option>

列表选项标记<option>的语法格式如下：

```
<option value="提交选项值" name="名称" selected="selected"
  disabled="disabled" >
   页面显示的选项文本
</option>
```

<option>标记定义滚动或下拉列表中的一个选项(条目)，必须在<select>标记内使用。

- value：指定提交服务器的选项值，省略则默认使用显示的选项文本。

- selected：指定初始被选中的项目，对下拉列表、单选滚动列表只能有一个选择可设置。
- disabled：指定该项首次加载时被禁用。

【例 h4-12.html】使用下拉列表和滚动列表。代码如下：

```
<!DOCTYPE html PUBLIC "-//W3C//DTD XHTML 1.0 Transitional//EN"
  "http://www.w3.org/TR/xhtml1/DTD/xhtml1-transitional.dtd" >
<html>
  <head> <title>使用下拉列表和滚动列表</title> <head>
  <body>
    <form action="#" method="post" >
    用户名: <input name="user" /> <br />
    密  码: <input type="password" name="pass"/> <br />
    出生年月:
    <select name="year" >
      <option>1988</option> <option>1989</option> <option>1990</option>
      <option selected="selected" >1991</option> <option>1992</option>
      <option disabled="disabled" >1993</option> <option>1994</option>
      <option>1995</option> <option>1996</option> <option>1997</option>
      <option>1998</option> <option>1999</option> <option>2000</option>
    </select>年
    <select name="month" >
      <option value="1">一月</option> <option value="2">二月</option>
      <option value="3" selected="selected" >三月</option>
      <option value="4">四月</option> <option value="5">五月</option>
      <option value="6">六月</option> <option value="7">七月</option>
      <option value="8">八月</option> <option value="9">九月</option>
      <option value="10">十月</option> <option value="11">十一月</option>
      <option value="12">十二月</option>
    </select>月<br /><br />
    爱好(多选): 特长(单选): <br />
    <select name="like1" size="3" multiple="multiple" >
      <option value="1" selected="selected" >音乐</option>
      <option value="2">美术</option>
      <option value="3" selected="selected" >体育</option>
      <option value="4">劳动</option>
    </select>     
    <select name="like2" size="3" >
      <option>唱歌</option> <option>画画</option>
      <option>长跑</option> <option>短跑</option>
    </select> <br /><br />
    <input type="submit" value="提 交" />     
    <input type="reset" value="重 置" />
  </form>
  </body>
</html>
```

运行结果如图 4-13 所示。

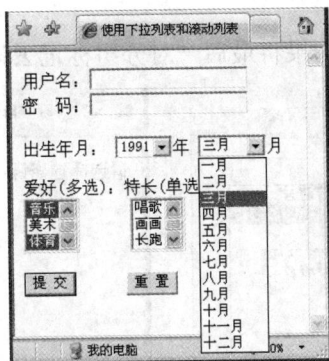

图 4-13　h4-12.html 页面

3．列表项分组标记\<optgroup\>

列表项分组标记\<optgroup\>的语法格式如下：

```
<optgroup label="分组名">
   <option>选择项</option>
   ...
</optgroup>
```

\<optgroup\>标记可定义选项组，用于对列表项进行分组，必须在\<select\>标记内使用。分组名显示为加粗斜体但不能被选择，被分组的列表项将采用缩进显示。

【例 h4-13.html】列表选择框分组。代码如下：

```
<!DOCTYPE html PUBLIC "-//W3C//DTD XHTML 1.0 Transitional//EN"
   "http://www.w3.org/TR/xhtml1/DTD/xhtml1-transitional.dtd" >
<html>
   <head> <title>使用下拉列表和滚动列表</title> <head>
   <body>
    <form action="#" method="post" >
      请选择选修课：
      <select name="WebDesign">
       <optgroup label="客户端语言">
         <option>HTML</option> <option>CSS</option>
         <option>javascript</option>
       </optgroup>
       <optgroup label="服务器语言">
         <option>PHP</option> <option>ASP</option> <option>JSP</option>
       </optgroup>
       <optgroup label="数据库">
         <option>Access</option> <option>MySQL</option>
         <option>SQLServer</option>
       </optgroup>
      </select>
    </form>
```

```
</body>
</html>
```

页面显示如图 4-14 所示，如果将最后一对分组标记去掉，显示如图 4-15 所示。

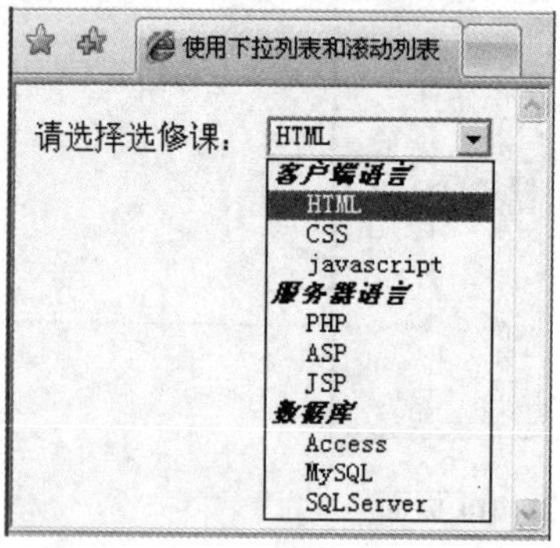

图 4-14　h4-13.html 页面 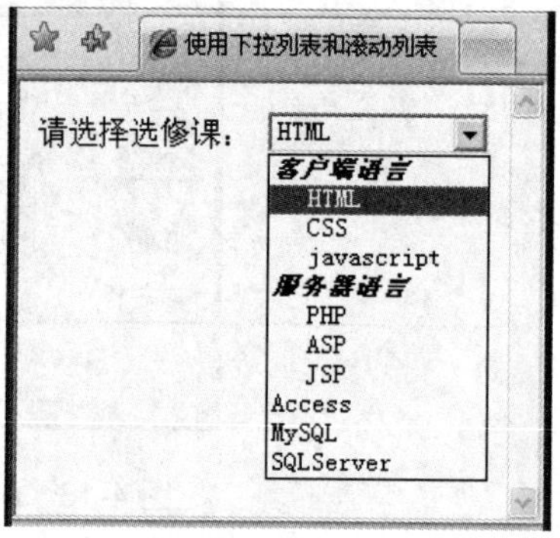　　　　图 4-15　去掉最后一对分组

4.2.6　控件标签标记<label>

控件标签标记<label>的语法格式如下：

```
<label for="控件 id" >标注内容</label>
```

<label>标记可为表单控件定义一个标签或标注，当用户点击该标注内容时，浏览器自动将光标焦点转到相关的控件上。

for 属性可将<label>的标注内容绑定到指定 id 的表单控件上。

【例 h4-14.html】使用控件标签。代码如下：

```
<!DOCTYPE html PUBLIC "-//W3C//DTD XHTML 1.0 Transitional//EN"
  "http://www.w3.org/TR/xhtml1/DTD/xhtml1-transitional.dtd" >

<html>
  <head> <title>使用控件标签</title> <head>
  <body>
   <form action="#" method="post" >
    <label for="un">用户名: <input name="user" id="un" /></label> <br />
    密  码: <input type="password" id="up" name="pass"/>
    <br />
    <input type="submit" /> <input type="reset" />
   </form>
   <label for="un">修改用户名</label> <br />
   <label for="up">修改密码</label>
  </body>
</html>
```

运行结果如图 4-16 所示，单击"用户名"或"修改用户名"文本，光标会自动移到 id="un"的文本框中，同样单击"修改密码"文本，光标会自动移到 id="up"的密码框中。

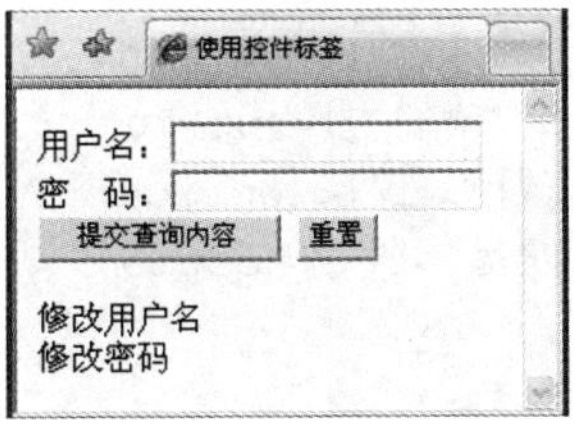

图 4-16　h4-14.html 页面

4.2.7　表单分组及标题标记<fieldset><legend>

表单分组及标题标记<fieldset><legend>的语法格式如下：

```
<fieldset>
  <legend>分组标题</legend>
  表单控件
  ...
</fieldset>
```

<fieldset>标记可将表单中一部分相关元素打包分组，浏览器以特殊方式显示这组表单字段，例如特殊边界、3D 效果等，甚至可创建一个子表单来处理这些元素。也可重新设置 CSS 样式。

【例 h4-15.html】对两个表单分组，一个整体分组，一个部分分组。代码如下：

```
<!DOCTYPE html PUBLIC "-//W3C//DTD XHTML 1.0 Transitional//EN"
  "http://www.w3.org/TR/xhtml1/DTD/xhtml1-transitional.dtd" >
<html>
  <head> <title>表单分组</title> <head>
  <body>
   <fieldset>
    <legend>整体分组</legend>
    <form action="#" method="post" >
     <label>高度: <input type="text" /> </label>
     <label>宽度: <input type="text" /> </label>
    </form>
   </fieldset>
   <form action="#" method="post" >
     用户名: <input name="user" /> <br />
     密  码: <input type="password" name="pass"/> <br />
     <br />
     <fieldset>
      <legend>出生年月: </legend>
      <select name="year" >
       <option>1990</option> <option>1991</option>
        <option>1992</option> <option>1993</option>
        <option>1994</option> <option>1995</option>
      </select>年
      <select name="month" >
```

```
        <option value="一月">一月</option>
         <option value="二月">二月</option>
        <option value="三月">三月</option>
         <option value="四月">四月</option>
      </select>月<br /><br />
    </fieldset>
    <br />
    <input type="submit" /> <input type="reset" />
  </form>
 </body>
</html>
```

运行结果如图 4-17 所示。

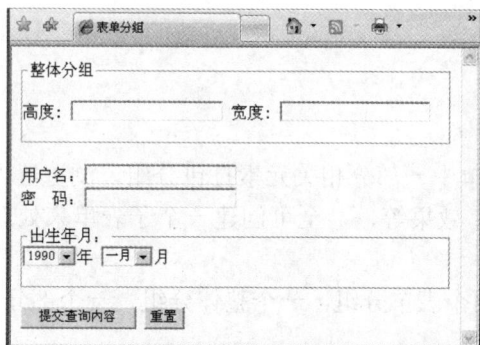

图 4-17　h4-15.html 页面

4.3　IE 浏览器滚动字幕、背景音乐与多媒体

Microsoft Internet Explorer(即 IE 浏览器)可以用<marquee>标记定义页面的滚动字幕、用<bgsound>标记播放音频文件作为背景音乐、用<embed>标记播放视频多媒体文件。

4.3.1　IE 浏览器滚动字幕标记<marquee>

IE 浏览器滚动字幕标记<marquee>的语法格式如下:

```
<marquee>滚动文字—字幕文本</marquee>
```

<marquee>标记可在 IE 浏览器中添加滚动的文字——字幕。滚动文本的样式、变体、粗细、字号、字体等可使用 CSS 设置。

* width/height:滚动范围——背景区域,默认为浏览器的宽度、文字的高度。
* hspace/vspace:滚动范围的垂直/水平外边距——即背景区域之外的空白区域,默认为 0。
* bgcolor:背景颜色,可使用 CSS 的 background-color 设置。
* direction:滚动方向,可取值为 left(向左,默认)、right(向右)、up(向上)、down(向下)。

- behavior：滚动方式，可取值为 scroll(循环，默认)、slide(一次)、alternate(往复)。
- loop：循环次数(默认无限)，behavior="slide"指定一次时应以 loop 的次数为准。
- scrollamount：滚动速度，即每次移动文字的距离，越大越快。
- scrolldelay：滚动延时(毫秒)，每次移动的时间间隔，越小越快。

注意： 字幕的移动效果应使用滚动速度 scrollamount 与滚动延时 scrolldelay 协调配合。

【例 h4-16.html】使用滚动字幕。代码如下：

```
<!DOCTYPE html PUBLIC "-//W3C//DTD XHTML 1.0 Transitional//EN"
  "http://www.w3.org/TR/xhtml1/DTD/xhtml1-transitional.dtd" >
<html>
  <head> <title>添加滚动字幕</title> </head>
  <body>
    <h3 style="text-align:center">添加滚动字幕</h3>
    <hr>
    <marquee><span style="font:16pt 黑体">设置字体的默认滚动</span></marquee>
    <marquee bgcolor="00ffff">设置了背景的默认滚动效果</marquee>
    <marquee width="50%" height="40" hspace="20" vspace="20"
      bgcolor="red">
      设置了范围、外边距和背景的默认滚动效果
    </marquee>
    <marquee bgcolor="00ffff">
             春晓<br>
      春眠不觉晓，处处闻啼鸟。<br>
      夜来风雨声，花落知多少。<br>
    </marquee>
  </body>
</html>
```

运行结果如图 4-18 所示。

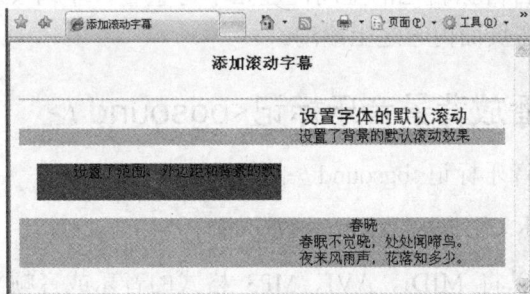

图 4-18　h4-16.html 页面

【例 h4-17.html】滚动字幕滚动方向、方式、速度的设置。代码如下：

```
<!DOCTYPE html PUBLIC "-//W3C//DTD XHTML 1.0 Transitional//EN"
  "http://www.w3.org/TR/xhtml1/DTD/xhtml1-transitional.dtd" >
<html>
  <head> <title>字幕的滚动方向方式和速度</title> </head>
```

```
<body>
  <h3 style="text-align:center">字幕的滚动方向方式和速度</h3>
  <hr>
  <marquee scrollamount="2" scrolldelay="20" >我向左无穷循环，速度慢
  </marquee>
  <marquee direction="right" loop="5" scrollamount="6"
    scrolldelay="4" >
    我向右循环 5 次，速度快
  </marquee>
  <marquee direction="up" behavior="slide" >我只向上移动一次</marquee>
  <marquee direction="down" behavior="alternate" loop="5">
    我向下移动，上下往返 5 次
  </marquee>
</body>
</html>
```

运行结果如图 4-19 所示。

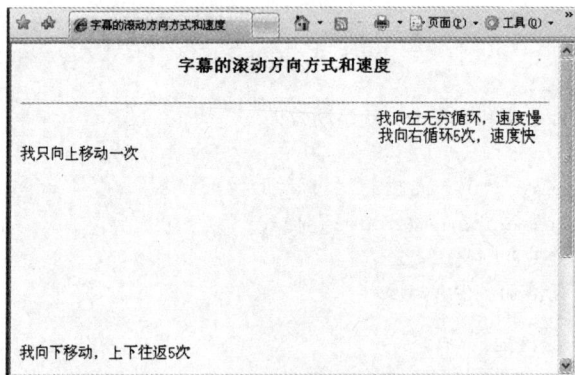

图 4-19　h4-17.html 页面

目前的滚动字幕各自占据自己的空间，互相不可重叠，学习 CSS 后，我们可以通过 CSS 设置滚动字幕浮动在页面内容之上滚动。

4.3.2　IE 浏览器播放背景音乐标记

IE 浏览器播放背景音乐标记的语法如下：

```
<bgsound src="音乐文件 URL" loop="播放次数" />
```

标记可以将 MIDI、AVI、MP3 格式的音乐或音频文件作为网页背景音乐来播放。

- src：指定音频文件的绝对或相对路径及文件名。
- loop：用数字指定播放次数，默认播放 1 次，取值-1 或 infinite 为无限循环。

【例 h4-18.html】添加背景音乐。代码如下：

```
<!DOCTYPE html PUBLIC "-//W3C//DTD XHTML 1.0 Transitional//EN"
  "http://www.w3.org/TR/xhtml1/DTD/xhtml1-transitional.dtd" >
```

```html
<html>
  <head>
    <title>添加背景音乐</title>
    <style type="text/css">
      body{ font:18pt 楷体_gb2312; color:navy;
        background:url("img/p4-2.jpg") no-repeat 100% 0%; } /*右上角对齐*/
      h1   { font-family:黑体; text-align:center; color:black; }
    </style>
  </head>
  <body>
    <bgsound src="img/宁夏.mp3" loop="5">
    <h1>水调歌头-明月几时有</h1> <hr>
    明月几时有？把酒问青天。<br>
    不知天上宫阙，今夕是何年。<br>
    我欲乘风归去，又恐琼楼玉宇，<br>
    高处不胜寒，起舞弄清影，何似在人间。<br>
    转朱阁，低绮户，照无眠。<br>
    不应有恨，何事长向别时圆。<br>
    人有悲欢离合，月有阴晴圆缺，此事古难全。<br>
    但愿人长久，千里共婵娟。<br>
  </body>
<html>
```

运行结果如图 4-20 所示。

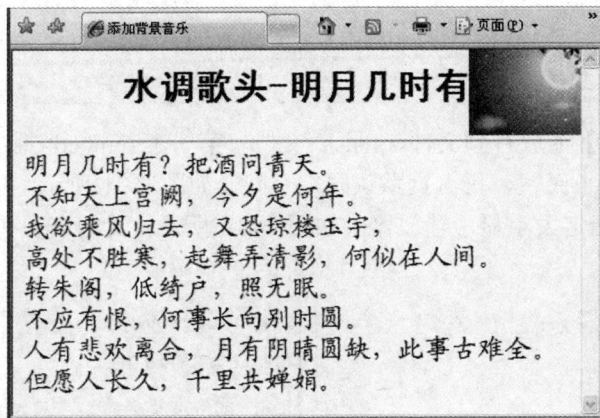

图 4-20　h4-18.html 页面

4.3.3　IE 浏览器播放多媒体标记<embed>

IE 浏览器播放多媒体标记<embed>的语法格式如下：

```
<embed src="多媒体文件 URL" width="播放插件高度" height="播放插件宽度"
  hidden="是否隐藏播放插件" autostart="是否自动播放" loop="是否循环播放">
</embed>
```

<embed>标记是一个行内标记，可以播放音频音乐 MP3、MID、WAV，视频电影

WMV、AVI、ASF、MPEG 和 SWF、Flash 动画等多媒体文件。
- src：指定音频或视频文件的绝对或相对路径及文件名。
- hidden：是否隐藏播放面板，取值 false||no 不隐藏(默认)、true 隐藏。
- autostart：是否自动播放，取值 false||no 不自动播放(默认)、true 自动播放。
- loop：是否循环播放，取值 false||no 只播放一次(默认)、true 循环播放。
- type：指定播放文件的 MIME 类型，参数取值及含义如下。
  - audio/x-wav   WAV 音频
  - audio/basic   AU 音频
  - audio/mpeg   MP3、RM 音频
  - audio/midi   MID 音频
  - audio/x-ms-wma   WMA 音频
  - audio/x-pn-realaudio-plugin   RealAudio
  - video/x-msvideo   AVI
  - video/x-ms-wmv   WMV
  - video/mpeg   MPEG 视频
  - video/quicktime   QuickTime
- wmode：指定播放模式，默认不透明，取值为 transparent 时透明。

> 注意：<embed>为 IE 浏览器标记，其他浏览器可能不支持。对 Flash 动画文件若不设置 width、height 则采用原图尺寸，对视频文件若不指定播放插件大小会采用默认插件尺寸，而对音频文件若不指定播放插件大小则播放器不可见，但会占据页面固定的空间。如果指定了播放插件大小，但使用 hidden="true"隐藏播放插件，则播放插件大小无效，仍占据页面固定空间。

【例 h4-19.html】播放音频文件、Flash 文件。第一个<embed>播放音频，由于设置隐藏，所以设置插件大小无效，仍占据默认固定空间，如图 4-21 所示。去掉 hidden="true"或改为 false，则会按指定大小显示播放器，如图 4-22 所示，此时若只去掉 width、height，则相当于隐藏播放器。

图 4-21　隐藏播放器页面 　　　　　图 4-22　显示音频播放器页面

代码如下：

```
<!DOCTYPE html PUBLIC "-//W3C//DTD XHTML 1.0 Transitional//EN"
  "http://www.w3.org/TR/xhtml1/DTD/xhtml1-transitional.dtd" >
<html>
  <head> <title>播放音频、flash 文件</title> </head>
  <body>
    <h3>隐藏、自动循环播放音频文件</h3>
    <embed src="img/酸酸甜甜就是我.rm" width="400" height="100"
        hidden="true" autostart="true" loop="true" ></embed>
    <h3>播放 flash 文件</h3>
    <embed src="img/太扬家园.swf" width="600" height="200" ></embed>
  </body>
</html>
```

【例 h4-20.html】自动循环播放视频文件。代码如下：

```
<!DOCTYPE html PUBLIC "-//W3C//DTD XHTML 1.0 Transitional//EN"
  "http://www.w3.org/TR/xhtml1/DTD/xhtml1-transitional.dtd" >
<html>
  <head> <title>播放视频文件</title> </head>
  <body>
   <h3>自动循环播放视频文件</h3>
   <embed src="img/搞笑.MPA" type="video/x-ms-wmv" width="400"
     height="300" autostart="true" loop="true" >
   </embed>
   <h3>以下链接国内外新闻</h3>
  </body>
</html>
```

运行结果如图 4-23 所示。

图 4-23　播放视频文件

4.4 XHTML 播放多媒体标记

将图像或多媒体音频或视频文件包含到网页中最简单、最可靠的方法是使用超链接标记<a>链接到这些文件，就像链接另一个 HTML 文件。当用户单击链接文本时可以直接显示播放或提示"打开"或"保存"这些文件。

为了将多媒体放到网页，浏览器开发商最初提供了多种相互冲突的解决方案，例如对<img>的扩展以及<embed>标记也曾十分流行，最终都已被 XHTML 标准的<object>取代。

注意：XHTML 不支持<embed>标记。

4.4.1 嵌入对象标记<object><param>

<object>标记可定义一个嵌入页面的多媒体或 Apple 对象，由于并不是所有浏览器都支持<object>标记(如 Opera 浏览器对<object>不显示任何内容)，因此<object>同时提供了一个所有浏览器都能支持解决的方案：如果不能显示<object>则执行标记内的代码，就是说可以在<object>标记内嵌套针对不同浏览器的<object>或<embed>作为候补替换文本，实现最大程度地与浏览器兼容。

1. 嵌入播放器对象标记<object>

嵌入播放器对象标记<object>的语法格式如下：

```
<object 首选嵌入对象标记>
    <param 为嵌入对象提供参数 />
    <object 第一备用嵌入对象标记> </object>
    <embed 其他备用替换标记> </embed>
</object>
```

<object>标记可位于<head>或<body>标记内，可使用的属性如下。

- classid：指定浏览器引用播放器对象的 URL，通常是 Java 类的 ID。
- width/height：指定嵌入对象的宽度、高度。
- name：指定对象的唯一名称——以便在脚本中使用。
- codetype：指定 classid 所引用代码的 MIME 类型。
- codebase：指定嵌入对象 URL 的基准 URL。
- standby：指定嵌入对象在加载过程中所显示的文本。
- archive：指向与对象相关的资源文件 URL 列表——空格分隔。
- data：指定对象需要处理的数据文件的 URL。
- type：指定 data 指定文件的数据 MIME 类型。
- declare：指定对象仅可被声明、不能创建，直到得到应用。
- usemap：指定与对象一同使用的客户端图像映射的 URL。

XHTML 不赞成使用 align、border、hspace、vspace 属性。

2．为嵌入对象提供参数标记<param />

为嵌入对象提供参数标记<param />的语法格式如下：

```
<param name="参数名称—键名" value="参数值—键值" />
```

<param />标记必须在<object>或<applet>标记内使用，每一个<param />标记可为包含它的<object>或<applet>对象提供一个参数。

- name：指定的参数名称及对应 value 参数值。
- src||url||movie：针对不同播放器不可同时使用。
  - src：指定 RealPlayer 播放器播放的音频或视频文件 URL。
  - url：指定 Media Player 播放器播放的音频或视频文件 URL。
  - movie：指定 Flash 播放器播放的 Flash 文件 URL。
- controls||uiMode：针对不同播放器不可同时使用。
  - controls：指定 RealPlayer 播放器显示使用的按钮，默认 All，表示全部界面元素可用。
  - uiMode：指定 Media Player 播放器显示使用的按钮，默认 full，表示全部界面元素可用。
- loop：指定是否循环播放，false(默认)、true。
- autostart：指定是否自动播放，false(默认)、true。
- type：指定播放文件的 MIME 类型。参数取值及含义如下：
  - audio/x-wav　　　　　　　　　　WAV 音频
  - audio/basic　　　　　　　　　　AU 音频
  - audio/mpeg　　　　　　　　　　MP3、RM 音频
  - audio/midi　　　　　　　　　　MID 音频
  - audio/x-ms-wma　　　　　　　　WMA 音频
  - audio/x-pn-realaudio-plugin　　RealAudio
  - video/x-msvideo　　　　　　　　AVI
  - video/x-ms-wmv　　　　　　　　WMV
  - video/mpeg　　　　　　　　　　MPEG 视频
  - video/quicktime　　　　　　　　QuickTime
- wmode：指定播放模式，默认不透明，取值 transparent 时为透明。

4.4.2　以<object>播放 Flash 文件

Flash 文件播放器的 classid 属性值为 D27CDB6E-AE6D-11cf-96B8-444553540000。

【例 h4-21.html】播放 Flash 文件，第一幅不透明，第二幅采用透明，在背景图片上播放。可以去掉<embed>标记单独使用<object>标记，也可单独使用<embed>标记查看结果。

代码如下：

```
<!DOCTYPE html PUBLIC "-//W3C//DTD XHTML 1.0 Transitional//EN"
  "http://www.w3.org/TR/xhtml1/DTD/xhtml1-transitional.dtd" >
```

```html
<html>
  <head> <title>播放 flash 文件</title> </head>
  <body>
    <h3>正常播放不透明 flash 文件</h3>
    <object classid="clsid:D27CDB6E-AE6D-11cf-96B8-444553540000"
        width="770" height="150">
      <param name="src" value="img/logo.swf" />
      <embed src="img/logo.swf" width="770" height="150" ></embed>
    </object>
    <h3>在背景图片上播放透明 flash 文件，产生动画效果</h3>
    <div style="background:url(img/logo.jpg) no-repeat;" >
      <object classid="clsid:D27CDB6E-AE6D-11cf-96B8-444553540000"
          width="770" height="150">
        <param name="src" value="img/logo.swf" />
        <param name="wmode" value="transparent" />
        <embed src="img/logo.swf" width="770" height="150"
          wmode="transparent" >
        </embed>
      </object>
    </div>
  </body>
</html>
```

运行结果如图 4-24 所示。

图 4-24 以<embed>播放 Flash 文件

4.4.3 以<object>使用 RealPlayer 播放器

RealPlayer 播放器的 classid 属性值为：22D6F312-B0F6-11D0-94AB-0080C74C7E95。
使用 RealPlayer 播放器时必须进行如下设置：

```html
<param name="src" value="文件 URL" /> 指定播放文件的 URL
<param name="controls" value="All" /> 指定播放器显示使用的按钮
```

注意：播放音频 classid 最好使用 CFCDAA03-8BE4-11cf-B84B-0020AFBBCCFA。

【例 h4-22.html】使用 RealPlayer 自动循环播放音频文件。代码如下：

```
<!DOCTYPE html PUBLIC "-//W3C//DTD XHTML 1.0 Transitional//EN"
  "http://www.w3.org/TR/xhtml1/DTD/xhtml1-transitional.dtd" >
<html>
  <head> <title>使用 RealPlayer 播放音频</title> </head>
  <body>
    <p>本页面使用 RealPlayer 媒体播放器，如果不能显示可能您还没有安装<br />
      <a href="http://realplayer.cn.real.com/">点击这里</a>可以免费下载。
    </p>
    <p> <object classid="clsid:22D6F312-B0F6-11D0-94AB-0080C74C7E95"
            width="500" height="100">
      <param name="type" value="audio/mpeg" />
      <param name="src" value="img/酸酸甜甜就是我.rm" />
      <param name="loop" value="true" />
      <param name="autostart" value="true" />
      <embed type="audio/mpeg" src="img/酸酸甜甜就是我.rm"
              width="500" height="100" loop="true" autostart="true" />
    </object>
    </p>
  </body>
</html>
```

运行结果如图 4-25 所示，如果使用 CFCDAA03-8BE4-11cf-B84B-0020AFBBCCFA 作为 classid 属性值，运行结果如图 4-26 所示。

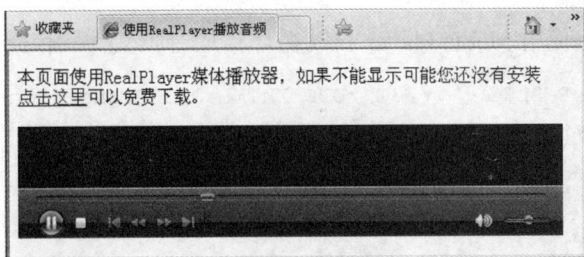

图 4-25　使用 clsid:22D6F312-B0F6-11D0-94AB-0080C74C7E95 播放音频文件

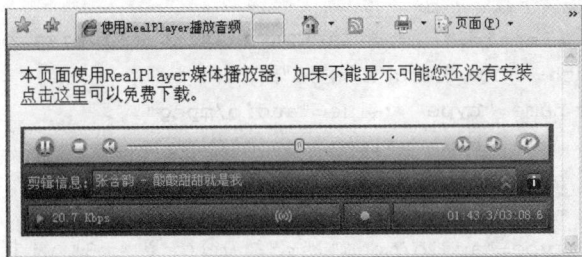

图 4-26　使用 clsid:CFCDAA03-8BE4-11cf-B84B-0020AFBBCCFA 播放音频文件

【例 h4-23.html】使用 RealPlayer 播放一次视频文件(默认不循环)。

代码如下：

```
<!DOCTYPE html PUBLIC "-//W3C//DTD XHTML 1.0 Transitional//EN"
  "http://www.w3.org/TR/xhtml1/DTD/xhtml1-transitional.dtd" >
<html>
  <head> <title>使用 RealPlayer 播放视频</title> </head>
  <body>
    <h3>使用 RealPlayer 播放视频文件</h3>
    <p> <object classid="clsid:22D6F312-B0F6-11D0-94AB-0080C74C7E95"
          width="500" height="350">
        <param name="type" value="video/x-ms-wmv" />
        <param name="src" value="img/搞笑.MPA" />'
        <param name="autostart" value="true" />
        <embed type="video/x-ms-wmv" src="img/搞笑.MPA"
            width="500" height="350" />
      </object>
    </p>
  </body>
</html>
```

4.4.4   以<object>使用 Media Player 播放器

Media Player 播放器的 classid 属性值为：6BF52A52-394A-11d3-B153-00C04F79FAA6。
使用 Media Player 播放器时必须进行如下设置：

```
<param name="url" value="文件 URL" /> 指定播放文件的 URL
<param name="uiMode" value="full" /> 指定播放器显示使用的按钮
```

【例 h4-24.html】使用 Media Player 自动循环播放音频文件。代码如下：

```
<!DOCTYPE html PUBLIC "-//W3C//DTD XHTML 1.0 Transitional//EN"
  "http://www.w3.org/TR/xhtml1/DTD/xhtml1-transitional.dtd" >
<html>
  <head> <title>使用 Media Player 播放音频</title> </head>
  <body>
    <p>本页面使用 Media Player 媒体播放器，如果不能显示可能您还没有安装<br />
      <a href="http://www.microsoft.com/windows/windowsmedia/cn/">点击这里
      </a>可以免费下载。</p>
    <p> <object classid="clsid:6BF52A52-394A-11d3-B153-00C04F79FAA6"
          width="500" height="200">
        <param name="type" value="audio/mpeg" />
        <param name="url" value="img/宁夏.mp3" />
        <param name="loop" value="true" />
        <param name="autostart" value="true" />
        <embed type="audio/mpeg" src="img/宁夏.mp3" width="500"
          height="200" loop="true" autostart="true" />
      </object>
    </p>
```

```
    </body>
</html>
```

运行结果如图 4-27 所示。

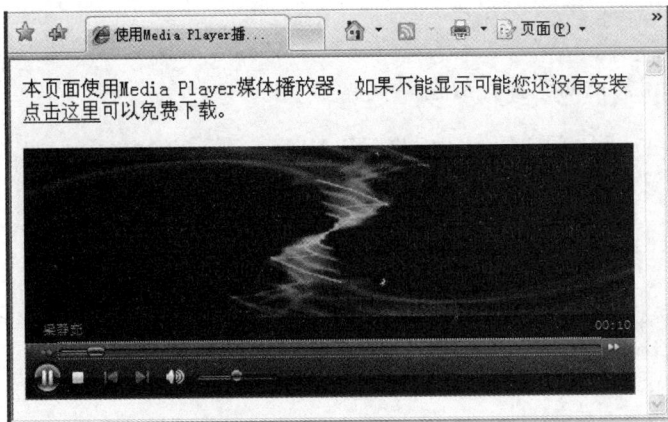

图 4-27　使用 Media Player 播放音频文件

【例 h4-25.html】使用 Media Player 播放一次视频文件(默认不循环)。代码如下：

```
<!DOCTYPE html PUBLIC "-//W3C//DTD XHTML 1.0 Transitional//EN"
    "http://www.w3.org/TR/xhtml1/DTD/xhtml1-transitional.dtd" >
<html>
    <head> <title>使用 Media Player 播放视频</title> </head>
    <body>
        <h3>使用 Media Player 播放视频文件</h3>
        <p> <object classid="clsid:6BF52A52-394A-11d3-B153-00C04F79FAA6"
                width="500" height="350">
        <param name="type" value="video/x-ms-wmv" />
        <param name="url" value="img/风扇.avi" />
        <param name="autoStart" value="true" />
        <embed type="video/x-ms-wmv" src="img/风扇.avi"
                width="500" height="350" autostart="true" > </embed>
        </object>
        </p>
    </body>
</html>
```

4.4.5　以<object>自动嵌入合适的播放器

在现实中，不同用户会安装不同的播放器，一般情况下，大部分 Windows 用户都会安装 Windows Media Player，其他操作系统则通常安装 QuickTime、RealPlayer 或两者兼有。

我们可以用 JavaScript 代码检测用户机器的浏览器版本，如果是 Windows IE 用户，则自动设置为 Windows Media Player 播放器，否则设置为 RealPlayer 播放器。

所使用的代码如下：

```
<script type="text/javascript">
    if (navigator.appVersion.indexOf("Win") != -1)
        //使用 Windows Media Player 播放器
    else  //使用 RealPlayer 播放器
</script>
```

【例 h4-26.html】自动选择播放器。代码如下：

```
<!DOCTYPE html PUBLIC "-//W3C//DTD XHTML 1.0 Transitional//EN"
  "http://www.w3.org/TR/xhtml1/DTD/xhtml1-transitional.dtd" >
<html>
  <head> <title>自动选择播放器</title> </head>
  <body>
    <h3>自动选择播放器</h3>
    <p> <script type="text/javascript">
        if (navigator.appVersion.indexOf("Win") != -1)
          document.write(
            "<object classid='clsid:6BF52A52-394A-11d3-B153-00C04F79FAA6'
               width='500' height='350'>
             <param name='type' value='video/x-ms-wmv' />
             <param name='url' value='img/风扇.avi' />
             <param name='uiMode' value='full' />
             <param name='autoStart' value='true' />
             <embed width='500' height='350' type='video/x-ms-wmv'
               src='img/风扇.avi' controls='All' autostart='true' />
             </object>");
        else document.write(
            "<object classid='clsid:22D6F312-B0F6-11D0-94AB-0080C74C7E95'
               width='500' height='350'>
             <param name='type' value='video/x-ms-wmv' />
             <param name='src' value='img/风扇.avi' />
             <param name='controls' value='All' />
             <param name='autostart' value='true' />
             <param name='prefetch' value='false' />
             <embed width='500' height='350' type='video/x-ms-wmv'
               src='img/风扇.avi' controls='All' autostart='true' />
             </object>");
      </script> </p>
  </body>
</html>
```

4.5 习　　题

一、选择题

1. <frameset cols=#>用来指定(　　　)。

　　A. 混合分割　　B. 纵向分割　　　C. 横向分割　　　　　D. 任意分割

2. 框架中 "禁止改变框架窗口大小" 的语法是(　　　)。

　　A. <a href="right.html" target="rightframe">

　　B. <IMG src="URL" border=?>

　　C. <FRAMESET rows="20%, *" frameborder="0">

　　D. <FRAME noresize>

3. (　　　)标签用于在网页中创建表单。

　　A. <INPUT>　　B. <SELECT>　　C. <OPTGROUP>　　D. <FORM>

4. (　　　)元素用于定义表单中控件的类型和外观。

　　A. ECT　　　　B. FORM　　　　C. INPUT　　　　D. CAPTION

5. 请先阅读下面的代码，然后选择一个符合要求的答案(　　　)。

```
<INPUT type="text" name="textfield">
<INPUT type="radio" name="radio" value="女">
<INPUT type="checkbox" name="checkbox" value="checkbox">
<INPUT type="file" name="file">
```

　　A. 上面的代码表示的表单元素类型分别是：文本框、单选按钮、复选框、文件域

　　B. 上面的代码表示的表单元素类型分别是：文本框、复选框、单选按钮、文件域

　　C. 上面的代码表示的表单元素类型分别是：密码框、多选按钮、复选框、文件域

　　D. 上面的代码表示的表单元素类型分别是：文本框、单选按钮、下拉列表框、文件域

6. 请先阅读下面的代码，根据代码意思选择一个正确的答案(　　　)。

```
<FRAMESET rows="20%, *" frameborder="0">
  <FRAME src="top.html" name="topFrame" scrolling="no"
    noresize="noresize">
  <FRAMESET cols="20%, *">
    <FRAME src="left.html" name="leftFrame" scrolling="no"
      noresize="noresize">
    <FRAME src="right.html" name="mainFrame">
  </FRAMESET>
</FRAMESET>
```

　　A. 将浏览器分割成两个窗口　　　　　　B. 将浏览器分割成 3 个窗口

　　C. 将浏览器分割成 4 个窗口　　　　　　D. 以上都不是

二、操作题

1. 设置如下形式的滚动文字，保存为 exec4-1.html。

(1) 由左向右一圈一圈绕着走的滚动文字：看，我一圈一圈绕着走！

(2) 由右向左滑动一次的文字：呵呵，我只走一趟！

(3) 由左向右来回滑动的文字：哎呀，我碰到墙壁就回头！

(4) 为上述第三种情况设置宽 500 像素、高 100 像素，底色为 pink 的区域。

2. 设置如图 4-28 所示的表单页面。

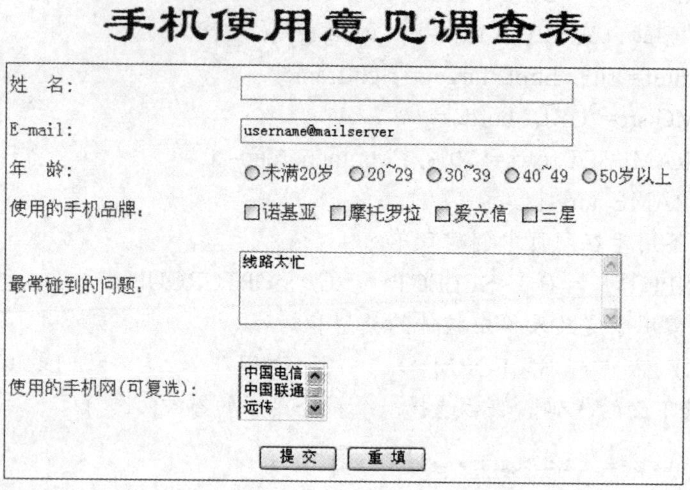

手机使用意见调查表

姓 名:	
E-mail:	username@mailserver
年 龄:	○未满20岁 ○20~29 ○30~39 ○40~49 ○50岁以上
使用的手机品牌:	□诺基亚 □摩托罗拉 □爱立信 □三星
最常碰到的问题:	线路太忙
使用的手机网(可复选):	中国电信 中国联通 远传

提交　重填

图 4-28　表单页面

第 5 章 CSS 样式表基础

学习目的与要求

📖 **知识点**

- 理解页面中样式应用的重要性
- 掌握各种样式的概念
- 掌握文本样式规则应用
- 掌握样式表中各种选择符的定义及应用

📢 **难点**

- 样式表中各种选择符的定义及应用

5.1 CSS 概述

CSS(Cascading Style Sheets)称为层叠式样式表，用于设置网页中文本、图像的外观样式及版面布局。

CSS 创建于 1996 年，在 1997 年 W3C 颁布 HTML 4.0 与 XHTML 1.0 时同时公布了 CSS1 标准。1998 年推出 CSS2 标准，目前仍在不断发展和完善。

目前流行、符合 Web 标准的网页设计模式是将页面内容和外观样式分离，也就是仅用 HTML 简单的标记编写网页内容，而用 CSS 设计版面布局及外观样式。使用 CSS 可以使页面布局定位更精确、样式更丰富，实现代码重用、易于移植，并能对网站快速动态更新，更有利于网站的设计和维护。

HTML 文档结构属于树形结构，因此也称 HTML 文档是一棵文档树，如图 5-1 所示。

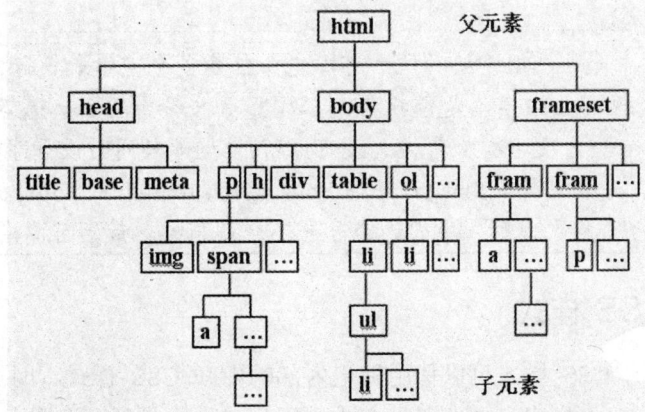

图 5-1 HTML 文档树

HTML 文档中的每个标记称为文档树的一个元素或结点，在 JavaScript 中，每个标记结点都被当作一个对象。其中上层元素(外层标记)是所有下层元素(内层标记)的父元素，下层元素是所有上层元素的子元素，<html>标记是所有标记的父元素，也称为根元素。

在 CSS 中，层叠的意思就是可以对某个标记重复定义多次样式，子标记继承所有父标记定义的样式，还可以多次定义自己的样式，全部样式可以按从外到内、由先到后的顺序叠加起来，如果不发生冲突，则全部样式都有效，重复定义发生冲突时依照内层优先、后定义优先的原则进行覆盖，即内层子元素覆盖父元素样式、后定义的覆盖先定义的样式。

CSS 最主要的优势就是可以在任何时候为任何标记设置字体、外观和布局，只需花几分钟就可以改变整个网站，而且不需要对原内容进行任何修改，只需重新覆盖即可。

5.2 CSS 样式规则与内联 CSS 样式

5.2.1 CSS 样式规则

CSS 样式表的核心是样式规则，多个样式规则就构成了样式表。

样式规则由样式属性和属性值构成，每个样式属性都必须带有属性值，且样式属性与属性值必须以西文冒号分隔：

样式属性:属性值

例如设置文本字号大小的样式属性 font-size 与冒号后的字号大小属性值 35px 就构成了设置字号大小的样式规则：

```
font-size : 35px
```

设置颜色的样式属性 color 与属性值 red 构成设置文本颜色的样式规则：

```
color : red
```

注意：① CSS 样式属性一般小写，属性值不区分大小写。
② 如果一个属性值由多个单词组成且是用空格隔开的，则必须对该属性值加西文的单引号或双引号。
③ 样式规则中允许使用空格的地方可以包含任意多个空格或换行。
④ 多个样式规则之间不论是否换行都必须用西文分号分开，最后一个样式规则后的分号可以省略(为便于增加新样式最好保留)。例如若同时设置字体、字号、颜色 3 个样式规则，必须写为：font-family : "sans serif"; font-size : 35px; color : red; 即使换行分别书写 3 个样式规则，中间的分号也不允许省略，最后可以省略。

5.2.2 内联 CSS 样式

设置页面内容的 CSS 样式可以使用标记内部的内联 CSS 样式、网页内部的内嵌样式表和引用外部独立的.css 样式表文件三种方式，而且三种方式可以混用。

内联 CSS 样式也称为行内 CSS 样式，就是在标记内部用 style 属性定义的样式规则：

```
<标记名 style="样式规则1; 样式规则2; ...;" >
```

　　任何标记的 style 属性都可包含任意多个 CSS 样式规则，但这些样式规则只对该标记及其子标记有效，使用 style 属性设置 CSS 样式比 HTML 标记的传统样式属性解析速度快，但这种方式标记代码繁琐而且不能共享和移植，所有一般很少使用。只有在样式规则较少且只在该元素上使用一次，或者需要临时修改某个样式规则时使用。

　　这里先通过内联 CSS 样式学习了解 CSS，为更好地学习 CSS 样式表打下基础。

　　【例 h5-1.html】内联 CSS 样式的应用。代码如下：

```
<!DOCTYPE html PUBLIC "-//W3C//DTD XHTML 1.0 Transitional//EN"
  "http://www.w3.org/TR/xhtml1/DTD/xhtml1-transitional.dtd" >
<html>
  <head> <title>内联CSS样式应用</title> </head>
  <body style="font-size:20px; font-family:黑体;" >
   <p>body标记可设置整个页面的字体样式，该段落按body设置的样式显示</p>
   <p style="color:red;" >
       该段落覆盖了<span style="color:black" >body标记</span>默认的颜色</p>
   <p style="font-size:30px; font-family:新宋体;" >
       该段落覆盖了body标记设置的字号和字体，采用30px新宋体</p>
   <p style="color:blue; font-size:40px; font-family:楷体_GB2312;" >
       该段落覆盖并设置了自己的文本样式为：40px、蓝色、楷体</p>
  </body>
</html>
```

运行结果如图 5-2 所示。

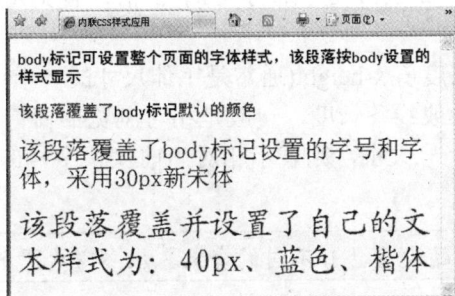

图 5-2　内联 CSS 样式的应用

5.3　CSS 文本样式规则

　　CSS 用于文本的样式规则包括字体、颜色及其他外观样式和排列方式等。

5.3.1　CSS 大小尺寸量度的属性值

　　HTML 页面中显示的文本字号、边框宽度、区域块的高度和宽度等大小尺寸的量度属性值一般都可以使用绝对单位值或相对单位值两种方式设置。

1. 绝对单位

绝对单位的值就是用点、像素、毫米等度量单位设置为固定数值:

- px   像素
- pt   点, 1pt=1/72 英寸
- pc   皮卡, 1pc=12 pt
- mm   毫米
- cm   厘米
- in   英寸

像素单位因为与屏幕的分辨率有关, 也可看作是相对单位, 分辨率高则同样大小的字号显示得较小, 分辨率低则显示的字号就比较大。

推荐使用计算机字体的标准单位 pt(最好使用 9pt、10.5pt 和 12pt), 这种度量单位可以根据显示器的分辨率自动调整, 防止在不同分辨率的显示器上显示的字体不统一。

> **注意:** 传统 HTML 属性的数值不带单位, 默认 px, 而 CSS 尺寸大小采用数值时必须带有单位, 否则无效, 这点往往会被忽略。CSS 仅在取值为 0 时可以省略单位, 数值与单位符号之间不能有空格。

2. 相对单位

相对大小的值就是相对浏览器(或父元素)宽度或高度的百分比, 对字体是指相对当前默认字号尺寸的大小, 采用这种度量可随浏览器(或父元素)大小的变化而自动调整。

- em: 是当前默认字号大小(继承父元素默认字号)的倍数, 可根据父元素字号的改变而自动调整。例如 2em 是当前字号的 2 倍, 若父元素或默认字号为 12pt, 则 2em 就是 24pt。
- ex: 是当前字号高度值 x-height(通常是字体尺寸的一半)的倍数。
- %: 适用区域大小或线条长度, 一般是相对浏览器窗口或父元素同方向尺寸的百分比。如果设置字号大小, 则表示相对当前默认字号的百分比, 如 200%相当于 2em。

> **注意:** %针对不同元素尺寸的设置会有不同的含义, 应参考元素的设定说明。

5.3.2 CSS 颜色的属性值

HTML 页面中的文本、区域块的背景、边框等颜色属性值一般都可以使用预定义颜色或十六进制、十进制、十进制百分比的三色分量数值等四种方式设置。

1. 预定义颜色值

预定义颜色值就是用英文单词表示的颜色, 常用的预定义颜色见表 5-1。

全部颜色名称及对应的十六进制值可以访问如下网页:

```
http://www.w3schools.com/CSS/css_colornames.asp
```

表 5-1　常用预定义颜色值

属 性 值	颜　色	属 性 值	颜　色	属 性 值	颜　色
Black	黑(#000)	Blue	蓝(#00F)	Navy	海军蓝#000080
Green	绿(#008000)	Teal	水鸭(#008080)	Lime	酸橙(#0F0)
Cyan	淡绿	Aqua	水绿 #00FFFF	Maroon	栗(#800000)
Purple	紫(#800080)	Olive	橄榄(#808000)	Gray	灰(#808080)
Silver	银(#C0C0C0)	Magenta	洋红	Fuchsia	紫红(#F0F)
Red	红(#F00)	Yellow	黄(#FF0)	White	白(#FFF)

2. 十六进制数值#RRGGBB

十六进制颜色值是以#开头的 6 位十六进制数值组成，每 2 位为一个颜色分量(不足 2 位高位补 0)，分别表示颜色的红、绿、蓝 3 个分量。当 3 个分量的 2 位十六进制数都各自相同时，可使用 CSS 缩写：#RGB。

每个颜色分量以 FF(即 255)为最大、CC 为 80%、99 为 60%、66 为 40%、33 为 20%。

例如 red(红色)的十六进制表示为#FF0000，或缩写为#F00。

注意：缩写#RGB 只用于 CSS 样式，HTML 传统颜色属性值的十六进制不能使用缩写。

3. 十进制数值 rgb(r, g, b)

十进制颜色值是写在 rgb()中用逗号隔开的 3 个十进制数值，分别表示红、绿、蓝 3 个颜色分量，各分量取值为 0~255。例如 red(红色)的十进制表示为 rgb(255, 0, 0)。

推荐使用网络安全色，即各分量取值尽量使用 0、51、102、153、204、255。

注意：圆括号及其中的逗号必须是西文字符，而不允许用汉字字符。

4. RGB 百分比 rgb(r%, g%, b%)

RGB 百分比颜色值是写在 rgb()中用逗号隔开的 3 个百分数，分别表示红、绿、蓝 3 个颜色分量为最大值 255 的百分比。例如 red(红色)的 RGB 百分比表示为 rgb(100%, 0%, 0%)。

注意：圆括号及其中逗号必须是西文字符，取值为 0 时不能省略百分号，必须写为 0%。

5.3.3　文本字符的 CSS 样式属性

文本字符的字体、字号、风格样式、粗细、变体样式都用 CSS 样式的 font 属性设置，各具体样式属性见表 5-2。

1. font-family:字体集列表;

我们可以在自己的计算机上安装任何一种字体，但你无法要求用户去安装哪种字体，因此 CSS 使用 font-family "字体家族" 属性，允许同时指定多种字体，用户浏览器将按顺序采用第一个可用的字体，即第一个字体不可用时才会依次尝试下一个。

表 5-2　设置文本字符字体的 CSS 样式属性

CSS 样式属性	取值和描述
font-family:字体集;	系统支持的各种字体，彼此用逗号隔开
font-size:字号大小;	不同单位的绝对固定值、% em 相对值、预定义值
font-style:风格样式;	normal 常规、italic 斜体、oblique 偏斜体
font-weight:粗细;	normal 常规、100~900、bold 粗、bolder 更粗
font-variant:变体;	normal 常规、small-caps 全部小体大写字母
font:综合属性;	font:样式 变体 粗细 字号 字体 ；—— 按顺序用空格隔开

例如：

```
font-family:"华文彩云", 宋体, 黑体, Arial;
```

则首选使用华文彩云，如果机器没有安装该字体则选择宋体，如果也没有安装宋体，则选择黑体，依次类推。如果指定的字体都没有安装，则使用浏览器默认字体。

如果使用通用的字体族(如 sans-serif)，浏览器可自动从该字体系列中选择一种字体(如 Helvetica)。

要注意以下几点：

- 多种字体之间必须用西文逗号隔开。
- 字体属性值不区分大小写，但必须准确。
- 如果字体名中包含空格、#、$等符号，则该字体必须加西文单引号或双引号。例如：font-family:Arial, "Times New Roman"，宋体，黑体;。
- 尽量使用系统默认字体，保证在任何用户浏览器中都能正确显示。

2．font-style:风格样式;

风格样式的属性值：normal 常规(默认)、italic 斜体、oblique 歪斜体(倾斜体，当某种字体不提供斜体时使用 italic 斜体会无效，而使用 oblique 则可强制其倾斜)。

3．font-size:字号大小;

字号属性值可使用不同单位的绝对数值、相对于当前默认字号的%或 em 倍数，也可使用预定义值。

- 预定义绝对字号：xx-small、x-small、small、medium、large、x-large、xx-large 均为固定大小。
- 预定义相对字号：smaller 比当前默认字号小、larger 比当前默认字号大。

注意：对<body>标记设置字号则对整个页面有效，但对<h1>～<h6>标题标记无效。

4．font-weight:粗细;

字体粗细(浓淡程度)的属性值可以使用 100、200~900 的数字值，值越大字体越粗。也可使用预定义值：normal 常规(默认)、lighter 细体、bold 粗体(约 700)、bolder 加粗体(约 900)。

5.　font-variant:变体;

变体(字体变化)仅对英文字符有效,属性值为:normal 常规(默认)、small-caps 采用小体大写字母(若浏览器不支持则采用正常大写字母)。

另外 CSS 的 text-transform 属性可设置英文字符的首字母大写、全部大写或小写。

6.　font-stretch:对字体水平拉伸;

CSS 2.1 已删除了该样式属性。

7.　综合设置字体样式缩写

综合设置字体样式时,必须按下述指定的顺序设置:

font: style 风格 variant 变体 weight 粗细 size 字号/行高 family 字体集;

各个属性必须以空格隔开,不需要设置的属性可以省略(取默认值)。例如:

font-family: arial, sans-serif; font-size: 30px; font-style: italic; font-weight: bold;

等价于:

font: italic bold 30px arial, sans-serif;　　——注意顺序

使用综合设置时还可以在设置字号的同时设置行高,即在字号后加"/"再跟行高值。

【例 h5-2.html】使用 CSS 内联样式属性综合设置文本字符的各种样式。代码如下:

```
<!DOCTYPE html PUBLIC "-//W3C//DTD XHTML 1.0 Transitional//EN"
  "http://www.w3.org/TR/xhtml1/DTD/xhtml1-transitional.dtd" >
<html>
  <head> <title>用 CSS 内联样式设置字体</title> </head>
  <body>
    <h3 style="font:bolder 25px 黑体; text-align:center ">CSS 设置字体</h3>
    <hr />
      默认文本
    <div style="font-size:0.3in; font-family:隶书, 楷体, 宋体">
      0.3 英寸字号、隶书, 楷体, 宋体字体</div>
    <div style="font-size:30px; font-style:italic; font-weight:bold">
      30 像素字号、italic 样式、bold 粗细</div>
    <div style="font-size:2em; font-style:oblique; font-weight:lighter">
      2em 大小字号、oblique 样式、lighter 粗细</div>
    <div
    style="font-size:smaller; font-weight:400; font-variant:small-caps">
      smaller 字号、400 粗细、small-caps 变体</div>
    <div style=" font:italic small-caps bolder 15pt/30pt 宋体">
      综合设置文本—同时设置 30pt 行高</div>
    <div>我是山东商业职业技术学院信息技术学院的一名
      <span style="font: italic bold 20pt 楷体_GB2312; color:red;">学生
      </span>。
    </div>
```

```
  </body>
</html>
```

运行结果如图 5-3 所示。

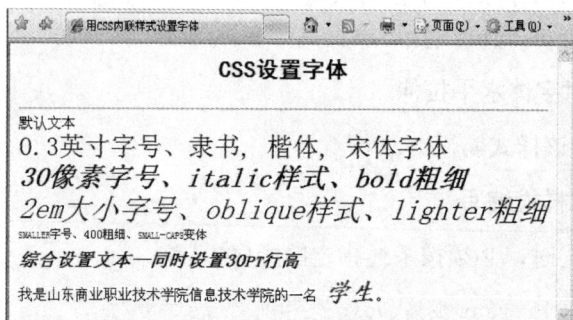

图 5-3　使用 CSS 内联样式设置字体

5.3.4　文本外观 CSS 样式属性

文本外观格式属性可定义文本颜色、字符间距、行间距、文本装饰、文本排列对齐、文本段落缩进等外观格式。文本外观格式的 CSS 属性见表 5-3。

表 5-3　设置文本外观格式的 CSS 样式属性

文本外观格式属性	取值和描述
color:前景字符颜色;	预定义颜色、十六进制、十进制、rgb 百分比
letter-spacing:字间距;	带单位的固定数值
word-spacing:单词间距;	带单位的固定数值
line-height:行间距;	带单位固定数值、字符高度倍数、字符高度百分比%
text-decoration:装饰;	none 无装饰(默认)、underline 下划线(<a>默认)、overline 上划线、line-through 删除线、blink 闪烁
text-align:水平对齐方式;	left(默认)、right、center、 justify(两端对齐)
text-justify:两端对齐;	IE 浏览器配合 text-align:justify;样式规则实现两端对齐
text-indent:首行缩进量;	带单位的固定数值、百分比%
text-transform:文本转换;	none 不转换(默认)、capitalize 首字母大写、uppercase 全部大写、lowercase 全部小写
text-shadow:添加阴影;	CSS2 包含该样式属性，但有的浏览器可能不支持
white-space:空白符处理;	normal 常规(默认)、pre 预格式化、nowrap 强制不换行
word-break:切断单词;	normal 英文单词词间换行中文任意(默认)、break-all 允许英文单词中间断开换行/中文任意、keep-all 不允许中日韩文换行/英文正常
word-wrap:控制换行;	normal 不允许换行(默认)、break-word 强制换行
direction:书写方向;	ltr 从左向右、rtl 从右向左

1．color:前景字符颜色;

字符颜色属性可以使用预定义颜色值、十六进制 #RRGGBB (#RGB)、十进制 rgb(r, g, b)或百分比 rgb(r%, g%, b%)。

2．letter-spacing:字间距值;

字符间距就是字符与字符之间的水平间距，属性值可用不同单位的数值，默认为 normal。

例如：letter-spacing:6px;设置字间距为 6 个像素。

3．word-spacing:单词间距;

单词间距就是英文单词之间的水平间隔，属性值可用不同单位的固定数值，默认为 normal。

4．line-height:行间距;

行间距就是行与行之间的距离，也就是字符的垂直间隔，一般称为行高。

属性值可用不同单位的数值，也可用不带单位的数字表示字符高度的倍数，或者使用 %表示相对字符高度的百分比。

注意：属性值不允许使用负值。

5．text-transform:文本转换;

文本转换仅用于控制英文字符的大小写，属性值为：

- none：不转换(默认)。
- capitalize：首字母大写。
- uppercase：全部字符转换为大写。
- lowercase：全部字符转换为小写。

例如对姓名采用首字母大写：

```
text-transform: capitalize;
```

【例 h5-3.html】设置字词行间距。代码如下：

```
<!DOCTYPE html PUBLIC "-//W3C//DTD XHTML 1.0 Transitional//EN"
  "http://www.w3.org/TR/xhtml1/DTD/xhtml1-transitional.dtd" >
<html>
  <head> <title>设置字词行间距</title> </head>
  <body>
    <h3 style=
      "color:red; font-family:黑体; font-weight:bold; text-align:center;">
    设置文本间距及字符转换</h3>
    <hr />
    全部默认文本 : This is a good book
    <div style="letter-spacing:5px"> 字间距 5px: This is a good book</div>
    <div style="word-spacing:15px"> 单词间距 15px : This is a good book
    </div>
```

```
  <div style="letter-spacing:normal; word-spacing:normal;
    line-height:18px; text-transform:capitalize">
    字距词距默认,行高18px,首字母大写: This is a good book</div>
  <div style="letter-spacing:2pt; word-spacing:2px; line-height:200%;
        text-transform:uppercase">
    字距3pt,词距3px,行高200%,全部字母大写: This is a good book</div>
  <div style="letter-spacing:0.1in; word-spacing:9pt; line-height:3;
        text-transform:lowercase">
    字距0.1in,词距9pt,行高3倍字高,全部字母小写: This is a good book</div>
  </body>
</html>
```

运行结果如图 5-4 所示。

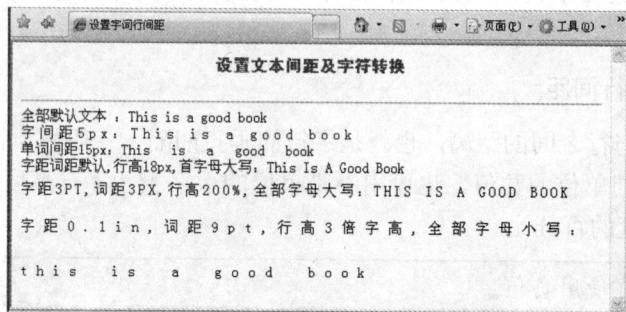

图 5-4　设置文本间距及字符转换

6. text-decoration:装饰;

属性值为：

- none：没有装饰(正常文本默认值)。
- underline：下划线(<a>链接文本默认值)。
- overline：上划线。
- line-through：删除线。
- blink：闪烁(IE 浏览器不支持)。

例如对<a>使用样式规则 text-decoration:none; 则可以取消默认的下划线。

7. text-align:水平对齐方式;(text-justify:两端对齐;)

该样式属性只用于为块级元素设置文本内容的水平对齐，对行内标记无效。

- left：左对齐(默认)。
- right：右对齐。
- center：居中对齐。
- justify：两端对齐，字符不满一行时强制充满一行。

例如对表格<th>或<td>使用样式规则 text-align:justify;可使表格中标题两端对齐。

IE 低版本浏览器不支持 text-align:justify 样式，在 IE5 以上版本增加了 text-justify 属性配合 text-align:justify;实现两端对齐。

text-justify 样式的属性值如下。

- auto：允许浏览器确定使用两端对齐法则。
- inter-word：增加单词之间的空格实现两端对齐，但对段落的最后一行无效。
- newspaper：增加字或字符间的空格两端对齐，适用拉丁文字母两端对齐。
- distribute-all-lines：适用于汉字等表意字文档两端对齐。

为了避免浏览器不同可同时使用：text-align:justify; text-justify:distribute-all-lines;

> 注意：① IE8 及以上或火狐块级元素的 text-align 样式仅用于其中包含的文本而不包括块级子元素，IE7 及以下块级元素的 text-align 样式对包含的文本及块级子元素都有效。
> ② 如果需要对图像设置水平对齐，必须为图像添加一个父标记如<p>或<div>，然后通过对父标记使用 text-align 样式规则方可实现图像的水平对齐。

8. text-indent:首行缩进量;

该样式属性只用于为块级元素设置首行的缩进量，对行内标记无效。属性值可用不同单位的数值、em 字符宽度的倍数，或相对浏览器窗口宽度的百分比%。

例如使用 text-indent:30px; 设置缩进 30 像素与字号大小无关。

如果使用 text-indent:2em; 则无论字号大小都会缩进两个字符。

另外使用内边距 padding-left、padding-right 属性可实现文本内容整体左、右缩进的效果，使用伪对象选择符:first-line 可设置第一行文本的样式，使用伪对象选择符:first-letter 可单独设置段落第一个字符的样式(如首字母下沉)。

text-indent 属性可使用负值实现首行向前凸出，例如 text-indent:-2em; 则可让首行向前凸出两个字符，但使用凸出时必须配合 padding-left:2em; 让文本内容整体向左缩进两个字符以上，否则凸出的字符会凸出到区域以外，甚至看不到。

【例 h5-4.html】设置文本外观格式。代码如下：

```
<!DOCTYPE html PUBLIC "-//W3C//DTD XHTML 1.0 Transitional//EN"
  "http://www.w3.org/TR/xhtml1/DTD/xhtml1-transitional.dtd" >

<html>
  <head> <title>文本修饰、对齐、缩进</title> </head>
  <body style="font-size:10.5pt" >   <!-- 对 h1~h6 标题标记无效 -->
    <h2 style="font-family:黑体; text-align:center">添加文字修饰、对齐、缩进
    </h2>
    <hr />
    <p style=
      "text-decoration:underline; text-align:left; text-indent:2em">
      添加下划线、左对齐、首行缩进 2 字、取消超链接的下划线,
      <a href="p2" style="text-decoration:none" >点击这里</a>超链接到本页面
    </p>
    <p style=
      "text-decoration:line-through; text-align:right; text-indent:30px">
      添加删除线、右对齐、首行缩进 30px</p>
    <p style=
```

```
          "text-decoration:overline; text-align:justify; text-indent:10%">
          添加上划线、两端对齐、缩进浏览器 10%</p>
      <p style=
          "text-decoration:blink; text-align:center; text-indent:30pt">
          添加闪烁、居中对齐、首行缩进 30pt</p>
      <p style="text-align:justify; text-justify:distribute-all-lines">
          这些文本两端对齐</p>
    </body>
</html>
```

运行结果如图 5-5 所示。

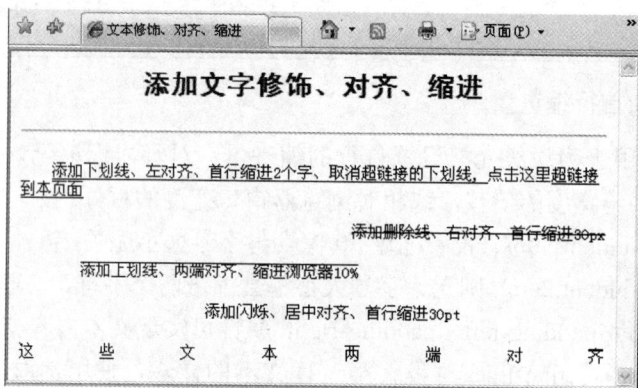

图 5-5　文本修饰、对齐、缩进

9．white-space:空白符处理；

空白符是文本中包含的空格、Tab 键、换行符的统称，默认情况下文档中不论书写多少空格、Tab 键跳格、换行(空行)对浏览器页面的显示无效，最多只显示一个空格，文本满行时将在英文单词的词间自动换行，以使单词不被拆开。

white-space 属性用于设置块级元素内空白符的处理方式。其属性值如下。

- normal：常规(默认)，文本中空格、空行无效，满行(到达区域边界)后自动换行。
- pre：预格式化，按文档中的书写格式保留空格、空行原样显示。
- nowrap：空格空行无效，强制中英文都不能换行，除非结束或遇到
，内容超出元素容器的边界也不换行，若超出浏览器页面则会自动增加滚动条。

注意：设置 white-space:nowrap 时可以使用实体字符 显示空格、用
换行。

10．word-break:单词换行方式；

word-break 是 IE5 以上版本的专有属性，其功能与 white-space 类似，用于设置块级元素内的文本是否换行、换行时是否切断单词。

- normal：常规(默认)，英文单词词间换行——单词不被拆开，中文可任意换行。
- break-all：允许英文单词词内断开换行，中文可任意换行。
- keep-all：英文单词词间换行，但不允许中、日、韩文换行，如果文本中有标点符号或空格，当超出边界时可在标点符号或空格处换行。

11．word-wrap:控制换行;

word-wrap 是 IE5 以上版本的专有属性，其功能是设置块级元素内的文本在超出容器边界时是否断开换行。

- normal：词内不换行，词间及中文都可换行(默认)，类似 word-break:normal。
- break-word：内容在边界内强制换行，类似 word-break:break-all;

> 注意：① 在设置了 width、height 尺寸的块级元素容器内，IE6 及以下浏览器如果包含的内容超出设置区域则自动增大区域，IE7 及以上或火狐浏览器内容超出时区域不变。
> ② 无论 word-break 还是 word-wrap 属性如果设置在词间换行或强制换行时对于大长串的连续英文会不起作用，联合使用 word-wrap:break-word; word-break:break-all;则会断开正常的单词，配合 overflow:hidden;可将超出边界的长串内容隐藏。

12．direction:文本书写方向;

属性值如下。

- ltr：从左向右(默认)。
- rtl：从右向左。
- inherit：继承父标记设置的书写方向。

【例 h5-5.html】处理空白符设置换行方式及书写方向，如图 5-6(a)与图 5-6(b)所示。
代码如下：

```
<!DOCTYPE html PUBLIC "-//W3C//DTD XHTML 1.0 Transitional//EN"
  "http://www.w3.org/TR/xhtml1/DTD/xhtml1-transitional.dtd" >
<html>
  <head> <title>空白符及书写方向</title>
    <style type=text/css>
      #mian { decoration:rtl; }
    </style>
  </head>
<body>
  <h3 style="color:blue; text-align:center;">空白符处理、换行与书写方向</h3>
  <hr />
  <p>登黄鹤楼
      白日依山尽，
      黄河入海流。 </p>
  <p style="white-space:pre">
      欲穷千里目，
      更上一层楼。</p>
  <p style="width:250px; height:60px; border:blue 1px solid;">默认文本换
行，这些文本到达元素区域的边界时可以自动换行you can take a control written.</p>
    <p style="white-space:nowrap; width:250px; height:60px; border:blue
1px solid;">这些文本<br />即使超出边界也强制不能换行，除非结束或遇到br 换行标记。
you can take a control written.</p>
    <p style="word-break:break-all; width:250px; height:60px; border:blue
1px solid;">这些文本到达元素区域的边界时可以自动换行，英文可断开单词you can take
```

```
a control written.</p>
    <p style="word-break:keep-all; width:250px; height:60px; border:blue
1px solid;">这些文本中中日韩文的文本中间不允许换行，英文单词词间换行you can take
control written.</p>
    <p style="direction:rtl">从右向左的文本类似右对齐，注意末尾句号。</p>
  </body>
</html>
```

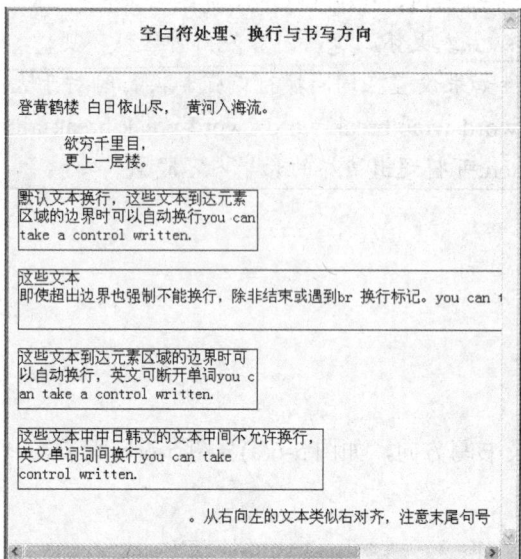

图 5-6a   IE6 及以下浏览器运行结果

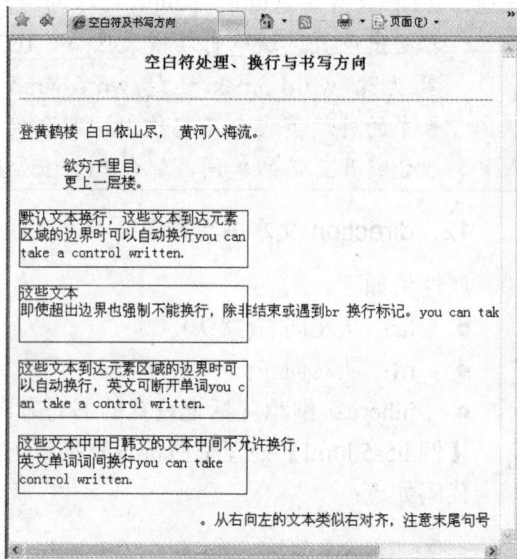

图 5-6b   IE7 以上或火狐浏览器运行结果

5.3.5 行内元素定位——垂直对齐

vertical-align 属性可设置同一行中不同元素在垂直方向上的上下对齐方式。语法格式如下：

```
vertical-align:行内垂直对齐;
```

例如图像是行内元素但具有块级元素(盒子)的特点，当图像与文本在同一行时可使用该样式设置图像与文本的垂直对齐方式以代替<img>的 align 属性。

- baseline：盒子底部与文本字符基线对齐(默认)。
- text-bottom / bottom：盒子底部与文本字符底端对齐。
- middle：盒子与文本字符居中对齐。
- text-top / top：盒子顶部与文本字符顶端对齐。
- sub：盒子对齐文本下标。
- super：盒子对齐文本上标。

如果将单独一行文本在块级元素区域内垂直居中或下对齐，除使用 vertical-align 样式外，还必须配合 line-height 将行高设置为块级元素的高度。

【例 h5-6.html】参考 h3-14.html 使用 CSS 样式设置行内图像与文本垂直对齐。关于图像长度、宽度和边框的 CSS 样式我们在以后介绍。

代码如下：

```
<!DOCTYPE html PUBLIC "-//W3C//DTD XHTML 1.0 Transitional//EN"
  "http://www.w3.org/TR/xhtml1/DTD/xhtml1-transitional.dtd" >
<html>
  <head> <title>行内元素定位—垂直对齐</title> </head>
  <body>
    <h3 style="text-align:center" >行内图像与文本垂直对齐</h3>
    <div style=
      "vertical-align:middle; line-height:60px; border:1px solid blue;" >
      单独一行文本在块元素内垂直居中</div>
    <div><img src="img/p5-1.jpg" alt="小猫" style="width:100px;
      height:100px; border:1px solid;" />默认图像底部与文本基线对齐</div>
    <div><img src="img/p5-1.jpg" alt="小猫"
      style="vertical-align:text-bottom;
      width:100px; height:100px; border:1px solid" />图像与文本下对齐</div>
    <div><img src="img/p5-1.jpg" alt="小猫" style="vertical-align:text-top;
      width:100px; height:100px; border:1px solid" />图像与文本上对齐</div>
    <div><img src="img/p5-1.jpg" alt="小猫" style="vertical-align:middle;
      width:100px; height:100px; border:1px solid" />图像与文本居中对齐
    </div>
  </body>
</html>
```

运行结果如图 5-7 所示。

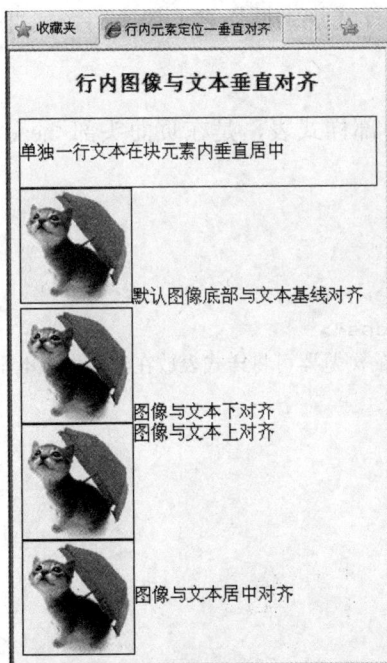

图 5-7　行内图像与文本垂直对齐

5.4 CSS 样式表

5.4.1 CSS 样式表结构与使用

除了在标记内部使用内联 CSS 样式规则外，网页内部的内嵌样式表和外部独立的.css 样式表文件都要通过选择符定义样式表。

1. CSS 样式表的结构

CSS 样式表由选择符、样式规则(样式属性和属性值)构成：

选择符 { 属性名 1:属性值 1;　　　/* 样式规则 1 */
　　　　属性名 2:属性值 2;　　　/* 样式规则 2 */
　　　　... ;
　　　　/* 样式表注释内容 */
　　　　属性名 n:属性值 n;　　　/* 样式规则 n*/
　　　　}

选择符也称为选择器，必须是标记名、标记 id 属性值、标记 class 属性值之一。每个样式属性都必须有属性值，彼此用冒号分开，如果属性值是多个单词，必须加引号。多个属性之间不论是否换行都必须用分号分开，最后的可省略。

样式表中可以使用注释：

/* 注释内容 */

选择符严格区分大小写，样式规则属性名一般小写、属性值可不区分大小写。

2. 网页内嵌样式表

网页内嵌样式表也称为内部样式表，是在页面头部<head>标记中<title>之后用<style>标记定义的样式表。格式如下：

```
<html>
  <head>
    <title> 标题 </title>
    <style type="text/css">
      <!--针对不支持 CSS 的浏览器可将样式表放在注释内，不影响支持 CSS 浏览器
        样式表 1
        样式表 2
        ...
      -->
    </style>
    ... 其他头标记
  <head>
  <body>
    <!-- 页面内容 -->
  </body>
<html>
```

内部样式表只对该页面有效，不能重用、移植，一般只在样式表比较少的情况下，或需要简单覆盖原样式表时使用。可将内部样式表直接复制创建为外部.css 文件。

> **注意：** 早先针对某些不支持 CSS 的浏览器可以将 CSS 样式表代码放在 HTML 注释中，以避免不支持 CSS 的浏览器将代码显示在页面上，而对支持 CSS 的浏览器则没有影响，不过目前几乎所有浏览器都支持 CSS，因此也无需放在注释中。

3. 外部样式表文件及引用

可以将样式表保存在单独的.css 样式表文件中，多个页面的样式表可集中存放在一个样式表文件中。一个样式表文件可以被多个网页引用，一个页面也可引用多个样式表文件。

使用样式表文件既可以将页面内容与样式分离，也能实现代码重用和移植。

HTML 页面必须在<head>中<title>之后用<link>或在<style>标记中用@import 引用外部样式表文件。

格式为：

```
<head>
  <title>标记名选择符</title>
  ... 其他头部标记或<style>定义样式表
  <link href="相对或绝对路径/样式文件 1.css" type="text/css"
    rel="stylesheet" />
  <link href="相对或绝对路径/样式文件 2.css" type="text/css"
    rel="stylesheet" />
  ... 其他头部标记或<style>定义内部样式表
<head>
```

另外也可以在<style>标记内的开头用@import 引用外部样式表文件：

```
<style type="text/css">
  @import url(相对或绝对路径/样式表文件 1.css) 目标设备；
  @import url(相对或绝对路径/样式表文件 2.css) 目标设备；
  ...
  定义内部样式表，如果使用@import 则必须在@import 之后，否则定义无效
  ...
</style>
```

其中"目标设备"指定导入的样式表应用于何种媒介类型，如 all(所有设备)、screen(显示器)、print(打印机)、aural(语音和音频合成器)、braille(盲人点字法触觉回馈设备)、embossed(分页盲人点字法打印机)、handheld(手持设备)、projection(方案展示，如幻灯片)、tv(电视机)等。

> **注意：** IE7 及以下浏览器不支持"目标设备"选项，如果指定了目标设备，则导入样式表无效。而 IE8 及以上或火狐等标准浏览器则可以指定为不同的目标设备导入不同的样式表文件。

5.4.2 基本选择符

选择符也称为选择器，就等于是样式表的名称。CSS 的基本选择符有标记名称、标记 id 属性值、标记 class 属性值三类。

1. 标记名选择符

标记名选择符也称为类型选择符，就是用 HTML 的标记名称作为选择符，等于按标记名分类为页面中某一类标记指定统一的 CSS 样式：

```
标记名 { 样式规则 1；
        样式规则 2；
         ...
        }
```

用标记名选择符定义的样式表对页面中该类型的所有标记都有效。

例如有：

```
div { 样式规则； }
```

则该样式表对页面中所有的<div>标记都有效。

【例 h5-7.html】使用内部样式表定义标记名选择符的样式表。代码如下：

```
<!DOCTYPE html PUBLIC "-//W3C//DTD XHTML 1.0 Transitional//EN"
  "http://www.w3.org/TR/xhtml1/DTD/xhtml1-transitional.dtd" >

<html>
  <head> <title>标记名选择符</title>
    <style type="text/css">
      h3 { font-size:18pt; font-family:楷体_GB2312;
          text-align:center;
          }
      div { color:red; background:Cyan;
           font-family:宋体; font-weight:bold;
           text-align:right;
           }
    </style>
  </head>
  <body>
    <h3>使用页面内部 CSS 样式表</h3>
    <hr />
    <p>标题 h3 标记使用 18pt 楷体字，文本居中显示。</p>
    <div>div 标记使用默认字号、淡绿色背景、红色加粗宋体，文本右对齐。</div>
    <br />
    <div style="text-align:left" >第二个 div 标记修改覆盖为文本左对齐。</div>
  </body>
</html>
```

运行结果如图 5-8 所示。

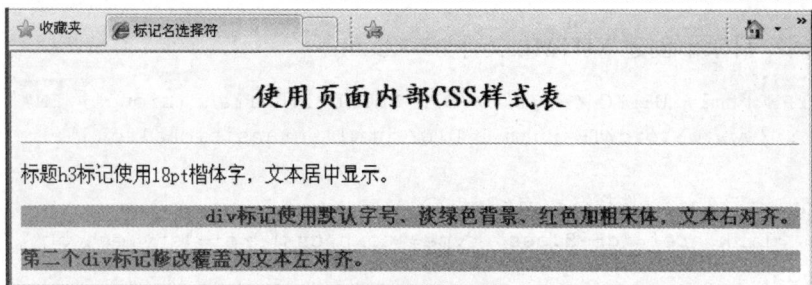

图 5-8　使用标记名选择符样式表

注意：div 样式表对所有<div>标记有效，但第二个<div>又叠加了内联样式规则，根据层叠优先级规则，对重复定义有冲突的样式则内联样式优先，因此第二个<div>中用 left 覆盖了 right，关于层叠优先级规则，在之后内容中将专门详细介绍。

2. id 选择符

HTML 标记都可使用标准属性 id 为该标记指定一个惟一的名称，同一页面中所有标记的 id 属性值都必须唯一，一个 id 值只对应一个标记。

如果使用某个标记的 id 属性值作为选择符，就等于是为该标记单独定义样式表，该样式表也只对惟一的这个标记有效。

id 选择符必须以"#"开头，"#"与 id 属性值之间不能有空格：

```
#某标记的 id 属性值
  { 样式规则； }
```

例如有：

```
#first { 样式规则 }
```

则该样式表仅对具有 id="first"属性的标记有效。

注意：老版本 IE 浏览器可能忽略该规则，可使用元素指定选择符，即在选择符之前附加该标记的标记名，例如仅对<p id="first" >的标记定义样式表可写为：p#first { 样式规则；}

【例 5-8】使用.css 外部样式表文件定义标记名选择符、id 选择符样式表。

(1) 用记事本创建样式表文件 c5-8.css：

```
h3   { font-size:18pt;
       font-family:楷体_GB2312;
       text-align:center;
     }
#first { color:red;
       background:Cyan;
       font-family:宋体;
       font-weight:bold;
       text-align:right;
     }
```

(2) 在同一目录下创建 XHTML 文件 h5-8.html：

```
<!DOCTYPE html PUBLIC "-//W3C//DTD XHTML 1.0 Transitional//EN"
  "http://www.w3.org/TR/xhtml1/DTD/xhtml1-transitional.dtd" >
<html>
  <head> <title>id 选择符</title>
        <link href="c5-8.css" type="text/css" rel="stylesheet" />
  </head>
  <body>
    <h3>使用外部 CSS 样式表文件</h3>
    <hr />
    <p>标题 h3 标记使用 18pt 楷体字，文本居中显示。</p>
    <div id="first" >div 标记使用默认字号、淡绿色背景、红色加粗宋体，文本右对齐。
    </div>
    <div>第二个 div 标记没有样式表，使用 body 页面默认样式。</div>
  </body>
</html>
```

运行结果如图 5-9 所示。

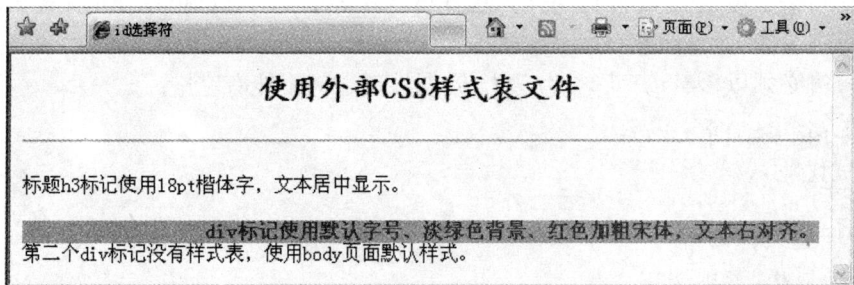

图 5-9　使用 id 选择符样式表

3. class 类选择符

HTML 标记的 class 属性值称为样式类名，任意不同类型的标记都可以使用同一个类名，如果用 class 类名作为选择符，那么该样式表则对所有使用该 class 属性的标记有效，使用类选择符可以为多个不同类型的标记指定样式。

class 类选择符必须以 "." 开头，"." 与样式类名之间不能有空格：

```
.样式类名
 { 样式规则; }
```

该样式表对所有使用 class="样式类名"属性的标记都有效，就是说任何使用该 class 属性值的标记都可使用该样式。

例如有：

```
.sec { 样式规则; }
```

则该样式表对诸如<p class="sec" >、<div class ="sec" >、<h2 class="sec" >、<li class="sec" >等所有使用 class="sec"属性的任意类型的标记都有效。

注意：① 一个标记的 class 属性值可以包含多个样式类名，从而可以引用多个样式表，但样式类名必须以空格隔开。例如 class="sec exe"标记可以使用.sec 和.exe 两个样式表。

② class 包含的多个样式类并不一定都有对应的样式表，也可以用 class 类名作为 JavaScript 查找该标记的标志符号。

【例 5-9】混合使用内部样式表和.css 外部样式表文件。

(1) 用记事本创建样式表文件 c5-9.css：

```
h3 {
    font-size:18pt;
    font-family:楷体_GB2312;
    text-align:center;
    }

div {
    font-family:宋体;
    font-weight:bold;
    text-align:right;
    }
```

(2) 在同一目录下创建 h5-9.html 文档并使用类选择符定义内部样式表：

```
<!DOCTYPE html PUBLIC "-//W3C//DTD XHTML 1.0 Transitional//EN"
  "http://www.w3.org/TR/xhtml1/DTD/xhtml1-transitional.dtd" >

<html>
  <head>
    <title>class 类选择符</title>
    <link href="c5-9.css" type="text/css" rel="stylesheet" />
    <style type="text/css">
      .sec { color:red; background:Cyan; }
    </style>
  </head>

  <body>
    <h3>混合使用内部、外部 CSS 样式表</h3>
    <hr />
    <p class="sec" >p 标记仅使用淡绿色背景、红色字符，其余默认。</p>
    <div class="sec"> div 使用默认字号、淡绿色背景、红色加粗宋体，文本右对齐。
    </div>
    <div>第二个 div 只使用加粗宋体、文本右对齐，其余使用 body 默认样式。</div>
  </body>
</html>
```

运行结果如图 5-10 所示。

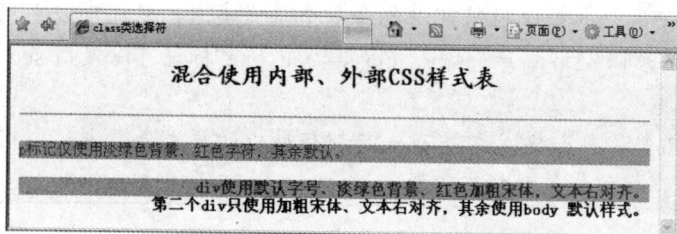

图 5-10　使用标记名、id、类三种选择符样式表

5.4.3　元素指定选择符

1. 标记名#id 指定选择符

id 属性值要求必须是惟一的，但老版本浏览器可能对 id 选择符不支持，如果需要对某个特定标记定义样式时，考虑到浏览器的兼容性，可为该标记指定 id 属性并使用标记名 id 指定选择符：

标记名#id 属性值 { 样式规则; }

例如有：

p#first { 样式规则; }

则该样式表仅对<p id="first" >标记有效。
对现代浏览器则可以直接定义为：

#first { 样式规则; }

注意：标记名与"#"之间、"#"前后都不能有空格。

2. 标记名.class 指定选择符

格式为：

标记名.样式类名 { 样式规则; }

该样式表仅对指定类型的标记中使用了 class="样式类名"的那些标记有效。
例如有：

div.form { 样式规则 }

则该样式表仅对所有<div class="form">的标记有效，或者说仅对使用了 class="form"属性的<div>标记有效，对没有 calss="form"属性的<div>无效、对使用了 class="form"但不是<div>的标记也无效。

该方式可用于对同一类标记再进行分类，有选择地指定其中一部分标记。例如需要对页面中多个超链接<a>分组指定不同的样式，则可以按组分别指定 calss 属性，再使用 a.class 选择符为不同组的超链接定义样式表。

注意：标记名与"."之间、"."前后都不能有空格。

5.4.4　群组与通用选择符

群组选择符可以为任意多种不同类型的标记、任意多个不同 id 的标记、任意多个不同 class 的标记定义一个统一的样式表。

1. 群组选择符

群组选择符的语法格式如下：

标记名选择符, #id 选择符, .class 选择符, ...{ 样式规则; }

群组选择符就是将任意多个标记名、id、class 选择符用逗号隔开共同定义一个样式表，该样式表对所有的选择符都有效，相当于对各个选择符单独定义了完全相同的样式表。

例如有：

p, h3, div { 样式规则; }

则该样式表对页面中所有的\<p>、\<h3>和\<div>标记都有效。

再例如：

#first, .sec, .item, div { 样式规则; }

则该样式表对 id="first"的标记、所有 class="sec"的标记、所有 class="item"的标记、所有的\<div>标记全部有效。

2. 通用选择符

通用选择符的语法格式如下：

* { 样式规则; }

通用选择符是一个特殊的群组选择符，就是用通配符*表示任意标记，为页面中的所有元素定义通用的样式规则，就是说该方式定义的样式表对页面中的所有标记都有效，包括\<body>标记。

不同厂商对浏览器的默认值设置会有所不同，例如某些块级元素的内外边距具有不同的默认值，为了在不同浏览器中具有统一的布局样式，可以使用通用选择符取消不同厂商内外边距的不同默认值，还可同时设置整个页面各个元素中文本字号的默认值：

```
* { margin:0;
    padding:0;
    font-size:12px;
  }
```

注意：如果为 body 定义样式表 body { 样式规则; } 则有些样式子元素不能继承，尤其对\<h>、\<table>标记不起作用，而*通用选择符样式表则对所有标记有效。

【例 5-10】使用群组和通用选择符定义样式表。

(1) 用记事本创建样式表文件 c5-10.css：

```
*  { font-family:宋体;
     font-weight:bold;
     text-align:right;
   }
h3  { font-size:18pt;
      font-family:楷体_GB2312;
      text-align:center;
    }
p, div{ color:red;
        background:Cyan;
      }
```

(2) 在同一目录下创建 h5-10.html 文档：

```
<!DOCTYPE html PUBLIC "-//W3C//DTD XHTML 1.0 Transitional//EN"
  "http://www.w3.org/TR/xhtml1/DTD/xhtml11-transitional.dtd" >
<html>
  <head> <title>群组与通用选择符</title>
         <link href="c5-10.css" type="text/css" rel="stylesheet" />
  </head>
  <body>
    <h3>使用群组和通用选择符定义样式表</h3>
    <hr />
    <p>默认文本右对齐，而 h3 覆盖为楷体文本居中。</p>
    <div>div 与 p 标记相同，淡绿色背景、红色加粗宋体，文本右对齐。</div>
    <br />
    <div style="text-align:left" >第二个 div 标记修改覆盖为文本左对齐。</div>
  </body>
</html>
```

本例使用的*通用选择符样式表"宋体加粗右对齐"对所有标记有效，<p><div>通过群组选择符叠加了字符和背景颜色，<h3>叠加了标记名选择符，根据层叠优先级规则覆盖了通用选择符中的字体和对齐，运行结果如图 5-11 所示。关于样式层叠规则在后面将会详细介绍。

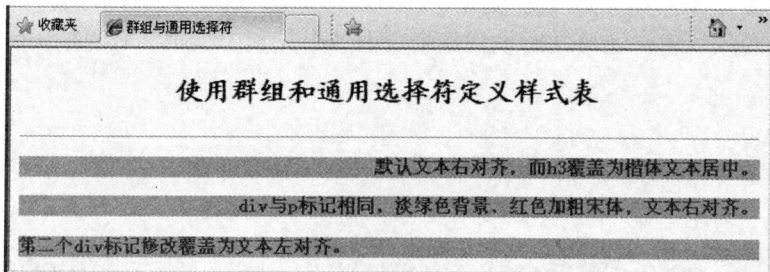

图 5-11 使用群组和通用选择符定义样式表

如果将 p, div 选择符中的字符和背景颜色都放在通用选择符中，则整个页面包括<h3>都会使用相同的背景和字符颜色，除非用优先级高的样式覆盖它们。

5.4.5　包含与子对象选择符

多个选择符用空格隔开的组合称为包含选择符，又称为派生选择符，相当于条件选择样式表，仅对包含在指定父元素内符合条件的子元素有效。

1. 标记名包含选择符

标记名包含选择符的语法格式为：

标记名 1　标记名 2　... { 样式规则; }

标记名包含选择符样式表，仅对逐级包含在指定类型父元素内符合指定类型的子标记有效(不需要是连续相邻的父子标记)，各标记名之间必须用空格隔开。

例如：

div span { 样式规则; }

该样式表仅对包含在<div>标记内的<span>子标记有效(不论中间还有多少层标记)，而对不在<div>内的<span>标记无效，对<div>自身、包含在<div>内的其他标记无效。

再例如：

div li span { 样式规则; }

该样式表仅对包含在<div>标记内的<li>标记内的<span>标记有效，两个条件必须按顺序逐级成立，缺一不可，对其他不满足条件的<span>标记无效，对任何<div>、<li>标记、甚至包含在<div>内的<li>标记、包含在<div>内<li>标记内的其他标记都无效。

【例 h5-11.html】使用包含选择符定义样式表。代码如下：

```
<!DOCTYPE html PUBLIC "-//W3C//DTD XHTML 1.0 Transitional//EN"
  "http://www.w3.org/TR/xhtml1/DTD/xhtml1-transitional.dtd" >
<html>
  <head> <title>包含选择符</title>
    <style type="text/css">
      div li span { color:red; font-weight:bold; }
    </style>
  </head>
<body>
  <span>无效文本</span>
  <p>…无效文本…<span>无效文本</span>…无效文本…</p>
  <div>
      …无效文本…<span>无效文本</span>…无效文本…
      <ul> <li>…无效文本…</li>
          <li>…无效文本…<span>样式表有效红色文本</span>…无效文本…</li>
      </ul>
  </div>
  <ul> <li>…无效文本…</li>
      <li>…无效文本…<span>无效文本</span>…无效文本…</li>
  </ul>
</html>
```

运行结果如图 5-12 所示。

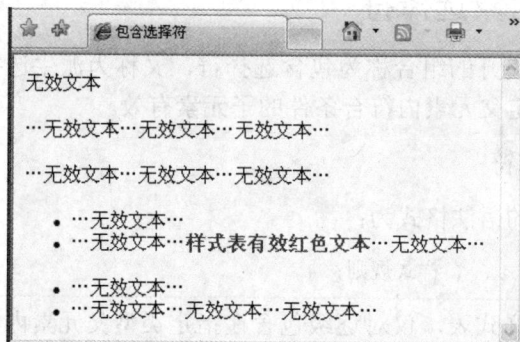

图 5-12　使用包含选择符定义样式表

可以看出，使用包含选择符的优点就是无需为特定的\<span\>标记特别定义 class 或 id 属性，可以使 HTML 页面代码更简洁。

例如定义两个样式表：

```
span   { color: red; }
p span { color: blue; }
```

所有不在\<p\>标记内的\<span\>文本使用红色，而所有包含在\<p\>标记内的\<span\>文本则会覆盖为蓝色。

> 注意：包含选择符的多个标记名之间用空格隔开而不是逗号，如果用逗号隔开，就是对所有列出的标记都有效的群组选择符。

2．id 标记名包含选择符

id 标记名包含选择符的语法格式为：

```
#id 属性值   标记名 { 样式规则；}
```

该样式表仅对指定 id 的父标记内所包含的指定类型的子标记有效。虽然 id 父标记只有一个，其内部可以有多种类型的多个标记，但只有符合指定类型的标记使用该样式。

例如：

```
#sidebar   img { 样式规则 1; }
#sidebar   h2  { 样式规则 2; }
```

样式规则 1 仅对 id="sidebar"标记内所包含的\<img\>标记有效，对 id 标记内的其他标记无效，对不包含在 id 标记内的其他\<img\>标记也无效。

同样，样式规则 2 则仅对 id="sidebar"标记内所包含的\<h2\>标记有效。

这种方式只需对某个父标记指定一个 id，即可对该父标记内的多个同类子标记设置样式而无需对这些标记再设置 id 或 class 属性。

> 注意：id 属性值与被包含的标记名之间必须以空格分开。

3. class 类名标记名包含选择符

class 类名标记名包含选择符的语法格式如下：

.样式类名 标记名 { 样式规则; }

该样式表对所有使用 class="样式类名"的父标记内包含的符合指定类型的标记有效。

例如：

.fancy td { 样式规则; }

则该样式表仅对所有使用 class="fancy"标记中包含的所有<td>单元格有效，对 class 标记内的其他标记无效，对不包含在 class 标记内的其他<td>单元格也无效。

注意：class 类名与被包含的标记名之间必须以空格分开。

4. IE7 及以上或火狐的子对象选择符

子对象选择符类似包含选择符，如果已对父标记使用 id 或 class 指定了样式，又需要对该标记内包含的某个 id 特定子标记或多个 class 子标记定义样式，可使用子对象选择符。语法格式为：

#id 属性值 >.样式类名或#id 属性值 { 样式规则; }
.样式类名 >.样式类名或#id 属性值 { 样式规则; }

注意：IE 6.0 及以下版本不支持子对象选择符，在">"之前必须使用空格。

【例 h5-12.html】IE7 及以上或火狐浏览器使用子对象选择符定义样式表。

代码如下：

```
<!DOCTYPE html PUBLIC "-//W3C//DTD XHTML 1.0 Transitional//EN"
  "http://www.w3.org/TR/xhtml1/DTD/xhtml1-transitional.dtd" >
<html>
  <head> <title>子对象选择符</title>
    <style type="text/css">
      .content {
        width:550px; height:80px; font-size:18px; border:blue 1px solid; }
      .content >#left { color:red; font-size:35px; font-weight:bold; }
    </style>
  </head>
  <body>
    <div class="content">
      <div>这是正常子对象，继承父标记字号 18px。</div>
      <div id="left">叠加样式子对象，红色加粗 35px。</div>
    </div>
  </body>
</html>
```

运行结果如图 5-13 所示。

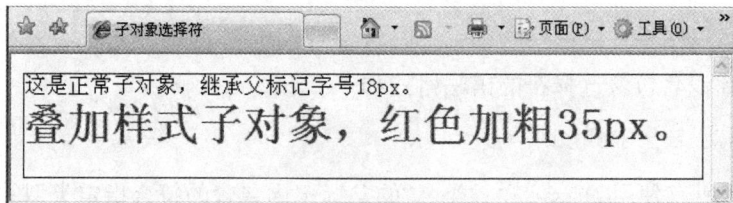

图 5-13　IE7 以上或火狐使用子对象选择符

因为 id 是唯一的，对 IE 6.0 及以下不支持子对象的版本，可以将 .content >#left 选择符直接定义为 #left。

5.4.6　IE7 及以上或火狐的相邻选择符

除了包含选择符用外层父标记为条件对其包含的子标记指定样式表外，还可以根据标记的前后关系用前一个标记为条件，对它相邻的下一个标记用相邻选择符定义样式表：

标记名||id属性||class 类选择符 + 标记名||id属性||class 类选择符 { 样式规则; }

相邻选择符仅对前面相邻标记满足"+"前的选择符条件、而它自己又满足"+"后选择符条件的那些标记定义样式表，相邻选择符"+"前后可以有空格。

例如：

span+p { 样式规则; }

则该样式表仅对<span>之后相邻的<p>标记有效，对<span>标记无效、对前面相邻不是<span>标记的<p>标记也无效。

再例如：

.one + .two { 样式规则; }

则该样式表仅对使用了 class="one"的标记之后相邻的，且使用 class="two"的标记有效。

> 注意：IE 6.0 及以下版本不支持相邻选择符，可以选择 IE 7.0 及以上或火狐、Opera、Safari 等其他浏览器进行测试。

【例 h5-13.html】IE7 以上或火狐使用相邻选择符定义样式表(注意优先覆盖顺序)。
代码如下：

```
<!DOCTYPE html PUBLIC "-//W3C//DTD XHTML 1.0 Transitional//EN"
  "http://www.w3.org/TR/xhtml1/DTD/xhtml1-transitional.dtd" >
<html>
  <head> <title>属性存在选择符</title>
    <style type="text/css">
    .two    { background:Cyan; }
    .one+.two { color:blue; font-size:24px; font-style:italic;
     border:red 1px dashed; }
    span + p { color:red; font-size:30px;
            width:650px; height:80px; border:blue 1px solid; }
```

```
    </style>
  </head>
  <body>
    <span>这是 span 标记。</span>
    <p>这是 span 相邻下一个 p 标记，span+p 红色 30px 蓝色实边框指定区域。</p>
    <p>这不是与 span 相邻的 p 标记，默认样式。</p>
    <span>这是 span 标记。</span>
    <p class="two">这是 span 下一个 class="two"的 p 标记，
      .two 淡绿背景，span+p 红色 30px 蓝色实边框指定区域。</p>
    <span class="one">这是 class="one"的 span 标记。</span>
    <p class="two">这是 span 相邻下一个 class="two"的 p 标记，
      .two 淡绿背景，span+p 红色 30px 蓝色实边框指定区域，
      .one+.two 蓝色斜体 24px 红色虚边框</p>
    <div class="one">这是 class="one"的 div 标记。</div>
    <p class="two">这是 class="one"相邻的下一个 class="two"的 p 标记，
      .two 淡绿背景默认区域，.one+.two 蓝色斜体 24px 红色虚边框。</p>
  </body>
</html>
```

运行结果如图 5-14 所示。

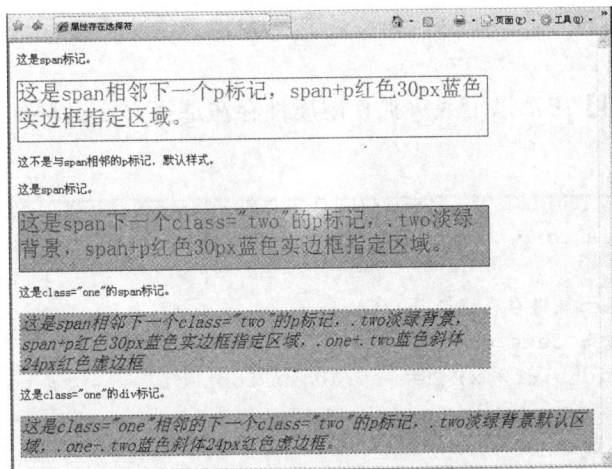

图 5-14　IE7 以上或火狐使用相邻选择符

5.4.7　IE7 及以上或火狐的属性选择符

我们也可以根据标记的 id、class、title、alt(图像标记属性)某个属性是否定义，或根据某个属性的值是什么作为条件为这些标记定义样式表，所以称为属性选择符。

使用属性选择符的优点是不再局限于以标记的名称、id 或 class 属性为依据定义样式表，将定义样式表选择符的范围扩大到了 id/class/alt/title 等属性的模糊匹配、半模糊匹配和精确匹配。

属性选择符必须在选择符后用中括号[]包含指定的属性，且选择符与[]之间不能有空格，一般只定义一些有关字体样式的简单样式规则。

注意：IE 6.0 及以下版本不支持属性选择符，没有安装 IE 6.0 以上浏览器的读者可以使用火狐、Opera 或 Safari 等其他浏览器进行测试。

1. 属性存在选择符

属性存在选择符的语法格式如下：

标记名||id属性||class类选择符[id||class||alt||title] { 样式规则; }

属性存在选择符也称为属性赋值匹配选择符，是指那些即满足选择符条件又定义了[]中指定属性的标记，就是说符合选择符的标记只要定义有[]中指定的属性而不论它的值是什么(甚至可以是空值)、只要指定的属性存在即可使用该样式表。

例如有：

div[id] { 样式规则; }

则该样式表仅对<div>中已定义了 id 属性(不论 id 属性值是什么)的标记有效，其他不是<div>的标记无效，<div>标记中没有定义 id(不存在 id 属性)也无效。

再例如：

.sec[title] { 样式规则; }

则该样式表仅对所有使用 class="sec"且定义了 title 属性(不论 title 属性值是什么)的那些标记有效。

【例 h5-14.html】IE7 以上或火狐使用属性存在选择符定义样式表(注意优先覆盖顺序)。代码如下：

```
<!DOCTYPE html PUBLIC "-//W3C//DTD XHTML 1.0 Transitional//EN"
   "http://www.w3.org/TR/xhtml1/DTD/xhtml1-transitional.dtd" >
<html>
  <head> <title>属性存在选择符</title>
    <style type="text/css">
     *     { width:650px; height:40px; font-size:14px; color:red; }
     #new  { background:gray; }
     #test  { background:cyan; }
     .one   { color:blue; border:blue 1px solid; }
     div[id] { font-size:28px; font-weight:bold; }
     .one[id]{ font-size:20px; }
    </style>
  </head>
  <body>
    <div>*选择符指定所有标记区域大小、字号 14px、红色字符。</div>
    <div id="new">#new 叠加灰色背景、div[id]叠加字号 28px 加粗。</div>
    <div id="new" class="one">#new 灰色背景、.one 蓝字蓝框、
       div[id]28px 加粗、.one[id]20px。</div>
    <div id="test">#test 淡绿背景、div[id]28px 加粗。</div>
    <div id="" class="one">.one 蓝字蓝边框、div[id]28px 加粗、.one[id]20px。
    </div>
    <div id="">div[id]28px 加粗。</div>
```

```
    <div class="one">.one 蓝字蓝边框。</div>
  </body>
</html>
```

运行结果如图 5-15 所示。

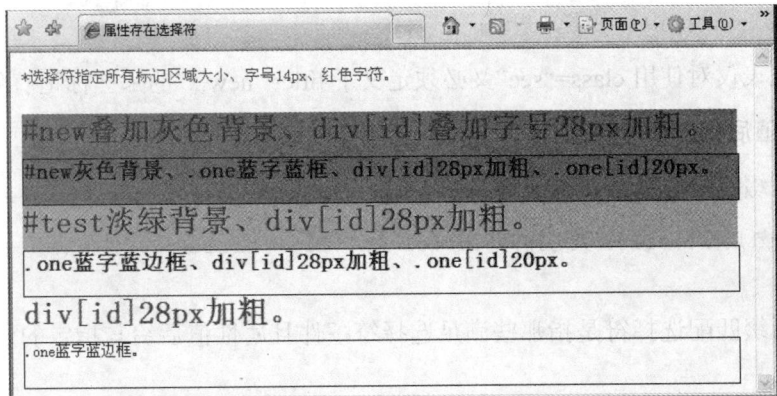

图 5-15　IE7 以上或火狐使用属性存在选择符

2．属性值精确匹配选择符

属性值精确匹配选择符的语法格式如下：

标记名||id 属性||class 类选择符[id||class||alt||title="属性值"] { 样式规则; }

属性值精确匹配选择符是指那些既满足选择符条件又必须定义[]中指定的属性，且属性值必须与指定的属性值完全相同的标记。

例如有：

img[alt="小猫"] { 样式规则; }

则该样式表仅对<img>图像中定义了 alt="小猫"属性的那些标记有效，不是<img>的标记无效，<img>中没有定义 alt 的无效、定义了 alt 但属性值不是"小猫"的也无效。

再例如：

.sec[title="new"] { 样式规则; }

则该样式表仅对使用 class="sec"又必须定义了 title="new"的那些标记有效。

3．属性值前缀匹配选择符

属性值前缀匹配选择符的语法格式如下：

标记名||id 属性||class 类选择符[id||class||alt||title^="属性值前缀"] { 样式规则; }

属性值前缀匹配选择符是指那些满足选择符条件且属性值前缀与指定的属性值相同的标记。

例如：

img[alt^="小猫"] { 样式规则; }

则该样式表对<img>图像中定义了 alt="小猫..."属性，不论 alt="小猫"、alt="小猫钓鱼"、alt="小猫跑步"，只要前缀是"小猫"的那些标记都有效，不是<img>的标记无效，<img>中没有定义 alt 的无效、定义了 alt 但开头不是"小猫"的也无效。

再例如：

```
.sec[title^="new"] { 样式规则; }
```

则该样式表仅对使用 class="sec"又必须定义了 title="new..."的那些标记有效。

4．属性值后缀匹配选择符

属性值后缀匹配选择符的语法格式如下：

标记名||id 属性||class 类选择符[id||class||alt||title$="属性值后缀"] { 样式规则; }

属性值后缀匹配选择符是指那些满足选择符条件且属性值后缀与指定的属性值相同的标记。

例如有：

```
img[alt$="小猫"] { 样式规则; }
```

则该样式表对<img>中定义了 alt="...小猫"属性，不论 alt="小猫"、alt="黑小猫"、alt="花小猫"，只要后缀是"小猫"的那些标记都有效。

再例如：

```
.sec[title$="new"] { 样式规则; }
```

则该样式表仅对使用 class="sec"又必须定义了 title="...new"的那些标记有效。

5．属性值子串匹配选择符

属性值子串匹配选择符的语法格式如下：

标记名||id 属性||class 类选择符[id||class||alt||title*="属性值子串"] { 样式规则; }

属性值子串匹配选择符是指那些满足选择符条件且属性值中包含指定属性值的标记。

例如：

```
img[alt*="小猫"] { 样式规则; }
```

则该样式表对<img>中定义了 alt="...小猫..."属性，不论 alt="小猫"、alt="黑小猫钓鱼"、alt="花小猫跑步"，只要包含"小猫"的那些标记都有效。

再例如：

```
.sec[title*="new"] { 样式规则; }
```

则该样式表仅对使用 class="sec"又必须定义了 title="...new..."的那些标记有效。

6．属性值连字符匹配选择符

属性值连字符匹配选择符的语法格式如下：

标记名||id 属性||class 类选择符[id||class||alt||title|="属性值子串"] { 样式规则; }

属性值连字符匹配选择符是指那些满足选择符条件且属性值中包含指定属性值子串，该属性值子串还必须是与其他内容用连字符 "-" 连接的标记。

例如有：

img[alt|="小猫"] { 样式规则; }

则该样式表对<img>中定义了 alt="小猫-..."属性，不论 alt="小猫-钓鱼"、alt="小猫-跑步"，只要包含"小猫-其他内容"的那些标记都有效。

再例如：

.sec[title|="new"] { 样式规则; }

则该样式表仅对使用 class="sec"又必须定义了 title="new-其他内容"的那些标记有效。

7. 属性值内部空白符匹配选择符

属性值内部空白符匹配选择符的语法格式如下：

标记名||id 属性||class 类选择符[id||class||alt||title~="属性值"] { 样式规则; }

在介绍 class 选择符时已经说明，一个标记的 class 属性值可以包含用空格隔开的多个样式类名，这些样式类名是 "或" 的关系。例如 class="sec exe"标记可以同时使用.sec和.exe 两个样式表。

属性值内部空白符匹配选择符对属性值中的空白符作为条件使用，是指那些满足选择符条件且属性值中必须包含以空格隔开的指定内容的标记。

例如有：

img[alt~="小猫"] { 样式规则; }

则该样式表仅对<img>中 alt 属性值是由空格隔开的多个内容，且其中一部分是"小猫"的标记有效，如 alt="小狗 小猫"、alt="小猫 小狗"或 alt="小熊 小猫 小狗"。

再例如：

.sec[title~="new"] { 样式规则; }

则该样式表仅对使用 class="sec"且定义了 title="其他内容 new 其他内容"、title="new 其他内容"或 title="其他内容 new"的那些标记有效。

5.4.8　伪类选择符

伪类是将条件和事件考虑在内的样式表类型，它不是真正意义上的类或标记对象，可以看作是从某一个标记中分解出来的一个子状态，伪类的名称是由系统定义的，而不是用户随意指定。

使用伪类作选择符可为一个标记的不同子状态指定样式表以添加特殊效果。

CSS 的伪类名不区分大小写，目前常见的伪类有如下几种。

● link：设置超链接文本在超链接尚未被访问时的样式(默认字符蓝色带下划线)。

- **visited**：设置超链接文本已被访问过之后的样式(默认字符红色带下划线)。
- **hover**：设置鼠标指向、经过、悬浮在某个标记上方时该标记的样式。
- **active**：设置鼠标单击激活某个标记时该标记的样式。
- **focus**：设置某个标记被选中(获得焦点)时该标记的样式。
- **first-child**：设置某个标记被包含为其他标记的第一个子标记时的样式。

1. 伪类选择符的使用

使用伪类选择符一般先对伪类的父标记指定样式，供所有伪类子元素继承：

```
标记名 { 样式规则; }  — 对指定类型全部标记指定样式
标记名.class 类名 { 样式规则; }  — 对指定类型的某一部分标记指定样式
标记名#id 属性 { 样式规则; }  — 对某一个特定标记指定样式
```

对伪类指定样式必须用冒号前缀父标记选择符作为伪类选择符：

```
标记名[.样式类名 或 #id 属性]:伪类名 { 样式规则; }
```

伪类样式可以继承、覆盖父标记定义的样式。

可以使用群组选择符同时为多个伪类定义相同的样式：

```
标记名[.样式类名]:伪类名 1, 标记名[.样式类名]:伪类名 2, ...  { 样式规则; }
```

2. <a>标记的伪类选择符

超链接<a>标记可按顺序使用 link、visited、hover、active 等 4 种伪类选择符。

如果对页面中的所有超链接标记都设置相同的伪类选择符，则可定义以下样式表：

```
a { 样式规则 1; }   — 用父标记指定 4 种子状态共有的样式，由 4 个伪类继承
a:link { 样式规则 2; }   — 单独指定尚未访问超链接的样式
a:visited { 样式规则 3; }   — 单独指定已经访问过超链接的样式
a:hover { 样式规则 4; }   — 单独指定鼠标指向超链接时的样式
a:active { 样式规则 5; }   — 单独指定单击激活超链接时的样式
```

某些浏览器要求必须按以上顺序定义样式表，其中不需要单独指定样式的可以省略，仅继承父标记<a>的样式或使用默认样式。对于使用相同样式的伪类可使用群组选择符。

例如对尚未访问和已经访问过的链接采用相同样式表：

```
a:link, a:visited { 样式规则; }
```

如果只对某一个特定的<a>标记设置伪类样式，则可对该标记定义 id 属性，用"id 属性"选择符或"a#id 属性"选择符定义伪类样式表：

```
a#id 属性  { 样式规则 1; }
a#id 属性:link  { 样式规则 2; }
a#id 属性:visited { 样式规则 3; }
a#id 属性:hover { 样式规则 4; }
a#id 属性:active { 样式规则 5; }
```

如果对页面中的某一部分<a>标记设置样式，则可对这些<a>标记定义一个相同的 class 类名，如果需要对<a>标记分组定义样式，则可以按组分别定义 class 类名，用元素指定选

择符分别定义各自的伪类样式表：

```
a.class 类名 { 样式规则 1; }
a.class 类名:link { 样式规则 2; }
a.class 类名:visited { 样式规则 3; }
a.class 类名:hover { 样式规则 4; }
a.class 类名:active { 样式规则 5; }
```

> 注意：IE6 及以下浏览器对:hover 伪类支持不完善，当对<a>标记内包含的其他标记设置鼠标指向时的动态效果时，必须先对<a>标记定义一个 a:hover{ cursor:pointer; }样式进行激活，再用包含选择符 a:hover 被包含标记选择符{}对被包含标记设置鼠标指向时的样式，否则该包含选择符无效。详见 h7-13.html 与 h7-14.html 的应用。

【例 h5-15.html】在页面中使用 3 个超链接，第一个为默认超链接样式，其余采用目前流行的普通黑字不带下划线，其中第 2 个鼠标指向时为红色斜体带下划线、单击激活瞬间为蓝色，第 3 个只访问一次，访问过一次后变为白色字符白色背景，产生不可见的效果。代码如下：

```
<!DOCTYPE html PUBLIC "-//W3C//DTD XHTML 1.0 Transitional//EN"
  "http://www.w3.org/TR/xhtml1/DTD/xhtml1-transitional.dtd" >
<html>
  <head> <title> 使用伪类</title>
    <style type="text/css" >
      #anchor2, a.anchor3{ color:black; text-decoration:none; }
      #anchor2:hover   {
        color:red; font-style:italic; text-decoration:underline; }
      #anchor2:active    { color:blue }
      a.anchor3:visited  { color:white; background-color:white }
    </style>
  </head>
  <body>
    普通链接: <a href="h5-2.html">点击这里</a>查看使 CSS 内联样式设置字体<br />
    样式链接: <a id="anchor2" href="h5-4.html">点击这里</a>
              查看设置文本外观格式<br />
    样式链接: <a class="anchor3" href="h5-6.html">点击这里</a>
              查看用 CSS 设置图像与文本垂直对齐<br />
  </body>
</html>
```

运行结果如图 5-16 ~ 5-19 所示。

图 5-16　页面初始状态　　　　　　　　　图 5-17　鼠标指向 anchor2 时

图 5-18　anchor2 单击激活(获得焦点)时　　图 5-19　三个超链接全部访问后

3．其他伪类选择符

(1) 设置指定标记被选中(获得焦点)时的样式：

标记名[.样式类名]:focus { 样式规则; }

例如：

img:focus { border-style:solid; border-width:2; border-color:red; }

该样式可设置图像被选中时会带红色边框。

(2) 设置指定标记被包含为其他标记的第一个子标记：

标记名[.样式类名]:first-child { 样式规则; }

例如：

li:first-child { text-transform:uppercase; }

该样式可将 ol 或 ul 列表中的第一个列表项<li>设置为大写。

例如：

div:first-child span { color:blue; }

则所有 div 中第一个子标记中的 span 标记都使用蓝色字符。

注意：对 focus、first-child，还有 first、left 等，并不是所有浏览器都支持，使用很少。

5.4.9　伪对象(伪元素)选择符

伪元素选择符可对某些标记添加特殊效果，用法与伪类相似：

标记名[.样式类名]:伪元素名 { 样式规则; }

- :first-line——设置指定标记内第一行文本的样式。
- :first-letter——设置指定标记内第一个字符(包括前导符号)的样式。
- :before——设置在指定标记之前插入 content 生成的内容(如音频、视频或图像)。
- :after——设置在指定标记之后插入的内容。

例如将<p>段落标记内的字符采用 12pt，其中第一行文本设置为蓝色字符，首字母则设置为 24pt 红色：

```
p {font-size:12pt;}
p:first-line {color:blue;}
p:first-letter {color:red; font-size:24pt;}
```

注意：目前除:first-line、:first-letter 可以被所有浏览器支持外，其余应用很少，主要是浏览器的支持不一和自身作用的限制。

【例 h5-16.html】使用伪对象设置首行独立样式、首字母下沉。代码如下：

```
<!DOCTYPE html PUBLIC "-//W3C//DTD XHTML 1.0 Transitional//EN"
  "http://www.w3.org/TR/xhtml1/DTD/xhtml1-transitional.dtd" >
<html>
  <head> <title>首行独立样式、首字母下沉</title>
    <style type="text/css">
      #main:first-letter { float:left;  /* 第一个字符左浮动,
                               否则还在第一行不下沉 */
                color:blue; font-size:3em; font-weight:700; }
      #main:first-line  { color:red; font:700 1.5em 黑体, 宋体; }
    </style>
  </head>
  <body>
    <div id="main">通常利用 first-letter 伪对象实现首字下沉效果,
      利用 first-line 伪对象实现第一行的特殊样式。
    </div>
  </body>
</html>
```

运行结果如图 5-20 所示，如果去掉首字符样式中的 float:left;左浮动，则首字符还在第一行，不会产生下沉的效果，如图 5-21 所示。

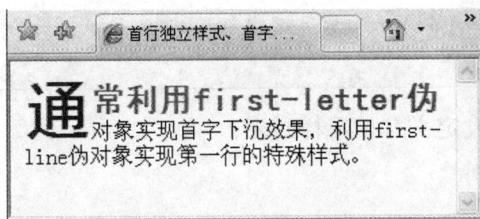

图 5-20　首行独立样式、首字母下沉　　　　图 5-21　取消左浮动首字母不会下沉

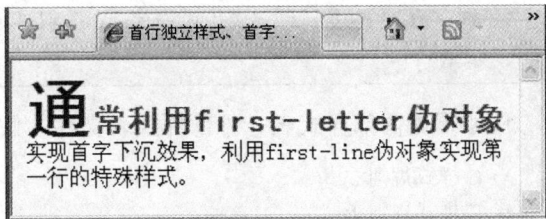

5.5　样式规则的优先级

标记内的内联 CSS 样式、内部样式表、外部样式表文件三种样式设置可以混合使用，每个标记还可以使用各种选择符(包括群组、包含、相邻、属性、伪类选择符)重复多次的定义样式。

子标记首先继承父标记的样式，一个标记不论是继承还是自己重复定义多少个样式，都可以有效叠加，如果同一个样式属性重复定义多次，则根据优先级的原则进行覆盖，即优先级高的样式覆盖优先级低的样式，这就是 CSS 中层叠的含义。

利用层叠覆盖的特点，当需要改变某个标记的样式时不用修改原样式，只需把改动部分重新定义一个样式表，即可覆盖原样式。

5.5.1 样式规则的优先级原则

继承父标记的样式→样式表(标记名→class 类→id 选择符)→style 内联样式规则:

- 继承父标记的样式级别最低,可以被标记自己定义的任何样式覆盖。
- 标记内 style 定义的内联样式级别最高,可以覆盖其他的任何样式表。
- 各个样式表的优先级根据选择符确定,原则是应用范围越广的选择符级别越低,限制条件越多即应用范围越小的选择符优先级越高。
- 单一选择符(逗号隔开的群组选择符等价于多个单一选择符)样式表优先级顺序:标记名选择符→class 类选择符→id 选择符→元素指定选择符。
- 包含、相邻、属性、伪类等条件选择符都包含多个单一选择符,可以理解为每个单一选择符都有一个权值,而条件选择符是多个单一选择符的权值相加,自然比任何单一选择符的优先级要高。条件选择符相互比较的原则仍然按单一选择符的优先级(标记名→class→id→元素指定)先对其中第一个选择符比较,如果相同再对第二个比较,以此类推,直到能区分出高低。所有样式表的优先级顺序为:*通用选择符→标记名→class→id→元素指定→标记名条件→class 条件→id 条件
- 相同优先级的样式表以定义的顺序确定——先定义的优先级低,后定义的优先级高,即后者覆盖前者。
- 如果页面同时引用外部样式表文件、定义内部样式表时也按照引用定义的顺序来确定。

> **注意:** 由于一般先引用外部样式再定义内部样式,所以有的教科书讲内部样式优先于外部样式,但如果先定义内部样式再引用外部样式,就应该说外部样式优先于内部样式了。

例如不论内部样式表、外部样式表文件,假设定义有如下样式表:

```
*  { 样式规则 0 }
p  { 样式规则 1 }
#abc  { 样式规则 4 }
p.xyz  { 样式规则 5 }
.xyz   { 样式规则 3 }
p  { 样式规则 2 }
```

则以上规则对<p id="abc" class="xyz" style="样式规则 6" >标记都有效,层叠覆盖的顺序为:*{ 样式规则 0 }→p{ 样式规则 1 }→p{ 样式规则 2 }→.xyz{ 样式规则 3 }→#abc{ 样式规则 4 }→p.xyz{ 样式规则 5 }→style="样式规则 6"。

【例 h5-17】样式表的层叠覆盖。

(1) 创建外部样式表文件 c5-17.css:

```
.first { color:blue;
     font-size:32px;
     font-family:楷体_GB2312;
   }
```

(2)　在同一目录中创建页面文件 h5-17.html：

```
<!DOCTYPE html PUBLIC "-//W3C//DTD XHTML 1.0 Transitional//EN"
  "http://www.w3.org/TR/xhtml1/DTD/xhtml1-transitional.dtd" >
<html>
  <head> <title>CSS 样式表的层叠覆盖</title>
    <link href="c5-17.css" type="text/css" rel="stylesheet" />
    <style type="text/css" >
      .first { color:green; font-size:26px; font-family:新宋体; }
    </style>
  </head>
  <body>
    <p>按默认样式显示的段落</p>
    <p class="first"> 仅使用外部、内部 first 样式表的段落</p>
    <p class="first" style="color:red;font-size:20px;font-family:黑体" >
      即使用外部、内部 first 样式表，又使用内联样式表的段落</p>
  </body>
</html>
```

本例分别在外部文件和页面中定义了两个 .first 样式表，但由于先引用外部文件，因此内部样式表将覆盖外部样式表，运行结果如图 5-22 所示。如果在定义内部样式表之后再引用外部文件，运行结果如图 5-23 所示。

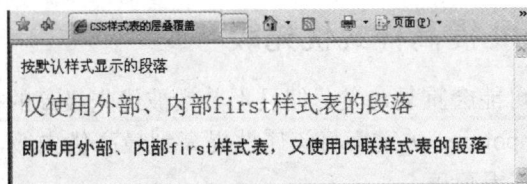

图 5-22　内部样式表覆盖外部样式表

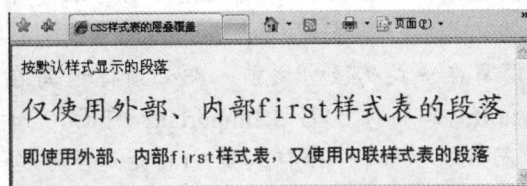

图 5-23　外部样式表覆盖内部样式表

【例 h5-18.html】样式表的继承覆盖，不需要使用父标记的样式时则可覆盖。

代码如下：

```
<!DOCTYPE html PUBLIC "-//W3C//DTD XHTML 1.0 Transitional//EN"
  "http://www.w3.org/TR/xhtml1/DTD/xhtml1-transitional.dtd" >
<html>
  <head> <title>CSS 样式表的继承覆盖</title>
    <style type="text/css" >
      .first { color:green; font-family:楷体_GB2312 }
      body { color:red; font-size:20px; font-family:黑体; }
```

```
    </style>
  </head>
  <body
    <p>用继承 body 默认样式显示的段落</p>
    <p style="color:blue" >用内联样式仅修改蓝色字符的段落</p>
    <p style="font-size:15px" >用内联样式仅修改 15px 字号的段落</p>
    <p class="first">用.first 样式表覆盖父样式(与样式表定义顺序无关)</p>
  </body>
</html>
```

运行结果如图 5-24 所示。

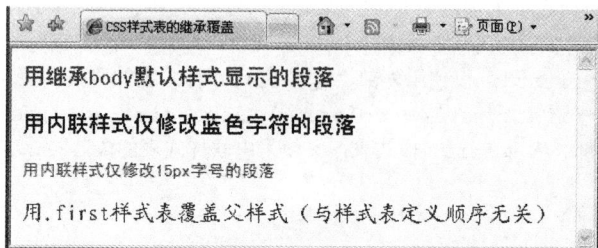

图 5-24　样式表的继承覆盖

注意：边框、边距、填充及表格的属性不能继承。

5.5.2　用!important 提高样式优先级

当某个样式属性有可能会重复定义，但又不希望被优先级高的样式覆盖掉时，则可以在样式属性之后使用!important 关键字将该属性提高到最高优先级，相当于锁定该属性防止以后被优先级高的样式表覆盖。

注意：① 父标记用!important 定义的样式，子标记继承后可以覆盖，即提高优先权对继承无效。

② !important 必须写在样式属性";"之前，即必须将";"写在!important 后面，例如 color:blue **!important**; 如果将";"写在!important 前面，如 color:blue; **!important** 则!important 无效而且还会与下一个样式属性(不论是否另起一行或有多少空行)混合使下一个样式属性失效。

③ IE6 及以下浏览器带!important 的样式仅仅对其他样式表中重复定义的该样式提高优先级不被覆盖，但在同一个选择符样式表内部重复定义的样式仍然可以覆盖前面带!important 的样式，而且一旦被内部样式覆盖后!important 也失去了功效，其他样式表也可以对其进行覆盖。而 IE7 及以上或火狐等浏览器带!important 的样式属性可以不被任何重复定义的样式覆盖。

【例 h5-19.html】使用!important 提高优先级锁定样式。代码如下：

```
<!DOCTYPE html PUBLIC "-//W3C//DTD XHTML 1.0 Transitional//EN"
  "http://www.w3.org/TR/xhtml1/DTD/xhtml1-transitional.dtd" >
<html>
```

```
<head> <title>用!important 提高样式优先级</title>
   <style type="text/css" >
     body { color:red !important;   /* 提高优先级对子标记的继承无效 */
           font-weight:700; }
     p    { color:blue !important;  /* 对更高级别样式有效—不被覆盖 */
           font-size:15px !important;
           font-size:25px; }        /* IE6 及以下浏览器仍然可以覆盖 */
     .first { color:green;          /* 覆盖提高优先级的样式无效 */
           font-size:35px;          /* IE6 一旦被内部覆盖则可以继续覆盖 */
           font-family:楷体_GB2312; }
   </style>
 </head>
 <body>
   <p>可以覆盖继承 body 父标记带!important 的样式。</p>
   <p style="color:green" >用内联样式修改字符颜色无效</p>
   <p class="first">用.first 样式表修改字号颜色无效,只能叠加字体。</p>
 </body>
</html>
```

在 IE7 及以上或火狐浏览器中运行结果如图 5-25 所示,而在 IE6 及以下运行结果如图 5-26 所示,如果去掉 p 样式表中的 font-size:25px;样式,则 IE6 的运行结果与 IE7 的运行结果相同。

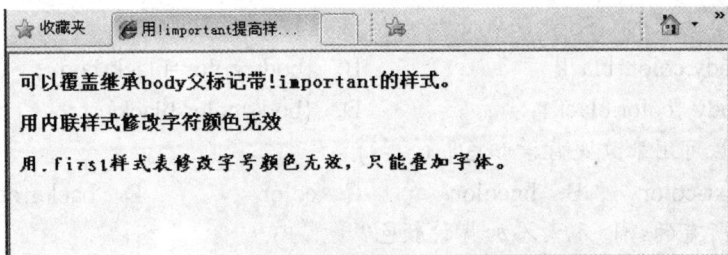

图 5-25　IE7 及以上或火狐浏览器的运行结果

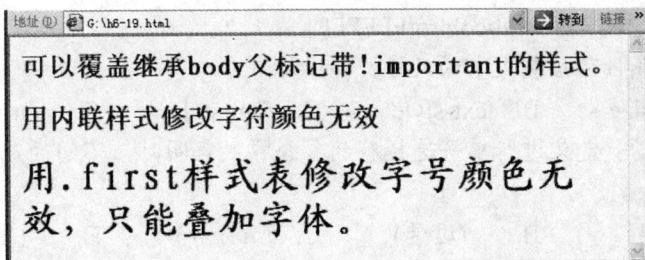

图 5-26　IE6 及以下浏览器的运行结果

如果将 body 样式表改写为:

```
body { color:red; !important
      font-weight:700; }
```

则!important 不但无效,也会使 font-weight:700;加粗样式无效。

5.6 习　　题

一、选择题

1. CSS 的全称是(　　)。
   A. Computer Style Sheets
   B. Cascading Style Sheets
   C. Creative Style Sheets
   D. Colorful Style Sheets

2. 以下的 HTML 中，哪个是正确引用外部样式表的方法？(　　)
   A. <style src="mystyle. css">
   B. <link rel="stylesheet" type="text/css" href="mystyle.css">
   C. <stylesheet>mystyle.css</stylesheet>

3. 在 HTML 文档中，引用外部样式表的正确位置是？(　　)
   A. 文档的末尾
   B. <head>部分
   C. 文档的顶部
   D. <body>部分

4. 哪个 HTML 标签可用来定义内部样式表？(　　)
   A. <style>　　　B. <script>　　　C. <css>　　　D. <meta>

5. 哪个 HTML 属性可用来定义内联样式？(　　)
   A. font　　　B. class　　　C. styles　　　D. style

6. 下列哪个选项的 CSS 语法是正确的？(　　)
   A. body:color=black
   B. {body:color=black(body)}
   C. body {color:black}
   D. {body;color:black}

7. 哪个属性可用来改变背景颜色？(　　)
   A. text-color　　　B. bgcolor　　　C. color　　　D. background-color

8. 如何为所有的<h1>元素添加背景颜色？(　　)
   A. h1.all {background-color:#FFFFFF}
   B. h1 {background-color:#FFFFFF}
   C. all.h1 {background-color:#FFFFFF}

9. 哪个 CSS 属性可控制文本的尺寸？(　　)
   A. font-size　　　B. text-style　　　C. font-style　　　D. text-size

10. 对一条 CSS 定义进行单一选择符的复合样式声明时，不同的属性应该用(　　)来分隔。
    A. #　　　B. ，(逗号)　　　C. ；(分号)　　　D. ：(冒号)

11. 以下 CSS 长度单位中，属于相对长度单位的是(　　)。
    A. pt　　　B. in　　　C. em　　　D. cm

12. 以下 CSS 长度单位中，属于绝对长度单位的是(　　)。
    A. em　　　B. ex　　　C. px　　　D. pt

13. 以下方法中，不属于 CSS 定义颜色的方法是(　　)。
    A. 用十六进制数方式表示颜色值　　B. 用八进制数方式表示颜色值

新世纪高职高专课程与实训系列教材

C．用 rgb 函数方式表示颜色值　　　D．用颜色名称方式表示颜色值

14．不同的选择符定义相同的元素时，优先级别的关系是(　　)。

　　A．类选择符最高，id 选择符其次，HTML 标记选择符最低

　　B．类选择符最高，HTML 标记选择符其次，id 选择符最低

　　C．id 选择符最高，HTML 标记选择符其次，类选择符最低

　　D．id 选择符最高，类选择符其次，HTML 标记选择符最低

二、操作题

1．写出将某个页面表单中所有<input>输入元素的宽度设置为 220 像素的样式定义。

2．某个页面中存在层，其 ID 是#divdaohang，定义该层中所有超链接的未访问状态是无下划线、文本颜色为白色、字号 12 像素，写出相应的样式定义代码。

第6章 CSS 盒模型与布局样式

学习目的与要求

📖 知识点

- 理解块级元素与盒子模型的概念
- 掌握块级元素的背景、边框、内外边距的样式定义规则
- 掌握块级元素的总宽度计算方法
- 掌握表格与列表的样式定义规则
- 理解绝对定位和相对定位的样式定义规则
- 掌握浮动布局与清除浮动的样式定义规则
- 掌握元素的层叠等级、显示方式与可见性的样式定义规则

📢 难点

- 块级元素的边框、内外边距的样式定义规则
- 块级元素的总宽度计算方法
- 绝对定位与相对定位的特点
- 浮动布局中各种情况的处理方式

6.1 元素区域与背景样式

块级元素可使用 width 与 height 属性指定显示区域的宽度与高度，而行内元素(img 图像元素除外)只能指定行高(行距)而不能设置区域大小。但如果行内元素指定了定位、浮动或 display:block;样式，则会变成为块级元素，可以任意指定其区域大小。

行内元素、块级元素都可以设置背景样式。

6.1.1 块级元素的区域与溢出处理

1. 设置块级元素的区域

包括下列相关的属性设置：

```
width:宽度值;          设置指定宽度值(默认浏览器宽度或自身内容宽度)
height:高度值;         设定指定高度值(默认自身内容高度)
max-width:最大宽度值;   不可大于设定值——若实际宽度小于设置值，则采用实际宽度
max-height:最大高度值;  不可大于设定值
min-width:最小宽度值;   不可小于设定值——若实际宽度大于设置值则采用实际宽度
min-height:最小高度值;  不可小于设定值
```

设置元素区域大小的属性值可以使用不同单位的数值或相对父元素(页面)的百分比%。

width、height 设置块元素的固定大小，max-width、max-height 设置元素区域的最大值——允许小于指定区域，min-width、min-height 设置元素区域的最小值——允许大于指定区域。

块级元素不设置区域宽度和高度时，默认以子元素内容确定自己的区域大小，即高度为子元素内容的总高度，宽度一般为浏览器宽度，浮动时则取子元素内容的实际总宽度。

> 注意：① IE6 及以上或火狐等标准浏览器的 width 和 height 都是指块级元素的实际内容区域大小，不包括内外边距及边框，而 IE5 及以下版本的 width 是边框外沿宽度(包括内容、内边距和边框)不包括外边距，height 则是实际内容的高度，不包括内外边距及边框。在第 7 章浏览器兼容性中我们将介绍解决方法。
> ② 如果块级元素包含的子元素等实际内容超出设置的区域，IE6 及以下的浏览器会自动扩大块元素区域(包括边距和边框)以适应元素内容，而 IE7 以上及火狐浏览器区域大小位置固定不变，超出内容不占据空间，则会与其他相邻元素发生重叠。
> ③ 如果必须将内容限制在指定区域内显示，可配合 overflow 设置溢出处理、word-wrap 设置文本换行、word-break 设置换行是否切断单词等样式。

2. 设置区域内容溢出处理的 overflow 属性

设置区域内容溢出处理的 overflow 属性的语法格式如下：

```
overflow:溢出处理方式;
```

当元素实际内容超出元素指定的 width 和 height 区域，出现内容溢出时，可使用 overflow 属性设置对溢出的处理方式。

- visible：默认显示完整内容，不裁剪，没有滚动条(IE6 扩大区域，IE7 超出部分不占空间)。
- auto：区域大小固定，出现溢出时自动增加滚动条。
- scroll：区域大小固定，总是带有滚动条。
- hidden：区域大小固定，溢出部分隐藏不可见，相当于对超出部分进行裁剪。

3. text-overflow:溢出处理方式;

text-overflow 仅用于 IE 浏览器，是 IE6 及以上版本处理文本溢出的专有属性，但必须配合 overflow:hidden 使用才有效，其属性取值说明如下。

- clip：裁切隐藏超出的文本，等同于单独使用 overflow:hidden;。
- ellipsis：还必须配合不换行属性 white-space:nowrap; 当文本溢出时显示省略号...。

配合 text-overflow:ellipsis; overflow:hidden; white-space:nowrap;可在文本溢出时显示省略标记 "..."，再配合 title 标准属性可实现当鼠标指向该内容时显示完整的文本内容。

【例 h6-1.html】演示文本溢出处理，第 6、7 个 div 不做处理，如图 6-1(a)与图 6-1(b)所示。代码如下：

```
<!DOCTYPE html PUBLIC "-//W3C//DTD XHTML 1.0 Transitional//EN"
  "http://www.w3.org/TR/xhtml1/DTD/xhtml1-transitional.dtd" >
```

```
<html>
  <head> <title>overflow 处理文本溢出</title>
    <style type="text/css">
      div { width:250px; height:30px; border:blue 1px solid;  /* 带边框 */
          margin:10px; padding:5px; }              /* 外边距 10px  内边距 5px */
      #d1 { overflow:auto; }                  /* 溢出时自动增加滚动条 */
      #d2 {
        overflow:auto; white-space:nowrap; }    /* 强制不换行，自动增加滚动条 */
      #d3 { overflow:hidden; }                /* 溢出时隐藏超出部分 */
      #d4 {
        overflow:hidden; white-space:nowrap; }  /* 强制不换行，隐藏超出部分*/
      #d5 { overflow:hidden; white-space:nowrap; text-overflow:ellipsis; }
                                    /* 溢出时显示省略号 */
      #d7 { color:blue; font-weight:bold; }        /* 蓝色、加粗字体 */
    </style>
  </head>
  <body>
    <div id="d1">overflow:auto 文本内容超出元素边界溢出时自动增加滚动条</div>
    <div id="d2">强制文本不换行，超出边界溢出时自动增加滚动条</div>
    <div id="d3">overflow:hidden 文本内容超出元素边界溢出时隐藏裁剪超出部分—超出
        部分不可见</div>
    <div id="d4">强制文本不换行，超出元素边界溢出时隐藏裁剪超出部分—超出部分不可见
    </div>
    <div id="d5" title="当文本内容超出元素边界溢出时显示省略号">
      text-overflow:ellipsis 当文本内容超出元素边界溢出时显示省略号</div>
    <div>指定了区域而不设置 overflow 属性，当文本内容超出元素边界溢出时内容不被裁剪也
        不使用滚动条，不同浏览器会出现不同情况。</div>
    <div id="d7">文本溢出时，IE6 及以下自动扩大区域，IE7 以上及火狐区域不变，超出部
        分将与其他内容重叠。</div>
  </body>
</html>
```

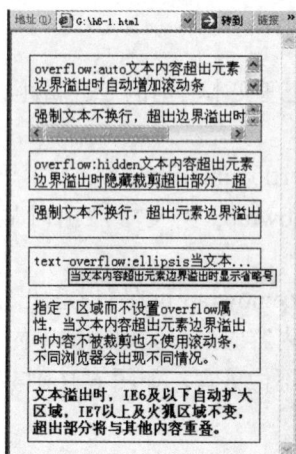

图 6-1(a)　IE6 及以下浏览器的运行结果

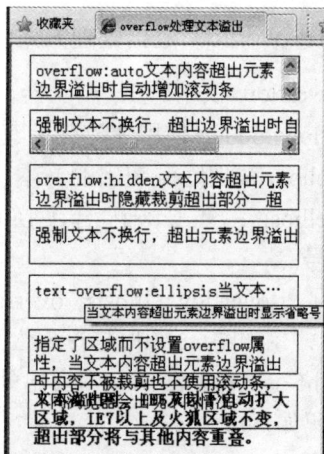

图 6-1(b)　IE7 以上或火狐浏览器的运行结果

【例 h6-2.html】图片溢出处理，第 3、4 个 div 不处理，如图 6-2(a)与图 6-2(b)所示。
代码如下：

```
<!DOCTYPE html PUBLIC "-//W3C//DTD XHTML 1.0 Transitional//EN"
 "http://www.w3.org/TR/xhtml1/DTD/xhtml1-transitional.dtd" >
<html>
  <head> <title>overflow 处理图片溢出</title>
    <style type="text/css">
      img { width:300px; height:200px; }
      div { width:250px; height:100px; margin:10px; } /* 外边距 10px */
      #d1 { overflow:auto; }                    /* 溢出时自动增加滚动条 */
      #d2 { overflow:hidden; }                  /* 溢出时隐藏超出部分 */
    </style>
  </head>
  <body>
    <div id="d1"> <img src="img/p6-1.jpg" /> </div>
    <div id="d2"> <img src="img/p6-1.jpg" /> </div>
    <div> <img src="img/p6-1.jpg" /> </div>
    <div>图片溢出后，IE6 扩大区域，IE7 及火狐有效区域不变</div>
  </body>
</html>
```

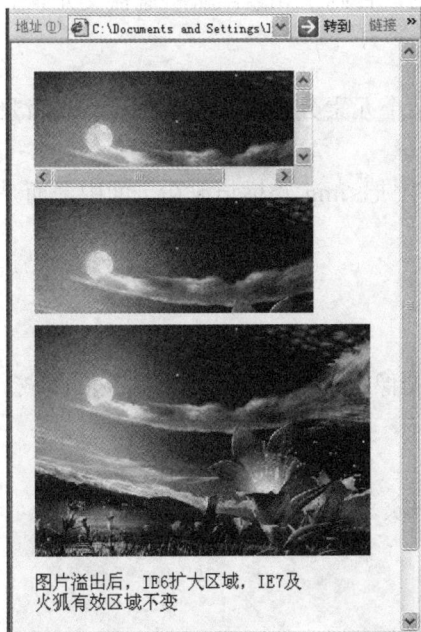

图 6-2(a)　IE6 及以下浏览器的运行结果　　图 6-2(b)　IE7 以上或火狐浏览器的运行结果

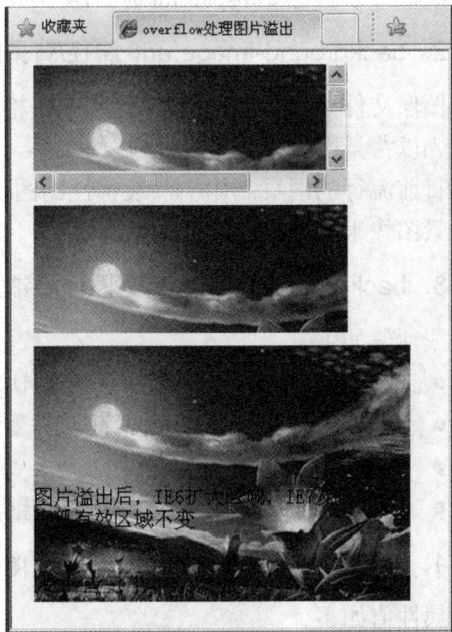

6.1.2　设置元素背景

CSS 可用颜色，也可用图像作为背景，背景属性不能继承，可以为所有元素单独设置背景，设置 body 背景时将作为整个浏览器页面的背景。CSS 背景属性见表 6-1。

表 6-1　CSS 背景属性

背景属性	取值和描述
background-color:背景颜色;	默认 transparent 透明
background-image:url("图像 url");	必须是 GIF、JPEG、PNG 格式文件
background-repeat:图像平铺方式;	repeat 平铺(默认)、no-repeat 不平铺 repeat-x 只横向平铺、repeat-y 只纵向平铺
background-attachment:图像固定;	scroll(默认)随页面滚动、fixed 图像在页面固定
background-position:图像定位;	x y 坐标值、预定义值、百分比
background:背景色;	指定背景颜色缩写
background: url("图像") 平铺 固定 定位;	按顺序综合设置缩写，不需要可省略，取默认值

1．background-color:背景颜色;

背景颜色样式可缩写为：

`background:`背景颜色;

背景颜色可以使用预定义颜色、十六进制#RRGGBB、十进制 rgb(r,g,b)作为属性值。默认背景颜色 transparent(透明)使父元素背景可见，否则子元素默认将遮盖父元素。

2．background-image:url("路径/背景图像文件");

图像文件可以是 GIF、JPEG、PNG 格式，如果某个元素分别设置了背景颜色与背景图像，则以背景图像优先。

目前流行的网页制作中，装饰性的图像一般都不用把<img />标记放在页面中，而是作为背景图像来实现。

3．background-repeat:背景图像平铺方式;

属性值如下。

● repeat：在 x、y 方向都平铺(默认)，即按原图像尺寸重复排列，直到充满区域。
● repeat-x：只在 x 方向平铺。
● repeat-y：只在 y 方向平铺。
● no-repeat：在 x、y 方向都不平铺，只显示一次。

4．background-attachment:背景图像固定方式;

属性值如下。

● scroll：图像跟随页面元素一起滚动(默认)。
● fixed：图像固定在屏幕上不随页面元素滚动。

5．background-position:背景图像定位;

属性值：x y 两个坐标值以空格隔开(默认 0 0 或 top left 即元素左上角)。
(1) 使用带不同单位的数值：可直接设置图像左上角在元素中的坐标。

(2) 使用预定义关键字——可指定背景图像在元素中的对齐方式。

● 水平方向值：left、center、right。

● 垂直方向值：top、center、bottom。

两个关键字的顺序任意，若只有一个值则另一个默认为 center。例如：

center 　　相当于　center center(居中显示)

top 　　　相当于　top center 或 center top(水平居中、上对齐)

(3) 使用百分比——将百分比同时应用于元素和图像，再按该指定点对齐。

● 0% 0% 　　　表示图像左上角与元素的左上角对齐。

● 50% 50% 　　表示图像 50% 50%中心点与元素 50% 50%的中心点对齐。

● 20% 30% 　　表示图像 20% 30%的点与元素 20% 30%的点对齐。

● 100% 100% 　表示图像右下角与元素的右下角对齐，而不是图像充满元素。

如果只有一个百分数将作为水平值，垂直值则默认为 50%。

6. 综合设置背景样式缩写

综合设置背景样式缩写的语法格式为：

background：背景色 || url("图像") 平铺　固定　定位；

> **注意**：按格式的顺序综合设置，不需要可省略则取默认值。

【例 h6-3.html】使用背景颜色、背景图片，如图 6-3 所示。代码如下：

```
<!DOCTYPE html PUBLIC "-//W3C//DTD XHTML 1.0 Transitional//EN"
  "http://www.w3.org/TR/xhtml1/DTD/xhtml1-transitional.dtd" >
<html>
  <head> <title>使用背景颜色、背景图片</title>
    <style type="text/css">
      body{ background-image:url(img/p6-2.jpg); }
      h2 { text-align:center;
          font-family:黑体; color:#FFF;
          background-color:#00F; }
      .p1 { font-family:宋体; font-size:16px; color:blue;
          background-color:yellow; }
      .p2 { font-family:宋体; font-size:18px; color:black;
          background-image:url(img/p6-3.jpg); }
    </style>
  </head>
  <body>
    <h2>设置背景颜色、背景图片</h2>
    <hr />
    <p class="p1">整个页面背景为图片 p6-2.jpg。<br />本段文字的字体颜色为蓝色、背
      景色为黄色。</p>
    <p class="p2">本段文字的字体颜色为黑色，<br />背景为图片 p6-3.jpg。</p>
  </body>
</html>
```

【例 h6-4.html】背景图片的平铺及固定如图 6-4 所示，可分别修改属性值查看效果。代码如下：

```
<!DOCTYPE html PUBLIC "-//W3C//DTD XHTML 1.0 Transitional//EN"
  "http://www.w3.org/TR/xhtml1/DTD/xhtml1-transitional.dtd" >
<html>
  <head> <title>背景图片的平铺及固定</title>
    <style type="text/css">
      body{ background-image:url(img/p6-4.jpg);
          background-attachment:scroll;  /* 修改为 fixed 再查看效果*/
          background-repeat:no-repeat; /* 去掉或修改为 repeat-x 或 repeat-y */
          background-position:0 0;       /* 修改为 50px 50px */  }
      h2  { font-family:黑体; color:red; text-align:center; }
      p   { font-size:18pt; font-weight:bold; text-align:center;
          background-image:url(img/p6-5.jpg);
          background-repeat:no-repeat; }
      .p1 { background-position:100% 0%;  /*右上角 right top*/  }
      .p2 { background-position:50% 50%;  /*中心点*/ }
      .p3 { background-position:0% 100%;  /*左下角 left bottom*/  }
    </style>
  </head>
  <body>
    <h2>毛泽东 十六字令 三首(1934—1935 年)</h2>
    <hr />
    <p class="p1">山，快马加鞭未下鞍。惊回首，离天三尺三。</p>
    <p class="p2">山，倒海翻江卷巨澜。奔腾急，万马战犹酣。</p>
    <p class="p3">山，刺破青天锷未残。天欲堕，赖以拄其间。</p>
    <div><br />   增加换行使页面足够大，将 body 背景图像固定方式修改为
fixed 再滚动鼠标或拖动滚动条观察图片的固定效果<br />  ... <br /> <br /> <br />
<br /> <br /> <br /> <br /> <br /> <br /> <br /> <br /> <br /> <br />
<br /> <br /> <br /> <br /> </div>
  </body>
</html>
```

本例 body 样式可用综合缩写：body{ background:url(img/p6-4.jpg) no-repeat scroll 0 0; }

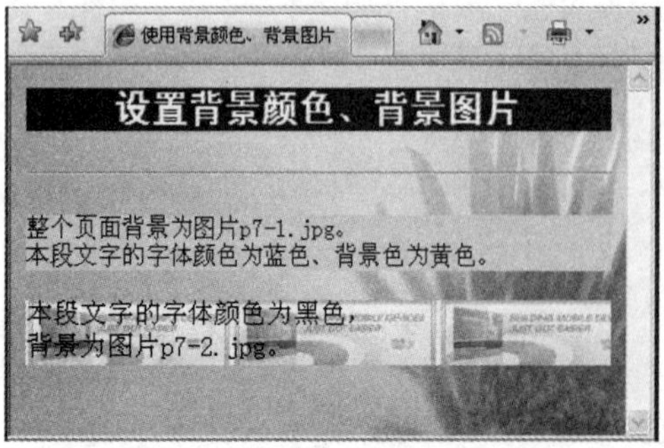

图 6-3 使用背景颜色、背景图片

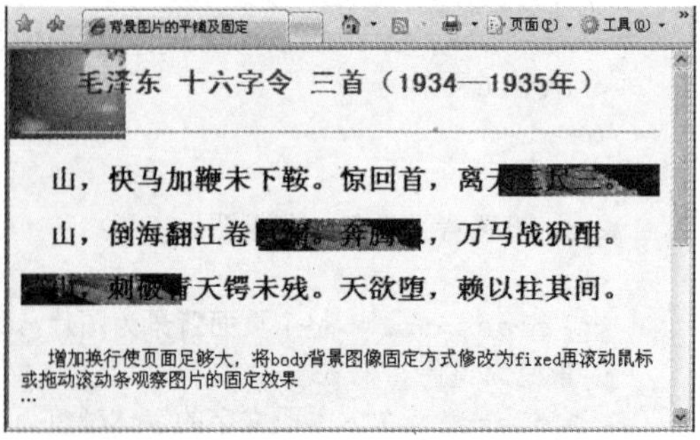

图 6-4 h6-4.html 背景图片的平铺及固定

6.2　块级元素的盒模型

盒模型也称为框模型，是 CSS 布局中的一个核心概念，所谓盒模型，就是把 HTML 的块级元素看作是一个矩形框的盒子、也就是一个盛装内容的容器，所涉及的概念有内容、边框、内边距和外边距。如何在页面中摆放这些盒子就是所谓的页面布局。

6.2.1　盒模型分析

在传统表格布局中，为了在一个单元格中划分为上下两部分的空白填充区域，也要在单元格中嵌套表格，增加了大量冗余代码，既影响页面加载速度，也为日后维护带来很大的不便。使用 CSS 的盒模型则可以在 div 中嵌套 div，通过设置内外边距很容易实现任意需要的效果。

我们先通过具有一个<h1>标题和<p>标记块级元素的页面了解块级元素的盒模型。

【例 h6-5.html】一个标题和一段文本的页面，运行结果如图 6-5 所示。

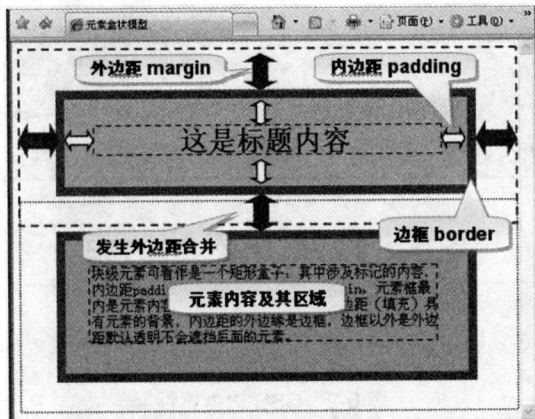

图 6-5　块级元素的盒模型

代码如下：

```
<!DOCTYPE html PUBLIC "-//W3C//DTD XHTML 1.0 Transitional//EN"
  "http://www.w3.org/TR/xhtml1/DTD/xhtml1-transitional.dtd" >
<html>
 <head> <title>元素盒状模型</title>
  <style type="text/css">
    h1 { background-color:Silver; text-align:center; }
    p  { background-color:Cyan; }
   .box { border: red 10px solid;  /* 红色10px 宽的单实线边框 */
        padding:30px;          /* 内边距30px */
        margin:40px;           /* 外边距40px */
        }
  </style>
 </head>
```

```
<body>
    <h1 class="box">这是标题内容</h1>
    <p class="box">块级元素可看作是一个矩形盒子：其中涉及标记的内容、内边距
padding、边框border 和外边距margin。元素框最内是元素内容，直接包围内容的区域是内边
距(填充)具有元素的背景，内边距的外边缘是边框，边框以外是外边距默认透明不会遮挡后面的元
素。</p>
    </body>
</html>
```

6.2.2　盒模型的宽度和高度

CSS 规范中，元素的 width 和 height 属性仅指块级元素内容区域的宽度和高度，其周围的内边距、边框和外边距是另外计算的，大多数浏览器，如 Firefox、IE6 及以上版本都采用了 W3C 规范，符合 CSS 规范盒模型的总宽度和总高度的计算原则是：

- 总宽度=width+左右内边距之和+左右边框宽度之和+左右外边距之和
- 总高度=height+上下内边距之和+上下边框宽度之和+上下外边距之和

> 注意：①计算盒模型总高度时还应考虑上下两个盒子的垂直外边距合并现象，详见 6.4.3 小节。
> ② IE5 及以下浏览器使用非标准模型，其 width 是内容与内边距和边框的总和，而 height 则按实际内容高度。详见第 7 章的浏览器兼容性解决方法。

6.3　块级元素的边框

CSS 边框属性如表 6-2 所示。

表 6-2　CSS 边框属性

设置内容	样式属性	属 性 值
上边框	border-top-style:样式;	
	border-top-width:宽度;	
	border-top-color:颜色;	
	border-top:宽度 样式 颜色;	
下边框	border-bottom-style:样式;	
	border-bottom-width:宽度;	
	border-bottom-color:颜色;	
	border-bottom: 宽度 样式 颜色;	
左边框	border-left-style:样式;	
	border-left-width:宽度;	
	border-left-color:颜色;	
	border-left: 宽度 样式 颜色;	

设置内容	样式属性	属 性 值
右边框	border-right-style:样式;	
	border-right-width:宽度;	
	border-right-color:颜色;	
	border-right: 宽度 样式 颜色;	
样式综合设置	border-style: 上边 [右边 下边 左边];	none 无(默认)、hidden 隐藏、dotted 点线、dashed 虚线、solid 单实线、double 双实线、groove 沟线、ridge 脊线、inset 内陷、outset 外凸
宽度综合设置	border-width: 上边 [右边 下边 左边];	不同单位数值、相对值、thin 薄、medium 普通(默认)、thick 厚
颜色综合设置	border-color: 上边 [右边 下边 左边];	颜色名、#十六进制、rgb(r,g,b)、rgb(r%,g%,b%)
边框综合设置	border: 四边宽度 四边样式 四边颜色;	

6.3.1 设置边框样式(border-style)

相关的设置如下:

```
border-top-style:上边框样式;
border-bottom-style:下边框样式;
border-left-style:左边框样式;
border-right-style:右边框样式;
border-style:上边样式[右边样式 下边样式 左边样式];
```

样式属性值: none 无(默认)　　hidden 隐藏(不显示边框，但设置的宽度有效)

　　　　　dotted 点线　　　dashed 虚线　　　solid 单实线　　　double 双实线

　　　　　groove 沟线　　　ridge 脊线　　　inset 内陷　　　outset 外凸

综合设置四边样式必须按上右下左顺时针顺序，省略时采用值复制原则：缺少左边值则复制右边值、缺少下边值则复制上边值、缺少右边值则复制上边值。或者这样理解:

● 一个值为四边，一个值复制为 4 个值，即 4 个边采用一个相同值。

● 两个值为上下 右左，两个一起复制，即上下用第一个值，左右用第二个值。

● 三个值为上 左右 下，即缺少左边值则复制右边值。

例如<p>只有上边为沟线 groove，其他三边为 solid 单实线:

可设置单边样式:

```
p { border-style: groore solid solid solid; }
```

或设置四边覆盖:

```
p { border-style: solid;        /*设置四边*/
    border-top-style: groove;  /*上边覆盖*/ }
```

例如鼠标指向超链接图片时显示为外凸边框 outset：

```
a:hover img { border-style: outset; }
```

注意：使用边框时必须设置边框样式，否则设置的边框宽度、颜色都无效。

【例 h6-6.html】应用边框样式，如图 6-6 所示。代码如下：

```
<!DOCTYPE html PUBLIC "-//W3C//DTD XHTML 1.0 Transitional//EN"
  "http://www.w3.org/TR/xhtml1/DTD/xhtml1-transitional.dtd" >
<html>
  <head> <title>设置边框样式</title>
    <style type="text/css">
      h2 { font-family:黑体; text-align:center;
          border-style:double;        /* 4 边相同—双实线 */ }
      p  { font-family:隶书; font-size:16px;
           border-top-style:dotted;  /* 点线 */
           border-bottom-style:dotted;
           border-left-style:solid;   /* 单实线 */
           border-right-style:solid;  /* 等价 border-style:dotted solid; */
          }
      div { border-style:dashed ridge outset;  /* 上虚、左右脊线、下外凸 */  }
    </style>
  </head>
  <body>
    <h2>设置边框样式—双实线</h2>
    这段文字没有应用边框样式。
    <p>边框样式设置上下为点线，左右边框为实线。</p>
    <div>边框样式复合设置上边框为虚线、左右为脊线、下边框为外凸线。</div>
  </body>
</html>
```

运行结果如图 6-6 所示。

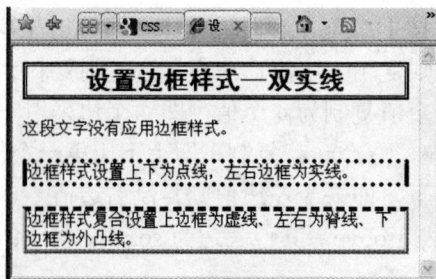

图 6-6　设置边框样式

6.3.2　设置边框宽度(border-width)

相关的设置如下：

```
border-top-width:上边框宽度;
border-bottom-width:下边框宽度;
border-left-width:左边框宽度;
border-right-width:右边框宽度;
border-width:上边宽度 [右边宽度 下边宽度　左边宽度];
```

宽度值可采用不同单位的数值、相对值 thin 薄、medium 普通(默认)、thick 厚。

CSS 没定义 thin、medium、thick 关键字的具体值，有的浏览器可能是 2px、3px 和 5px，而有的则可能是 1px、2px 和 3px。IE7 浏览器的默认宽度为 4px。

综合设置四边宽度必须按顺时针顺序采用值复制：一个值为四边、两个值为上下 右左，三个值为上 左右 下。

注意：设置边框宽度必须同时设置边框样式，如果未设置样式或设置为 none，则不论宽度设置为多少都无效——自动设置为 0。

6.3.3　设置边框颜色(border-color)

相关的设置如下：

```
border-top-color:上边框颜色;
border-bottom-color:下边框颜色;
border-left-color:左边框颜色;
border-right-color:右边框颜色;
border-color:上边颜色 [右边颜色 下边颜色 左边颜色];
```

颜色值可采用预定义颜色名、#十六进制、rgb(r,g,b)、rgb(r%,g%,b%)。

默认的边框颜色是元素本身的前景文本颜色，对没有文本的元素，例如只包含图像的表格，则其边框颜色采用父元素(可能是 body、div 或另一个 table)的文本颜色。

综合设置四边颜色必须按顺时针顺序采用值复制：一个值为四边、两个值为上下 右左，三个值为上 左右 下。

例如四边实线采用不同颜色：

```
p {
  border-style: solid; border-color:blue rgb(25%,35%,45%) #909090 red; }
```

如设置上下边为蓝色，左右边为红色：

```
p { border-style: solid; border-color: blue red; }
```

如设置<h1>为实线边框，下边框为红色，其余默认前景字符颜色：

```
h1 { border-style:solid; border-bottom-color:red; }
```

CSS 2.1 将元素背景延伸到了边框，同时增加了 transparent 透明色。如果需要对已有边框设置为暂时不可见，可设置为透明色，则看到的是背景色如同没有边框，需要可见时再设置颜色，这样可以保证元素的区域不会发生变化，如果取消样式边框，虽不可见，但宽度为 0。

注意：① IE6 及以下不支持 transparent，必须将边框颜色设置为背景色以保证区域不变。
② 设置边框颜色必须同时设置边框样式，否则颜色设置无效。

【例 h6-7.html】设置边框宽度与颜色。代码如下：

```
<!DOCTYPE html PUBLIC "-//W3C//DTD XHTML 1.0 Transitional//EN"
  "http://www.w3.org/TR/xhtml1/DTD/xhtml1-transitional.dtd" >
<html>
  <head> <title>设置边框宽度与颜色</title>
    <style type="text/css">
      h2 { font-family:黑体; text-align:center;
        border-bottom-style:dotted;      /*只指定下边框的样式、宽度、颜色*/
        border-bottom-width:thick;
        border-bottom-color:#000080; }
      p  { border-style:dotted solid double;  /*四个边框采用不同颜色*/
        border-color:aqua red blue yellow }
      .p1 { font-family:隶书; font-size:18pt; }
      .p2 { border-width:4px 10px 15px 20px }
    </style>
  </head>
  <body>
    <h2>设置边框宽度与颜色</h2>
    <p>所有p标记上边框水绿色点线，左黄右红实线，下边框蓝色双直线。</p>
    <p class="p1">这段文字增加 18pt 隶书，默认边框宽度。</p>
    <p class="p2">这段文字增加边框宽度，上、右、下、左边框宽度分别为 4、10、15、20
    像素。</p>
  </body>
</html>
```

运行结果如图 6-7 所示。

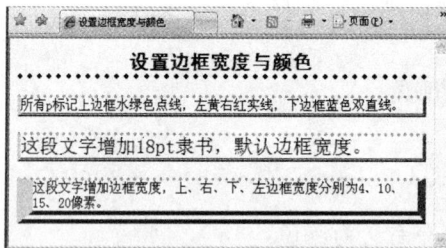

图 6-7　设置边框宽度与颜色

【例 h6-8.html】为超链接文本设置边框不可见，当鼠标指向时出现边框。代码如下：

```
<!DOCTYPE html PUBLIC "-//W3C//DTD XHTML 1.0 Transitional//EN"
  "http://www.w3.org/TR/xhtml1/DTD/xhtml1-transitional.dtd" >
<html>
  <head> <title>为边框设置透明色</title>
    <style type="text/css">
      a { font-size:16pt; color:red; background:cyan;  /*设置背景色 */
        text-decoration:none;                  /* 取消下划线 */
```

```
    border-style:solid; border-width:10px;      /* 设置边框*/
    border-color:transparent;                /* IE7 以上及火狐边框使用透明色 */
    _border-color:cyan; }                /* IE6 以下边框使用背景色 */
  a:hover { color:blue; border-color:blue; }    /* 鼠标指向时边框为蓝色 */
  </style>
 </head>
 <body>
  <br /><a href="h6-6.html">AAA</a> <a href="h6-7.html">BBB</a>
  <br />
  <br />
 </body>
</html>
```

运行结果如图 6-8 和 6-9 所示。

图 6-8　边框透明色——不可见　　　　图 6-9　鼠标指向时设置边框颜色

本例为兼容 IE6、IE7 不同浏览器，使用了 IE6 专用属性_border-color，详见第 7 章。读者还可以修改样式 a:hover { color:blue; border-style:none; }观察运行效果。

6.3.4　综合设置边框样式、宽度及颜色

相关的设置如下：

```
border-top:上边框宽度 样式 颜色;
border-bottom:下边框宽度 样式 颜色;
border-left:左边框宽度 样式 颜色;
border-right:右边框宽度 样式 颜色;
border:四边宽度 四边样式 四边颜色;
```

以上综合设置的属性值顺序任意，可以只指定需要设置的属性，省略则使用默认值。

设置四边宽度、四边样式、四边颜色时如果分别为四个边设置不同的属性值，则都必须分别按顺时针顺序采用值复制：一个值为四边、两个为上下 右左，三个为上 左右 下。

例如设置<p>标记四边边框为 dashed 虚线、红色、3px 宽度：

```
p { border: 3px dashed red; }
```

例如：

```
h2 { font-family:黑体; text-align:center;
    border-bottom-style:dotted;
    border-bottom-width:thick;
    border-bottom-color:#000080; }
```

可缩写为：

```
h2 { font-family:黑体; text-align:center;
     border-bottom: thick dotted #000080;  /* 顺序任意 */ }
```

【例 h6-9.html】综合设置边框属性。代码如下：

```
<!DOCTYPE html PUBLIC "-//W3C//DTD XHTML 1.0 Transitional//EN"
 "http://www.w3.org/TR/xhtml1/DTD/xhtml1-transitional.dtd" >
<html>
  <head> <title>综合设置边框属性</title>
    <style type="text/css">
      h2 { font-family:黑体; font-size:18px; text-align:center;
          border-bottom:10px double #F0F }
      .b1{ border-top:5px ridge #FFFF00;
          border-right:10px double red;
          border-bottom:5px dotted #800000;
          border-left:10px solid green }
      .b2{ border:15px solid blue}
    </style>
  </head>
  <body>
    <h2>设置边框属性</h2>
    <p class="b1">该段文字的上、右、下、左边框分别应用边框属性设置了不同的宽度、样式
      和颜色。</p>
    <img class="b2" src="img/p6-6.gif">
  </body>
</html>
```

运行结果如图 6-10 所示。

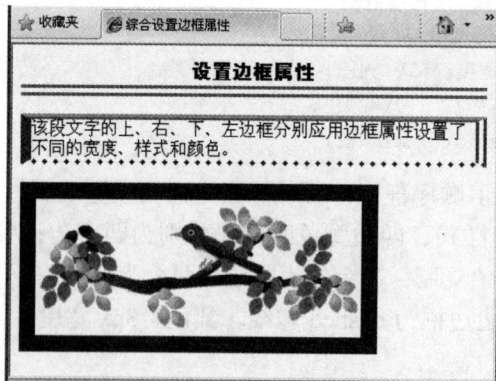

图 6-10　综合设置边框属性

6.4　块级元素的内外边距与轮廓

内外边距的默认宽度应该是 0，但许多浏览器都已提供了默认值，而且不同厂商对浏

览器的默认值设置会有所不同，例如在每个<p>段落元素设置了固定的外边距(空行)，Netscape 和 IE 整个浏览器页面 body 的默认外边距为 8px，而 Opera 则默认内边距为 8px。

为了在不同浏览器中具有统一的布局样式，自行设置内外边距为 0 或 auto 或指定值可覆盖厂商的默认值，还可同时设置整个页面各个元素中的文本字号：

```
* { margin:0; padding:0; font-size:12px; }
```

6.4.1　设置内边距(padding)

内边距是元素的内容与边框之间的区域，可以理解成"填充物"，也称为填充。利用 padding-left、padding-right 左右内边距可实现文本内容左右缩进的效果。

内边距区域的颜色采用该元素设置的背景颜色，即内边距与背景色相同。

相关的设置如下：

```
padding-top:上边距;
padding-bottom:下边距;
padding-left:左边距;
padding-right:右边距;
padding:上边距 [右边距 下边距 左边距];
```

内边距属性值：auto 自动(默认)、不同单位的数值、相对父元素(或浏览器)width 宽度的百分比%，但不允许是负值。

综合设置四边内边距必须按顺时针顺序采用值复制：一个值为四边、两个值为上下右左，三个值为上 左右 下。

例如假设元素总宽 100px，元素内容四周具有 5px 的内边距：

```
.box { width:70px; padding:5px; }
```

> **注意：** 如果设置内外边距为百分比%，不论上下或左右的内外边距，都是指相对父元素宽度 width 的百分比，且随父元素 width 的变化而改变。

【例 h6-10.html】设置内边距，如果拖动浏览器改变宽度则第 3 个<p>标记的上下内边距也会随之发生变化。代码如下：

```
<!DOCTYPE html PUBLIC "-//W3C//DTD XHTML 1.0 Transitional//EN"
    "http://www.w3.org/TR/xhtml11/DTD/xhtml1-transitional.dtd" >
<html>
  <head> <title>设置内边距</title>
    <style type="text/css">
     p   { border:5px solid green }
     p.b1 { padding:35px 10pt 0.2in 3mm }
     p.b2 { padding:10% }
    </style>
  </head>
  <body>
    <h2 style="text-align:center">设置填充内边距</h2>
```

```
  <p>文本内容与边框之间没有内边距</p>
  <p class="b1">文本内容与上右下左四周边框分别设置了35px、10pt、0.2in、3mm的内
     边距</p>
  <p class="b2">文本内容与边框的内边距都设置为父元素width宽度的10%</p>
  </body>
</html>
```

运行结果如图 6-11 所示。

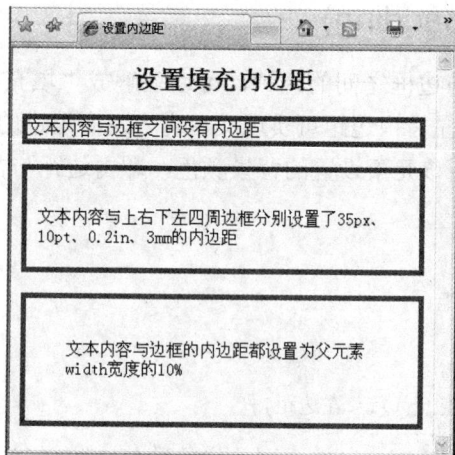

图 6-11　设置内边距

6.4.2　设置外边距(margin)

外边距(margin)是元素的边框到相邻元素(或页面边界)的距离，是在元素边框之外添加的透明区域，使用父元素或 body 的背景色。

相关的设置如下：

```
margin-top:上边距值;
margin-bottom:下边距值;
margin-left:左边距值;
margin-right:右边距值;
margin:上边距 [右边距 下边距 左边距];
```

外边距属性值：auto 自动(水平使用可自动居中)、不同单位的数值、相对父元素(或浏览器)width 宽度的百分比%。

外边距可以使用负值缩进，以使相邻元素重叠，一般配合 float 浮动属性或 z-index 层空间属性使用，我们将在介绍 float 浮动时通过 h6-20.html 演示外边距取负值的效果。

综合设置四边，外边距必须按顺时针顺序采用值复制：一个值为四边、两个值为上下右左，三个值为上 左右 下。

例如 h1 各边设置 1/4 英寸空白：

```
h1 { margin: 0.25in; }
```

使用表格布局必须用 align 属性设置表格、单元格居中对齐，而在<div>布局中对于设

置了宽度的元素使用 margin:0 auto;即可自动设置左右外边距为相等大小，实现居中对齐。

例如块级元素居中显示(必须设置宽度)，则可通过设置外边距实现：

```
div { width:300px; height:30px; margin:0 auto; }
```

【例 h6-11.html】设置外边距，如果拖动浏览器改变宽度则第 1 个<p>标记的外边距、第 2 个<p>标记的内边距都会随之发生变化。代码如下：

```
<!DOCTYPE html PUBLIC "-//W3C//DTD XHTML 1.0 Transitional//EN"
  "http://www.w3.org/TR/xhtml1/DTD/xhtml1-transitional.dtd" >
<html>
  <head> <title>设置外边距</title>
    <style type=text/css>
      h2  { font-family:黑体; text-align:center;
            border:solid; padding-top:15px;
            margin-top:20px; margin-left:30px; margin-right:30px;}
      p   { border: 5px solid green }
      p.b1 { margin: 10%; }
      p.b2 { margin: 10pt 30px; padding: 10%; }
      div { width:300px; height:25px;
            border: 2px solid; margin:0 auto; }
    </style>
  </head>
  <body>
    <h2>设置外边距</h2>
    <p class="b1">该段落外边距为父元素 width 宽度的 10%</p>
    <p class="b2">该段落外边距上下为 10pt、左右为 30px，内边距为父元素 width
      宽度的 10% </p>
    <div>该元素外边距上下为 0、左右为 auto。</div>
  </body>
</html>
```

运行结果如图 6-12 所示。

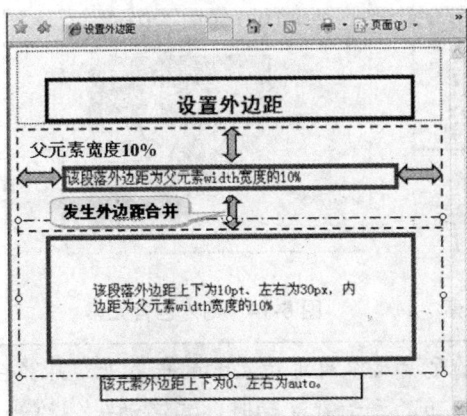

图 6-12 设置外边距

6.4.3 垂直外边距的合并

在普通文档流中，两个相邻元素或内外元素相遇时，其垂直方向的上下外边距将会自动合并，发生重叠，外边距合并可以使都具有外边距的元素在相邻时能尽量占用较小的空间。

1. 上下相邻元素的垂直外边距合并

上下相邻两个元素的垂直外边距合并后的高度为其中较大的外边距。

假设上面元素的下外边距为 20px，下面元素的上外边距为 10px，则它们边框之间的高度不是 30px，而是合并后两个元素共同享有较大的外边距 20px，如图 6-13 所示。

2. 内外包含元素的垂直外边距合并

如果一个元素包含另一个元素而且外元素没有上边的内边距及边框相隔，则外元素的上外边距也会与内元素的上外边距发生合并，合并后的外边距高度为其中较大的外边距。

假设内元素上外边距为 20px，外元素没有上边内边距及边框，但上外边距为 10px(即使上外边距为 0 也会合并)，则合并后内外元素具有相同的上外边距 20px，如图 6-14 所示。

如果父元素没有设置区域大小自适应子元素高度，若没有下边的内边距及边框则内外元素的下外边距也会发生合并，这就是所谓父元素不适应子元素高度的问题，详见第 7 章浏览器兼容性问题介绍的解决方法。

3. 空元素自身的垂直外边距合并

如果没有内容的空元素有上下外边距但没有上下内边距和边框，则它自己的上下外边距也会发生合并。而且这个合并后的外边距遇到另一个垂直相邻元素时还会再发生外边距的合并。

假设一个空元素没有上下边的内边距及边框，上边外边距为 20px，下边外边距为 10px，则合并后的上下外边距总高度(即元素总高度)为 20px，如图 6-15 所示。

图 6-13　上下相邻元素　　　　图 6-14　内外包含元素　　　　图 6-15　空元素

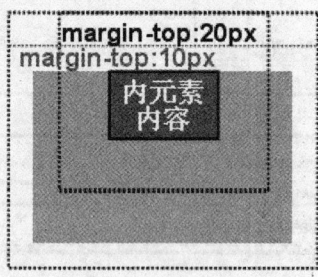

注意：行内元素、浮动后的元素及绝对定位元素的垂直外边距不会合并。在 IE6 及以下浏览器中，设置了外边距的元素在浮动时，其浮动一侧的外边距会加倍显示，我们将在介绍 display:显示方式属性时通过 h6-25.html 给予解决。

6.4.4 设置元素轮廓(outline)

轮廓就是绘制于元素周围的一条线,位于边框外侧,起到突出元素的作用。IE7 及以下版本的浏览器不支持该属性,IE8 及以上版本或火狐等现代浏览器都可以设置轮廓线,但 IE8 必须使用带<!DOCTYPE>的 XHTML 文档才能显示轮廓。轮廓样式属性见表 6-3。

表 6-3 轮廓样式属性

轮廓样式属性	取值和描述
outline-style:轮廓样式;	none 无轮廓(默认)、dotted 点线、dashed 虚线、solid 实线、double 双线、groove‖ inset 3D 凹槽、ridge‖ outset 3D 凸槽
outline-color:轮廓颜色;	invert 反转颜色(默认)、预定义颜色名、rgb(r,g,b)、#RRGGBB
outline-width:轮廓宽度;	带任意单位的数值、medium 中等(默认)、thin 细、thick 粗
outline:颜色 样式 宽度;	综合设置

注意: ① 使用轮廓时必须设置 outline-style:轮廓样式;否则设置 color、width 无效。
② 轮廓样式 groove‖inset 3D 凹槽、ridge‖outset 3D 凸槽的效果取决于 outline-color 的值。
③ outline-width:轮廓线宽度;属性值不允许使用负值。

【例 h6-12.html】设置轮廓线,IE7 及以下浏览器不支持轮廓线,图 6-16 为 IE8 及火狐等浏览器中的运行结果。

代码如下:

```
<!DOCTYPE html PUBLIC "-//W3C//DTD XHTML 1.0 Transitional//EN"
  "http://www.w3.org/TR/xhtml1/DTD/xhtml1-transitional.dtd" >
<html>
  <head><title>设置轮廓线</title>
    <style type=text/css>
    h2 { font-family:黑体; text-align:center;
        margin:20px; padding:5px;
        outline:blue dotted thin; } /* 蓝色细点线 */
    div { margin:20px; padding:5px; border:3px solid blue; }
    #d1 { outline:red solid thick; }   /* 红色粗单实线 */
    #d2 { outline:red dashed thick; }  /* 红色粗虚线 */
    </style>
  </head>
  <body>
    <h2>设置轮廓线</h2>
    <div id="d1">边框蓝色单实线,带红色粗单实线轮廓线。</div>
    <div id="d2">边框蓝色单实线,带红色粗虚线轮廓线。</div>
  </body>
</html>
```

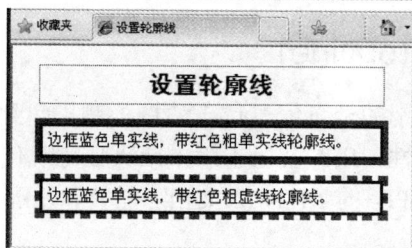

图 6-16　IE8 及火狐等浏览器元素的轮廓线

6.5　列表与表格样式

6.5.1　设置列表样式

CSS 列表样式可用于 display 为 list-item 的对象，如<ol>有序、<ul>无序、<dl>定义列表中的<li>列表项(可继承父元素样式)，使列表更加丰富、美观。列表样式属性见表 6-4。

表 6-4　列表样式属性

列表样式属性	取值和描述
list-style-type:符号类型;	无序：disc 实圆(1 级默认)、circle 空圆(2 级默认)、square 方块(3 级以上默认)、none 无标记
	有序：decimal 数字(默认)、none 无标记 lower-alpha/upper-alpha 英文字母 lower-roman/upper-roman 罗马数字 lower-greek 希腊字母(alpha, beta ...) lower-latin/ upper-latin 拉丁字母
list-style-position:符号位置;	outside 符号位于文本左侧外部(默认)
	inside 符号位于文本内部——缩进
list-style-image:url(图像 URL);	用图像替换列表项符号、none 不使用图像(默认)
list-style:类型　位置　url(图像 url);	顺序任意，省略取默认值

注意：① 列表位置设置为 outside 时列表符号位于文本左侧外部，与列表项边框有一定距离，换行后的环绕文本不与符号对齐。设置为 inside 时列表符号在文本以内作为插入列表项的行内元素，相当于列表缩进，换行后的环绕文本与符号对齐。

② list-style-image:url(图像文件)的图像设置优先，可在其后备用一个 list-style-type 以防图像不可用，否则不可用时将采用默认符号类型。

③ IE8 及火狐浏览器中的列表具有默认的左内边距，而 IE7 及以下浏览器中的列表则具有默认的左外边距，如果将 IE7 及以下浏览器中列表的左外边距设置为 0 则不会显示列表符号。读者可以将例 6-13 中 ol, ul 的内外边距分别省略，或分别设置为 0，并在不同浏览器中观察效果，我们将在浏览器兼容性问题中解决该问题。

【例 6-13】设置列表样式、位置与图像，运行效果如图 6-17 ~ 6-19 所示。

(1)　单独创建 CSS 样式表文件 c6-13.css：

```
h2    { font-family:黑体; text-align:center; }
ol, ul { border:1px solid red;
  padding:10px; margin-left:20px;    /*带边框与内外边距*/  }
#uout { list-style-type:square;        /*方块标记默认文本外部*/   }
#uin  { list-style-position:inside;    /*默认园标记设置文本内部*/  }
#oout { list-style-type:lower-alpha;  /*小写字母标记文本外部*/    }
#oimg { font-size:16pt;
        list-style-image:url(img/p6-7.gif);  /*用图像作为列表标记*/
        list-style-type:upper-roman; }        /*图像不可用的备用标记*/
#onone { list-style-type:none;             /*无列表项符号*/    }
.bord  { border:1px solid; padding:3px;    /*列表项带边框内边距*/   }
```

(2)　在 c6-13.css 文件目录下创建 HTML 文件 h6-13.html：

```
<!DOCTYPE html PUBLIC "-//W3C//DTD XHTML 1.0 Transitional//EN"
  "http://www.w3.org/TR/xhtml1/DTD/xhtml1-transitional.dtd" >

<html>
  <head>
    <title>设置列表样式</title>
    <link href="c6-13.css" type="text/css" rel="stylesheet" />
  </head>

  <body>
    <h2>设置列表样式</h2>
    清华出版社精品书目：
    <ul id="uout">
      <li class="bord">《C 语言代码大全》著名畅销书</li>
      <li>《网页制作》</li>
      <li>《数据库开发》</li> </ul>
    <ul id="uin">
      <li class="bord">《C 语言代码大全》著名畅销书</li>
      <li>《网页制作》</li>
      <li>《数据库开发》</li> </ul>

    <ol id="oout"> <li>Dreamweaver 网页开发</li>
                   <li>Java 程序设计语言</li>
                   <li>SQL SERVER 数据库</li> </ol>
    <ol id="oimg"> <li>Dreamweaver 网页开发</li>
                   <li>Java 程序设计语言</li> </ol>
    <ol id="onone"> <li>Dreamweaver 网页开发</li>
                    <li>Java 程序设计语言</li> </ol>
  </body>
</html>
```

183

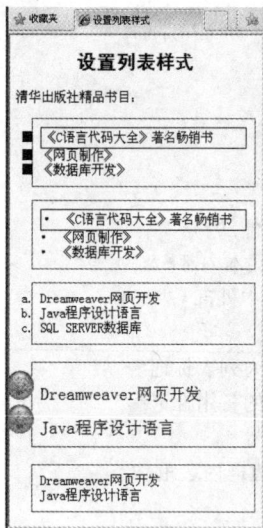

图 6-17　正常使用样式　　　图 6-18　图像不可用时备用符号　　　图 6-19　不使用样式表

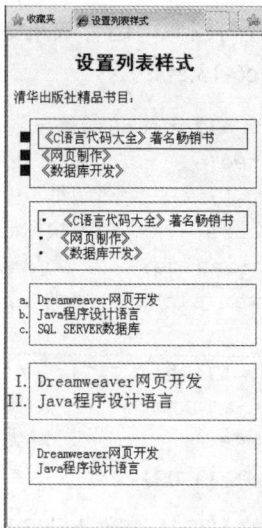

6.5.2　设置表格样式

CSS 表格样式用于<table>标记可创建更丰富、美观的表格。表格样式属性见表 6-5。

表 6-5　表格样式属性

表格样式属性	取值和描述
table-layout:表格布局;	automatic 自动布局(默认)、fixed 固定表格布局
caption-side:表格标题位置;	top 表格之上(默认)、bottom 表格之下 left 表格左边、right 表格右边
border-collapse:边框合并;	separate 边框分开(默认)、collapse 合并为一体
border-spacing:水平间距 垂直间距;	带单位数值——仅用于 separate 边框分开模式
empty-cells:显示空单元格;	hide 空单元格不绘边框(默认)、show 绘制边框

1．table-layout:表格布局;

(1) automatic：自动布局(默认)。单元格列宽自动设定，取单元格没有折行的最宽内容。该方式需要在访问表格所有内容后才能确定布局，速度慢但体现为传统 HTML 表格。

(2) fixed：固定布局。表格宽度、列宽、边框、单元格间距等采用设定值，否则按浏览器宽度自动分配。该方式在收到第一行数据后就可显示表格，速度快但不灵活。

2．caption-side:表格标题位置;

相关设置如下。

- top：标题在表格之上(默认)。
- bottom：标题在表格之下。
- left：标题在表格左边。
- right：标题在表格右边。

注意：IE7 及以下浏览器不支持该属性，IE8 仅支持 bottom 标题在表格之下，其余 top(默认)、left、right 取值时标题都在表格之上。

3. border-collapse:边框合并;

(1) separate：单元格边框分开显示(默认)，即传统 HTML 表格样式。

(2) collapse：单元格边框合并为一个单一边框。

注意：单元格边框合并后则不能使用 border-spacing 样式设置单元格边框间的间距、也不能使用 empty-cells 样式设置显示空单元格。当最外围表格的边框与单元格的边框合并时 IE 保留表格的边框，而火狐浏览器则保留单元格的边框。

4. border-spacing:水平间距　垂直间距;

水平、垂直间距属性值可使用带任意单位的数字，但不能取负值，只有一个值则表示水平垂直间距相同。

border-spacing 样式只能用于省略 border-collapse 样式或设置为 separate，即只能在边框分开模式下设置单元格边框之间的间距，相当于<table>标记的 cellspacing 属性。

注意：IE6 及以下浏览器不支持此属性，仍需使用<table>标记的 cellspacing 属性。

5. empty-cells:显示空单元格;

empty-cells 只能用于 border-collapse 样式为边框分开模式下设置是否显示空单元格。

● hide：不在空单元格周围绘制边框(默认)。

● show：在空单元格周围绘制边框。

注意：IE7 及以下版本浏览器不支持此属性，可在<td>标记内使用空格实体字符。

【例 6-14】设置表格样式。

(1) 单独创建 CSS 样式表文件 c6-14.css:

```
#t1 { background-color:cyan;    /*默认自动布局、边框分开—传统 HTML 表格*/
    border:1px solid blue;       /*只能设置表格自己最外层的边框，th、td 不能继承*/
    border-spacing:5px 10px; /*单元格边框间距，可用<table>的 cellspacing 设置*/
    empty-cells:show;        /*显示空单元格边框，IE7 以下可用空格实体字符*/ }
#t1 th, #t1 td {
     height:50px; border: 1px solid blue;       /* th, td 不继承父标记边框*/
    padding:5px;      /*单元格内边距，相当于 cellpadding */ }
#top  { vertical-align:top; }  /*单元格内文本垂直对齐方式*/
#middle { vertical-align:middle; }
#bottom { vertical-align:bottom; }
#t2 { background-color:cyan; text-align:center;       /*单元格内的文本居中*/
    table-layout:fixed;          /*固定布局*/
    border-collapse:collapse;       /*边框合并自动显示空单元格*/
    caption-side:bottom;        /*标题在表格下，IE7 以下版本不支持*/  }
#t2 th, #t2 td { width:100px;       /*固定布局不指定宽度按浏览器宽度自动分配*/
        border:1px solid blue; }
```

(2) 在 c6-14.css 文件目录下创建 HTML 文件 h6-14.html，在 IE7 中的运行结果如图 6-20 所示，在 IE8 中的运行结果如图 6-21 所示。代码如下：

```
<!DOCTYPE html PUBLIC "-//W3C//DTD XHTML 1.0 Transitional//EN"
  "http://www.w3.org/TR/xhtml1/DTD/xhtml1-transitional.dtd" >
<html>
  <head>
    <title>设置表格样式</title>
    <link href="c6-14.css" type="text/css" rel="stylesheet" />
  </head>
  <body>
    <table id="t1" align="center" >
      <caption>CSS 自动布局、边框分开、文本垂直对齐</caption>
      <tr> <th> </th>
        <th>网页设计</th><th>数据库开发</th><th>程序设计</th> </tr>
      <tr> <th>清华出版社</th>
        <td id="top">Dreamweaver</td> <td id="middle">Access</td>
        <td id="bottom">C++</td> </tr>
      <tr> <th>北大出版社</th><td>FrontPage</td><td>SQL SERVER</td>
        <td></td> </tr>
    </table>
    <br />
    <table id="t2" align="center" >
      <caption>CSS 固定布局、边框合并</caption>
      <tr> <th></th> <th>网页设计</th><th>数据库开发</th><th>程序设计</th>
      </tr>
      <tr> <th>清华出版社</th>
        <td>Dreamweaver</td><td>Access</td><td>C++</td> </tr>
      <tr> <th>北大出版社</th><td>FrontPage</td><td>SQL SERVER</td>
        <td></td> </tr>
    </table>
  </body>
</html>
```

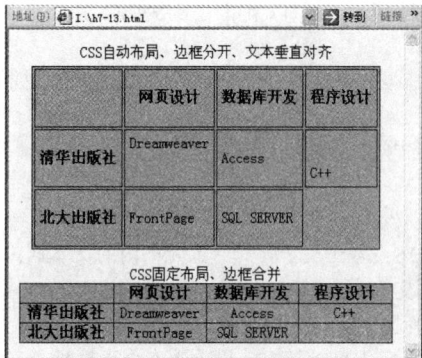

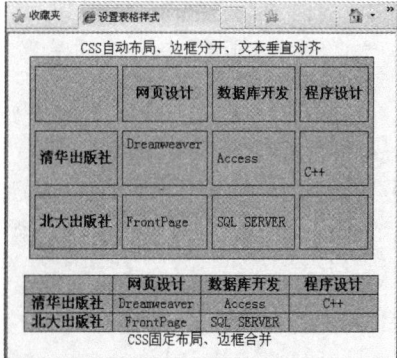

图 6-20　IE7 及以下版本的运行结果　　　　图 6-21　IE8 中的运行结果

6.6　设置鼠标指针及其他样式

6.6.1　CSS 设置鼠标形状(cursor)

CSS 设置鼠标形状 cursor 的语法格式如下：

cursor:指针类型 1, 指针类型 2, ...;

cursor 属性可指定当鼠标放在元素边界范围内时所显示的鼠标指针形状(但 CSS 2.1 没有具体定义是由哪个边界确定的范围)。可以用逗号隔开指定多个指针类型，浏览器按顺序选择第一个可用的指针类型。常用指针类型属性值见表 6-6。

表 6-6　常用指针类型

属 性 值	描　述	属 性 值	描　述
auto	浏览器默认鼠标指针(默认)	url(图标文件)	自定义图标
default	默认形状(通常是箭头)	e-resize	东方右箭头
pointer	链接指针(一只手)	ne-resize	东北方右上箭头
hand	小手	n-resize	北方上箭头
crosshair	精确定位(交叉十字)	nw-resize	西北方左上箭头
wait	等待(Windows 沙漏)	w-resize	西方左箭头
move	对象可被移动	sw-resize	西南方左下箭头
text	文本选择符号(光标)	s-resize	南方下箭头
help	带问号帮助选择	se-resize	东南方右下箭头

注意：① 用 url 自定义图标指针类型时，请在之后指定常用指针，以防 url 无效，例如：
　　 p { cursor:url("first.cur"), url("second.cur"), pointer; }
② 设置鼠标指针在元素可见时有效，元素隐藏时无效。
③ IE 浏览器可以使用 pointer 或 hand 表示一只小手，而火狐浏览器不支持 hand，为了浏览器的兼容，应统一使用 pointer。

例如，对 h6-13.html 中不同列表添加设置鼠标指针，页面代码不变，仅修改 c6-13.css 样式表文件，添加鼠标指针样式如下：

```
h2 { font-family:黑体; text-align:center; cursor:help; }
ol, ul { border: 1px solid red;
    padding:10px; margin-left:20px;   /*带边框与内外边距*/  }
#uout { list-style-type:square;      /*方块标记默认文本外部*/
    cursor:pointer; }
#uin { list-style-position:inside;   /*默认圆标记设置文本内部*/
    cursor:pointer; }
#oout { list-style-type:lower-alpha;  /*小写字母标记文本外部*/
    cursor:crosshair; }
```

```
#oimg { font-size:16pt; cursor:wait;
        list-style-image:url(img/p6-7.gif);    /*用图像作为列表标记*/
        list-style-type:upper-roman;            /*图像不可用的备用标记*/ }
#onone { list-style-type:none; cursor:move; /*无列表项符号*/ }
.bord  { border: 1px solid; padding:3px;    /*列表项带边框内边距*/ }
```

运行 h6-13.html 并移动鼠标到各个列表元素，观察鼠标形状效果。

6.6.2 媒介类型样式表、打印及听觉样式简介

CSS2 定义的样式属性还包括指定媒介类型、打印、听觉等样式属性，本书只做简单介绍，读者在使用时可查阅相关的资料手册。

1. 指定媒介类型的样式表

指定媒介类型的样式表的语法格式如下：

```
@media 媒介类型名列表 { 样式规则 }
```

媒介类型可针对某种媒介(显示器、打印纸、听觉浏览器)定义该样式表，同一样式规则对不同媒介有不同效果，例如 font-size 属性对显示器与印刷打印则使用不同字号。

常用媒介类型名称(不区分大小写，英文后面是对应的中文)：all 所有设备、screen 显示器、print 打印机、aural 语音和音频合成器、braille 盲人点字法触觉回馈设备、embossed 分页盲人点字法打印机、handheld 手持设备、projection 方案展示(如幻灯片)、tty 固定密度字母栅格(如电传打字机)、tv 电视机。

2. 打印样式属性

打印样式属性的相关设置如下：

```
widows:数值;        设置元素在页面顶部时所允许的最少文本行数
orphans:数值;       设置元素在页面底部时所允许的最少文本行数
page-break-before:元素前分页符;      设置元素之前是否插入分页符
page-break-inside:元素内部分页符;    设置元素内部是否插入分页符
page-break-after:元素后分页符;       设置元素后是否插入分页符
```

插入分页符属性只用于占据页面空间的文档流、相对定位、不浮动元素。

属性取值及含义：auto 必要时插入(默认)、always 总是插入、avoid 不插入。

3. 听觉样式属性

听觉样式通常会把文档转化为纯文本，然后传给屏幕阅读器，将语音合成与音响效果相组合，使用户可以听到信息，无需进行阅读。

相关的设置如下：

```
voice-family: child || female || male;  指定用童声、女声、男声阅读
volume: 数值或百分比% || silent || x-soft || soft || medium || loud || x-
loud;  设置音量
stress: 0-100 数值;  设置声音波形的最高峰值
cue-before: none || url(资源文件);  设置在对象前播放的音乐
```

cue-after: none || url(资源文件);　设置在对象后播放的音乐

cue: cue-before [cue-after];　综合设置在对象前后播放的音乐

pause-before: 带单位时间值或百分比%;　设置对象内容发音前的暂停

pause-after: 带单位时间值或百分比%;　设置对象内容发音后的暂停

pause: pause-before [pause-after];　综合设置对象前后的声音暂停

pitch: frequency || x-low || low || medium || high || x-high || 数值;　设置音高赫兹值

pitch-range: 0-100 数值;　设置声音的平滑程度

play-during: auto || none || url(资源文件) || mix || repeat;　设置背景音乐的播放

richness: 0-100 数值;　设置当前声音的音色

speak: normal || none || spell-out;　设置是否发出声音

speak-numeral: digits || continuous;　设置数字如何发音

speak-punctuation: none || code;　设置标点符号如何发音

speech-rate: 数值 || x-slow || slow || medium || fast || x-fast || faster || slower;　设置发音速度

azimuth: left-side || far-left || left || center-left || center || center-right || right || far-righ || right-side || behind || leftwards || rightwards;　设置或检索当前声音的音场角度

6.7　布局定位属性(position)与裁剪(clip)

布局就是将元素放置在页面的指定位置,联合使用定位、浮动,可创建按列布局、重叠、表格等多种布局效果。

CSS 有三种布局机制:普通文档流布局(默认)、定位布局与浮动布局。

普通文档流就是由浏览器自动定位,默认从上到下依次排列 HTML 文档中的元素。

- <div>、<p>等盒状块级框元素在普通流中只能整体设置样式,如边框、边距等,不能改变它在页面中的位置。
- 单独的一行文本称为"行框",只能设置行高度。
- <span>、<strong>等行内元素称为"行内框",只能设置在行中的水平内外边距,不能设置垂直的内外边距(即设置无效)。

CSS 可以对任何元素进行定位,可以按浏览器窗口或父元素的坐标定位,也可以相对自己原来的位置定位。定位样式属性见表 6-7。

6.7.1　自动定位(static)

自动定位(默认方式):position:static;

自动定位就是元素在页面普通文档流中由 HTML 自动定位,普通文档流中的元素也称为流动元素。

自动定位的块级元素若不设置大小,则宽度默认为浏览器页面宽度、高度自适应所包含内容的高度。

自动定位时 top、bottom、left、right 样式设置无效。

表 6-7　定位样式属性

定位样式属性	取值和描述
position:定位方式; ——应配合 left、right、top、bottom 使用	static 自动定位(默认)、fixed 固定定位 relative 相对定位、absolute 绝对定位
left:左侧偏移量; right:右侧偏移量; top:顶端偏移量; bottom:下端偏移量;	auto 自动(默认) 带不同单位的数值、百分比% 必须配合 position 使用，对不同定位方式偏移量的取值和含义有所不同
clip:裁剪形状; ——仅用于绝对定位元素	auto 不裁剪(默认) rect(top, right, bottom, left) 指定矩形

6.7.2　绝对定位(absolute)

绝对定位：position:absolute;

绝对定位是将元素依据最近的已经定位(绝对、固定或相对定位)的父元素进行定位，若所有父元素都没有定位，则依据 body 根元素(浏览器窗口)进行定位。

绝对定位的元素不论本身是什么类型，定位后都将成为一个新的块级盒框，如果未设置大小，默认自适应所包含内容的区域(宽度不再默认是浏览器宽度)。

绝对定位的元素不占据页面空间，原空间被后继元素使用。就是说定位后将重叠覆盖新位置的原有元素，它原来在正常文档流中所占的空间同时被关闭，就好像该元素不存在一样。

绝对定位的位置可使用 left、right、top、bottom 属性之一指定元素相应外边距到已定位父元素(或浏览器)对应边框内侧的距离，就是说用已定位父元素对应边框向中心的偏移量作为定位元素对应边的位置，如图 6-22 所示。

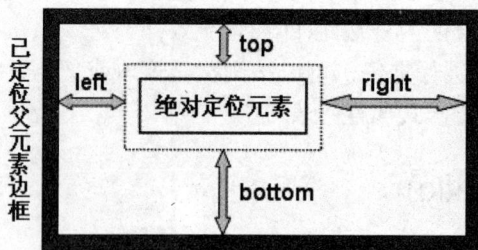

图 6-22　绝对定位的偏移量属性

如果仅设置元素绝对定位但不设置 left、right、top、bottom 属性，则该元素位置不变，但不再占用空间，与上移的后续元素重叠。如果定义多个属性，当 left、right 冲突时以 left 为准，当 top、bottom 冲突时以 top 为准。

例如在浏览器 4 个角各放置一个 width:40px; height:40px;的矩形盒框：

```
position:absolute; top:50px; left:50px;            左上角定位
position:absolute; top:50px; right:50px;           右上角定位
position:absolute; bottom:50px; right:50px;         右下角定位
position:absolute; bottom:50px; left:50px;          左下角定位
```

绝对定位元素定位后，相对父元素的位置不再变化，页面滚动时将随父元素一起滚动。绝对定位元素重叠覆盖其他元素时可用 z-index 属性设置它们的叠放次序。

注意：若直接父元素不定位时，子元素将依据在上级已定位的某个父元素(或浏览器)绝对定位，页面调整时定位子元素相对直接父元素的位置将会发生变化。因此如果直接父元素不需要定位，而子元素必须根据直接父元素绝对定位时，可将父元素设置为相对定位，但不设偏移量(不失去空间也不影响位置)即可保证子元素依据直接父元素准确定位。

【例 h6-15.html】对一个图像、两个 div 元素绝对定位，并用绝对定位在页面 4 个角各放置一个 div 矩形盒框。拖动页面注意观察定位元素随页面的移动效果。

都不使用定位时如图 6-23 所示。父元素<div id="box1">没有定位时 4 个小盒子根据浏览器窗口定位，如图 6-24 所示。如果在#box1 中增加相对定位 position:relative;但不指定偏移量则 4 个小盒子，就会根据父元素<div id="box1">定位(父元素也可使用绝对定位，但会失去空间，如果有后续元素则会上移重叠)，如图 6-25 所示。代码如下：

```
<!DOCTYPE html PUBLIC "-//W3C//DTD XHTML 1.0 Transitional//EN"
  "http://www.w3.org/TR/xhtml1/DTD/xhtml1-transitional.dtd" >
<html>
  <head> <title>元素绝对位置</title>
   <style type="text/css">
    h2  { font-family:黑体; text-align:center; }
    img { position:absolute;            /* 绝对定位 */
       top:110px; left:190px; }
    .text { font-weight:bold; background-color:cyan; padding:5px;
       position:absolute; }      /* 绝对定位 */
    .d1 { top:90px; left:30px; }
    .d2 { top:90px; left:240px; }
    #box1 { width:250px; height:200px; border: 2px solid blue;
        /* position:relative; */  /* 相对定位 */ }
    .box2 { width:40px; height:40px; border: 2px solid blue;
        background-color:cyan;
        position:absolute; }     /* 绝对定位 */
    .d3  { top:30px; left:30px; }
    .d4  { top:30px; right:30px; }
    .d5  { bottom:30px; left:30px; }
    .d6  { bottom:30px; right:30px; }
   </style>
  </head>
```

```
<body>
    <h2>小池　杨万里</h2>
    <hr>
    <div class="text d1">
        泉眼无声惜细流，<br /> 树阴照水爱晴柔。<br />
        小荷才露尖尖角，<br /> 早有蜻蜓立上头。<br />
    </div>
    <div class="text d2">
        泉眼无声惜细流，<br /> 树阴照水爱晴柔。<br />
        小荷才露尖尖角，<br /> 早有蜻蜓立上头。<br />
    </div>
    浏览器普通文档流自动定位文本<br /><br /><br /><br /><br /><br />
    <img src="img/p6-8.gif" alt="gif图片" />
    <div id="box1">
        <div class="box2 d3"></div>
        <div class="box2 d4"></div>
        <div class="box2 d5"></div>
        <div class="box2 d6"></div>
    </div>
    </body>
</html>
```

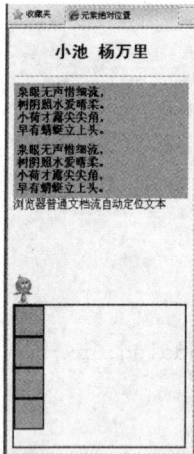

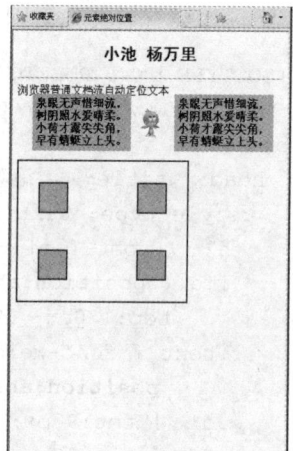

图 6-23　都不使用定位　　图 6-24　父元素 id="box1"不定位　　图 6-25　父元素 id="box1"相对定位

6.7.3　绝对定位元素的裁剪(clip)

绝对定位元素的裁剪(clip)的语法格式如下：

clip:裁剪形状;

clip 属性仅对绝对定位元素设置裁剪显示的形状(区域)，即裁剪掉不需要的部分或指定一个固定显示区域，当元素实际尺寸大于 clip 指定的区域时，只显示 clip 区域中的内容，超出部分则被裁剪掉不显示。类似指定区域并设置了 overflow:hidden。

裁剪形状属性值如下。

- auto：不裁剪(默认)显示元素全部内容。
- rect(top, right, bottom, left)：按指定矩形区域裁剪显示矩形区域内的内容。
- inherit：从父元素继承 clip 属性，IE 不支持该属性值。

clip 属性目前只能指定按矩形区域裁剪，top, right, bottom, left 分别为显示区域按顺时针对应四边距离被裁剪元素左上角(0, 0)的距离，或者理解为元素显示的矩形区域左上角(left, top)及右下角(right, bottom)坐标，如图 6-26 所示。

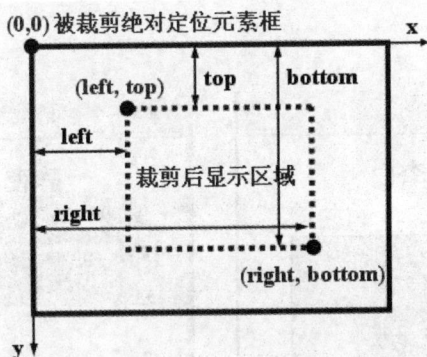

图 6-26　被裁剪元素的矩形区域坐标

top, right, bottom, left 可以是任意带单位的数值、也可以是被裁剪元素对应边长的百分比%，取值 0 或 auto 表示该边不裁剪。如果指定的剪裁区域大于元素实际区域则不裁剪。

> **注意：** 超出指定裁剪区域的内容被裁剪为空白区域不可见，可以裁剪上边、左边的内容，但定位元素内容的位置不会因裁剪而发生变化。而指定区域并设置 overflow:hidden 时元素左上角的位置、内容固定不变，只隐藏右边与下边超出区域的部分。

【例 h6-16.html】对绝对定位元素使用裁剪，如图 6-27 和 6-28 所示。代码如下：

```
<!DOCTYPE html PUBLIC "-//W3C//DTD XHTML 1.0 Transitional//EN"
  "http://www.w3.org/TR/xhtml1/DTD/xhtml1-transitional.dtd" >
<html>
  <head>
    <title>绝对定位元素的裁剪</title>
    <style type="text/css">
      h2  { font-family:黑体; text-align:center; }
      .img { position:absolute; top:45px; left:20px;
          clip:rect(0 auto 90px 0); }
      .text { font:bold 14pt 楷体_GB2312;
          color:red; background-color:aqua;
          border: 2px solid blue; padding:8px 15px;
          position:absolute; top:80px; left:58px;
          clip:rect(10px 260px 55px 15px); }
    </style>
  </head>
```

```
<body>
  <h2>静夜思----李白</h2>
  <div class="img"> <img src="img/p6-9.jpg" /> </div>
  <div class="text">
    床前明月光，疑是地上霜。<br />
    举头望明月，低头思故乡。<br />
    床前明月光，疑是地上霜。<br />
    举头望明月，低头思故乡。<br />
  </div>
</body>
</html>
```

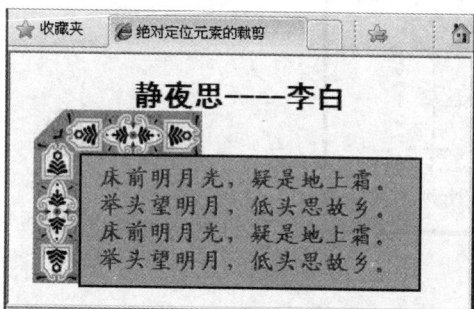

图 6-27　都不使用裁剪

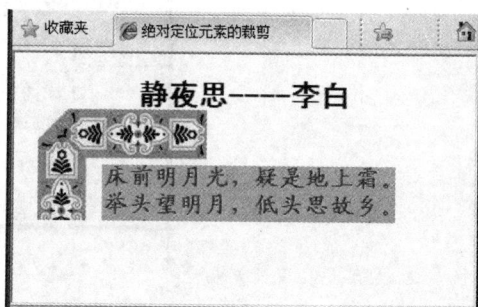

图 6-28　按例题代码使用裁剪的效果

6.7.4　固定定位(fixed)

固定定位：position:fixed;

固定定位与父元素无关(无论父元素是否定位)，直接根据浏览器窗口定位且不随滚动条拖动页面而滚动。其余特点与绝对定位相同：行内元素固定定位后将生成为新块级盒框、覆盖新位置原有元素、在正常文档流中所占的原空间关闭可被后继元素使用。

固定定位可用 left、right、top、bottom 指定浏览器对应边向中心的偏移量作为定位元素对应外边距的位置。

例如在浏览器窗口 4 个角各放置一个 width:40px; height:40px;的矩形盒框：

```
position:fixed; top:50px; left:50px;        左上角定位
position:fixed; top:50px; right:50px;       右上角定位
position:fixed; bottom:50px; right:50px;     右下角定位
position:fixed; bottom:50px; left:50px;      左下角定位
```

注意：IE6 及以下版本不支持 position:fixed 固定定位。

【例 h6-17.html】元素绝对与固定定位，注意拖动页面观察元素随页面的移动效果。

都不使用定位时，4 个小盒子在父元素内如图 6-29 所示。当 4 个小盒子使用了固定定位后，直接根据浏览器窗口定位，即使父元素<div id="box1">使用了定位，也不根据父元素定位，并且不随页面其他内容拖动，如图 6-30 所示。

本例父元素使用了绝对定位(包括固定定位)，都不再占据空间，所以后续元素上移与其重叠，如果使用相对定位则可避免重叠。

代码如下：

```
<!DOCTYPE html PUBLIC "-//W3C//DTD XHTML 1.0 Transitional//EN"
  "http://www.w3.org/TR/xhtml1/DTD/xhtml1-transitional.dtd" >

<html>
  <head>
    <title>元素的绝对、固定定位</title>
    <style type=text/css>
      h2 { font-family:黑体; text-align:center; }
      #box1 { width:250px; height:200px; border: 2px solid blue;
            position:absolute; }   /* 绝对定位，无偏移量不移动但不再占用空间 */
      .box2 { width:40px; height:40px; border: 2px solid blue;
            background-color:cyan; position:fixed; }
      .d1{ top:30px; left:30px; }
      .d2{ top:30px; right:30px; }
      .d3{ bottom:30px; left:30px; }
      .d4{ bottom:30px; right:30px; }
       p { position:absolute; border: 2px solid red;}
      .p1{ top:30px; left:30px; }
      .p2{ bottom:10%; right:10%; }
      span{ position:absolute;
           right:10px; bottom:-50px; border:2px solid red; }
    </style>
  </head>
  <body>
    <h2>设置元素的绝对、固定定位</h2>
    <div id="box1">
      <div class="box2 d1"></div>
      <div class="box2 d2"></div>
      <div class="box2 d3"></div>
      <div class="box2 d4"></div>
    </div>
    <p>  绝对定位是按父元素框或body页面的偏移量进行定位，固定定位是在浏
览器窗口中定位。本元素绝对定位但没有设置偏移量。<br />
          绝对定位或固定定位后都将生成新块级框、覆盖定位位置的元素，在文档
流中原来的空间被关闭，就像<span>元素不存在</span>，若不设置偏移量无效。</p>
    <br /><br /><br /><br /><br /><br /><br /><br /><br /><br /><br />
    <br /><br /><br /><br /><br /><br /><br /><br /><br /><br /><br />
    <br /><br /><br /><br />
    <p class="p1">绝对定位元素: top:30px; left:30px。</p>
    <p class="p2">绝对定位元素: bottom:10%; right:10%。</p>
  </body>
</html>
```

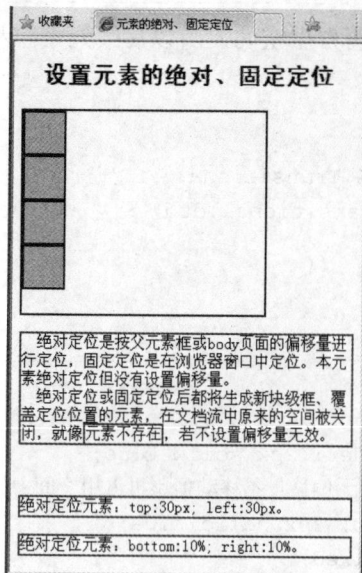

图 6-29　都不使用定位

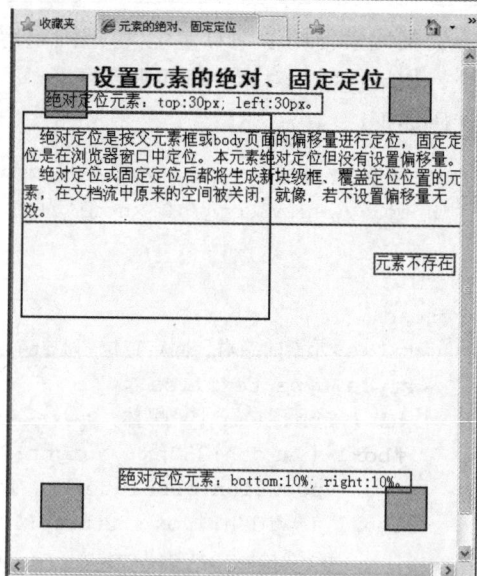

图 6-30　IE7 及以上使用定位后的元素

6.7.5　相对定位(relative)

相对定位：position:relative;

相对定位就是让元素(可以是行内元素)相对于它在正常文档流中的原位置按 left、right、top 和 bottom 的偏移量移动到新位置。

相对定位元素移动后仍保持原来的外观及大小，移动定位后不占据新空间，会覆盖新位置原有的元素，但该元素在文档流中原来的空间将被保留。就是说相对定位元素仍占据原有空间，其他元素相对它原来的位置不变。

相对定位用 left、right、top 和 bottom 指定相对自己原位置移动的偏移量，可以使用带单位的数值或相对父元素大小的百分比%。

- left　　正值：左边向内——向右移动；负值：左边向外——向左移动
- right　　正值：右边向内——向左移动；负值：右边向外——向右移动
- top　　正值：上边向内——向下移动；负值：上边向外——向上移动
- bottom　正值：下边向内——向上移动；负值：下边向外——向下移动

例如：

```
left:20px;        元素左边框右移 20 像素
left:-20px;       元素左边框左移 20 像素
```

例如：

```
position:relative;
left:350px;
bottom:150px;
```

则该元素相对原位置左边右移 350px、下边上移 150px，原空间被保留。

【例 h6-18.html】设置元素的相对定位，运行情况如图 6-31 和 6-32 所示。

代码如下：

```
<!DOCTYPE html PUBLIC "-//W3C//DTD XHTML 1.0 Transitional//EN"
  "http://www.w3.org/TR/xhtml1/DTD/xhtml1-transitional.dtd" >
<html>
  <head>
    <title>设置相对定位</title>
    <style type=text/css>
      h2 { font-family:黑体; text-align:center; }
      div { width:40px; height:40px; border: 2px solid blue;
        background-color:cyan; position:relative; }
      .d1 { left:100px;                /*左边右移 100px*/  }
      .d2 { bottom:40px;               /*下边上移 40px */  }
      p { position:relative; border: 2px solid red; }
      .p1 { bottom:50px; left:100px;   /*下边上移、左边右移*/ }
      .p2 { top:-150px; right:20%;     /*上边上移、右边左移*/ }
      span{ border:2px solid red;
            position:relative; top:30px; /*下移 30px */ }
    </style>
  </head>
  <body>
  <h2>设置相对定位</h2>
  <div class="d1">d1</div>
  <div class="d2">d2</div>
  <p class="p1">相对定位元素：bottom:50px; left:150px。</p>
  <p class="p2">相对定位元素：top:-150px; right:20%。</p>
  <p>  相对定位是元素相对文档流原始位置按给定偏移量移动到新位置。本元素相
      对定位但没有设置偏移量。<br />
        相对定位元素移动后保持原外观样式大小、覆盖原有元素，但它的<span>
      原有空间被保留</span>，其他元素不能占用。</p>
  </body>
</html>
```

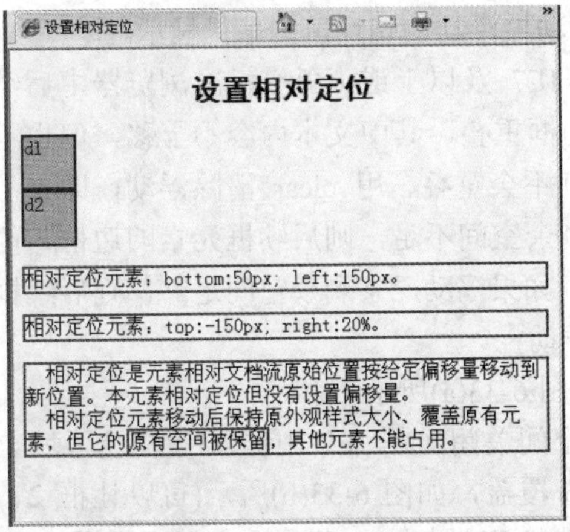

图 6-31　各元素都不使用定位

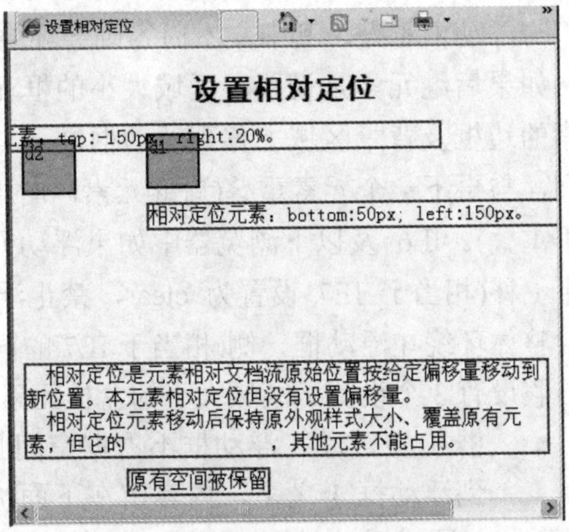

图 6-32　使用相对定位的元素

6.8 布局浮动属性(float)与清除浮动(clear)

CSS 允许任何元素脱离文档流向左或向右自由浮动,但只在包含它的父元素内浮动,直到它的外边缘遇到父元素的边框或另一个浮动框的边缘为止。浮动与清除浮动的样式属性见表 6-8。

表 6-8 浮动与禁止环绕的样式属性

浮动属性	取值和描述
float:浮动方式;	none 不浮动(默认) left 向左浮动(其他元素在右), right 向右浮动(其他元素在左)
clear:禁止文本环绕;	none 不禁止——自动环绕(默认)、both 禁止两边环绕 left 禁止左边环绕、right 禁止右边环绕

6.8.1 浮动(float)

浮动(float)属性的语法格式如下:

float:浮动方式;

取值如下。

- none:不浮动(默认)。
- left:向左浮动,其他后续元素填补在右边。
- right:向右浮动,其他后续元素填补在左边。

行内元素<span>包括图像等元素浮动后都将成为一个新的块级框,可以设置其区域大小、边框及边距。CSS 标准浮动后元素不占据新空间,它在正常文档流中所占的原空间也被关闭,后继元素将会上移填补。

如果后继元素是行内元素,则直接上移环绕在浮动框浮动的相反一侧平行显示。

如果后继元素是没有设置区域大小的框元素,则其边框及背景区域会上移到浮动框之下,与浮动框重叠,其中文本内容则会环绕在浮动框浮动的相反一侧平行显示。

如果后继元素是设置了区域大小的框元素,IE7 及以上或火狐等标准浏览器中后继框元素的边框及背景区域上移到浮动框之下与浮动框重叠,其中文本内容不上移,但也不占空间,与再下一个元素重叠(后继元素同时浮动则不会重叠、用 clear 清除浮动,即不上移也不重叠)。IE6 及以下浏览器中如果浮动元素剩余空间不足,则后续框元素的边框与内容都不上移(相当于 IE7 设置为 clear,禁止浮动),如果浮动元素剩余空间足够,则后续框元素会整体环绕在浮动框一侧(相当于 IE7 的同时浮动)。

假设有 3 个设置了区域大小的盒框元素,如图 6-33(a)所示。

- 框 1 左浮动:浮动框不占据空间且原空间关闭,在 IE7 中框 2 边框及区域上移到浮动框 1 之下,内容留在下面被框 3 覆盖,如图 6-33(b)所示(可以让框 2、框 3 同时浮动或框 2 用 clear 禁止环绕)。在 IE6 中框 1 若剩余空间不足框 2 不上移、空间足够则整体环绕在框 1 右侧,框 3 始终在最下面按普通文档流显示,如图 6-33(c)所示。

- 框 1、框 2 左浮动：若框 1 右侧空间足够框 2 在框 1 右侧左浮动(碰到前一个浮动框为止)，否则在框 1 下面左浮动。在 IE7 中框 3 边框上移到框 1 之下，内容留在下面显示，如图 6-33(d)所示(可以让框 3 同时浮动或用 clear 禁止环绕)。在 IE6 中若框 2 剩余空间足够框 3 整体环绕在框 2 右侧则上移，否则不上移，如图 6-33(e)所示。

- 框 1、框 2、框 3 左浮动：若前一个右侧空间足够则后续框在前框的右侧左浮动，否则在前框之下左浮动，如图 6-33(f)所示。

- 框 1 右浮动：若框 1 左侧空间足够，则框 2 上移靠左侧，在 IE7 中空间不足时框 2 边框上移到框 1 之下，内容根据空间上移多余的留在下面被框 3 覆盖，如图 6-33(g)、(h)所示。在 IE6 中空间不足时框 2 不上移靠左显示，如图 6-33(g)、(i)所示。

- 框 1、框 2 右浮动：若框 1 左侧空间足够则框 2 在框 1 左侧右浮动，否则在框 1 下面右浮动。在 IE7 中框 3 边框靠左上移到框 1 或框 2 之下，内容根据空间上移，如图 6-33(j)、(k)所示。在 IE6 中空间不足则框 3 整体在下面靠左显示，如图 6-33(j)、(l)所示。

- 框 1、框 2、框 3 右浮动：若前一个框左侧空间足够，则后框在前框左侧右浮动，否则在前框之下右浮动，如图 6-33(m)所示。

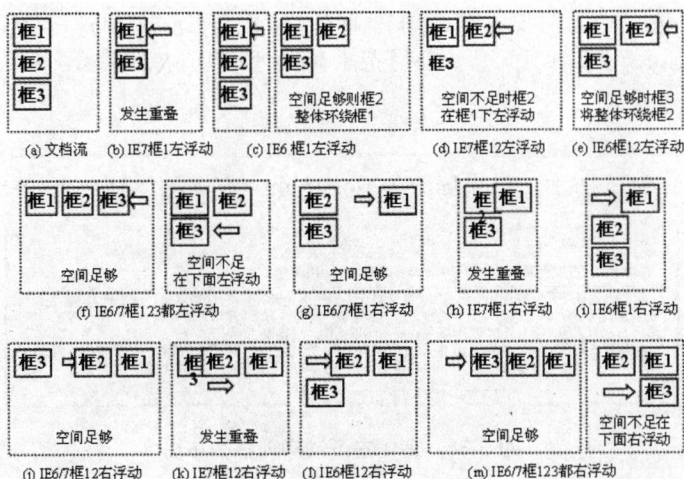

图 6-33　元素浮动布局

注意：如果浮动框高度不同，则可能被其他浮动框“卡住”。例如 3 个盒框元素同时左浮动，但第一个的高度大于第二个，在宽度不能容纳 3 个框排列时第三个框就会被第一个框“卡住”，如图 6-34 所示。

图 6-34　浮动框被“卡住”

　　如果希望后继框元素与前面浮动元素并列一行显示，实现元素的分列布局显示效果，而且又不希望两个元素重叠，则可以让两个元素同时浮动。

　　【例 h6-19.html】使用浮动实现 3 列布局，每列列宽均设定为浏览器页面的 30%。
代码如下：

```
<!DOCTYPE html PUBLIC "-//W3C//DTD XHTML 1.0 Transitional//EN"
  "http://www.w3.org/TR/xhtml1/DTD/xhtml1-transitional.dtd" >
<html>
  <head> <title>使用浮动分列</title>
    <style type=text/css>
      .col { width:30%; height:100px;
          border: 1px solid blue; margin:5px 2px; padding:5px;
          float:left; }
    </style>
  </head>
  <body>
      浮动元素只在父元素内浮动，行内元素浮动后将成为块级框。<br />
    <div class="col">1、CSS 允许任何元素脱离文档流向左或向右浮动，元素浮动后不占据
        新空间，它在正常文档流中所占的原空间也被关闭，后继元素会上移填补。</div>
    <div class="col">2、设置区域大小的后继元素的边框及背景区域会上移与浮动框重叠而
        内容不上移。没有设置区域大小其边框背景也会上移但内容上移环绕浮动框。</div>
    <div class="col">3、如果希望后继框元素与前面浮动元素并列一行显示，实现元素的分
        列布局显示效果，而且又不希望两个元素重叠，则可以让后继元素同样浮动。</div>
  </body>
</html>
```

运行结果如图 6-35 所示，如果修改为 float:right; 右浮动运行结果如图 6-36 所示。

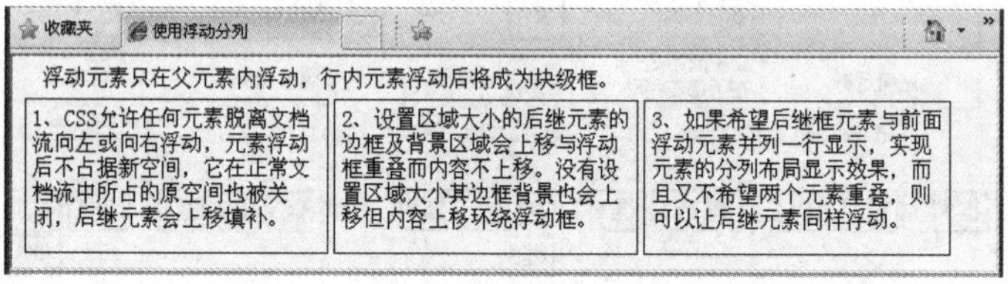

图 6-35　使用左浮动实现按列布局

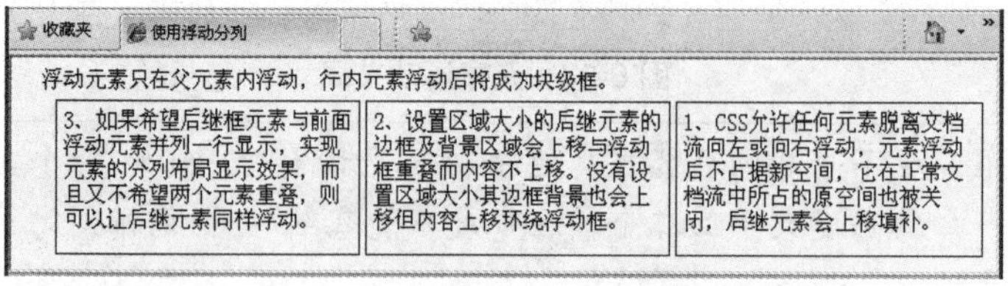

图 6-36　使用右浮动实现按列布局

　　【例 h6-20.html】浮动元素的外边距取负值可产生重叠效果(见图 6-37)，默认后者浮动在上层，通过设置层空间 z-index 属性可以自由设置上下层关系。代码如下：

```
<!DOCTYPE html PUBLIC "-//W3C//DTD XHTML 1.0 Transitional//EN"
  "http://www.w3.org/TR/xhtml1/DTD/xhtml1-transitional.dtd" >
```

```
<html>
  <head>
    <title>浮动元素外边距取负值</title>
    <style type=text/css>
      div { width:150px; height:100px; border: 2px solid blue;
            padding:10px;          /*内边距 10px*/
            float:left; }
      #first { background:#C90;
             margin-top:30px;        /*上外边距 30px */
             margin-right:-30px;   /*右外边距-30px—缩进 */   }
      #second { background:#09C; }
    </style>
  </head>
  <body>
    <div id="first">第一个元素</div>
    <div id="second">第二个元素</div>
  </body>
</html>
```

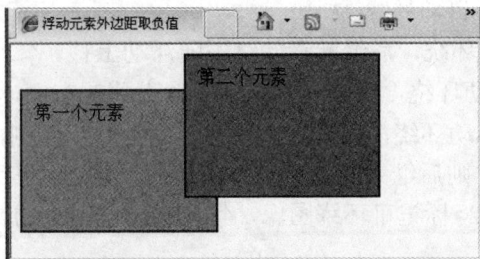

图 6-37　浮动元素外边距取负值——重叠

6.8.2　浮动环绕、行框清理

前一个元素浮动后，没有设置区域大小的后继框元素的边框及区域上移，与浮动框重叠，其内容会自动上移到浮动框剩余空间环绕浮动框显示，行内(行框)元素内容直接上移环绕浮动框，如图 6-38(a)、(b)所示。

图 6-38　浮动环绕、行框清理

如果将图片浮动，文本环绕图片就可以起到图文混排的效果，如果将图片、文本都浮动，则可以起到图文并排的效果。

行框清理就是避免元素的文本环绕浮动框，例如不希望下面第二个元素的内容环绕浮动框，可以为该元素增加足够的上外边距，使元素内容降到浮动框下，如图 6-38(c)所示。

如果禁止后继元素的边框及背景区域上移，或者禁止后续文本环绕浮动框，则必须使用 clear 样式清理浮动、禁止环绕。

> 注意：对浮动元素之前的行内元素，如果后继浮动元素剩余空间一行内不能容纳之前的行元素，则浮动元素按顺序在行内元素之下浮动。如果浮动元素剩余空间能够在一行内容纳之前的行元素，则浮动元素上移，之前的行元素也会环绕浮动元素，可在行元素后加
避免环绕后继浮动元素。去掉 h6-19.html 第一行后的
拖动浏览器宽度观察效果。

6.8.3　清除浮动(clear)

清除浮动(clear)的语法格式如下：

```
clear:禁止文本环绕;
```

相关的设置如下。

- none：不禁止，自动环绕(默认)。
- both：禁止两边环绕，后继元素始终不随浮动上移。
- left：禁止左浮动环绕，后继元素不随浮动上移在右侧，对 right(右浮动)无效。
- right：禁止右浮动环绕，后继元素不随浮动上移在左侧，对 left(左浮动)无效。

例如设置 clear:both; 则后继元素上边距将始终处于浮动元素下边。

【例 h6-21.html】<h2>标记可环绕图像，禁止<div>、<p>的文本环绕图像。

代码如下：

```
<!DOCTYPE html PUBLIC "-//W3C//DTD XHTML 1.0 Transitional//EN"
  "http://www.w3.org/TR/xhtml1/DTD/xhtml1-transitional.dtd" >
<html>
  <head>
    <title>禁止环绕</title>
    <style type=text/css>
      h2 { font-family:黑体; text-align:center; }
      #img1 { float:right; width:130px; }
      #clear1 { clear:right; font-size:16px; color:blue; }
      #img2 { float:left; width:100px; }
      #clear2 { clear:both; }  /*或使用 left，使用 right 无效*/
    </style>
  </head>
  <body>
    <div>
      <img id="img1" src="img/p6-4.jpg" />
      <h2>望月怀远</h2>
      <div id="clear1">
        海上生明月，天涯共此时。<br />情人怨遥夜，竟夕起相思。<br />
        灭烛怜光满，披衣觉露滋。<br />不堪盈手赠，还寝梦佳期。<br /></div>
```

```
    </div>
    <div>
      <img id="img2" src="img/bill.jpg" alt="Bill Gates">
      <h2>Bill Gates</h2>
      <p id="clear2"> Iste quidem veteres inter ponetur honeste, qui vel
mense brevi vel toto est iunior anno. Utor permisso, caudaeque pilos ut
equinae paulatim vello unum, demo etiam unum, dum cadat elusus ratione
ruentis acervi, …… </p>
    </div>
  </body>
</html>
```

运行结果如图 6-39 和 6-40 所示。

图 6-39　不禁止环绕　　　　　　　图 6-40　禁止环绕的效果

6.8.4　父子元素的嵌套浮动与浮动元素的外边距合并

对具有父子关系的元素，应区分父元素浮动、子元素浮动或都浮动的不同情况。

1．子元素浮动父元素不浮动

若父元素不指定大小，由于子元素浮动后不占据空间，父元素会以剩余不浮动的子元素内容确定自己的大小。如果全部子元素都浮动，则父元素成为空元素。可以在最后添加一个设置为 clear:both;的空子元素，以保证父元素区域能自适应所包含的浮动子元素。

2．父元素浮动子元素不浮动

子元素在父元素中仍以普通文档流布局，若父元素不指定大小，仍根据子元素的内容确定自己的大小。

3．父子元素都浮动

父元素不指定大小也会自适应浮动子元素的区域，就是说浮动父元素会将浮动子元素控制在自己的区域内，相当于浮动子元素仍占用空间。如果父元素指定了大小，在 IE7 及以上或火狐等标准浏览器中父元素保持固定大小，在 IE6 及以下浏览器中仍根据浮动子元素占据的空间确定自己的大小。

4．浮动元素的垂直外边距合并

上下垂直相邻两个元素不浮动时其垂直外边距会发生合并，在 IE6 及以下浏览器中无论上下都浮动，还是上下任一个浮动其垂直外边距都不会合并，可理解为浮动元素的上下外边距都不合并。在 IE7 以上及火狐等浏览器中的浮动元素仅上外边距不会合并，即上面元素浮动下面元素不浮动(使用 clear 禁止环绕)时仍然合并。

在 IE6 及以下版本的浏览器中，如果浮动元素设置了外边距，还会出现浮动一侧外边距加倍的现象，我们将在介绍 display 属性时通过 h6-25.html 介绍解决方法。

【例 h6-22.html】父子元素的浮动与环绕，其中 id 为 parent 的<div>是父元素，id 为 clear 的<div>空子元素取消了所有样式。代码如下：

```
<!DOCTYPE html PUBLIC "-//W3C//DTD XHTML 1.0 Transitional//EN"
  "http://www.w3.org/TR/xhtml1/DTD/xhtml1-transitional.dtd" >
<html>
  <head>
    <title>元素浮动与环绕</title>
    <style type=text/css>
      h2 { font-family:黑体; text-align:center; }
      div  { border: 2px solid blue; margin:5px; }
      #d1 { float:left; }
      #d2 { float:left; }
      #text { font-size:16px; color:blue; padding:5px; }
      #parent { /* float:left; */ }    /* 父元素未设置区域、暂时不浮动 */
      .box { width:40px; height:40px; background-color:cyan; }
      .b1 { float:left; }
      .b2 { float:left; }
      .b3 { float:left; }
      #clear { border:none; margin:0;  /*空子元素取消div边框样式 */
            /* clear:both; */ }        /*空子元素取消div边框样式 */
    </style>
  </head>
  <body>
    <div>
      <h2>望月怀远</h2>
      <div id="d1"><img src="img/p6-4.jpg" /></div>
      <div id="d2"><img src="img/p6-4.jpg" /></div>
      <div id="text" >
        海上生明月，天涯共此时。<br />情人怨遥夜，竟夕起相思。<br />
        灭烛怜光满，披衣觉露滋。<br />不堪盈手赠，还寝梦佳期。<br />
      </div>
    </div>
    <div id="parent">
      父元素 DIV<br />          <!-- 去掉 br 换行观察运行结果 -->
      <div class="box b1">框元素 1</div>
      <div class="box b2">框元素 2</div>
```

```
      <div class="box b3">框元素 3</div>
      行内可环绕文本
      <div id="clear"></div>            <!-- 空子元素 -->
   </div>
  </body>
</html>
```

若去掉全部子元素浮动，则父元素自适应子元素区域，如图 6-41 所示。例题代码中父元素未设置区域也没有浮动，子元素浮动后不占据空间，父元素自适应剩余区域，如图 6-42 所示。读者可以分别取消部分浮动，观察运行结果，也可配合禁止环绕 clear 属性观察浮动效果。

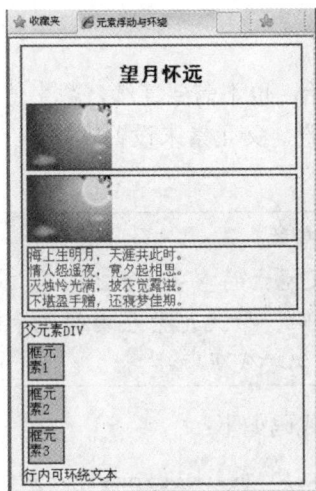

图 6-41　全部元素不浮动　　　　　图 6-42　按例题代码只有子元素浮动

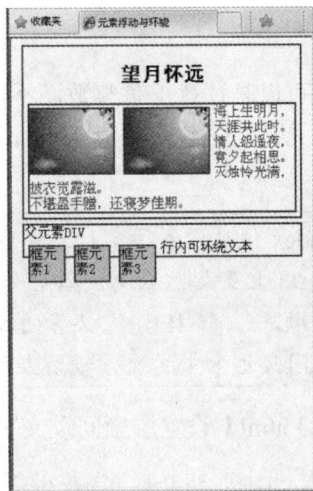

如果去掉第二个<div id="parent">父元素中的行内文本，子元素浮动不占据空间，父元素成为空元素，其边框显示为一条直线，如图 6-43 所示。

如果让 id="parent"父元素增加左浮动，也会自适应浮动的子元素(浮动父元素宽度自适应实际内容的宽度)，如图 6-44 所示。

如果保持 id="parent"父元素不浮动，为 id="clear"最后的空子元素增加 clear:both;样式也可自适应浮动子元素(文档流父元素宽度自适应为浏览器宽度)，如图 6-45 所示。

图 6-43　去掉行内文本　　　　图 6-44　父子元素同时浮动　　　　图 6-45　空子元素增加禁止浮动

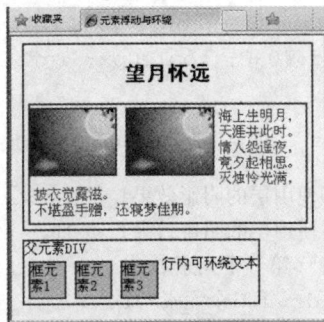

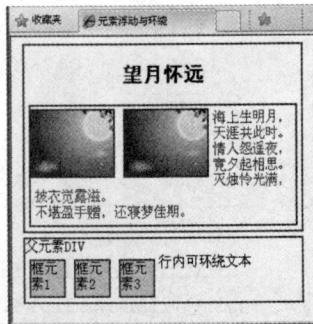

6.9　元素的层叠等级、显示方式与可见性

6.9.1　层空间层叠等级(z-index)

元素定位或浮动后会造成与其他元素的重叠，多个元素的重叠就有了层的概念，例如 Photoshop 中的图层，就是多张图片重叠在一起构成一张新图。最初<div>就称为层标记，实际上任意元素在定位、浮动后与其他元素重叠时，包括被覆盖的元素都会成为层元素。

元素重叠时默认按 HTML 文档顺序依次向上堆放，代码在前则为底层，后面元素在之前元素的上层。使用 z-index 属性可设置元素重叠时的层叠顺序。语法格式为：

z-index:层叠等级;

该属性值可以是任意正负整数，不需要从 0 开始，也不需要连续，数字值大的元素叠放在数字小的元素之上，默认值 auto 采用父元素设置，父元素未设置则按 HTML 文档顺序层叠。

> **注意：** ① z-index 仅对设置了定位或浮动样式的元素有效。
> ② IE7 以上及火狐等浏览器对分别属于不同父元素的重叠元素也可通过 z-index 设置层叠顺序，而 IE6 及以下的浏览器只能对同一个父元素层内的元素设置层叠顺序，不同父元素中的元素设置层叠顺序无效，仍按代码顺序。

【例 h6-23.html】设置层空间及文字阴影效果。代码如下：

```
<!DOCTYPE html PUBLIC "-//W3C//DTD XHTML 1.0 Transitional//EN"
  "http://www.w3.org/TR/xhtml1/DTD/xhtml1-transitional.dtd" >
<html>
  <head>
    <title>设置层叠顺序</title>
    <style type=text/css>
     .text  {
     font-family:黑体; font-size:35px; position:absolute; } /* 绝对定位 */
     .d1  { color:black; top:22px; left:34px; z-index:1; }
     .d2  { color:red;  top:20px; left:31px; z-index:2; }
     .div { width:300px; height:100px; position:relative; } /* 相对定位 */
     .first   { background:#C90; top:60px; left:60px; z-index:1; }
     .second { background:#09C; top:20px; left:10px; z-index:2; }
    </style>
  </head>
  <body>
    <div class="text d1">使用层的阴影效果! </div>
    <div class="text d2">使用层的阴影效果! </div>
    <div class="div first">第一个元素</div>
    <div class="div second">第二个元素</div>
  </body>
</html>
```

本例设置层叠顺序与 HTML 文档默认顺序一致，层叠属性可省略，运行结果如图 6-46 所示。如果将层叠值 1 改为 5，则运行结果如图 6-47 所示。

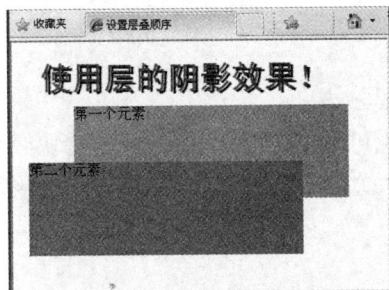

图 6-46　文档默认层叠顺序　　　　图 6-47　互换层叠值 1、2 的层叠顺序

【例 h6-24.html】对不同父元素内的重叠元素设置层叠顺序，对 IE6 及以下浏览器无效(参见图 6-48 和 6-49)。代码如下：

```
<!DOCTYPE html PUBLIC "-//W3C//DTD XHTML 1.0 Transitional//EN"
 "http://www.w3.org/TR/xhtml1/DTD/xhtml1-transitional.dtd" >
<html>
  <head>
    <title>设置不同父元素内的层叠顺序</title>
    <style type=text/css>
      #parentA, #parentB { width:300px; height:100px;
              position:relative; } /* 相对定位无偏移量—固定子元素 */
      #first, #second { width:250px; height:100px; padding:5px;
              position:absolute; }      /* 绝对定位 */
      #first   { background:#C90; left:120px; top:40px; z-index:1; }
      #second { background:#09C; left:10px; z-index:0; }
    </style>
  </head>
  <body>
    <div id="parentA"> <div id="first">parentA 内子元素</div> </div>
    <div id="parentB"> <div id="second">parentB 内子元素</div> </div>
  </body>
</html>
```

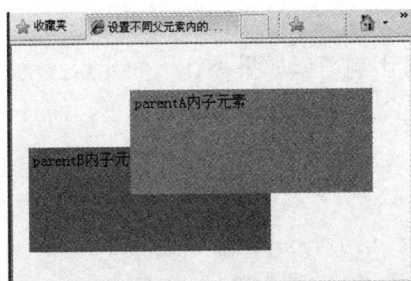

图 6-48　IE7 及 CSS 标准浏览器　　　　图 6-49　IE6 及以下的浏览器

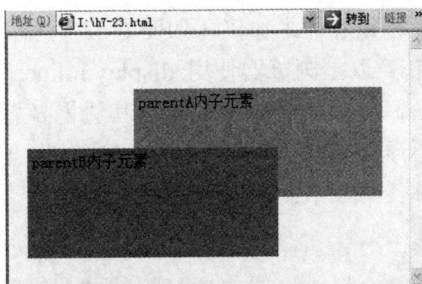

6.9.2　元素的显示方式(display)

元素的显示方式(display)的语法格式如下：

display:显示方式；

display 属性可指定元素的类型，以决定元素的显示方式。

行内元素除了定位、浮动后可成为块级元素外，也可通过 display:block;设置为块级元素。

通过 CSS "：hover" 伪类或用 JavaScript 代码设置元素的 display 属性，可实现动态隐藏元素为不可见或由不可见恢复为可见。

相关的设置如下。

- inline：行内元素，在当前区域块内显示不换行(行内元素默认)。
- block：作为块级元素显示一个新段落(块级元素默认)。
- none：隐藏元素不显示，也不再占用页面空间，相当于该元素已不存在。
- list-item：添加列表项的项目编号并另起一行显示在下一行—块级元素。
- inline-block：生成为行内块元素(CSS 2.1 新增值)。

display 还可使用以下属性值。

- run-in：根据上下文可作为块级元素或行内元素。
- table：作为块级表格显示(类似<table>)——前后换行。
- inline-table：作为内联表格(类似<table>)——前后不换行。
- table-header-group：作为一个或多个行的分组(类似<thead>)。
- table-footer-group：作为一个或多个行的分组(类似<tfoot>)。
- table-row-group：作为一个或多个行的分组(类似<tbody>)。
- table-row：作为一个表格行(类似<tr>)。
- table-cell：作为一个表格单元格(类似<td>和<th>)。
- table-caption：作为一个表格标题显示(类似<caption>)。

【例 h6-25.html】解决 IE6 及以下的浏览器中浮动元素浮动一侧外边距加倍的问题。

在 IE6 及以下的浏览器中浮动元素如果设置了外边距，则浮动后浮动一侧的外边距会加倍显示(外边距为 0 不会增加)。本例中两个 div 元素设置了相同的外边距，如果都不浮动仅垂直外边距合并，如图 6-50 所示，其中任何一个浮动后，则垂直外边距都不会合并，但浮动元素的浮动一侧外边距则会加倍显示，例如让第一个左浮动，如图 6-51 所示。

解决方法：只需对浮动元素增加 display:inline;样式，设置为行内元素强制作为内嵌对象，即可避免外边距加倍，如图 6-52 所示。

对 IE7 以上浏览器使用 display:inline;样式没有影响，但如果不让下面元素浮动时必须使用 clear 样式禁止浮动，否则其边框及背景区域会上移到第一个元素之下，而且如果下面元素不浮动时，其垂直外边距仍然发生合并。

具体代码如下：

```
<!DOCTYPE html PUBLIC "-//W3C//DTD XHTML 1.0 Transitional//EN"
  "http://www.w3.org/TR/xhtml1/DTD/xhtml1-transitional.dtd" >
<html>
  <head>
```

```
<title>IE6 浏览器浮动元素浮动一侧外边距加倍</title>
<style type=text/css>
  div { width:150px; height:50px;
      padding:10px;          /*内边距 10px */
      margin:20px 50px; /*上下外边距 20px，左右外边距 50px */  }
  #first  { background:#C90;
          float:left; display:inline; }
  #second { background:#09C; clear:left; }
</style>
</head>
<body>
 <div id="first">第一个元素</div>
 <div id="second">第二个元素</div>
</body>
</html>
```

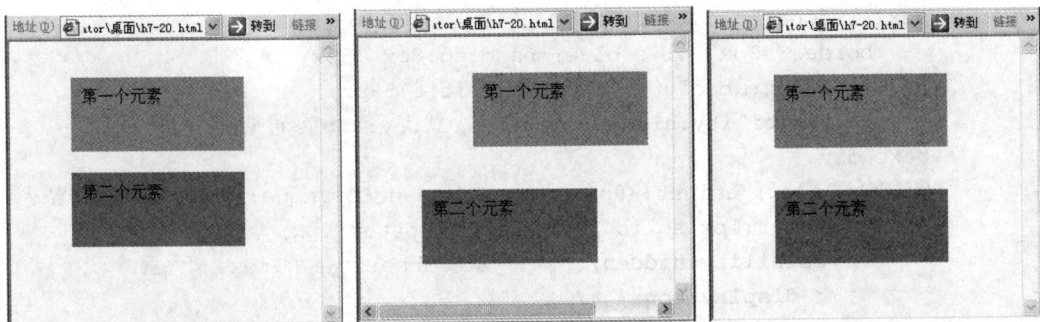

图 6-50　两个元素都不浮动　　图 6-51　IE6 第一个浮动外边距加倍　　图 6-52　IE6 设置为行内元素

6.9.3　元素的可见性(visibility)

元素的可见性(visibility)的语法格式如下：

visibility:可见性;

相关的设置如下。

- visible：元素可见(独立元素的默认值)。
- hidden：元素隐藏不可见(但仍占据空间，显示为父元素背景色)。
- inherit：使用父元素的可见性(子元素的默认值)。
- collapse：用于表格可删除一行或一列(不占空间)，用于其他元素相当于 hidden。

无父元素的单独元素默认为 visible(可见)，子元素默认为 inherit(继承父元素的可见性)，若父元素不可见，则子元素不可见，需要子元素当地可见时必须设置 visibility:visible 覆盖为可见。

任何元素使用 visibility:hidden 只是不可见，原来占据的页面空间不变，隐藏后不会影响页面中其他元素的位置，需要动态可见时可通过 CSS ":hover" 伪类或 JavaScript 代码设置 visibility:visible 恢复可见。

注意：如果希望相对定位或没有定位占据页面空间的元素在隐藏时不占用空间，可使用 display:none，需要可见时再通过"：hover"伪类或 JavaScript 代码恢复可见性及其空间。

【例 h6-26.html】元素的隐藏。代码如下：

```
<!DOCTYPE html PUBLIC "-//W3C//DTD XHTML 1.0 Transitional//EN"
  "http://www.w3.org/TR/xhtml1/DTD/xhtml1-transitional.dtd" >
<html>
  <head>
    <title>元素的可见性与隐藏</title>
    <style type="text/css">
      #moon { float:right; }
      h2 { font-family:黑体; text-align:center; }
      .img { position:absolute; top:45px; left:20px;
          visibility:hidden; }        /* 默认 visible 可见 */
      .text { font:bold 14pt 楷体_GB2312;
          border: 2px solid blue; padding:8px 15px;
          position:absolute; top:85px; left:58px;
          /* visibility:hidden; */ }   /*默认 visible 可见 */
      .text div {
        width:240px; height:30px; background-color:aqua; /* 空 div 子元素 */
          border:1px solid red; margin-bottom:5px;
          visibility:hidden;        /* 默认 inherit 继承.text 父元素 */
          /* display:none; */ }
      .text img { visibility:visible; }    /* 默认 inherit 继承.text 父元素 */
    </style>
  </head>
  <body>
    <img id="moon" src="img/p6-4.jpg" />
    <h2>静夜思----李白</h2>
    <div class="img"> <img src="img/p6-9.jpg" /> </div>
    <div class="text">
      床前明月光，疑是地上霜。<br />
      举头望明月，低头思故乡。<br />
      <div></div>
      床前明月光，疑是地上霜。<br />
      举头望明月，低头思故乡。<br />
      <img src="img/p6-10.gif" />
    </div>
  </body>
</html>
```

如果去掉 visibility:hidden; 全部元素可见，如图 6-53 所示。按例题代码隐藏"img"与子元素<div>，如图 6-54 所示。如果隐藏"text"父元素<div>，如图 6-55 所示。如果"text"父元素<div>可见，将子元素<div>改为 display:none; 如图 6-56 所示。

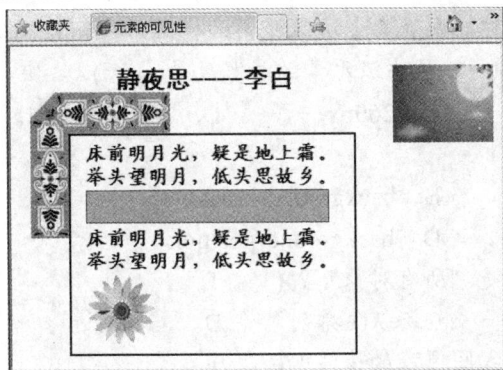

图 6-53　全部元素可见

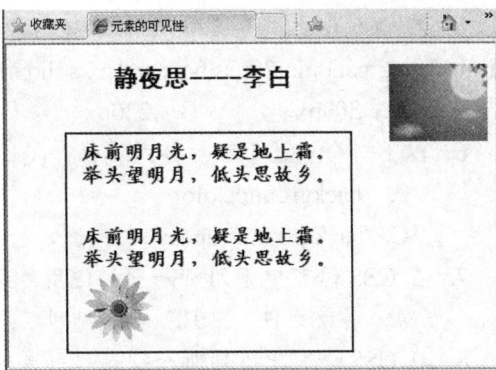

图 6-54　按例题代码隐藏"img"与子元素<div>

图 6-55　隐藏"text"父元素<div>

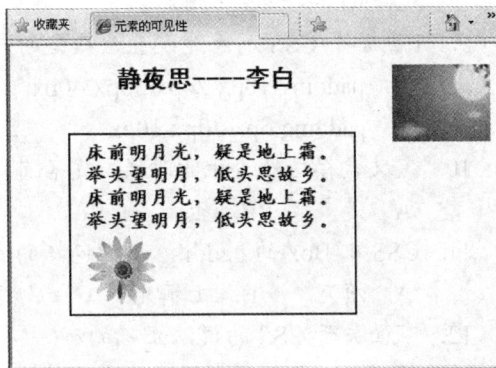

图 6-56　子元素<div>使用 display:none;

6.10 习　　题

一、选择题

1. 如何显示这样一个边框：顶边框 10 像素、底边框 5 像素、左边框 20 像素、右边框 1 像素(　　)。

  A. border-width:10px 1px 5px 20px

  B. border-width:10px 20px 5px 1px

  C. border-width:5px 20px 10px 1px

  D. border-width:10px 5px 20px 1px

2. 如何改变元素的左边距？(　　)

  A. text-indent:　　B. margin-left:　　　C. margin:　　　　D. indent:

3. 如需定义元素内容与边框间的空间，可使用 padding 属性，并可使用负值(　　)。

  A. 错误　　　　B. 正确

4. 如何产生带有正方形的项目的列表？(　　)

  A. list-type: square　　　　　　　　B. list-style-type: square

  C. type: square　　　　　　　　　　D. type: 2

5. 在 IE6 以上浏览器中使用 W3C 标准时，设置某个块级元素的样式为{width:200px; margin:10px; padding:20px; border:1px solid #f00;}，该块级元素的总宽度是(   )。

  A. 200px   B. 220px   C. 260px   D. 262px

6. 以下哪个不属于背景样式属性？(   )

  A. backgroundColor   B. background-image

  C. background-repeat   D. background-position

7. 在 CSS 语言中下列哪一项的适用对象是"所有对象"？(   )

  A. 背景附件 B. 文本排列 C. 纵向排列 D. 文本缩进

8. 在 CSS 语言中下列哪一项是"列表样式图像"的语法？(   )

  A. width: <值>   B. height: <值>

  C. white-space: <值>   D. list-style-image: <值>

9. 下列哪个 CSS 属性能设置盒模型的内边距为 10、20、30、40(顺时针)？(   )

  A. padding:10px 20px 30px 40px B. padding:10px 1px

  C. padding:5px 20px 10px   D. padding:10px

10. 定义盒模型外边距的时候，是否可以使用负值？(   )

  A. 是   B. 否

11. CSS 中 Box 的 padding 属性包括的属性有(   )。

  A. 填充 B. 上填充 C. 底填充 D. 左填充 E. 右填充

12. 下面关于 CSS 的说法正确的有(   )。

  A. CSS 可以控制网页背景图片

  B. margin 属性的属性值可以是百分比

  C. 整个 Body 可以作为一个 Box

  D. margin 属性不能同时设置四个边的边距

13. 边框的样式可以包含的值包括(   )。

  A. 粗细 B. 颜色 C. 样式 D. 长短

14. 下列哪个样式定义后，内联(非块状)元素可以定义宽度和高度？(   )

  A. display:inline   B. display:none

  C. display:block   D. display:inherit

15. 在使用 table 表现数据时，有时候表现出来的会比自己实际设置的宽度要宽，为此需要设置下面哪些属性值？(   )

  A. cellpadding="0"   B. padding:0

  C. margin:0   D. cellspacing="0"

二、操作题

使用 DIV+CSS 制作出一个如图 6-57 所示的水平、垂直都居中的红色十字架，其中水平条宽度为 880 像素，高度 40 像素，垂直条宽度 80 像素，高度 460 像素。

具体要求如下。

1. 使用两个 div 完成。

2. 使用 5 个 div 完成。

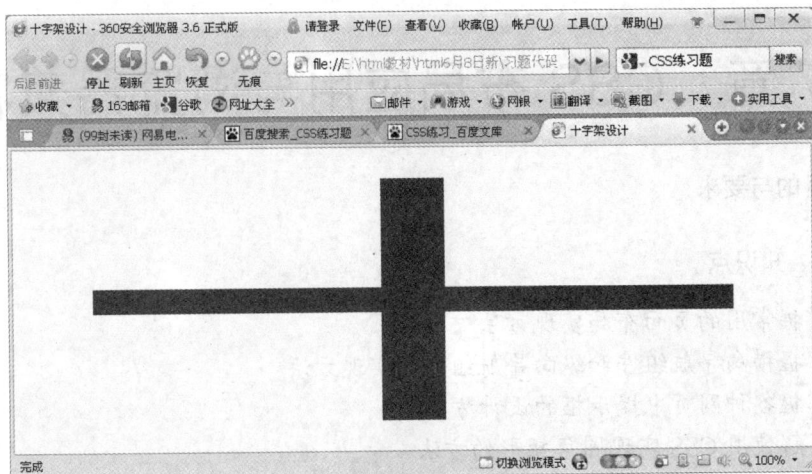

图 6-57　显示十字架的程序

第 7 章 CSS 布局应用与浏览器兼容性

学习目的与要求

📖 **知识点**

- 掌握常用的页面布局实现方法
- 掌握横向导航组件和纵向导航组件的实现方法
- 掌握各种网页中提示框的设计方法
- 了解使用 CSS 实现圆角矩形的方法
- 掌握使用 Hack 技术解决浏览器兼容性的方法
- 了解 IE5 及以下浏览器的兼容问题
- 掌握 IE6 及以下浏览器的兼容问题
- 掌握 IE7 及以下浏览器的兼容问题

📣 **难点**

- 使用 Hack 技术解决浏览器兼容性的方法
- 掌握 IE7 及以下的浏览器的兼容问题

7.1 页面布局应用

利用 CSS 可实现任意布局方式，创建各种布局类型，这里介绍几种常用的单行布局类型，这些布局的重复使用可实现任意的按行或按列布局。

7.1.1 单行单列布局

单行单列布局可以用带单位的数字值设置为固定宽度，也可以用占父元素(浏览器窗口)宽度的百分比%设置为自适应宽度。固定宽度布局页面内容宽度不随浏览器窗口大小变化，若浏览器窗口宽度小于页面内容时，自动增加滚动条。自适应宽度布局页面内容宽度随浏览器窗口宽度变化而自动改变，若浏览器窗口宽度较小时页面内容会被压缩得很窄。

单行单列布局页面内容一般在浏览器居中显示：

```
margin:0 auto;
```

单行单列布局可以指定页面内容的固定高度，也可以不指定以页面内容自适应高度。

【例 h7-1.html】单行单列居中布局。代码如下：

```
<!DOCTYPE html PUBLIC "-//W3C//DTD XHTML 1.0 Transitional//EN"
  "http://www.w3.org/TR/xhtml1/DTD/xhtml1-transitional.dtd" >
<html>
```

```
<head>
 <title>单行单列居中布局</title>
 <style type="text/css">
  #single{ width:300px;     /* 固定宽度布局，若改为 75%则为自适应宽度布局 */
        height:100px;    /* 固定高度，若不设置则以内容自适应高度 */
        margin:0 auto;   /* 元素内容自动居中 */
        background-color:aqua; }
 </style>
</head>
<body>
 <div id="single">
   单行单列布局<br />
   页面内容在此 div 内显示。
 </div>
</body>
</html>
```

运行结果如图 7-1 和 7-2 所示。

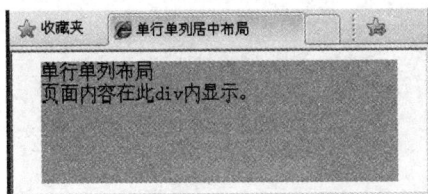

图 7-1　单行单列 300px 固定宽度布局

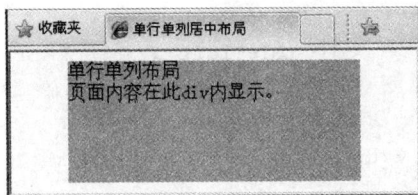

图 7-2　单行单列 75%自适应宽度布局

7.1.2　单行两列布局

单行两列布局一般将两个单行单列<div>元素放在一个<div>元素内，使用定位或浮动实现两列布局，既可以是固定宽度也可以是自适应宽度。

使用定位布局时，一般让子元素绝对定位(不占空间)、父元素相对定位(不失去空间)但不设偏移量，以保证子元素依据父元素定位。

如果两个子元素都使用绝对定位(一般左侧用 top:0; left:0; 右侧用 top:0; right:0;)，则父元素成为没有内容的空元素，父元素必须设置高度以防止后续元素上移与子元素重叠。

如果只对右侧子元素绝对定位，父元素可不设置高度，自适应左侧不定位子元素的高度，但左侧子元素高度不能小于右侧定位元素，否则右侧定位子元素超出部分与后续元素重叠。

使用浮动布局时，两列子元素应同时浮动，父元素(空元素)可以同时浮动自适应子元素高度，但必须考虑后续元素，也可以不浮动，但必须设置高度防止后续元素上移。如果考虑兼容 IE6 及以下的浏览器，最好不浮动，也不设高度，而在最后增加一个空子元素并设置为禁止浮动，这样既可以自适应浮动子元素的高度，又不影响后续元素。

【例 h7-2.html】只对第二个子元素绝对定位的单行两列固定宽度定位布局。

代码如下：

```
<!DOCTYPE html PUBLIC "-//W3C//DTD XHTML 1.0 Transitional//EN"
  "http://www.w3.org/TR/xhtml1/DTD/xhtml1-transitional.dtd" >
<html>
  <head>
    <title>单行两列定位布局</title>
    <style type="text/css">
      #main{ width:600px;          /* 页面宽度固定，改为%则为自适应宽度布局 */
             margin:0 auto;        /* 页面两列内容居中 */
             position:relative;  } /* 父元素必须定位但不设偏移量 */
      #left, #right { height:100px; }
      #left { width:150px;          /* 固定宽度，也可使用相对父元素宽度百分比% */
             background:#C90;  }
      #right { width:450px;          /* 固定宽度，也可使用相对父元素宽度百分比% */
             background:#09C;
             position:absolute; top:0; right:0; } /* 按父元素右上角绝对定位 */
    </style>
  </head>
  <body>
    <div id="main">
      <div id="left">左侧元素<br />左侧内容在此 div 内显示。</div>
      <div id="right">右侧元素<br />右侧内容在此 div 内显示。</div>
    </div>
  </body>
</html>
```

运行结果如图 7-3 所示。

图 7-3 单行两列定位布局

【例 h7-3.html】两个子元素都绝对定位的单行两列固定宽度定位布局。只需对例 h7-2.html 样式修改如下(运行结果与图 7-3 相同)：

```
<style type="text/css">
    #main{ width:600px;
        height:100px;          /* 父元素必须设置高度防止后续元素上移 */
        margin:0 auto;
        position:relative; }   /* 父元素必须定位但不设偏移量 */
    #left, #right {height:100px; position:absolute; top:0;} /* 绝对定位 */
    #left { width:150px; background:#C90;
        left:0; }              /* 按父元素左上角绝对定位 */
    #right { width:450px; background:#09C;
        right:0; }             /* 按父元素右上角绝对定位 */
</style>
```

【例 h7-4.html】单行两列固定宽度浮动布局，运行结果与图 7-3 相同。

代码如下：

```
<!DOCTYPE html PUBLIC "-//W3C//DTD XHTML 1.0 Transitional//EN"
    "http://www.w3.org/TR/xhtml1/DTD/xhtml1-transitional.dtd" >

<html>
  <head>
    <title>单行两列浮动布局</title>
    <style type="text/css">
      #main{ width:600px;           /* 页面宽度固定，改为%则为自适应宽度布局 */
            margin:0 auto; }        /* 两列子元素内容居中 */
      #left, #right { height:100px; float:left; }  /* 两个子元素左浮动 */
      #left  { width:150px;         /* 固定宽度，也可使用相对父元素宽度百分比% */
            background:#C90;  }
      #right { width:450px;          /* 固定宽度，也可使用相对父元素宽度百分比% */
            background:#09C; }
      #clear { clear:both; } /* 空子元素禁止环绕保证父元素自适应浮动子元素高度 */
    </style>
  </head>

  <body>
    <div id="main">
      <div id="left">左侧元素<br />左侧内容在此 div 内显示。</div>
      <div id="right">右侧元素<br />右侧内容在此 div 内显示。</div>
      <div id="clear"></div> <!-- 空子元素禁止环绕 -->
    </div>
  </body>
</html>
```

【例 h7-5.html】单行两列自适应宽度浮动布局。

单行两列自适应宽度布局可以是其中某一列自适应宽度，也可以是两列都自适应宽度。只需对【例 h7-4.html】样式进行修改，运行结果如图 7-4 所示。

具体代码如下：

```
<style type="text/css">
    #main{ width:80%;           /* 页面自适应宽度，始终为浏览器宽度 80% */
          margin:0 auto; }
    #left, #right { height:100px; float:left; }  /* 两个子元素左浮动 */
    #left  { width:30%;        /* 子元素自适应宽度，始终为父元素宽度 30% */
          background:#C90; }
    #right { width:70%;          /* 子元素自适应宽度，始终为父元素宽度 70% */
          background:#09C;
          clear:right; }  /* 两个子元素都自适应宽度，防止 IE6 显示在下一行 */
    #clear { clear:both; }
</style>
```

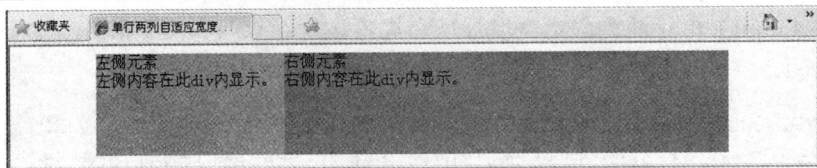

图 7-4　单行两列自适应宽度浮动布局

> 注意：两个子元素都自适应宽度时，在 IE6 及以下的浏览器中，当拖动浏览器改变窗口宽度时，有时会出现两个元素分上下两行显示的情况，如图 7-5 所示。这是由于 IE 利用百分比计算宽度时采用四舍五入引起的，当两个子元素宽度小数都是 0.5 时，总宽度会超出父元素，只需在右侧第二个元素中增加 clear:right;即可避免，详见浏览器兼容性解决方法。
>
> 如果将 left 元素改为 width:200px; 固定宽度 right 元素仍然自适应宽度 70%，在浏览器较宽时 right 宽度会随浏览器及父元素宽度变化，但当浏览器较窄，接近 left 固定宽度时，right 也会显示在第二行。

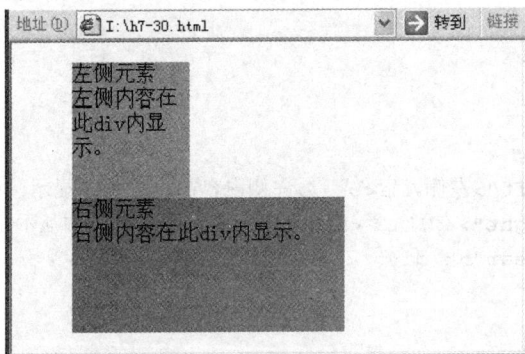

图 7-5　IE6 及以下浏览器两个元素有时分行显示

7.1.3　单行三列布局

单行三列布局通常左右两部分较窄，样式也大致相同，可以采用绝对定位布局，也可以采用浮动布局，可以是固定宽度布局，也可以是自适应宽度布局。

【例 h7-6.html】单行 3 列固定宽度浮动布局。代码如下：

```
<!DOCTYPE html PUBLIC "-//W3C//DTD XHTML 1.0 Transitional//EN"
  "http://www.w3.org/TR/xhtml1/DTD/xhtml1-transitional.dtd" >
<html>
 <head>
  <title>单行 3 列固定宽度布局</title>
  <style type="text/css">
   #main{ width:600px; margin:0 auto; }
   #left, #center, #right { height:100px; float:left; }
   #left, #right { width:150px; background:#C90; }
   #center { width:300px; background:#09C; }
```

```
    #clear { clear:both; }
  </style>
</head>
<body>
  <div id="main">
    <div id="left">左侧元素<br />左侧内容在此 div 内显示。</div>
    <div id="center">中间元素<br />中间内容在此 div 内显示。</div>
    <div id="right">右侧元素<br />右侧内容在此 div 内显示。</div>
    <div id="clear"></div>
  </div>
</body>
</html>
```

运行结果如图 7-6 所示。

图 7-6　单行 3 列固定宽度浮动布局

【例 h7-7.html】单行 3 列自适应宽度浮动布局，将例 h7-6.html 样式做如下修改，运行结果如图 7-7 所示。

代码如下：

```
<style type="text/css">
    #main{ width:80%; margin:0 auto; }
    #left, #center, #right { height:100px; float:left; }
    #left, #right { width:20%; background:#C90; }
    #center { width:60%; background:#09C;    }
    #right { clear:right; }    /* 避免百分比宽度 IE6 有时错行*/
    #clear { clear:both; }
</style>
```

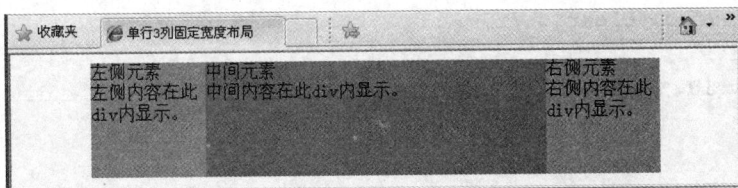

图 7-7　单行 3 列自适应宽度浮动布局

7.1.4　多行多列综合布局

【例 h7-8.html】实现如图 7-8 所示的页面布局，可以将页面内容分为 3 行，第 1 行、第 3 行为单列布局，第 2 行为 3 列布局。

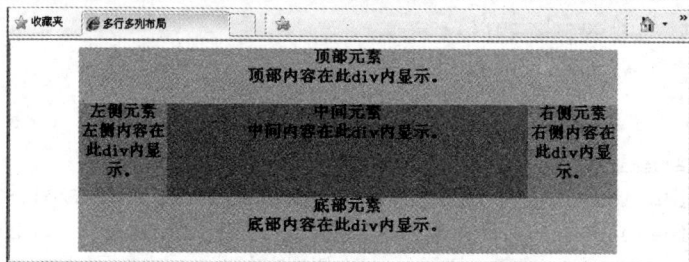

图 7-8　多行多列布局

代码如下：

```
<!DOCTYPE html PUBLIC "-//W3C//DTD XHTML 1.0 Transitional//EN"
    "http://www.w3.org/TR/xhtml1/DTD/xhtml1-transitional.dtd" >
<html>
  <head>
    <title>多行多列布局</title>
    <style type="text/css">
      *{ font-size:18px; font-weight:600; text-align:center; }
      #maim, #top, #middle, #bottom { width:600px; } /* 3 行固定宽度 */
      #maim{ margin:0 auto; }
      #top, #bottom { height:60px; background:aqua; }
      #left, #center, #right{ height:100px; float:left; }
      #left, #right { width:100px; background:#C90; }
      #center { width:400px; background:#09C; }
      #clear { clear:both; }
    </style>
  </head>
  <body>
    <div id="maim">
      <div id="top">顶部元素<br />顶部内容在此 div 内显示。</div>
      <div id="middle">
        <div id="left">左侧元素<br />左侧内容在此 div 内显示。</div>
        <div id="center">中间元素<br />中间内容在此 div 内显示。</div>
        <div id="right">右侧元素<br />右侧内容在此 div 内显示。</div>
        <div id="clear"></div>
      </div>
      <div id="bottom">底部元素<br />底部内容在此 div 内显示。</div>
    </div>
  </body>
</html>
```

7.1.5　不改变页面代码改变布局

　　传统 HTML 布局都是在确定页面内容结构的前提下对页面布局进行设计，如果不改变页面代码就无法改变页面布局，目前流行的网页制作不需要改变页面代码就完全可以通过 CSS 改变页面布局，利用元素的隐藏还可以实现页面的改版。通过 JavaScript 还可以实现根据用户选择自动改变页面布局或样式。

【例 h7-9.html】通过 CSS 对莎士比亚戏剧《驯悍记》中的一幕页面改变布局。

(1) 创建页面文档 h7-9.html：

```
<!DOCTYPE html PUBLIC "-//W3C//DTD XHTML 1.0 Transitional//EN"
    "http://www.w3.org/TR/xhtml1/DTD/xhtml1-transitional.dtd" >
<html>
  <head>
    <title>莎士比亚—驯悍记</title>
    <link href="c7-9.css" type="text/css" rel="stylesheet" />
  </head>
  <body>
    <div id="top">
      <a href="#">第 1 幕</a> | <a href="#">第 2 幕</a>
      | <a href="#">第 3 幕</a> | <a href="#">第 4 幕</a>
      | <a href="#">第 5 幕</a>
    </div>
    <hr />
    <div>
      <div id="picture"><!-- 莎士比亚背景图片 --></div>
      <div id="contens">
        <div id="start">出场: <span class="name">凯瑟琳娜</span></div>
        <div class="name">曹齐奥: </div>
        <div class="dialog">早安，凯特；我听说这是你的小名。</div>
        <div class="name">凯瑟琳娜: </div>
        <div class="dialog">算你耳朵好听，我的名字会刺痛你耳朵的: <br />
                    人们提到我的时候都叫我凯瑟琳娜。</div>
        <div class="name" 曹齐奥: </div>
        <div class="dialog">你骗我，你的名字就叫凯特, <br />
                    你是可爱的凯特、人家有时也叫你泼妇凯特; <br />
                    但你是凯特大厦的凯特，我最娇美的凯特, <br />
                    因为娇美的东西都该叫凯特，所以凯特, <br />
                    我到处听人家称赞你的温柔贤德和美貌娇姿, <br />
                    虽然他们嘴里说的话还抵不过你好处的一半, <br />
                    然而，可是我的心却给他们打动了, <br />
                    所以特地前来向你求婚，请你答应嫁给我做妻子。</div>
        <div class="name">凯瑟琳娜: </div>
        <div class="dialog back ">
                    打动你! 叫打动你到这儿来的家伙再打动你回去吧, <br />
                    我早知道你就是个给人搬来搬去的东西。</div>
      </div>
      <img src="img/shrew.gif" alt="剧本" />
      <div id="clear"></div>
    </div>
  </body>
</html>
```

(2) 在同一目录下创建外部样式表文件 c7-9.css：

```
#top { text-align:center; }
a {font-weight:bold; text-decoration:none; padding:10px;} /* 水平内边距 */
a:link { color:#0000FF; }
a:visited { color:#000000;}
a:hover {
  color:#FFFFFF; background-color:#000000; text-decoration:underline; }
#picture, #contens, img { margin:10px; float:left; /* float:right; */ }
#picture { width:200px; height:300px;
        background:url(img/shakespeare.gif) no-repeat 50% 50%; }
#start { font-style:italic; }
.name { font-weight:bold; margin:0.5em 0; }
.dialog { margin-left:4em; }
.back { background-color:#FFFF00; }
#clear { clear:both; }
```

页面运行结果如图 7-9 所示。无需改动页面代码，只需将样式表文件中左浮动 float:left;改为 float:right;右浮动，运行结果如图 7-10 所示。

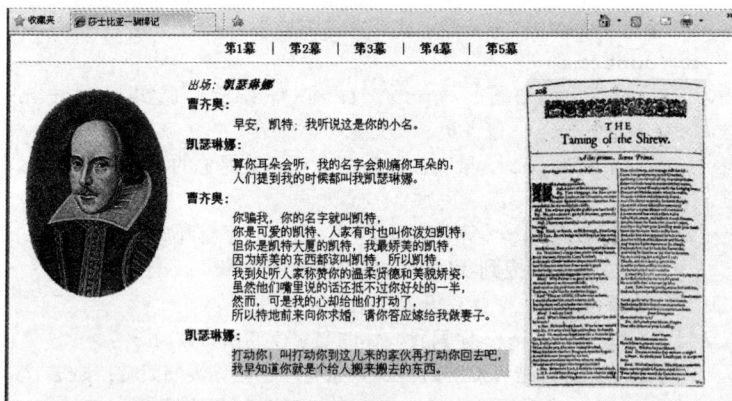

图 7-9　左浮动布局

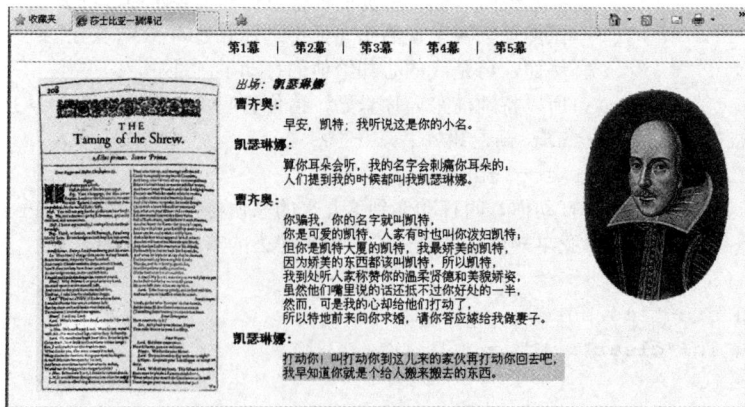

图 7-10　右浮动布局

【例 h7-10.html】通过 CSS 切换布局，直接运行 h7-10.html，如图 7-11 所示。修改 h7-10.html 文档，改为引用 c7-10-2.css 样式表文件，运行结果如图 7-12 所示。

(1) 创建页面文档 h7-10.html：

```
<!DOCTYPE html PUBLIC "-//W3C//DTD XHTML 1.0 Transitional//EN"
  "http://www.w3.org/TR/xhtml1/DTD/xhtml1-transitional.dtd" >
<html>
  <head>
    <title>切换布局</title>
    <link href="c7-10.css" type="text/css" rel="stylesheet" />
    <link href="c7-10-1.css" type="text/css" rel="stylesheet" />
  </head>
  <body>
    <div id="main">
      <div id="logo">导航元素</div>
      <div id="content">
        <div id="first">第一部分元素</div>
        <div id="second">第二部分元素</div>
        <div id="third">第三部分元素</div>
        <div id="clear"></div> <!-- 空元素仅对浮动布局有效-->
      </div>
      <div id="base">底部元素</div>
    </div>
  </body>
</html>
```

(2) 在同一目录下创建外部样式表文件 c7-10.css：

```
*{ margin:0; padding:0; text-align:center; font-size:16px; font-
weight:600; }
#main, #logo, #content, #base { width:600px; }
#main{ margin:0 auto; }
#logo { margin-top:5px; }
#logo, #base { height:30px; background:aqua; }
#content { position:relative; }  /* 相对定位，不影响浮动布局 */
```

> **注意**：IE8 及以上或火狐块级元素 text-align:center;仅用于包含的文本，而不包括块级子元素(可使用 margin:0 auto;)，IE7 及以下块级元素则对包含的文本及块级子元素都有效。

(3) 在同一目录下创建固定宽度定位布局的样式表文件 c7-10-1.css：

```
#first { width:200px; height:100px; background:#D4BF55;
    float:left; } /*IE7 及以下必须增加浮动，否则会居中显示在 second, third 之下*/
#second, #third { width:400px; height:50px; position:absolute;
left:200px; }
#second { top:0px; background:#09C; }
#third { top:50px; background:#C90; }
```

223

```
#clear { clear:both; } /* 为兼容 IE7 以下使用 float 后 IE8 火狐必须禁止后续环绕*/
```

> 注意：对 IE8 或火狐 float:left; #clear{ clear:both; }都可省略，为兼容 IE7 及以下，必须使用
> float:left; 由此为兼容 IE8 又必须使用#clear{ clear:both; }。

（4）在同一目录下创建固定宽度浮动布局的样式表文件 c7-10-2.css：

```
#first, #second, #third { width:200px; height:100px; background:#C90;
float:left; }
#second { background:#09C; }
#clear { clear:both; }
```

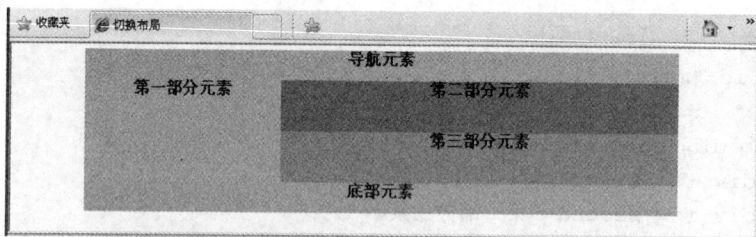

图 7-11　引用 c7-10-1.css 样式文件绝对定位布局

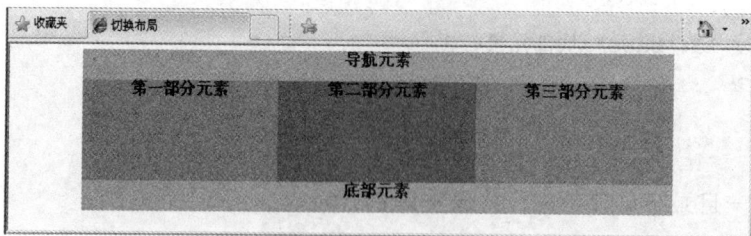

图 7-12　引用 c7-10-2.css 样式文件浮动布局

7.2　常用页面组件

　　一个页面可看作是由若干个小组件和元素组成，例如网站导航部分、表单、列表都可以是页面的组件。利用 CSS 可以设计常用组件并创建页面的各种布局。

7.2.1　横向导航组件

　　横向导航可以采用<a>标记直接排列，也可以使用列表项左浮动实现，还可以使用滑动门或下拉菜单实现。

1. 普通横向导航组件

【例 h7-11.html】横向导航，如图 7-13 所示。代码如下：

```
<!DOCTYPE html PUBLIC "-//W3C//DTD XHTML 1.0 Transitional//EN"
  "http://www.w3.org/TR/xhtml1/DTD/xhtml1-transitional.dtd" >
<html>
```

```
<head>
  <title>横向导航</title>
  <style type="text/css">
    * { margin:0px; padding:0;
        font-family:Verdana, Arial, Helvetica; font-size:14px; }
    a { text-decoration:none; }
    a:link, a:visited { color:white; }
    a:hover { color:red; }
    #daohang, #menu { color:white; width:720px; height:25px;
                padding-top:7px; padding-left:20px; margin:10px;
                background:url(img/dh1.png); }
    #menu { list-style-type:none; }     /* 不显示列表项符号 */
    #menu li { width:72px; float:left; }  /* 列表项左浮动 */
  </style>
</head>
<body>
  a 标记直接排列：
  <div id="daohang">
    <a href="#">学校概况</a> | <a href="#">党政机构</a> |
    <a href="#">院系设置</a> | <a href="#">教育教学</a> |
    <a href="#">科学研究</a> | <a href="#">招聘信息</a> |
    <a href="#">招生就业</a> | <a href="#">学生社区</a> |
    <a href="#">校园文化</a> | <a href="#">校 友 会</a>
  </div>
  列表项左浮动：
  <ul id="menu">
    <li><a href="#">学校概况</a> | </li>
    <li><a href="#">党政机构</a> | </li>
    <li><a href="#">院系设置</a> | </li>
    <li><a href="#">教育教学</a> | </li>
    <li><a href="#">科学研究</a> | </li>
    <li><a href="#">招聘信息</a> | </li>
    <li><a href="#">招生就业</a> | </li>
    <li><a href="#">学生社区</a> | </li>
    <li><a href="#">校园文化</a> | </li>
    <li><a href="#">校 友 会</a></li>
  </ul>
</body>
</html>
```

图 7-13　横向导航

2. 滑动门技术

<a>标记是行内元素不能设置高度(可设置行高)和宽度，如果需要以块状按钮形状显示，可将其定义为 display:block 块级元素。所谓滑动门技术，就是将<a>设置为块级元素再配合上下(或左右)两部分不同的背景图片，正常时只显示背景图片其中的一部分，当鼠标指向该元素时，通过 CSS 的背景图像定位，使图像上下(或左右)滑动显示出另一部分。当然也可以更换背景图片。

【例 h7-12.html】修改 h7-11.html 中的两个横向导航，第一个仍作为行内元素，但更换背景图像，如图 7-14 所示，第二个设置为块级元素，使用滑动门技术使背景图像上移，如图 7-15 所示。注意导航区域高度 33px，而背景图像 dh3.jpg 的高度 70px 分为上下两部分分别显示。

只需修改 h7-11.html 中的 CSS 样式代码如下：

```
<style type="text/css">
    * { margin:0px; padding:0;
        font-family: Verdana, Arial, Helvetica; font-size:14px; }
    a { text-decoration:none; }
    a:link, a:visited { color:white; }
    a:hover  { color:red; }
    #daohang, #menu { width:740px; margin:10px; }
    #daohang a { background:url(img/dh1.png); }
    #daohang a:hover{ background:url(img/dh2.jpg); } /* 更换背景图像 */
    #menu { list-style-type:none; }              /* 不显示列表项符号 */
    #menu li { width:73px; float:left; }            /* 列表项左浮动 */
    #menu a { display:block; float:left;          /* 块级元素并左浮动 */
            width:58px; height:25px; padding-top:8px; margin-right:3px;
            background:url(img/dh3.jpg); }
    #menu a:hover { background-position:0 -35px;  /* 背景图像上移 35 像素*/ }
</style>
```

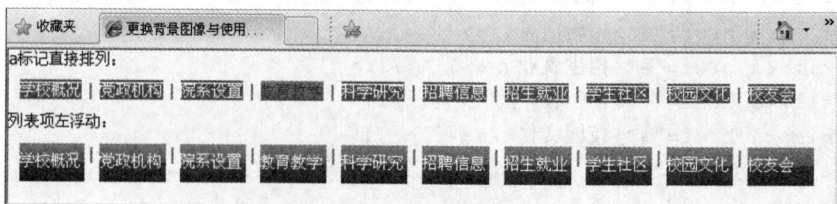

图 7-14　更换背景图像的效果

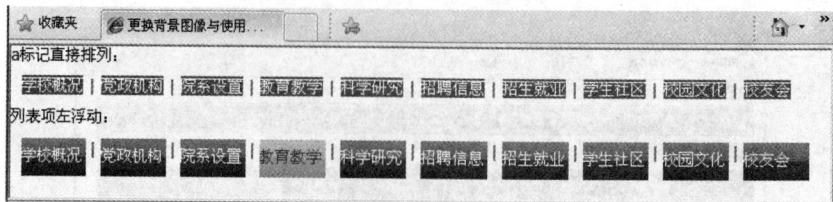

图 7-15　背景图像上移的效果

3．下拉菜单导航

下拉菜单导航可以使用 JavaScript 通过响应鼠标事件控制元素的隐藏与可见，也可以使用 CSS 通过鼠标指向元素的伪类样式控制元素的隐藏与可见。

【例 h7-13.html】通过 CSS 设置下拉菜单导航。代码如下：

```
<!DOCTYPE html PUBLIC "-//W3C//DTD XHTML 1.0 Transitional//EN"
  "http://www.w3.org/TR/xhtml1/DTD/xhtml1-transitional.dtd" >
<html>
  <head>
    <title>下拉菜单导航</title>
    <style type="text/css">
    * { margin:0; padding:0; font-size:14px; }
    #menu { margin:5px; }             /* 导航主菜单 */
    ul { list-style:none; }              /* 不显示列表项符号 */
    li {float:left; position:relative;} /* 左浮动、相对定位子元素绝对定位 */
    a    { display:block; width:150px; height:35px; color:#fff;
           line-height:35px; text-align:center; text-decoration:none;
           background:url(img/dh2.jpg); }
    a:hover { color:red; background:url(img/dh4.jpg);  /* 更换背景图像 */
           cursor:pointer; } /* IE6 及以下必须激活:hover 否则包含选择符无效 */
    table { position:absolute; top:0; left:0; }  /* IE6 及以下下拉列表必须
                                                   在表格内*/
    .inside { display:none; }              /* inside 初始不可见 */
    a:hover .inside, li:hover .inside   /* 鼠标指向 a 元素时 inside 可见 */
        { display:block; position:absolute; top:35px; left:0; }
    .inside a     { color:#000; background:#ccc; }
    .inside a:hover { color:#FFF; background:#36F; }
    .clear { clear:both; padding:10px; }    /* 设置内边距避免外边距合并 */
    </style>
  </head>
  <body>
    <div id="menu">
      <ul>
        <li><a href="#">教育教学
          <table><tr><td>
            <div class="inside">
              <a href="#">平面设计</a><a href="#">三维动画</a>
              <a href="#">网页制作</a><a href="#">Flash 动画</a></div>
          </td></tr></table></a></li>
        <li><a href="#">招生就业
          <table><tr><td>
            <div class="inside">
              <a href="#">人才交流</a><a href="#">招工单位</a>
              <a href="#">就业状况</a> </div>
          </td></tr></table></a></li>
        <li><a href="#">学生社区
```

```
<table><tr><td>
  <div class="inside">
    <a href="#">新闻娱乐</a><a href="#">聊天室</a>
    <a href="#">新闻视频</a> </div>
  </td></tr></table></a></li>
  </ul>
  </div>
  <div class="clear">欢迎使用 CSS 下拉菜单超链接导航</div>
  </body>
</html>
```

> 注意： IE6 及以下浏览器对:hover 伪类支持不完善，必须在 a:hover 中定义 cursor:pointer;样
> 式激活，否则"a:hover.inside"包含选择符无效则不会显示下拉菜单。IE6 及以下的浏
> 览器还必须将<div class="inside">放在一个表格内才可以显示下拉菜单，IE7 及以上
> 或火狐等浏览器则可以省略这些代码，但省略后鼠标进入下拉菜单区后主链接不更
> 换图片，而且火狐还会多一项空白超链接区。
>
> 群组选择符 a:hover .inside, li:hover .inside 中 IE6 及以下必须使用 a:hover .inside 才能
> 显示并进入下拉菜单区域，IE7 及以上则必须使用 li:hover .inside，否则虽能显示下
> 拉菜单，但鼠标不能进入下拉菜单区域，而火狐则可使用其中的任意一个。

运行结果如图 7-16 所示。

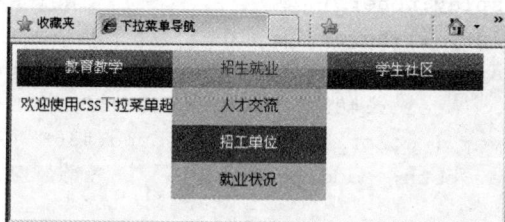

图 7-16 下拉菜单导航

7.2.2 提示框

当鼠标移动到热点文字上时，可以出现一个提示框，用户通过提示信息还可以单击进
入相关页面，使用 JavaScript 响应鼠标事件可以弹出独立的信息对话框，也可控制提示框
的隐藏与可见，使用 CSS 鼠标指向元素的伪类样式也可实现提示框的隐藏与可见。

【例 h7-14.html】当鼠标指向"提示框"或"信息对话框"热点文字时，会分别弹出
提示框显示"如果你对提示信息感兴趣时可以单击该文字进入相关页面。"或"用户通过
对话框可以提供信息与页面进行交互。"。代码如下：

```
<!DOCTYPE html PUBLIC "-//W3C//DTD XHTML 1.0 Transitional//EN"
  "http://www.w3.org/TR/xhtml1/DTD/xhtml1-transitional.dtd" >
<html>
  <head>
    <title>使用提示框</title>
```

```
<style type="text/css">
  * { margin:0; paliing:0; font-size:16px; }
  #main { margin:20px; text-indent:1em; }            /* 首行缩进1字符 */
  .link { position:relative; text-decoration:none;
        color:red; font-weight:600; }
  .pop { width:160px; padding:6px; color:#fff; background:#960;
        visibility:hidden; position:absolute; top:18px; left:-18px; }
  .link:hover { cursor:pointer; }  /* IE6 及以下定义样式激活 hover 伪类 */
  .link:hover .pop { visibility:visible; z-index:1; }
</style>
</head>
<body>
  <div id="main">使用 CSS 当鼠标移动到热点文字上时可以出现<a href="#"
class="link">提示框<span class="pop">如果你对提示信息感兴趣时可以单击该文字进入相
关页面。</span></a>。使用 JavaScript 响应鼠标事件可以弹出独立的<a href="#"
class="link">信息对话框<span class="pop">用户通过对话框可以提供信息与页面进行交
互。</span></a>，也可以控制提示框的隐藏与可见。
  </div>
</body>
</html>
```

本例将父元素超链接.link 设置为相对定位，为提示框子元素.pop 的绝对定位做好准备。提示框采用了绝对定位，不占用空间，既可使用 visibility 也可使用 display 隐藏。

IE6 及以下浏览器对:hover 伪类支持不完善，必须定义.link:hover { cursor:pointer; }样式激活:hover 伪类，否则之后的.link:hover.pop 样式不起作用。IE7 以上及火狐则可省略。

另外由于第二个超链接.link "信息对话框" 在第一个.pop 提示框之后并且也是采用了相对定位，当与第一个提示框重叠时则会覆盖在第一个提示框之上，因此当提示框显示时必须设置 z-index 提高层叠等级。运行结果如图 7-17 和 7-18 所示。

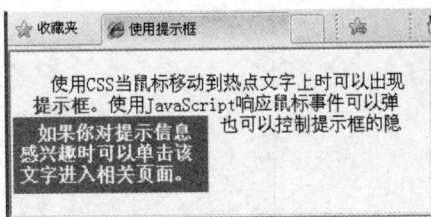

图 7-17　鼠标指向 "提示框"

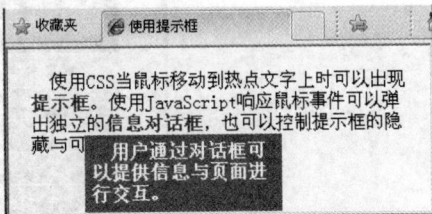

图 7-18　鼠标指向 "信息对话框"

7.2.3　纵向导航

纵向导航可直接采用列表项的左浮动实现。

【例 h7-15.html】纵向导航。代码如下：

```
<!DOCTYPE html PUBLIC "-//W3C//DTD XHTML 1.0 Transitional//EN"
  "http://www.w3.org/TR/xhtml1/DTD/xhtml1-transitional.dtd" >
<html>
  <head>
    <title>纵向导航</title>
```

```
<style type="text/css">
  *{ margin:0; padding:0; font-size:14px; }
  #menu  { width:160px; height:35px; margin:5px; }
  #menu ul{ list-style:none; }
  #menu li { width:150px; margin:2px 0; color:#FFF;
    letter-spacing:5px; } /*字间距*/
  #menu a     { display:block; width:160px; height:30px;
                color:#FFF; line-height:35px; text-align:center;
                text-decoration:none; background:url(img/dh2.jpg); }
  #menu a:hover { color:#F00; background:#D0F0F7; }
</style>
</head>
<body>
  <div id="menu">
   <ul>
    <li><a href="#">学校概况</a></li> <li><a href="#">党政机构</a></li>
    <li><a href="#">院系设置</a></li> <li><a href="#">教育教学</a></li>
    <li><a href="#">科学研究</a></li> <li><a href="#">招聘信息</a></li>
    <li><a href="#">招生就业</a></li> <li><a href="#">学生社区</a></li>
    <li><a href="#">校园文化</a></li> <li><a href="#">校友会</a></li>
   </ul>
  </div>
</body>
</html>
```

运行结果如图 7-19 所示。

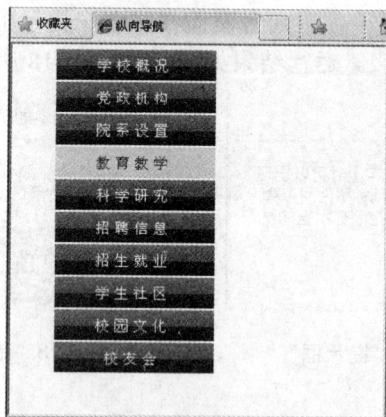

图 7-19 纵向导航

7.3 不同浏览器的兼容性

7.3.1 浏览器兼容性概述

目前常用的浏览器有 IE(Windows XP 默认 IE6，更高版本有 IE7、IE8、IE9)、火狐

Firefox、网景公司的 Netscape、苹果公司的 Safari、挪威 Telenor 公司的 Opera 等。由于历史发展的原因或者基于其他各种各样的原因，这些浏览器不能完全采用统一的 Web 标准，或者说不同浏览器对同一个 CSS 样式会有不同的解析结果。

同样基于各种各样的原因，老版本的浏览器仍然有许多用户在使用，作为网页设计者设计好的一个网站，总是希望能让所有的用户都能正常阅览，如何解决浏览器的兼容性问题，使得页面在不同浏览器中具有相同的显示效果，也就成了网页制作者不得不考虑的重要因素。

除了浏览器本身因素外，设计者也应尽量避免使用某些浏览器特有的技术。例如从 IE5 开始引入只有 IE 浏览器支持的 behavior 行为属性，可以通过 CSS 向 HTML 元素添加行为，但是设计者则应尽量使用大多数浏览器都支持的 JavaScript 和 HTML DOM 技术来替代。

> **注意：** 目前如"360 安全浏览器"、"腾讯 TT"、"傲游"等许多浏览器是基于"IE 内核"的，就是说这些浏览器对 HTML 代码的解析执行(解释引擎)与 IE 相同，如果同一台机器上 IE 浏览器版本升级，则这些浏览器也会随之升级。

【例 h7-16.html】当有两个 div 元素嵌套时，如果内层子元素设置的长宽区域大于外层父元素设置的区域，IE6 及以下浏览器中父元素区域的设置失效，自动增大区域以适应子元素，而在 IE7 以上及火狐等其他标准浏览器中父元素区域的设置是不会随子元素变化的。

代码如下：

```
<!DOCTYPE html PUBLIC "-//W3C//DTD XHTML 1.0 Transitional//EN"
   "http://www.w3.org/TR/xhtml1/DTD/xhtml1-transitional.dtd" >

<html>
  <head>
    <title>不同浏览器的运行效果</title>

    <style type="text/css">
      div{ margin:10px; text-align:center; }
      #out { width:200px; height:100px; border:3px solid;    }
      #in  { width:400px; height:100px; border:blue 3px dashed; }
    </style>

  </head>

  <body>
    <div id="out">外层 div 元素
      <div id="in">内层 div 元素</div>
    </div>
  </body>
</html>
```

运行结果如图 7-20 和 7-21 所示。

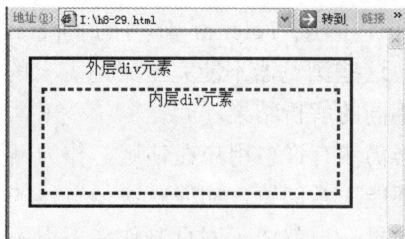

图 7-20　IE6 及以下的浏览器显示结果　　图 7-21　IE7 以上及火狐标准浏览器显示结果

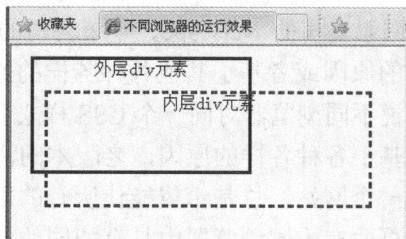

7.3.2　使用 Hack 技术实现浏览器兼容

在浏览器兼容问题上，所谓 Hack 技术就是利用不同浏览器对 CSS 样式支持不同的特点，针对不同浏览器分别重复定义多个不同的样式表，由浏览器各自解析，执行自己支持的样式，从而设计出不同浏览器具有相同显示效果的页面。

目前最常用的方法是利用浏览器对加入特殊字符的选择符或个别样式的支持、不支持重复定义不同的样式。

对个别浏览器有特别显示效果的样式，如果个别浏览器有自己单独支持的隐藏样式，则先针对大多数浏览器定义通用样式，之后再用个别浏览器单独支持的隐藏样式重复定义该样式，使得大多数浏览器使用前者，个别浏览器用隐藏样式覆盖后单独使用后者。如果个别浏览器不支持大多数浏览器使用的样式，则先针对个别浏览器定义样式，之后再用个别浏览器不支持的样式为大多数浏览器重复定义该样式，使得个别浏览器使用前者，大多数浏览器覆盖后使用后者。

Hack 技术的关键就是要熟悉哪些样式是个别浏览器特有的隐藏样式、哪些样式是个别浏览器不支持的样式。

(1)　用@import 带目标设备导入样式表文件覆盖 IE7 及以下的样式表：

```
@import url(相对或绝对路径/样式表文件 1.css) 目标设备;
```

在引用外部样式表文件时我们介绍过，IE7 及以下浏览器不支持目标设备选项，如果指定了目标设备，则@import 导入样式表无效，而 IE8 以上及火狐等标准浏览器都可以支持目标设备选项。

如果 IE7 及以下浏览器某些样式的显示效果与 IE8 以上或火狐等标准浏览器不同，为了兼容 IE7 及以下，我们可以为 IE7 及以下设计外部样式表文件 A(可包含 IE8 及火狐的通用样式)、为 IE8 及火狐浏览器设计外部样式表文件 B，先用不带目标设备的@import 或<link>导入 IE7 及以下使用的文件 A，再用带目标设备的@import 导入 IE8 及火狐使用的文件 B：

```
@import url(路径/样式表文件 A.css);
```

或用<link>导入 IE7、IE8 及火狐使用的样式文件：

```
@import url(路径/样式表文件 B.css)  screen ;      导入 IE8 及火狐专用的样式文件
```

由于文件 B 对 IE7 及以下无效，所以只能使用文件 A 的样式，而对 IE8 及火狐则可以用文件 B 覆盖先导入的文件 A，最终使得 IE7 及以下、IE8 及火狐等浏览器各自按不同的样式显示出相同的页面。

(2) 使用 IE 条件注释隐藏导入不同 IE 样式表文件。

IE 浏览器从 IE5 开始可以指定条件确定是否执行代码，通过条件可以判断当前浏览器的版本并根据版本隐藏和导入不同的样式表文件。而火狐等其他浏览器则不会导入这些带条件注释的样式表文件：

```
<!--[if 条件 ]>
  <link href="路径/样式文件.css" type="text/css" rel="stylesheet" />
<![endif]-->
```

该标记只有在 IE 浏览器中有效，而且只有当条件成立时才执行代码导入指定的文件，条件不成立则不会导入文件。

If 及条件中的字母不区分大小写，但<!--[if]>、<![endif]-->的任何字符中间不允许有空格，如果条件成立则对<![endif]-->不做语法检查甚至可以省略，但如果条件不成立<![endif]-->中间有空格或省略时则之后所有页面内容都不会显示。

例如[if IE 7]则只在 IE7.0 版本浏览器中导入指定文件，默认条件运算符为"等于"，if 与 IE 之间、IE 与版本之间都必须有空格，例如 IE 7 中间没有空格写成 IE7 是错误的。

可以用 Lt(小于)、Lte(小于等于)、Gt(大于)、Gte(大于等于)条件运算符指定浏览器版本的范围。例如[if Gte IE 6]，则表示在 IE 6.0 及以上版本浏览器中导入指定文件。

我们可以针对不同 IE 版本的浏览器按页面要求分别设计不同的外部样式表文件，先导入通用样式文件，再通过条件注释判断当前浏览器版本，导入相应的样式表文件进行覆盖(在后续样式表文件中只需覆盖显示效果不同的样式规则)，最终使得不同 IE 版本的浏览器都能各自按不同的样式显示出相同的页面。代码如下：

```
<link href="路径/通用的外部样式文件.css" type="text/css" rel="stylesheet" />
<!--[if lt IE 7]>
  <link href="路径/IE6.x 以下使用的样式文件.css" type="text/css"
rel="stylesheet" />
<![endif]-->
<!--[if Gte IE 7]>
  <link href="路径/IE7 及其以上使用的样式文件.css" type="text/css"
rel="stylesheet" />
<![endif]-->
<!--[if IE 5]>
  <link href="路径/仅 IE5.0 使用的样式文件.css" type="text/css"
rel="stylesheet" />
<![endif]-->
```

如果多个条件指定范围冲突时，一定注意覆盖顺序。

(3) 使用* html 包含选择符隐藏 IE6 及以下样式表。

IE7 及以上或火狐等标准浏览器都将 html 作为整个网页的根元素，而 IE6 及以下版本的浏览器则以通用选择符"*"作为根元素解析。

如果某个样式在 IE6 及以下的显示效果与 IE7 及以上或火狐等标准浏览器不同，为了兼容 IE6，我们可以按页面要求针对 IE7 及火狐用 HTML 包含选择符定义该样式表，针对

IE6 及以下用* html 包含选择符定义该样式表，最终使得 IE6 及以下、IE7 以上及火狐等浏览器各自按不同的样式显示出相同的页面。代码格式如下：

```
html 包含选择符    { IE7 以上及火狐使用的样式规则； }
* html 包含选择符  { IE6 及以下版本隐藏覆盖专用的样式规则； }
```

【例 h7-17.html】为模拟让不同浏览器使用不同的样式表，我们在同一个页面中分别为 IE6 及以下、IE7 及火狐浏览器定义样式，然后使用不同浏览器观察运行效果。

代码如下：

```
<!DOCTYPE html PUBLIC "-//W3C//DTD XHTML 1.0 Transitional//EN"
  "http://www.w3.org/TR/xhtml1/DTD/xhtml1-transitional.dtd" >
<html>
  <head>
    <title>使用* html 包含选择符</title>
    <style type="text/css">
      div { width:300px; height:100px; border:3px solid; }
      html div { font-size:12px; color:blue; }  /* IE7 以上及火狐使用 */
      * html div { font-size:26px; color:red; } /* IE6 及以下版本隐藏专用 */
    </style>
  </head>
  <body>
    <div>利用" * "包含选择符过滤样式表。</div>
  </body>
</html>
```

运行结果如图 7-22 和 7-23 所示。

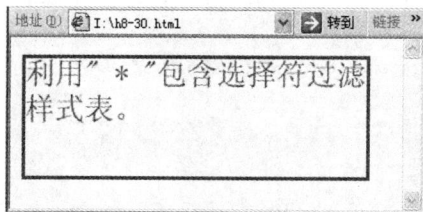

图 7-22   IE6 及以下浏览器显示结果   图 7-23   IE7 以上及火狐标准浏览器显示结果

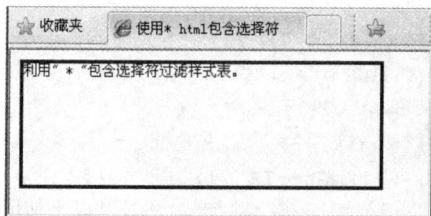

(4) 使用#id, []选择符覆盖 IE6 及以下样式表。

IE7 以上及火狐等标准浏览器可以在 id 选择符后用逗号再跟一个方括号定义样式表，方括号内可以是与页面无关的任意合法字符，如[abc]、[boy]等，而 IE6 及以下版本则不支该选择符样式表，即该样式表对 IE6 及以下版本无效。

如果某个元素的某个样式在 IE6 及以下的显示效果与 IE7 以上及火狐等标准浏览器不同，为了兼容 IE6，我们可以按页面要求先针对 IE6 用普通 id 选择符定义该样式，然后再针对 IE7 及火狐用#id, []群组选择符重复定义该样式进行覆盖，最终使得 IE6 及以下、IE7 以上及火狐等浏览器各自按不同的样式显示出相同的页面。代码格式如下：

```
#id 选择符                { IE6 及以下版本使用的样式规则； }
#id 选择符, [任意合法字符] { IE7 以上及火狐覆盖使用的样式规则；}
```

【例 h7-18.html】使用#id, []选择符在同一个页面中分别为 IE6 及以下、IE7 及火狐浏览器定义样式，然后使用不同浏览器观察运行效果。代码如下：

```
<!DOCTYPE html PUBLIC "-//W3C//DTD XHTML 1.0 Transitional//EN"
  "http://www.w3.org/TR/xhtml1/DTD/xhtml1-transitional.dtd" >
<html>
  <head>
    <title>使用#id, []选择符</title>
    <style type="text/css">
      #main { width:300px; height:100px; border:3px solid;
            font-size:12px; color:blue; }        /* IE6 及所有浏览器通用 */
      #main, [abc] { font-size:26px; color:red; }  /* IE7 及火狐覆盖后使用 */
    </style>
  </head>
  <body>
    <div id="main">利用#id, []选择符对 IE6 及以下隐藏样式。</div>
  </body>
</html>
```

运行结果如图 7-24 和 7-25 所示。

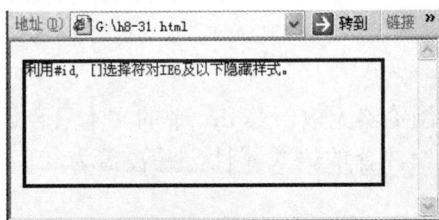

图 7-24　IE6 及以下浏览器显示结果　　　图 7-25　IE7 以上及火狐标准浏览器显示结果

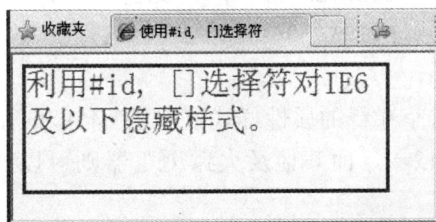

(5)　使用属性、相邻或子对象选择符覆盖 IE6 及以下样式表。

IE7 及以上或火狐等标准浏览器中都可以使用属性、相邻或子对象选择符定义样式表，而 IE6 及以下版本浏览器则不支持属性、相邻或子对象选择符。

如果某个样式在 IE6 及以下的显示效果与 IE7 以上及火狐等标准浏览器不同，为了兼容 IE6，我们可以先针对 IE6 用普通选择符定义该样式，然后再针对 IE7 及火狐用属性、相邻或子对象选择符重复定义该样式进行覆盖，最终使得 IE6 及以下、IE7 以上及火狐等浏览器显示出相同的页面。代码格式如下：

```
IE 及火狐都支持的普通选择符   { 针对 IE6 及以下浏览器的样式属性 }
IE6 及以下不支持的属性选择符   { 针对 IE7 以上及火狐浏览器的样式属性 }
            或相邻选择符   { 针对 IE7 以上及火狐浏览器的样式属性 }
            或子对象选择符   { 针对 IE7 以上及火狐浏览器的样式属性 }
```

(6)　用带注释的选择符覆盖 IE 5.0 及以下样式表。

注释可以提高代码的可读性，利用注释还可以起到对某些浏览器隐藏样式的作用。

如果在选择符后添加一个空注释(注释与大括号之间必须有空格)，不会影响 IE 5.5 及以上或火狐等标准浏览器使用该样式，但 IE 5.0 及以下版本的浏览器则不支持该样式表。

如果某个样式在 IE 5.0 及以下的显示效果与 IE 5.5 及以上或火狐等浏览器不同，我们可以先针对 IE 5.0 及以下用普通选择符定义该样式，然后再针对 IE 5.5 及以上或火狐用带注释的选择符重复定义该样式进行覆盖，使得 IE 5.0 及以下、IE 5.5 以上及火狐等浏览器显示出相同的页面。例如：

```
div    { width:300px; height:100px; border:3px solid;
         font-size:12px; color:blue; }   /*IE 5.0 及所有浏览器通用 */
div/**/ { font-size:26px; color:red; }    /*IE 5.5 及以上或火狐覆盖后使用*/
```

(7) 用带注释的样式属性覆盖 IE 4.0 和 IE 5.0 样式。

如果在样式的属性名之后、冒号之前添加一个空注释(注释前后不允许有空格)，则仅仅 IE 4.0 和 IE 5.0 浏览器不支持该样式，而不会影响 IE 其他版本及火狐等浏览器使用该样式。

如果某个样式在 IE 4.0 和 IE 5.0 中的显示效果与其他浏览器不同，我们可以先针对 IE 4.0 和 IE 5.0 定义该样式，然后再用带注释的样式属性为其他浏览器重复定义并覆盖。例如：

```
div { width:300px; height:100px; border:3px solid;
      font-size:12px; color:blue;    /* IE 4.0 和 IE 5.0 及所有浏览器通用 */
      font-size/**/: 26px;      /* IE 4.0 和 IE 5.0 除外的其他浏览器覆盖后使用 */
      color/**/: red;
    }
```

带空注释的属性样式仅对 IE 4.0 和 IE 5.0 浏览器无效，其 div 中的文本只会显示为蓝色 12px，而其他及火狐浏览器则可以解析带空注释的样式属性，并覆盖为红色 26px 的文本。

(8) 利用带注释的样式属性覆盖 IE 6.0 样式。

如果在样式属性名之后、冒号之前添加一个空注释(属性与注释之间必须有空格)，不会影响 IE 5.5 及以下、IE7 以上及火狐等浏览器使用该样式，仅仅 IE 6.0 浏览器不支持该样式。

如果某个样式在 IE 6.0 中的显示效果与其他浏览器不同，我们可以先针对 IE 6.0 定义该样式，然后再用带注释的样式属性为其他浏览器重复定义并覆盖。例如：

```
div { width:300px; height:100px; border:3px solid;
      font-size:12px; color:blue;      /* IE 6.0 及所有浏览器通用 */
      font-size /**/: 26px;         /* IE 6.0 除外的其他浏览器覆盖后使用 */
      color /**/: red;
    }
```

带空注释的属性样式仅对 IE 6.0 浏览器无效，其 div 中的文本只会显示为蓝色 12px，而 IE 6.0 以外及火狐则可以解析带空注释的样式属性，并覆盖为红色 26px 的文本。

(9) 利用带注释的样式属性值覆盖 IE 5.5 样式。

如果在样式属性冒号之后属性值之前添加一个空注释(冒号与注释之间必须有空格)，则仅仅 IE 5.5 浏览器不支持该样式，但不影响 IE 其他版本或火狐等浏览器使用该样式。

如果某个样式在 IE 5.5 中的显示效果与其他浏览器不同，我们可以先针对 IE 5.5 定义该样式，然后再用带注释的样式属性值为其他浏览器重复定义并覆盖。例如：

```
div { width:300px; height:100px; border:3px solid;
    font-size:12px; color:blue;     /* IE 5.5 及所有浏览器通用 */
    font-size: /**/26px;            /* IE 5.5 除外的其他浏览器覆盖后使用 */
    color: /**/red;
    }
```

带空注释属性值的样式对 IE 5.5 浏览器无效，其 div 中的文本只会显示为蓝色 12px，而其他及火狐浏览器则可以解析带空注释属性值的样式，并将覆盖为红色 26px 的文本。

(10) 使用带下划线_的样式属性隐藏 IE6 及以下样式。

IE7 以上及火狐等标准浏览器都不支持下划线开头的样式属性，而 IE6 及以下版本的浏览器则可以跳过下划线执行之后的样式属性，即开头带下划线的样式仅对 IE6 及以下有效。

如果某个样式在 IE6 中的显示效果与 IE7 以上及火狐等标准浏览器不同，我们可以先针对 IE7 及火狐定义该样式，然后再针对 IE6 及以下用下划线开头重复定义该样式进行隐藏覆盖，使得 IE6 及以下、IE7 以上及火狐等浏览器显示出相同的页面。例如：

```
div { width:200px;
    height:100px;
    border:blue 5px solid;     /* IE7 以上及火狐使用 */
    _height:400px;             /* IE6 及以下版本隐藏覆盖使用 */
    _border:red 1px solid;
    }
```

以下划线开头的样式属性对 IE7 以上及火狐等浏览器无效，这些浏览器中的 div 会显示为高度 100 蓝色 5 像素的边框。而对 IE6 及以下版本则可以执行带下划线的样式属性，在这些浏览器中，将会覆盖为以高度 400 红色 1 像素的边框显示 div。

(11) 使用带!important 关键字的样式属性隐藏 IE6 及以下样式。

我们已经介绍过可以使用!important 关键字提高样式属性的优先级，但 IE6 及以下浏览器中带!important 的样式属性在同一样式表内部无效，即同一个样式表内重复定义的样式仍然可以覆盖前面带!important 的样式属性，而 IE7 及以上或火狐等浏览器带!important 的样式属性不会被任何重复定义的样式覆盖。

如果某个样式在 IE6 及以下浏览器的显示效果与 IE7 以上及火狐等标准浏览器不同，可以先针对 IE7 以上及火狐使用!important 关键字定义样式属性，然后再针对 IE6 及以下在同一样式表内重复定义该样式进行覆盖。例如：

```
div { width:200px;
    height:400px !important;
    border:red 1px solid !important;  /* IE7 以上及火狐使用——不被覆盖 */
    height:100px;                     /* IE6 及以下版本可以覆盖使用 */
    border:blue 5px solid;
    }
```

(12) 使用带\转义符的样式属性覆盖 IE5 及以下样式。

样式属性中的字母除了 a~f、n、r、t、v 以外，都可以在前面加反斜杠作为转义字符，IE6 及以上或火狐等标准浏览器都支持转义字符，而 IE5 及以下版本的浏览器则不支持转义字符，如果用转义字符代替原字符，则对 IE5 及以下版本浏览器无效。

如果某个样式在 IE5 及以下的显示效果与 IE6 以上及火狐等标准浏览器不同，可以先针对 IE5 及以下定义该样式，然后再针对 IE6 及火狐用转义字符重复定义该样式进行覆盖。例如：

```
div { width:200px;
    height:100px;
    border:blue 5px solid;    /* IE5 及以下版本使用 */
    hei\ght:400px;            /* IE6 以上及火狐覆盖使用 */
    b\order:red 1px solid;
    }
```

加反斜杠作为转义字符的样式属性对 IE5 及以下浏览器无效，这些浏览器中的 div 高度 100 显示为蓝色 5 像素的边框。而对 IE6 以上及火狐等则可以跳过下划线执行样式属性，在这些浏览器中将会覆盖为以高度 400 红色 1 像素边框显示 div。

(13) IE7 专用的*+html 隐藏包含选择符。

IE7 可以处理大部分 IE6 及以下浏览器的兼容性，而且在 IE5、IE6 及以下浏览器中使用的隐藏样式在 IE7 中不再使用。

在 IE7 中有一个专用的*+html 隐藏包含选择符，如果发现有某个样式仅在 IE7 浏览器中的显示效果与其他浏览器不同，则可以先针对其他浏览器定义样式表，再针对 IE7 使用*+html 隐藏包含选择符重复定义该样式进行覆盖。代码格式如下：

```
#id 选择符          { 样式规则 A; }   /* 针对其他浏览器定义样式 */
*+html #id 选择符 { 样式规则 A; }   /* IE7 重复定义覆盖样式 A，对其他浏览器无效 */
```

> 注意：包含选择符*+html 与选择符之间必须以空格隔开。

7.4 常见浏览器兼容问题的解决方法

7.4.1 IE5 及以下浏览器的兼容问题

1. IE5 及以下块级元素的宽度

IE6 及以上或火狐等标准浏览器按照 CSS 规范对块级元素的宽度 width 和高度 height 仅指元素内容的区域大小，不包括内容外侧的内边距、边框与外边距，但 IE5 及以下版本的 width 是内容与内边距和边框的总和，而 height 为内容的高度。

例如定义一个 div 块级框元素：

```
div { width:300px;
    height:150px; margin:10px; padding:0 60px; border:blue 2px solid;
    }
```

在 IE6 及以上或火狐等标准浏览器中，元素内容宽度为 300px，加上左右两侧的外边距 20、边框 4、内边距 120，该框元素占用页面区域的总宽度为 444px。而在 IE5 及以下浏览器中，框元素包括内边距及边框的宽度为 300px，去掉内边距 120 及边框 4 后实际内容宽度为 176px，加上外边距，该框元素占用页面区域的总宽度为 320px。

解决方法：用 IE5 不支持的带\转义字符的样式属性覆盖 IE5 样式，先针对 IE5 按内容宽度 300px，加内边距 120px、边框 4px 设置宽度为 width:424px，然后针对 IE6 及以上或火狐等用转义字符重复定义实际内容区域的宽度 width:300px 进行覆盖，使得 IE5 与其他浏览器具有相同的运行结果。代码如下：

```
div { width:424px;        /* IE5 浏览器包括边框的宽度，总宽度为 444 */
    widt\h:300px;         /* IE6 以上及火狐覆盖为内容宽度 300，总宽度为 444 */
    height:150px; margin:10px; padding:0 60px; border:blue 2px solid;
    }
```

2．IE5 及以下浮动图像两侧外边距增加 3 像素

在 IE5 及以下版本浏览器中，如果让 img 图像元素左浮动或右浮动成为块级元素，则浮动图像两侧无论是与环绕元素或与父元素边框之间都会多出 3 像素的外边距，而 IE6 及以上或火狐等标准浏览器则没有这种现象。

解决方法：用 IE5 不支持的带"\"转义字符的样式属性覆盖 IE5 样式，先针对 IE5 对图像的左右外边距设置为–3px 以消除增加的 3 像素，然后针对 IE6 及以上或火狐用转义字符重复定义左右外边距为正常值 0 进行覆盖，使得 IE5 与其他浏览器具有相同的运行结果。代码如下：

```
img { float:left; width:100px; height:75px;
    margin:0 -3px;        /* IE5 及以下左右外边距-3px 消除增加的 3 像素 */
    margi\n:0;            /* IE6 及以上或火狐等现代浏览器覆盖为正常值 */
    }
```

7.4.2 IE6 及以下浏览器的兼容问题

1．IE6 及以下浮动元素与环绕文本一侧外边距增加 3 像素

在 IE6 及以下版本浏览器中，如果元素左浮动或右浮动，则后面的行内文本环绕该元素时浮动元素与环绕文本之间会增加 3 像素外边距，而 IE7 及以上或火狐等标准浏览器则没有这种现象。

【例 h7-19.html】IE6 及以下浮动元素与环绕文本一侧的外边距增加 3 像素。

代码如下：

```
<!DOCTYPE html PUBLIC "-//W3C//DTD XHTML 1.0 Transitional//EN"
  "http://www.w3.org/TR/xhtml1/DTD/xhtml1-transitional.dtd" >
<html>
  <head>
   <title>IE6 浮动元素与环绕文本一侧的外边距增加 3 像素</title>
   <style type="text/css">
```

```
#main { width:100px; height:80px;
        float:left;                /* div 左浮动，右浮动也是一样 */
        margin:0; padding:0;    /* 浮动元素内外边距均设置为 0 */
        border:blue 2px solid; }
    </style>
</head>
<body>
    <div id="main">左浮动元素</div>
    环绕浮动元素的流动文本<br />
    环绕浮动元素的流动文本<br />
    环绕浮动元素的流动文本<br />
    环绕浮动元素的流动文本<br />
</body>
</html>
```

运行结果如图 7-26 和 7-27 所示。

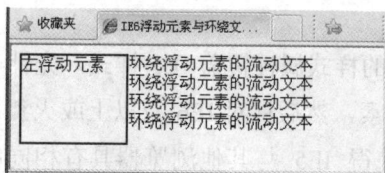

图 7-26　IE7 及以上或火狐显示结果　　　图 7-27　IE6 及以下浏览器显示结果

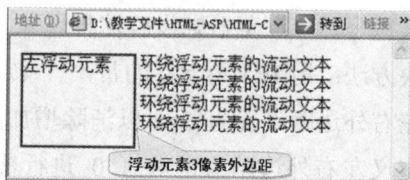

解决方法：用 IE6 特有的带下划线"_"的样式属性隐藏 IE6 样式，先针对 IE7 及以上或火狐对左浮动元素的右外边距(对右浮动元素则为左外边距)设置为正常值 0，然后再针对 IE6 及以下用带下划线开头的样式重复隐藏定义右外边距为-3px 进行覆盖以消除增加的 3 像素，使得 IE6 与其他浏览器具有相同的运行结果。代码如下：

```
#main { width:100px; height:80px;
        float:left;
        margin:0; padding:0;  /* IE7 及以上或火狐等按正常值 0 设置右外边距 */
        _margin-right:-3px;   /* IE6 及以下隐藏覆盖右外边距设置为-3px */
        border:blue 2px solid;
    }
```

2. IE6 及以下流动元素环绕一侧的内边距增加 3 像素

元素左浮动或右浮动后，后续未设置区域大小的流动块级元素自动上移其文本，会环绕浮动元素，在 IE6 及以下版本浏览器中，后续流动元素在浮动元素高度范围内与浮动元素相邻一侧的内边距会增加 3 像素，而 IE7 及以上或火狐等标准浏览器则没有这种现象。

【例 h7-20.html】IE6 及以下流动元素环绕浮动元素一侧的内边距增加 3 像素。代码如下：

```
<!DOCTYPE html PUBLIC "-//W3C//DTD XHTML 1.0 Transitional//EN"
 "http://www.w3.org/TR/xhtml1/DTD/xhtml1-transitional.dtd" >
```

240

```
<html>
  <head>
    <title>IE6 流动元素环绕浮动元素一侧内边距增加 3 像素</title>
    <style type="text/css">
      div { margin:0; padding:0;
          border:1px solid blue; }
      #left  { width:100px; height:80px;
            float:left; }
      #flow { margin-left:110px; }
    </style>
  </head>
  <body>
    <div id="left">左浮动元素</div>
    <div id="flow">
      环绕浮动元素的流动元素<br />
      环绕浮动元素的流动元素<br />
      环绕浮动元素的流动元素<br />
      环绕浮动元素的流动元素<br />
      环绕浮动元素的流动元素<br />
      环绕浮动元素的流动元素<br />
      环绕浮动元素的流动元素<br />
    </div>
  </body>
</html>
```

运行结果如图 7-28 和 7-29 所示。

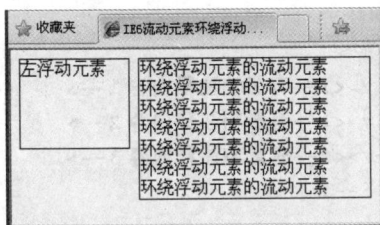

图 7-28　IE7 及以上或火狐显示结果　　　　图 7-29　IE6 及以下览器显示结果

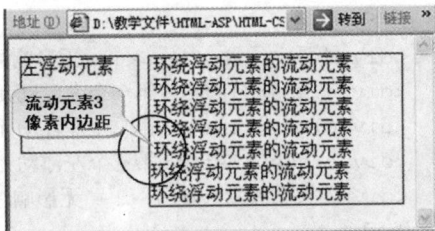

解决方法一：用 IE6 特有的带下划线 "_" 的 display 样式属性将流动元素隐藏定义为行内块级元素，即元素对象为行内元素，而其内容作为块级内容显示：

```
#flow { margin-left:110px; _display:inline-block; }
```

增加的样式对 IE7 及以上或火狐是隐藏的没有影响，但对 IE6 可以解决流动元素环绕浮动元素一侧内边距增加 3 像素的问题，使得 IE6 与其他浏览器具有相同的运行结果。

解决方法二：用 IE6 带下划线 "_" 的 height 样式属性为流动元素隐藏指定任意的高度。代码如下：

```
#flow { margin-left:110px; _height:10px; }
```

增加的样式对 IE7 及以上或火狐是隐藏的，没有影响，而任意高度对可以自适应高度的 IE6 也没有影响，但可以解决 IE6 流动元素环绕浮动元素一侧内边距增加 3 像素的问题。

3．IE6 及以下浮动元素的外边距加倍

在 IE6 及以下版本的浏览器中，浮动元素浮动一侧的外边距会加倍显示，我们在介绍 display 属性时已经给出了解决方法，就是对浮动元素增加 display:inline;样式，将其设置为行内元素强制作为内嵌对象显示，详见例 h6-25.html。

4．IE 6.0 因为注释会显示多余字符

在 IE 6.0 这一个版本的浏览器中，如果元素浮动而且在浮动元素之间使用了 HTML 的注释内容，则在页面中可能会显示一些多余的字符，而在其他浏览器中不会出现这种现象。

【例 h7-21.html】IE 6.0 中因为注释会显示多余字符。代码如下：

```
<!DOCTYPE html PUBLIC "-//W3C//DTD XHTML 1.0 Transitional//EN"
  "http://www.w3.org/TR/xhtml1/DTD/xhtml1-transitional.dtd" >
<html>
  <head>
    <title>IE 6.0因为注释会显示多余字符</title>
    <style type="text/css">
      div { width:100%; height:25px; background:cyan;
          border:blue 1px solid; margin:3px; }
      .left  { float:left; }
    </style>
  </head>
  <body>
    <div>不浮动元素</div><!--无影响注释内容-->
    <div class="left">第一个左浮动元素</div><!--有影响注释内容1-->
    <div class="left">第二个左浮动元素</div><!--有影响注释内容2-->
    <div class="left">第三个左浮动元素</div><!--有影响注释内容3-->
    <div>不浮动元素</div><!--无影响注释内容5-->
  </body>
</html>
```

运行结果如图 7-30 所示。

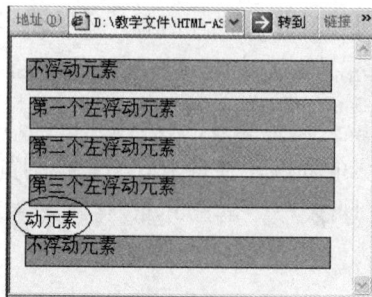

图 7-30　IE 6.0 因注释显示的多余字符

从图 7-30 中可以看到，在 IE 6.0 页面中出现了多余字符"动元素"，而且浮动元素浮动一侧的外边距也会加倍显示，后继不浮动元素的边框及背景区域因设置了区域大小而不会上移，而 IE7 等其他浏览器中不浮动元素的边框及背景区域则会上移，可用 clear 禁止浮动。

解决方法一：如果对浮动元素增加 display:inline;样式消除外边距加倍，或者对最后元素使用 clear:both;禁止浮动，或者元素宽度设置小于 100%，则多余字符都不会出现。

解决方法二：在浮动元素之间必须使用注释时将注释内容放在浮动元素内，即可避免多余字符的出现。代码如下：

```
<div class="left">第一个左浮动元素<!--框元素内注释内容 1--></div>
<div class="left">第二个左浮动元素<!--框元素内注释内容 2--></div>
<div class="left">第三个左浮动元素<!--框元素内注释内容 3--></div>
```

5. IE 6.0 部分页面内容被隐藏

在 IE 6.0(SP2)这一版本的浏览器中，如果浮动元素与不浮动的流动元素混合布局而且父元素定义了背景颜色，则可能会隐藏页面的部分内容，只有在鼠标拖动选中隐藏内容时才能被显示出来，而在其他浏览器中不会出现这种现象。

【例 h7-22.html】IE 6.0 中部分内容的隐藏。代码如下：

```
<!DOCTYPE html PUBLIC "-//W3C//DTD XHTML 1.0 Transitional//EN"
  "http://www.w3.org/TR/xhtml1/DTD/xhtml1-transitional.dtd" >
<html>
  <head>
    <title>IE6.0 部分内容的隐藏</title>
    <style type="text/css">
      * { margin:0; padding:0; }
      #main  { background:cyan; }   /* 父元素定义了背景颜色 */
      #left  { width:150px; height:80px; border:blue 1px solid;
               float:left; }        /* 浮动元素与流动元素混合布局 */
      #right { font-weight:600; font-size:36px; }
      #bottom { width:100%; height:60px; clear:both; }
    </style>
  </head>
  <body>
    <div id="main">
      <div id="left">左侧浮动元素</div>
      <div id="right">右侧流动元素</div>
      <div id="bottom">底部元素</div>
    </div>
  </body>
</html>
```

运行结果如图 7-31 和 7-32 所示。

这是因为 left 元素浮动后不占据空间，后继元素 right 没有设置区域，其边框及背景区域上移到 left 下层，文本则环绕 left 元素，而父元素又设置了背景颜色，将 right 覆盖了。

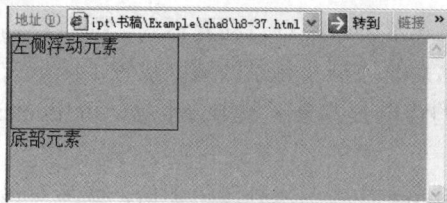

图 7-31　IE 6.0 部分内容的隐藏

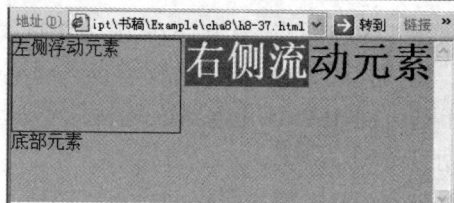

图 7-32　鼠标选中时可显示隐藏内容

解决方法一：去掉父元素 main 背景样式，不设置背景颜色。

解决方法二：为父元素设置合适的固定宽度及高度。例如：

```
#main  { background:cyan; width:380px; height:140px; }
```

解决方法三：将 right 子元素也设置为左浮动。代码如下：

```
#right  { font-weight:600; font-size:36px; float:left; }
```

解决方法四：将父元素与浮动子元素设置为相对定位(占据空间)，无需指定偏移量。
代码如下：

```
#main  { background:cyan; position:relative; }
#left   { width:150px; height:80px; border:blue 1px solid;
         float:left; position:relative; }
```

6. IE 5.X ~ IE 6.0 版本部分区域被截断

在 IE 5.X 至 IE 6.0 各版本的浏览器中，如果父元素内左侧子元素浮动，右侧为流动的
<a>元素环绕，而且父元素及左侧浮动子元素的高度超出右侧环绕<a>元素的高度，当鼠标
移到右侧某个超链接<a>上面时，则父元素超出<a>高度的部分区域就有可能被截断，而在
其他浏览器中不会出现这种现象。

【例 h7-23.html】IE 5.X ~ IE 6.0 中部分区域被截断。代码如下：

```
<!DOCTYPE html PUBLIC "-//W3C//DTD XHTML 1.0 Transitional//EN"
  "http://www.w3.org/TR/xhtml1/DTD/xhtml1-transitional.dtd" >
<html>
  <head>
    <title>IE 5.X ~ IE 6.0 中部分区域的截断</title>
    <style type="text/css">
      #main { width:300px; background:#09C; }
      #left { width:150px; height:150px;
          background:#C90; border:blue 3px solid;
          float:left; }
      a.right  { color:black; }
      a.right:hover { color:blue; background:cyan; font-weight:700; }
    </style>
  </head>
<body>
  <div id="main">
    <div id="left">左浮动 div 元素</div>
```

```
    <a class="right" href="#">超链接 1</a><br />
    <a class="right" href="#">超链接 2</a><br />
    <a class="right" href="#">超链接 3</a><br />
    <a class="right" href="#">超链接 4</a><br />
    <a class="right" href="#">超链接 5</a><br />
    <div id="clear"></div>
  </div>
  <div>后续文本元素</div>
 </body>
</html>
```

运行结果如图 7-33 和 7-34 所示。

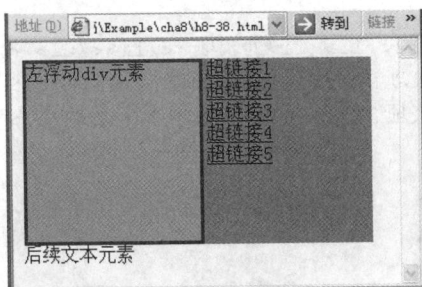

图 7-33　页面初始显示结果　　　　图 7-34　鼠标指向超链接的显示结果

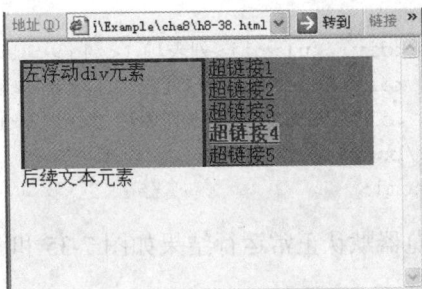

这是因为浮动元素不占据空间，而父元素 main 没有设置高度，当鼠标指向超链接时会重新计算父元素高度引起的。

解决方法一：为父元素设置合适的固定高度。例如：

```
#main { width:300px; height:156px; background:#09C; }
```

解决方法二：为 div 空子元素设置禁止浮动样式使父元素自适应子元素高度。
代码如下：

```
#clear { clear:both; }
```

解决方法三：将所有超链接同时设置为左浮动，但考虑兼容其他浏览器，还必须同时将 div 空子元素设置为禁止浮动。代码如下：

```
a.right { color:black; float:left; }
#clear { clear:both; }
```

7.4.3　IE7 及以下浏览器的兼容问题

1. IE7 及以下浏览器隐藏列表项符号

各种浏览器的列表元素类似于<p>标记，都有大致相同的默认上下外边距，IE7 及以下浏览器有默认的左外边距，而 IE8 及火狐浏览器则具有默认的左内边距。

如果为 IE7 及以下版本浏览器(包括 Opera)的 ol 或 ul 列表设置了比较小或者为 0 的左外边距，或者设置了区域宽度，或者设置了区域的高度，都不能显示列表项符号。

【例 h7-24.html】默认正常使用列表。

代码如下：

```
<!DOCTYPE html PUBLIC "-//W3C//DTD XHTML 1.0 Transitional//EN"
  "http://www.w3.org/TR/xhtml1/DTD/xhtml1-transitional.dtd" >
<html>
  <head>
    <title>IE7 及以下浏览器隐藏列表项符号</title>
    <style type="text/css">
      ul, #o1, #o2 { border:blue 2px solid; }
    </style>
  </head>
  <body>
    <div> <ul><li>列表项1</li><li>列表项2</li><li>列表项3</li></ul> </div>
    <ol id="o1"><li>列表项1</li><li>列表项2</li><li>列表项3</li></ol>
    <ol id="o2"><li>列表项1</li><li>列表项2</li><li>列表项3</li></ol>
  </body>
</html>
```

浏览器默认正常运行结果如图 7-35 和图 7-36。

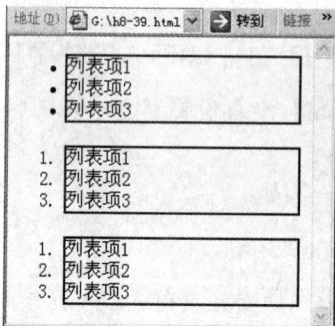

图 7-35　IE7 及以下正常显示结果　　　图 7-36　IE8 及火狐正常显示结果

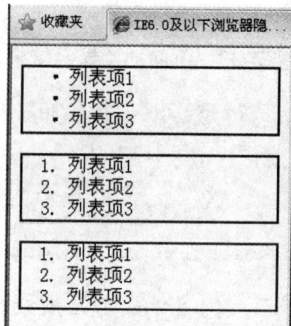

如果不使用边框，则各浏览器效果相同。如果为 3 个列表分别添加外边距 0、区域宽度、区域高度的样式如下：

```
<style type="text/css">
  ul, #o1, #o2 { border:blue 2px solid; }
  ul { margin-left:0; }
  #o1 { width:200px; }
  #o2 { height:100px; }
</style>
```

则 IE7 及以下浏览器会隐藏列表项符号，如图 7-37 所示，而 IE8 及火狐浏览器除宽度高度按样式设置外，其他没有变化，如图 7-38 所示。

解决方法：用 list-style-position:inside;将列表项符号设置为在文本内部显示，由于 IE8 及以上或火狐有默认的左内边距，IE7 及以下只有默认左外边距而没有左内边距，为使显示结果相同，还必须设置适当统一的内外左边距。

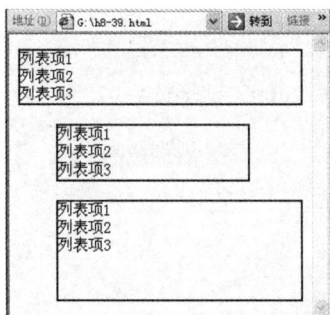

图 7-37 IE7 及以下浏览器显示结果   图 7-38 IE8 及火狐浏览器显示结果

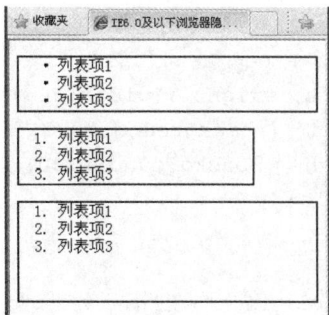

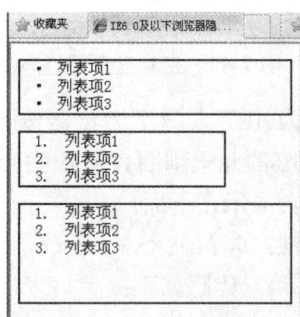

修改样式表设置文本内部显示列表项符号并设置统一的左外边距 0，左内边距 16px，此时是否设置列表宽度、高度不会影响列表项符号的显示，代码如下：

```
<style type="text/css">
  ul, #o1, #o2 { border:blue 2px solid;
                 list-style-position:inside;        /* 列表项符号在文本内部 */
                 margin-left:0; padding-left:15px; } /* 统一的内外左边距 */
  #o1 { width:200px; }
  #o2 { height:100px; }
</style>
```

运行结果如图 7-39 和 7-40 所示。

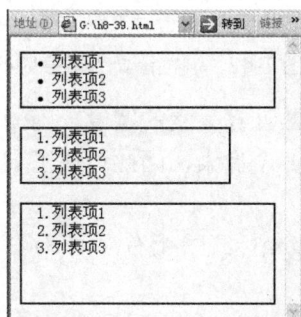

图 7-39 IE7 及以下浏览器显示结果   图 7-40 IE8 及火狐浏览器显示结果

2. IE7 及以下浏览器百分比%宽度的错行

如果元素的宽度采用百分比%，则会按父元素宽度的百分比计算，例如两个位于 body 内的浮动元素若宽度都采用百分比，当浏览器宽度变化时各元素的宽度都会随之变化。

在 IE7 及以下浏览器中，当两个百分比宽度之和为 100%(例如两个都是 50%)的浮动元素位于一行时，如果拖动浏览器改变宽度，则会出现两个元素偶尔错行的现象(在其他元素内采用百分比的子元素也会发生错行现象)，在 IE8 及火狐等浏览器中则没有这种现象。

【例 h7-25.html】IE7 及以下浏览器 50%宽度的错行。代码如下：

```
<!DOCTYPE html PUBLIC "-//W3C//DTD XHTML 1.0 Transitional//EN"
 "http://www.w3.org/TR/xhtml1/DTD/xhtml1-transitional.dtd" >
<html>
 <head>
```

```
  <title>IE7 及以下浏览器 50%宽度的错行</title>
  <style type="text/css">
    #left, #right { width:50%; height:100px; margin:0; float:left; }
    #left  { background:#09C; }
    #right { background:#C90; }
  </style>
</head>
<body>
  <div id="left">左侧浮动元素</div>
  <div id="right">右侧浮动元素</div>
</body>
</html>
```

运行结果如图 7-41 和 7-42 所示。

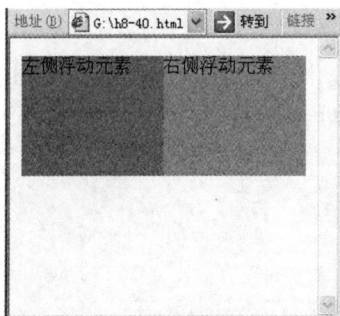

图 7-41　正常显示平行浮动元素　　图 7-42　浏览器奇数宽度时的错行

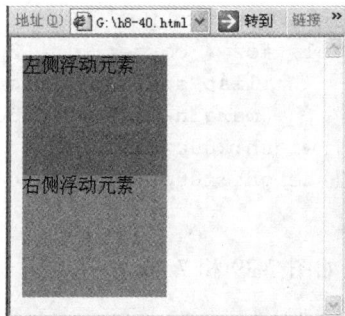

这是因为 IE7 及以下浏览器按四舍五入取整数计算元素的宽度，当浏览器宽度为奇数时，两个 50%的元素都四舍五入就会使宽度多出 1 个像素，因此造成了剩余空间不足，第二个元素则会显示在下面。

解决方法：为第二个左浮动元素增加 clear:right;样式禁止右浮动(对右浮动元素则设置为禁止左浮动)。代码如下：

```
#right { background:#C90; clear:right; }
```

这样当浏览器宽度为奇数时会在浏览器下边增加水平滚动条，但两个元素不会错行。

7.4.4　父元素不适应子元素高度——外边距合并

如果子元素具有上下外边距而父元素没有上下内边距及边框，则所有浏览器都存在父元素不能适应子元素高度的问题，即父元素的内容区域不能自适应子元素，包括外边距的总高度，其原因是内外元素的垂直外边距合并，父元素按子元素的垂直外边距设置了自己的垂直外边距。

【例 h7-26.html】父元素不能适应子元素的高度。代码如下：

```
<!DOCTYPE html PUBLIC "-//W3C//DTD XHTML 1.0 Transitional//EN"
  "http://www.w3.org/TR/xhtml1/DTD/xhtml1-transitional.dtd" >
<html>
```

```
<head>
  <title>父元素不适应子元素高度</title>
  <style type="text/css">
    *     { margin:0; padding:0; }
    .box  { width:250px; height:50px; background:#C90; }
    #main { background:#09C; }
    #sub  { width:250px; height:100px; background:cyan;
            margin:20px 0; }
  </style>
</head>
<body>
  <div class="box">顶部元素</div>
  <div id="main">
    <div id="sub">子元素</div>
  </div>
  <div class="box">底部元素</div>
</body>
</html>
```

从图 7-43 来看，虽然顶部、底部与父元素 main 都没有定义外边距，但父元素 main 却没有自适应子元素 sub 的外边距高度，按子元素的垂直外边距生成了自己的垂直外边距。

解决方法：只需将父元素用 display 定义为行内块元素，即可自适应子元素的高度与宽度。代码如下：

```
#main { background:#09C; display:inline-block; }
```

增加 display:inline-block;样式后，运行结果如图 7-44 所示。

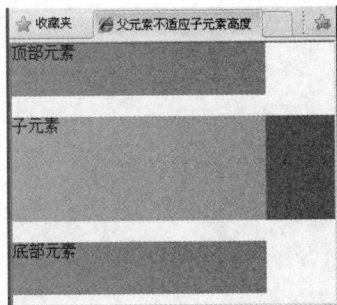

图 7-43　父元素不适应子元素高度　　　　图 7-44　父元素用 display 自适应子元素高度

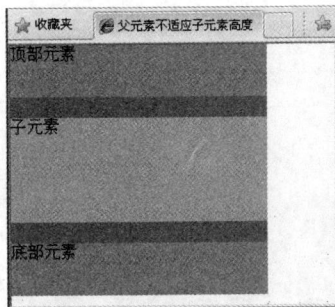

对父元素内子元素浮动或定位不占据空间时父元素不能自适应子元素的高度问题，我们曾介绍过可以在父元素内的最后定义一个空子元素并设置 clear:both;属性，当然也可以通过设置父元素的 display:inline-block;样式解决。

7.5　浏览器常用默认样式

任何浏览器对 HTML 元素都有默认的 CSS 样式，例如文本字符颜色默认黑色、未访问的超链接默认蓝色带下划线，访问后默认为红色带下划线等。虽然 W3C 指定了默认样式，但各个浏览器厂商对个别元素的默认样式仍有一定的差异，只有了解各种浏览器默认样式的区别，才能设计出显示效果统一的页面。

1. 浏览器页边距

在 IE 浏览器中，浏览器页面的页边距定义为外边距 margin 属性，默认值为 10px。

在火狐浏览器中，页面的页边距则定义为内边距 padding 属性，默认值为 8px。

2. 元素的居中显示

IE 浏览器可以对父元素定义 text-align:center; 也可以设置为 margin:0 auto;。

火狐浏览器则需设置为 margin:0 auto;。

3. 列表元素的默认样式

IE7 及以下的浏览器有默认的上下外边距、左侧外边距。

IE8 及火狐浏览器有默认的上下外边距、左侧内边距。

第 8 章　JavaScript 基础

学习目的与要求

📖　知识点

- 掌握脚本中常量、变量、表达式、运算符和数组的应用
- 掌握脚本中的语法与流程控制语句
- 掌握脚本中自定义函数及事件处理的应用
- 掌握页面错误提示的常用做法

📢　难点

- 脚本中的事件处理应用

8.1　JavaScript 语言概述

JavaScript 最早是由 Netscape 公司开发的，从 1996 年开始，已经被所有 Netscape 和 Microsoft 浏览器支持。

JavaScript 的真实名称应该是"ECMAScript"，ECMA-262 是正式的 JavaScript 标准，1998 年成为国际 ISO 标准。

在概念和设计方面，Java 和 JavaScript 是两种完全不同的语言，Java 是面向对象的程序设计语言，用于开发企业应用程序，而 JavaScript 是在浏览器中执行、只有简单语法的 HTML 脚本描述语言，用于开发客户端浏览器的应用程序，实现用户与浏览器的动态交互，将动态文本嵌入页面。

JavaScript 代码可直接嵌入 HTML 文件、也可以单独创建".js"外部文件供 HTML 文档引用，易于维护、可移植、可通用。

注意：JavaScript 代码中有语法错误时，浏览器会拒绝执行，一般仅在状态栏显示"页面上有错误"，但不会给出任何关于错误信息的提示。

8.1.1　JavaScript 语言的特点

1. 基于对象

JavaScript 是一种基于对象、解释执行的脚本语言，可直接使用浏览器提供的内置对象，也可创建使用自己的对象。

2. 简单性

JavaScript 是一种弱类型语言，没有 Java 语言固定的强数据类型，无需事先声明即可

直接使用变量而且同一变量在不同时刻可以储存任意不同类型的数据。

3．动态性

JavaScript 是一种以事件驱动方式运行的语言，可直接响应客户对页面的操作而无需提交服务器端进行处理。

4．与平台无关性

JavaScript 代码随同 HTML 文件一同发送下载到客户机器上，它的运行只依赖浏览器本身，与客户机器的操作系统、安装环境无关。

5．JavaScript 的功能

JavaScript 具有下列功能：

- 可以检测客户机器的浏览器版本，并能根据不同的浏览器装载不同的页面内容。
- 可以读取、改变并创建页面的 HTML 元素，动态改变页面内容。
- 可以对客户的操作事件作出响应，仅当事件发生时才执行事件函数的代码。
- 可以在提交给服务器之前对数据进行语法检查，避免向服务器提交无效数据。
- 可以创建标识客户的 cookies。

8.1.2　JavaScript 的使用

1．在 HTML 页面内嵌入 JavaScript 代码

在 HTML 页面中必须使用<script>标记嵌入 JavaScript 代码：

```
<script type="text/javascript" language="javascript" >
 <!--
 ...JavaScript 代码
 //-->
</script>
```

对老式浏览器，须在<script>标记中使用 language 属性，而现代浏览器中只需使用 type 属性即可。

对不支持 JavaScript 的老式浏览器，为避免将 JavaScript 代码当作文本显示在页面中，还需要将 JavaScript 代码放在 HTML 注释中，支持 JavaScript 的浏览器会忽略注释，直接执行代码。

注释结束标记-->必须以 JavaScript 的注释//开头且必须单独一行，防止将-->当作 JavaScript 代码进行编译。现代浏览器已全部支持 JavaScript，无需再使用注释。

<script>标记可以放在<head>中，也可以放在<body>页面中的任意位置。在<head>中的 JavaScript 代码会在页面内容载入显示之前执行，一般用于书写函数代码。在<body>中的 JavaScript 代码在页面内容载入显示到对应位置时方被执行，一般用于生成页面内容。

> 注意：用<script>标记嵌入 HTML 文档中的 JavaScript 代码只适用于当前页面，不能实现代码重用和移植，也不便于维护。

2. 在 HTML 页面中引用 JavaScript 外部文件

JavaScript 脚本代码可以单独保存为外部文件，文件后缀必须是.js，文件中直接书写代码，不能包含<script>标记。

外部 JavaScript 脚本文件可以被多个 HTML 文档引用，可实现代码重用、移植，便于维护。

HTML 文档可在<head>内单独用<script>标记 src 属性引用外部 JavaScript 文件：

```
<script type="text/javascript" src="相对路径/javascript 外部文件.js" >
</script>
```

【例 8-1】JavaScript 的简单应用。加载页面时用 alert()函数创建并弹出对话框，单击按钮也会弹出相应的对话框。

(1) 单独创建 JavaScript 外部文件 j8-1.js：

```
alert("欢迎使用 Javascript 外部文件 j8-1.js");
function fun1()        //按钮 1 单击事件函数
{ alert("您单击了按钮 1\n— JavaScript 可以帮助你实现指定的功能"); }
function fun2()        //按钮 2 单击事件函数
{ alert("您单击了按钮 2"); }
```

(2) 在同一目录下创建页面文档 h8-1.html：

```
<!DOCTYPE html PUBLIC "-//W3C//DTD XHTML 1.0 Transitional//EN"
  "http://www.w3.org/TR/xhtml1/DTD/xhtml1-transitional.dtd" >
<html>
  <head>
    <title>第一个 JavaScript 页面</title>
    <script type="text/javascript" src="j8-1.js" > </script>
    <script type="text/javascript">
      <!--
      alert("欢迎你进入第一个 JavaScript 页面！\n 这是页面装载前的提示框");
      //-->
    </script>
  <head>
  <body>
    <h3>第一个 JavaScript 程序</h3>
    <script type="text/javascript">
      document.write("这是 JavaScript 写入页面的内容。<hr />");
      alert("这是在 body 中页面装载过程中的提示框");
    </script>
    <form>
      <input type="button" value="按钮 1" onclick="fun1()" >
      <input type="button" value="按钮 2" onclick="fun2()" >
    </form>
  </body>
</html>
```

注意：document.write()函数将字符串内容写入到 HTML 文档中再由浏览器执行而不是写入浏览器页面直接显示。例如 document.write("<div>网页编程</div>");是向 HTML 文档中写入 HTML 代码 "<div>网页编程</div>"，再由浏览器解析执行<div>标记。

运行结果如图 8-1 ~ 8-4 所示。

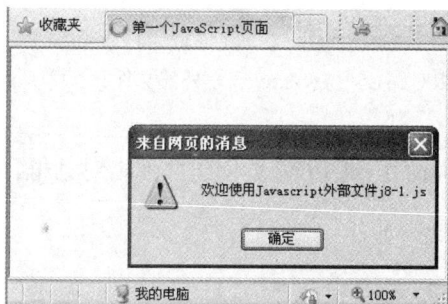

图 8-1　外部文件产生的提示框

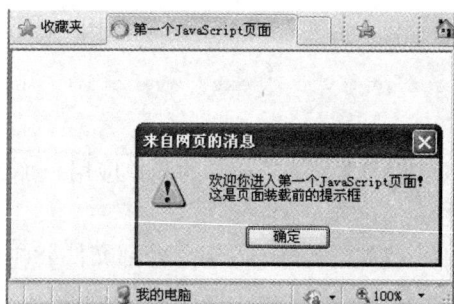

图 8-2　<head>中 JavaScript 产生的提示框

图 8-3　<body>中 JavaScript 产生的提示框

图 8-4　单击按钮 1 产生的提示框

8.2　JavaScript 常量、变量与数组

8.2.1　数据类型与常量

JavaScript 中可以使用数值型、字符型、布尔型、null、undefined 等数据类型。

1. 数值型

JavaScript 的数值型数据不再严格区分整型、实型。任意的整数、小数统称为数值型。整数常量可以使用十进制、八进制或十六进制：

- 默认为十进制，开头不能有多余无效的数字 0。如 123、256。
- 0 开头的八进制，必须是 0~7 的数字，如 0123、0256。
- 0x 开头的十六进制，必须是 0~9 数字或 a~f 字符，如 0x123、0xfff。

实型常量可以使用小数格式的定点数，如 12.34、.89，也可使用指数格式的浮点数，如 1.234E4、2.5E-5。

2．字符型

JavaScript 不再严格区分字符型和字符串类型，所谓字符型数据，实际上是用单引号或双引号括起来的一个或多个任意字符的 String 字符串对象，关于 JavaScript 字符串对象的常用方法，我们将在第 10 章详细介绍。

JavaScript 也支持转义字符，即反斜杠引导的字符，用于表示某个特殊字符或功能：

\'　单引号　　　　\"　双引号　　　\\　反斜杠　　　\&　和号

\n　换行符　　　　\r　回车符　　　\t　制表符　　　\b　退格符　　　\f　换页符

注意：转义字符不适用于 HTML 页面文档，仅在 JavaScript 代码中使用有效。

3．布尔型

布尔型数据可用于条件判断，表示条件成立不成立，布尔常量值是 true 或 false。

4．空值常量 null

空值 null 表示没有或不存在，而不是 0 或""，若使用未定义和不存在的变量，则返回一个空值。

5．不确定值常量 undefined

如果使用已定义但未赋值的变量，则返回一个不确定值 undefined。

6．类型转换

我们在使用数据时，会遇到需要将数字字符串转换为数值或将数值转换为字符串使用的情况，例如在表单文本框中输入的即使是数量数字，但浏览器都作为字符串对待。一般情况下计算时浏览器可以自动转换数据类型，如果需要自己转换，可以使用字符串对象专用方法，也可以采用以下简单的方法。

- 将数字字符串转换为数值时，用数字字符串乘数值 1 即可得到数值：
  "数字字符串"*1
- 将数值转换为字符串时，用空字符串与数值连接即可得到字符串：
  ""+123.45

注意：文本框、文本区元素不输入数据，其内容为""，表示空字符串，而不是 null，""与数值比较时作为数值 0 处理。

8.2.2　变量

JavaScript 使用 var 语句可同时声明多个变量并初始化，在多个变量之间必须用逗号来隔开。例如：

```
var x, y=300, name="张三";
//定义变量x，y，name 并对y，name 初始化，x 默认 undefined
```

说明：

- JavaScript 变量名区分大小写，例如 sun 与 Sun 是两个完全不同的变量。

- 变量名由字母、数字和下划线组成，开头不能是数字、不能包含空格、不能使用关键字。

- 变量没有固定的类型，根据赋值类型自动识别，还可以再次赋值其他类型，未赋值变量默认值为 undefined。例如：

```
var x = 100;            //定义 x 为数值型变量
x = "李四";             //x 成为字符串对象
```

- 变量可以不声明，通过赋值自动声明变量，但不能直接使用不存在的变量 null。例如：

```
age=22;                 // 直接赋值自动声明变量——不推荐该方式
```

- 已有变量可以重新定义，重新定义时如果不赋新值，仍保留原值。例如：

```
var x=100, y=300;
var x, y="王五";        // x 保持原值 100，y 值为"王五"，原值冲掉
```

在函数外声明的变量都是全局变量，生命周期从声明开始直到页面关闭，作用域为从声明位置开始至整个 HTML 文档结束，所有函数都可以使用，重复定义仍为同一变量。对需要在多个函数中使用的变量，可定义为全局变量。

在函数内声明的变量都是局部(本地)变量，生命周期为函数的调用过程，即调用函数时创建、函数结束自动清除，其作用域为该函数内，不同函数的局部变量可以同名，在函数内局部变量屏蔽同名的全局变量。对只在一个函数内使用的变量一般定义为局部变量。

【例 h8-2.html】转义字符的使用。代码如下：

```
<!DOCTYPE html PUBLIC "-//W3C//DTD XHTML 1.0 Transitional//EN"
 "http://www.w3.org/TR/xhtml1/DTD/xhtml1-transitional.dtd" >
<html>
  <head>
    <title>JavaScript 常量与变量</title>
    <script type="text/javascript" >
    var a, b=100;         //声明全局变量、a 未赋值，b 初始化为 100
    c='学习 HTML';        //直接赋值声明全局变量
    alert("全局变量 a="+a+", b="+b+", c="+c);
    </script>
  <head>
<body>
  <h3>使用变量与转义字符</h3>
  <script type="text/javascript" >
  a=100; d=10.88;
  document.write("全局变量 a="+a+", b="+b+", c="+c+", d="+d+"<hr />")
  document.write("<p>我们\n 学习\"CSS\"\&\"JavaScript\"</p>")
  document.write("<p>我们<br />学习\"CSS\"\&\"JavaScript\"</p>")
  </script>
  <p>我们\n 学习\"CSS\"\&\"JavaScript\"</p>
  </body>
</html>
```

运行结果如图 8-5 和 8-6 所示。

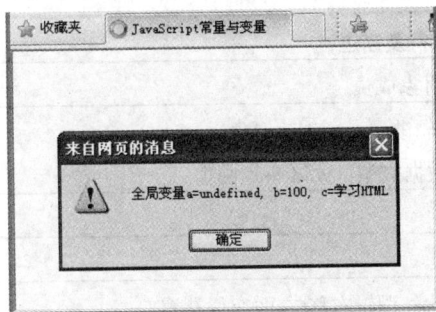

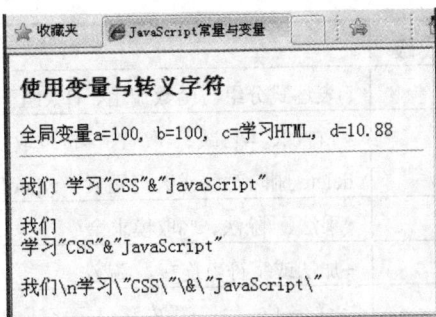

图 8-5　对话框显示全局变量　　　　图 8-6　页面显示全局变量与转义字符

8.2.3　数组

数组是 JavaScript 的 Array 对象，可以使用 new 创建空数组对象，也可以用初始化数据创建数组对象。

创建格式如下：

```
var myArray = new Array();              创建空数组对象
var myArray = new Array(长度);           创建具有初始长度的数组对象
var myArray = new Array(数据1, 数据2, ...);   用初始化数据创建数组对象
var myArray = [数据1, 数据2, ...];        用初始化数据创建数组，不能用{}
```

JavaScript 数组元素下标从 0 开始，数组长度自动可变，可以添加任意多个任意类型值的元素，未赋值元素默认 undefined。

通过数组名及下标可以访问指定的数组元素。例如：

```
myArray[0] = "张三";      //为数组元素赋值，若下标超过数组长度则自动增加数组长度
document.write(myArray[0]);  //将指定数组元素的值写入 HTML 文档
```

JavaScript 的每个数组对象都自动具有一个数组长度的属性变量 length，可以通过数组名访问：

```
数组名.length
```

数组长度属性变量 length 在创建数组时初始化，添加、删除元素改变数组长度时自动更新。通过设置修改 length 的值可以改变数组长度，设置值小于数组长度则数组截断变小，反之数组增大。

关于 JavaScript 数组对象的常用方法我们将在第 10 章详细介绍。

8.3　JavaScript 运算符与表达式

JavaScript 具有与 C/C++、Java 语言类似的运算符及优先级，如果不能确定其优先顺序，可以使用圆括号()提高优先级，JavaScript 运算符及优先级见表 8-1。

表 8-1　JavaScript 运算符及优先级

优 先 级	运算符及描述
1	()表达式分组与函数调用、[]数组下标、.对象成员
2	++自加、--自减、-取负、~按位取反、!逻辑非、new 创建对象、delete 删除对象或数组元素、typeof 获取数据类型、void 不返回值
3	*乘法、/除法、%取模求余
4	+加法或字符串连接、-减法
5	<<左移位、>>算数右移(左面空位扩展)、>>>逻辑右移(左面空位补零)
6	<小于、<=小于等于、>大于、>=大于等于、instanceof 对象所属类型
7	==等于、!=不等于、===严格等于、!==严格不等于
8	&　　按位与
9	^　　按位异或
10		按位或
11	&&　逻辑与
12	||　逻辑或
13	?:　条件运算符
14	=赋值、+=、-=、*=、/=、%=、&=、^=、|=、<<=、>>=、>>>=运算赋值
15	,　　多重求值或参数分隔

8.3.1　算数运算符与表达式

算数运算符包括如下几种：

- ++自加 1、--自减 1、-取负值，自加自减运算符分为前缀或后缀运算。
- +加号(正号、字符串连接符)、 -减号。
- *乘号、 /除号、%取模求余数。

由算数运算符构成的表达式称为算数表达式，运算符两边可以是任意合法的常量、变量或算数表达式，常量直接参加运算，变量使用其存储的变量值参加运算，表达式取其计算结果参加运算。例如：

```
var a=100, b=5, c=3;
a++;    //a 变量的值自加 1 后变为 101
var x = a*b/(b+c)%c;
```

最后的表达式先计算 b+c 的值为 8，再计算 a*b 的值为 505，再计算 505/8 的值为 63.125，最后计算 63.125%3 即 63.125 除 3 的余数为 0.125 并保存在变量 x 中。

其中 + 也是字符串连接运算符，数值与字符串连接结果为字符串。例如：

```
"abc"+"xyz"       结果为："abcxyz"
10+10+"abc"       结果为："20abc"
"abc"+10+10       结果为："abc1010"
"abc"+(10+10)     结果为："abc20"
```

自动类型转换："10"+10 结果为字符串"1010"，而"10"*10 结果为数值 100。

8.3.2　赋值运算符与表达式

赋值运算符包括：=、+=、-=、*=、/=、%=、&=、^=、|=、<<=、>>=、>>>=。

由赋值运算符构成的表达式称为赋值表达式，赋值表达式赋值号左边必须是变量，右边可以是任意合法的表达式：

变量 = 表达式；

例如：

```
var x = a*b/(b+c)%c;
```

注意运算赋值表达式 a*=x+y;等价于 a=a*(x+y);。

8.3.3　比较、逻辑运算符与表达式

1. 比较运算符与条件表达式

比较运算符包括：<小于、<=小于等于、>大于、>=大于等于、==等于、!=不等于、===严格等于(全等于)、!==严格不等于。

由比较运算符构成的表达式称为条件表达式，比较运算符两边可以是任意合法的表达式，形式为：

<算数或字符串表达式> 比较运算符 <算数或字符串表达式>

条件表达式的比较结果为布尔值，若条件成立则值为 true，不成立则值为 false。

例如：(3+5)>=1 的结果为 true，而"abc">"x"的结果为 false。

JavaScript 对字符串进行比较时，将从左至右逐一按字符 Unicode 码的大小进行比较，所有中文字符都会比英文字符大。也可以将所比较的字符串都用"字符串".charCodeAt()转换为统一的编码方式再进行比较。

用标准的==或!=进行比较时，如果两个操作数的类型不一致，则会试图将操作数统一转换为字符串、数字或布尔值再进行比较。而严格的===或!==不会进行类型转换。

例如：null 与 undefined 用==比较相等，结果为 true，而用===比较则不相等，结果为 false。

例如：

```
var strA = "i love you!";           //string 类型
var strB = new String("i love you!");  //object 类型
```

使用 strA==strB 比较相等，结果为 true，而用 strA===strB 比较，则不相等，结果为 false。

2. 逻辑运算符与逻辑表达式

逻辑运算符包括：!逻辑非、&&逻辑与、||逻辑或。

由逻辑运算符构成的表达式称为逻辑表达式，参加逻辑运算的必须是结果为布尔值的

合法条件或逻辑表达式：

　　! <条件或逻辑表达式>
　　<条件或逻辑表达式> &&或|| <条件或逻辑表达式>

逻辑表达式的运算结果仍然是布尔值 true 或 false。例如：

!true 结果为 false，!false 结果为 true

3>1 && 2<5　结果为 true，　3>1 || 2<5　结果为 true

3>5 && 2<5　结果为 false，3>5 || 2<5　结果为 true

> **注意**：逻辑与、逻辑或也可使用&、| 强制计算所有表达式，而&&、||为短路与、短路或，其中的各个表达式不一定都被执行计算，一旦有结果便不再计算。
>
> 　　短路与：任何值与 0 相与，结果为 0；多个&&从左至右遇到 0，全式为假，不再运算。短路或：任何值与 1 相或，结果为 1；多个||从左至右遇到 1，全式为真，不再运算。使用&、| 或&&、||逻辑表达式的结果相同，但如果表达式中包含对变量的赋值或自增、自减则计算与不计算对变量值的结果是不同的。

8.3.4　条件运算符与表达式

条件运算符即?：

条件表达式的语法格式如下：

(<条件或逻辑表达式>) ? <任意表达式 1> : <任意表达式 2>

当条件或逻辑表达式的值为 true 时，整个条件表达式的值为表达式 1 的值；否则整个条件表达式的值为表达式 2 的值。

例如取 a、b 中的最大值：

var x = (a>b)?a:b;

例如取 a 的绝对值：

var x = (a>=0) ? a : -a;

【例 h8-3.html】计算梯形面积。代码如下：

```
<!DOCTYPE html PUBLIC "-//W3C//DTD XHTML 1.0 Transitional//EN"
  "http://www.w3.org/TR/xhtml1/DTD/xhtml1-transitional.dtd" >
<html>
  <head>
    <title>运算符与表达式</title>
    <script type="text/javascript" >
    var a=100, b=5, c=3;
    a++;    //a 变量的值自加 1 后变为 11
    alert("表达式 a*b/(b+c)%c 的值="+a*b/(b+c)%c); //提示框显示表达式的值
    function rec(form)                    //函数一般放在 head 中
    { if (form.a.value>0 && form.b.value>0 && form.h.value>0)
        form.s.value =
        (form.a.value*form.h.value + form.b.value*form.h.value )/2;
```

```
            else form.s.value = "数据错误，请重新输入";
        }
    </script>
<head>
<body>
    <h3>计算梯形面积</h3>
    <form>
        上底a: <input type="text" id="a" /> <br />
        下底b: <input type="text" id="b" /> <br />
        高度h: <input type="text" id="h" /> <br />
        面积s: <input type="text" id="s" /> <br />
        <input type="button" value="计算面积" onclick="rec(this.form)" />
    </form>
</body>
</html>
```

运行结果如图 8-7～8-9 所示。

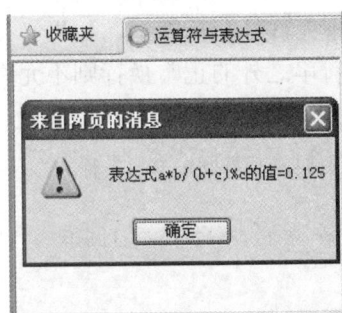

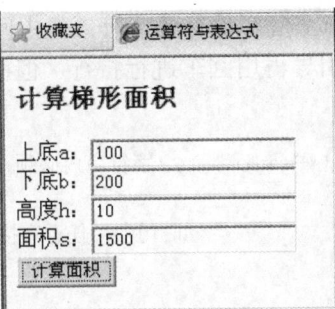

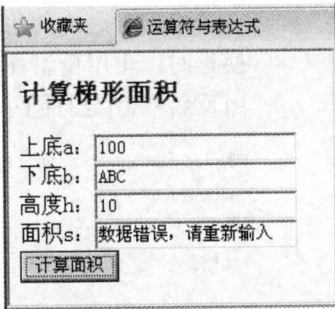

图 8-7　对话框显示表达式的值　　图 8-8　数据正确计算梯形面积　　图 8-9　数据错误显示提示信息

本例题为按钮设置了响应单击事件的属性 onclick="rec(this.form)"，单击按钮时用当前表单对象作参数自动调用 function rec(form)函数计算梯形面积。这里我们只是先简单理解表达式，在 h8-8.html 中将采用现代流行的设计方法重新设计计算梯形面积的页面。

> 注意：如果使用 alert("表达式 a+b 的值="+a+b);则无法得到 a+b 的值，必须写为：
> alert("表达式 a+b 的值="+(a+b));
> 例题代码 alert("表达式 a*b/(b+c)%c 的值="+a*b/(b+c)%c);中的表达式没有使用括号是因为*、/、%的优先级都比 + 高。
> 不要使用 form.s.value=(form.a.value+form.b.value)*form.h.value/2;计算梯形面积，因为从表单文本框中得到的数据是字符串，使用 form.a.value+form.b.value 只对两个字符串进行连接而不会进行数值求和运算，因此计算结果将会是错误的。
> 另外在文本框标记中按 W3C 标准使用了 id 属性唯一标识各个标记，如果使用 name 也不会影响 JavaScript 代码的执行，但需要提交表单数据给服务器处理程序时如果服务器程序不支持 id 属性，则可同时设置 name 属性：<input type="text" id="a" name="a" />。

8.4 JavaScript 语法与流程控制语句

JavaScript 程序中的语句是发给浏览器的命令，浏览器按照编写顺序依次执行每条语句为顺序结构，也可以是选择(分支)结构或循环结构。

8.4.1 JavaScript 的语法

JavaScript 的语法与 C/C++、Java 语言的语法类似，必须遵守以下规则：

- JavaScript 对大小写字母敏感——应当严格区分大小写，包括关键字、变量名、函数名。
- 命令关键字与关键字、变量名或函数名之间必须用空格隔开。
- 分号是多个语句的分隔符，如果一行书写多个语句，必须用分号隔开，但每行最后的语句后可以省略分号。
- 语句中允许使用空格的地方可以添加任意多个空格、任意打回车添加多个空行。
- 字符串引号之内的每个空格都是有效字符，但中间不允许打回车换行，如果必须换行时，可用反斜杠\引导再用回车进行折行。但字符串之外的正常换行则不允许用反斜杠\引导打回车。

```
例如：document.write("Hello \    //字符串内必须在反斜杠\后打回车书面换行
 World!");
错误：document.write \         //语句中可任意直接回车换行，不允许\后打回车
 ("Hello World!");
```

- 可以使用{}在函数或条件语句中把若干语句组合为代码块，也可以将任意多个语句用{}组合为代码块，代码块内定义的变量为局部变量，只在该代码块内有效。
- 可使用多行注释"/* 注释内容 */"，也可使用单行注释"//注释内容"。

8.4.2 条件语句 if () ... else

1. 格式一

语法如下：

```
if (条件) { 语句块 1 }
```

语句块 1 只有一条语句时{}可以省略，if 语句的执行流程如图 8-10 所示。

2. 格式二

语法如下：

```
if (条件)
   { 语句块 1 }
else { 语句块 2 }
```

语句块 1、语句块 2 只有一条语句时{}可以省略，if-else 语句的执行流程如图 8-11 所示。

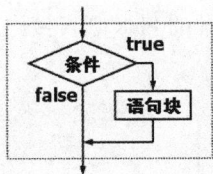

图 8-10　不带 else 的 if 语句　　　图 8-11　带 else 的 if 语句

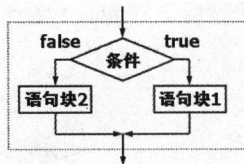

> 说明：① if 语句中的条件必须是布尔型常量、变量或结果为逻辑值的条件或逻辑表达式，而且必须在圆括号()内。
>
> ② 执行 if 语句时，先计算并判断条件是否成立，如果条件成立(值为 true)，则执行 if 后的语句块 1，执行完毕如果有 else 也相当于不存在，立即结束 if 语句；如果条件不成立(值为 false)则相当于语句块 1 不存在，直接执行语句块 2，如果没有 else 则直接立即结束 if 语句。
>
> ③ if 和 else 后的语句块没有花括号时只到第一个分号为止，其后语句是不属于 if 的下一个单独语句。
>
> ④ 例如 a>b 时若交换两个变量的值：if (a>b) { t=a; a=b; b=t; }，如果不使用{}虽然没有语法错误，但 a=b; b=t;语句已不属于 if，是无论如何都要执行的下一个语句，若条件不成立时就会出现计算结果的逻辑错误。
>
> ⑤ else 不能单独构成语句，如果 if 包含 else 而 if 后的语句块有多条语句又不用{}就会造成为不带 else 只有一个子句的 if 语句，再出现 else 就会产生语法错误。

例如 if (a<0) a=-a; x=a; else x=a; 则会出现语法错误。

在 if 或 else 中还可以包含 if 语句构成 if 语句的嵌套。例如：

```
if ()
  if () 语句 1; else 语句 2;
else
  if () 语句 3; else 语句 4;
```

则 else 总是与前面最近的没有与 else 配对的 if 配对，如果 if 与 else 的数目不相等，内嵌 if 最好用花括号括起来，否则容易造成逻辑错误。

3. 格式三

语法如下：

```
if (条件 1) { 语句块 1 }
else if (条件 2) { 语句块 2 }
[ else if (条件 3) { 语句块 3 }
  ...
 else { 语句块 } ]
```

该语句的执行流程如图 8-12 所示。

该语句实际是一条嵌套的多分支 if 语句，执行时按顺序先判断条件 1，如果条件 1 成立则执行语句块 1，之后的所有语句都相当于不存在，执行完毕语句块 1 则直接结束该语句，只有条件 1 不成立时才会跳过语句块 1 再判断条件 2，依次类推……。如果所有条件都不成立才会执行最后单独 else 中的语句块，若没有单独的 else 则直接结束该语句。

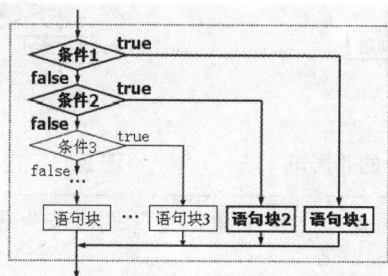

图 8-12　格式 3 if 语句的执行流程

8.4.3　多选择开关语句 switch

语法如下：

```
switch(表达式)
{
  case 常量1: [ 语句块 1; [ break; ] ]
  case 常量2: [ 语句块 2; [ break; ] ]
  ...
  [ default: 语句块; [ break; ] ]
}
```

switch 语句的执行流程如图 8-13 所示。

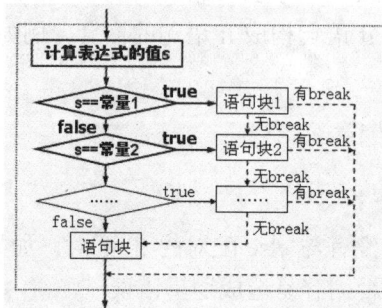

图 8-13　switch 语句的执行流程

说明：① switch 语句中的表达式可以是任何数值型或字符型表达式，case 是入口标号，每个 case 中可以是数值或字符型常量，也可以是常量表达式，但其值必须互不相同，而且 case 与常量之间必须用空格隔开。

② 执行 switch 语句时先计算表达式的值，并用该值依次与 case 后的常量相比较，如果等于某个常量值，则执行该常量之后的语句块，遇到中断语句 break 则立即跳出整个 switch 语句，若没有 break 语句，则会继续顺序执行下面的其他 case，包括 default 语句块，而不再比较其常量值，直到遇到 break 或执行完所有语句则结束 switch 语句。

③ 带 break 的 case 或 default 子句的顺序任意，最后一个子句可省略 break，若表达

式与所有常量值都不相等，不论 default 在什么位置，都会执行 default 语句块，若没有 default，则直接跳出 switch。

④ case 可以没有语句，但常量和冒号不能省略，等于与下面的 case 共用一组语句，而且 case 中即使有多个语句也不需要使用花括号。

注意：表达式的值与常量比较时不会自动转换类型，因此表达式的类型与常量类型必须一致。

【例 h8-4.html】使用 if、switch 语句。

(1) 计算购物金额，假设某商品标价 5 元/千克，购买数量多可以打折：10 千克以上 8 折、20 千克以上 7 折、50 千克以上 6 折、100 千克以上 5 折。

(2) 输入学生成绩等级 A、B、C、D，显示相应的分数范围。

(3) 查询某年某月的天数，平年 2 月 28 天，闰年 2 月 29 天，判断闰年的条件为每 4 年闰一次，到 100 年会多一天，不能闰年(能被 4 整除但不能被 100 整除)，到 400 年又会少一天，必须闰年(能被 400 整除)。

本例题为了使大家更好地理解 JavaScript 流程语句，让 3 个表单中的按钮单击事件调用了同一个 rec(this.form)函数，所以为每个 form 表单分别指定了 id 属性，以区分不同表单，当然也可以在每个表单中设置不同的隐藏表单域进行区分，或者直接为 3 个按钮指定不同的 id 属性进行区分，最简单直接的方法是为每个按钮的单击事件定义不同的函数。

另外在本例中我们为文本框表单元素使用了传统的 name 属性，如果按现代流行的设计方法，则应该使用唯一的 id 属性，以便在 JavaScript 代码中能自动查找到它们。

(4) 创建页面文档 h8-4.html：

```
<!DOCTYPE html PUBLIC "-//W3C//DTD XHTML 1.0 Transitional//EN"
  "http://www.w3.org/TR/xhtml1/DTD/xhtml1-transitional.dtd" >
<html>
  <head> <title>使用 if、switch 语句</title>
      <script type="text/javascript" src="j8-4.js"> </script>
  <head>
  <body>
   <h3>计算购物金额</h3>
   <form id="money">
     购买数量: <input type="text" name="s" /> <br />
     享受折扣: <input type="text" name="k" /> <br />
     应付金额: <input type="text" name="m" /> <br />
     <input type="button" value="计算金额" onclick="rec(this.form)" />
   </form>
   <h3>查看学生成绩分数范围</h3>
   <form id="score">
     成绩等级: <input type="text" name="d" /> <br />
     对应分数: <input type="text" name="s" /> <br />
     <input type="button" value="查看分数" onclick="rec(this.form)" />
   </form>
```

```
<h3>查询某年某月天数</h3>
<form id="days">
   输入年份: <input type="text" name="y" /> <br />
   输入月份: <input type="text" name="m" /> <br />
   当月天数: <input type="text" name="d" /> <br />
   <input type="button" value="查询天数" onclick="rec(this.form)" />
</form>
</body>
</html>
```

(5) 在同一目录中创建 JavaScript 外部文件 j8-4.js:

```
function rec(form)
{ if (form.id=="money")    //判断表单名称,可以为不同表单定义不同函数
  { var m, k, s=form.s.value; //若 s 文本框未输入内容字符串为""可与数字==0 比较
    if ( isNaN(s) || s<=0)
    { m="重量输入错误"; k=""; } //isNaN(s)判断 s 是非数字字符
    else if (s>=100) { m=s*5*.5; k="5 折"; }    //注意以下各条件的判断顺序
    else if (s>=50) { m=s*5*.6; k="6 折"; }
    else if (s>=20) { m=s*5*.7; k="7 折"; }
    else if (s>=10) { m=s*5*.8; k="8 折"; }
    else { m=s*5; k="不打折"; }
    form.k.value = k;
    form.m.value = m;
  }
  else if (form.id=="score")
  { var s, d= form.d.value.toUpperCase(); //把用户输入等级转换为大写字母
    switch(d)
    { case  'A' : s="85~100 分"; break;
      case  'B' : s="70~84 分"; break;
      case  'C' : s="60~69 分"; break;
      case  'D' : s="0~59 分不及格"; break;
      default: s="分数等级输入错误";
    }
    form.s.value=s;
  }
  else if (form.id=="days")
  { var d, y= form.y.value, m= form.m.value;
    if (y=="" || isNaN(y) ) d="输入年份错误";   //isNaN(y)判断 y 是非数字字符
    else switch(m)
    { case '1': case '3': case '5': case '7': case '8': case '10':
      case '12': d=31; break;
      case '4': case '6': case '9': case '11': d=30; break;
      case '2': d=28+( (y%4==0 && y%100 || y%400==0) ? 1:0 ); break;
      default: d = "月份输入错误";
    }
    form.d.value = d;
  }
```

```
}
```

运行结果如图 8-14～8-16 所示。

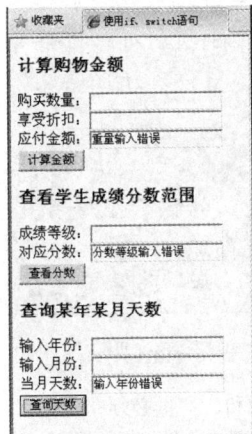

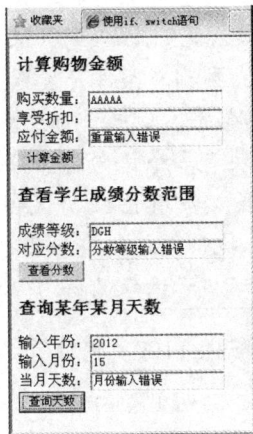

图 8-14　无输入时的运行结果　　图 8-15　输入错误时的运行结果　　图 8-16　输入正确时的运行结果

8.4.4　循环语句 while、do-while、for

对有规律重复进行的操作或计算，可以采用循环结构的程序流程，循环结构一般由四部分组成。

● 循环变量初始化：为循环设置一个控制循环的变量，并且在循环之前给定一个初始值。

● 循环控制条件：一般根据循环变量的值作为是否循环的条件，条件成立则重复执行循环操作，条件不成立则结束循环。

● 循环体语句：即需要重复执行的操作。

● 循环变量增值：在每次循环中改变循环变量的值，使得循环能够朝着结束的方向来发展。

JavaScript 提供了四种循环类型：while、do-while、for、for (...in...)。

1．while 当型循环

while 当型循环的语法格式为：

```
while (条件)
{ 循环体语句块; }
```

while 语句的执行流程如图 8-17 所示。

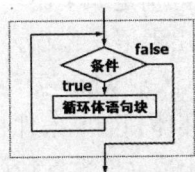

图 8-17　while 语句执行流程

说明：① while 语句中的条件必须是布尔型常量、变量或结果为逻辑值的条件或逻辑表达式，而且必须在圆括号()内。

② 执行 while 语句时，先计算判断条件是否成立，如果条件不成立，则循环体语句块相当于不存在，立即结束 while 语句；如果条件成立，则执行循环体语句块，执行完毕后无条件转回 while 再判断条件是否成立，如果成立，再执行循环体、再转回 while 判断，直到条件不成立，跳出 while 结束循环。

③ 循环操作的循环体语句块有多个语句时必须用{}括起来，否则只执行完第一个语句就无条件转回 while，虽然没有语法错误但会发生逻辑错误甚至造成死循环，while()后如果有分号则不会执行循环体，一般也会造成死循环。

④ 循环体语句块应有使循环趋于结束的语句(如修改循环变量)，不要构成死循环。

例如用 while 循环求$\sum n=1+2+3+...+100$，将计算结果保存在变量 sum 中：

```
var i=1, n=100, sum=0;    //声明变量并初始化，sum 为累加和，变量必须初始化为 0
while(i <= n)             // while()后不能有分号，否则不执行循环体，会造成死循环
{ sum+=i; i++; }          //如果没有{}则循环体语句只执行 sum+=i;也会造成死循环
```

2. do-while 直到型循环

do-while 直到型循环的语法格式为：

```
do
  { 循环体语句块；}
while (条件);
```

do-while 语句的执行流程如图 8-18 所示。

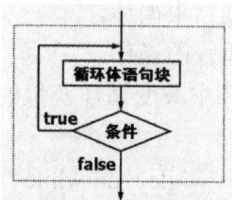

图 8-18　do-while 语句执行流程

do-while 语句与 while 语句功能相似，不同的是 do-while 语句首先会无条件执行一次循环体语句块，执行到 while 时计算判断条件是否成立，如果条件不成立，则直接结束 do-while 语句；如果条件成立，则返回到 do 继续执行循环体语句块，执行到 while 时再判断条件。

do-while 与 while 语句的另一个区别是如果循环体有一个以上语句时，必须用{}括起来，且 do 之后不能有分号，否则会出现语法错误，while 循环的条件后不能有分号，而 do-while 循环条件后一般会使用分号以区别 while 循环。

一般情况下，如果处理问题的循环体相同、条件相同，则 while 与 do-while 二者的结果也是相同的，只有在一开始条件就不成立的特殊情况下二者结果不一样。

例如用 do-while 循环求$\sum n=1+2+3+...+100$，将计算结果保存在变量 sum 中：

```
var i=1, n=100, sum=0;
do              //有循环体语句则 do 之后不允许有分号，否则语法错误
{ sum+=i; i++; }   //多个循环体语句如果没有{}，则语法错误
while(i<=n);    //分号可区别于 while 循环。JavaScript 可以省略，C/C++或 Java 必须有
```

3. for 循环

for 循环的语法格式为：

```
for ( 表达式 1；表达式 2 条件；表达式 3 )
{ 循环体语句块；}
```

for 循环语句的执行流程如图 8-19 所示。

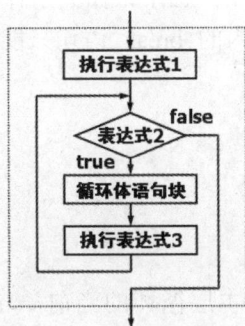

图 8-19　for 语句执行流程

说明：① for 语句中的 3 个表达式必须在()内，且必须用分号隔开，表达式 1 和表达式 3 可以是任何类型的表达式，也可以是用逗号隔开的多个表达式，在表达式 1 中可以临时定义变量，表达式 2 是循环条件，必须是布尔型常量、变量或结果为逻辑值的条件或逻辑表达式。

② for 语句类似于 while 当型循环，执行 for 语句时仅第一次先计算执行表达式 1(不参加循环)，再计算判断表达式 2 条件是否成立，如果条件不成立，则循环体语句块相当于不存在，立即结束 for 语句；如果条件成立，则执行循环体语句块，执行完毕后无条件转去计算执行表达式 3，执行完表达式 3 后再去判断表达式 2 条件是否成立，如果成立再执行循环体、再转去表达式 3、再去表达式 2 判断，直到表达式 2 条件不成立，跳出 for 语句结束循环。

③ 循环体语句块有多个语句时必须用{}括起来，否则只执行完第一个语句就无条件转去表达式 3，虽然没有语法错误，但会发生逻辑错误甚至造成死循环。

④ for 语句可以没有循环体语句块，但必须有一个分号，否则会把后面的其他语句当作循环体语句，如果有循环体，则 for 之后不能有分号，否则不会执行循环体。

⑤ for 语句中的 3 个表达式都可以省略，但两个分号都不能省略。省略表达式 1 则第一次就直接判断表达式 2。省略表达式 2 则为无条件循环，相当于条件恒为 true，若循环体内没有其他出口，会成为死循环。省略表达式 3，则执行完循环体语句块直接转去表达式 2。

例如，用 for 循环求 $\sum n=1+2+3+\dots+100$，将计算结果保存在变量 sum 中：

```
var n=100, sum;
for(var i=1, sum=0; i<=n; i++)  //有循环体语句 for()之后不能有分号
  sum+=i;                       //循环体只有一个语句可省略{}
```

4．break 语句

break 语句的语法格式为：

```
break;
```

break 语句可强行跳出，结束本层循环或 switch 语句。如果在循环体语句中遇到 break 语句，不论循环体语句是否执行完毕，也不论循环条件是否成立，都会立即强制结束并跳出循环。对于多层循环，每层循环内的 break 语句只能跳出自己所在的本层循环，而不能从内层循环直接跳出外循环。

5．continue 语句

continue 语句的语法格式为：

```
continue;
```

continue 语句可以终止和结束本层循环的当前一轮循环。如果在循环体语句中遇到 continue 语句，不论循环体语句是否执行完毕，都必须立即强制结束本轮循环，转到循环条件去判断是否进行下轮循环。对于多层循环，每层循环内的 continue 语句只能结束自己所在层的本轮循环，转到自己所在层的循环条件去判断是否进行下轮循环，而不能从内层循环直接结束外层循环的本轮循环，也不能直接转到外层循环的条件去判断是否进行下轮外层循环。

【例 h8-5.html】使用 while、do-while、for 语句。
(1) 通过表单输入 n，用 while 循环求 $\sum n$，isFinite(n)可判断 n 是否为无穷大的数。
(2) 通过表单输入 n，用 do-while 循环求 n 的阶乘 n!。
(3) 用 for 在页面中显示乘法口诀表。

代码如下：

```
<!DOCTYPE html PUBLIC "-//W3C//DTD XHTML 1.0 Transitional//EN"
  "http://www.w3.org/TR/xhtml1/DTD/xhtml1-transitional.dtd" >

<html>
  <head> <title>使用 while、do-while、for 语句</title>

    <style type="text/css">
      div { margin-left:50px; float:left; }
      #clear { clear:left; padding-top:15px; }
    </style>

    <script type="text/javascript">
    function rec1(form)
```

```
       {
         var i=1, s=0, n=form.n.value;
         if ( isNaN(n) || n=="" || n>2000000 ) s="输入数字错误或数值太大";
         else while(i<=n) { s+=i; i++; }  //数值太大浏览器不予循环或造成死锁
         form.s.value=s;
       }
     function rec2(form)
       {
         var i=1, p=1, n=form.n.value;
         if ( isNaN(n) || n=="" || !isFinite(n) ) p="输入数字错误或无穷大";
         else do {
         p*=i; i++; if (! isFinite(p) ) { p="计算结果无穷大"; break; } }
             while(i<=n);
         form.p.value=p;
       }
     </script>
  <head>
  <body>
    <div><h3>计算∑n=1+2+…+n</h3>
      <form>
        请输入 n: <input type="text" name="n" /> <br />
        计算∑n: <input type="text" name="s" /> <br />
        <input type="button" value="计算∑n" onclick="rec1(this.form)" />
      </form></div>
    <div><h3>计算 n!=1×2×…×n</h3>
      <form>
        请输入 n: <input type="text" name="n" /> <br />
        计算 n! : <input type="text" name="p" /> <br />
        <input type="button" value="计算 n! " onclick="rec2(this.form)" />
      </form></div>
    <h3 id="clear">显示乘法口诀表</h3>

    <script type="text/javascript">
      var i, j, str="        ";
      for ( i=1; i<10; i++)
        {
          for ( j=1; j<i; j++) document.write(str);
          for ( j=i; j<10; j++)
            {
              document.write(i+"*"+j+"=");
              if (i*j<10) document.write(i*j+"   ");
              else document.write(i*j+"  "); }
          document.write("<br />");
        }
    </script>
  </body>
</html>
```

运行结果如图 8-20 所示。

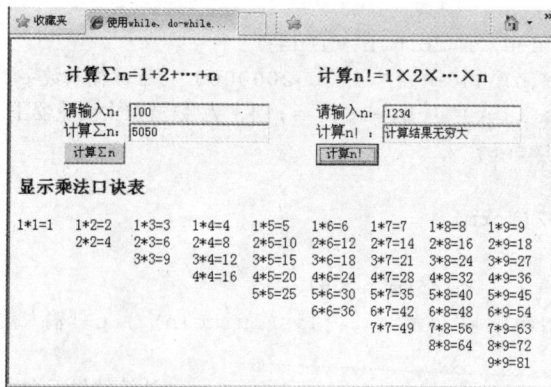

图 8-20　使用 while、do-while、for 语句的运行结果

8.4.5　遍历循环语句 for (... in...)

遍历循环语句 for (... in...)的语法格式为：

```
for (循环变量 in 对象名)
  { 循环体语句块； }
```

for (...in...)循环的循环变量可自动依次获取指定对象中包含的所有元素或属性值，每次取对象中的一个元素或属性值，对每个元素或属性值都进行一次循环操作，直到完毕。

【例 h8-6.html】使用遍历循环输出数组对象中的所有下标变量值。代码如下：

```
<!DOCTYPE html PUBLIC "-//W3C//DTD XHTML 1.0 Transitional//EN"
  "http://www.w3.org/TR/xhtml1/DTD/xhtml1-transitional.dtd" >
<html>
  <head> <title>for...in 遍历循环</title>
  </head>
  <body>
    <h3>用 for...in 循环输出姓名数组</h3>
    <script type="text/javascript">
    var i, names=new Array("张三", "李四", "王五")
    for (i in names) document.write(names[i]+"<br />");
    document.write( "数组长度"+names.length+": "+names );
  </script>
  </body>
</html>
```

运行结果如图 8-21 所示。

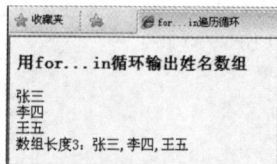

图 8-21　用遍历循环输出数组元素

8.5　JavaScript 自定义函数

函数就是完成某个功能的程序代码块，或者是需要重复执行的代码块，函数代码只在被调用时才会执行，将 JavaScript 代码定义为函数还可避免在页面载入时就被自动执行。

JavaScript 以事件驱动方式响应用户的操作，当用户对页面操作时则会引发相应事件，通过引发的事件调用函数对用户作出响应，实现用户与浏览器的动态交互。

JavaScript 函数分为独立函数、内嵌函数与匿名函数。

8.5.1　独立函数

1. 函数的定义

函数的定义如下：

```
function 函数名（ [参数变量1，参数变量2，...] ）
{
    脚本代码语句块；
    [ return [ 返回值表达式] ； ]
}
```

独立函数一般在 HTML 文档的<head>部分定义，但最好的方式是在.js 外部文件中单独定义，实现行为与页面内容的分离。

函数定义必须使用 function 关键字，函数名必须符合标识符的构成规则，其中的参数变量也称为形式参数，是属于该函数的局部变量，其用途就是负责接收调用函数时传递过来的数据。从另一个角度来讲，参数变量也规定了调用函数时所必须提供的数据，就是说调用函数时必须按函数定义时规定的参数个数来传递数据。

> **注意**：在函数中可以直接使用任意的浏览器对象、JavaScript 内置对象，并可通过 document 对象获取页面中的任意标记对象，例如用 document.getElementById("id 属性值")方法可以获取指定 id 属性值的标记对象。

2. 函数的返回值

带表达式的 return 语句可以将表达式的值作为调用函数产生的结果数据返回给调用者，省略表达式的 return 语句仅表示立即停止代码的执行，结束函数调用。

> **注意**：对于有默认操作的标记，在调用事件函数时，可使用 return false;终止元素的默认操作。例如单击 submit 提交按钮时<form>的默认操作是向服务器提交表单数据，当 <form>调用 submit 事件函数时，如果函数没有返回值或执行 return true;返回 true 则会执行默认操作向服务器提交表单，如果函数执行 return false;返回 false 则<form>会终止默认操作，不向服务器提交表单。对<a>标记的单击事件函数，若返回 false，则会终止链接指定的页面。

3．函数的调用

独立函数可以被其他函数任意调用，也可以被页面中任何元素、任何事件任意多次地调用，调用时只需使用函数名并按定义的参数个数传递数据即可。

在 JavaScript 代码中调用函数的格式如下：

函数名（[表达式 1，表达式 2，...]）；

在页面中通过某个标记的事件属性调用函数的格式如下：

<标记名 事件属性名称="函数名（[表达式 1，表达式 2，...]）">

如果被调函数有返回值，则可以将函数调用看作是一个数据，即可用变量保存，也可在表达式中直接使用。

例如：

var 变量 = 函数名（[表达式 1，表达式 2，...]）；
var 变量 = a+b*函数名（[表达式 1，表达式 2，...]）；

如果事件函数的返回值为 false，将终止该标记元素的默认操作。

4．函数的内置 arguments 数组

JavaScript 的函数在每次被调用时都会自动生成一个名字为 arguments 的局部数组以接收调用者传递过来的所有数据，因此定义函数时即使不指定参数变量，调用时也可以传递任意多个数据，通过 arguments 数组元素即可逐一获取使用这些数据。

例如：

```
function test()
{
    var i;
    for(i=0; i<arguments.length; i++)
        document.write(arguments[i] + "<br />");
    //或: for (i in arguments) document.write(arguments[i] + "<br />");
    ...
}
```

8.5.2　内嵌函数与匿名函数

1．内嵌函数

JavaScript 的函数可以嵌套定义，即在一个函数内部还可以定义独立的内嵌函数(内部函数)，但内嵌函数只能在包含它的独立函数内部调用。

内嵌函数可以直接使用其外部函数的所有变量，而不需要作为参数传递，因此函数内需要多次重复使用的代码块尤其适合定义为内嵌函数，需要时可以在函数内的任意位置任意多次地调用而不必传递参数。

2．匿名函数

JavaScript 允许在需要调用函数的位置直接定义并调用匿名函数，一般仅适用于为屏蔽

全局变量、在页面加载时需要记忆的事件函数。

匿名函数定义及调用格式如下：

```
事件属性名称 = function([参数]) { 脚本代码语句块； }
```

【例 h8-7.html】用传统事件驱动调用函数的方式模拟计算器。

本例题为＋、－、×、÷ 等 4 个按钮设置了单击事件，而且调用同一个 bfun()函数，为了保证单击不同按钮进行不同的运算，并让<span>标记显示该运算符，必须在调用函数中确定用户单击了哪个按钮。例题代码采用了将按钮标记作为参数传递给函数(当前对象可以用 this 表示)，在函数中根据按钮上的运算符名称进行相应的运算，也可以直接用运算符字符作参数，还可以不传递参数直接在函数中通过 event 事件对象获取引发事件的按钮。

(1)　创建页面文档 h8-7.html：

```html
<!DOCTYPE html PUBLIC "-//W3C//DTD XHTML 1.0 Transitional//EN"
  "http://www.w3.org/TR/xhtml1/DTD/xhtml1-transitional.dtd" >
<html>
  <head>
    <title>模拟计算器</title>
    <script src="j8-7.js" type="text/javascript" > </script>
  <head>
  <body>
    <form id="form1">
      <h2>模拟计算器</h2>
        请在两个文本框输入运算数，单击按钮获取结果<br />
      <p><input id="x" name="x" size="10" /> <span id="o"> + </span>
        <input id="y" size="10" /> = <input id="z" /> </p>
      <p><input id="add" type="button" value=" + "onclick="bfun(this)" />
        <input id="sub" type="button" value=" - "onclick="bfun(this)" />
        <input id="mul" type="button" value=" × "onclick="bfun(this)" />
        <input id="div" type="button" value=" ÷ "onclick="bfun(this)" />
      </p>
    </form>
  </body>
</html>
```

(2)　在同一目录创建外部脚本文件 j8-7.js：

```javascript
function bfun(butt)                          //参数变量不允许使用 this
{ var num1, num2, result, fh=butt.value;   //获取当前按钮元素的名称——运算符
  var f = document.getElementById("form1");  //根据 id 获取 form 表单元素
  num1 = f.x.value;
  num2 = f.y.value;
  if ( num1>0 && num2>0 )
    { document.getElementById("o").innerHTML=fh;  //为<span>标记设置新运算符
      switch(fh)
        { case " + " : result=num1*1+num2*1; break; //注意字符串数据转换
          case " - " : result=num1-num2; break;
          case " × " : result=num1*num2; break;
```

```
        case " ÷ " : result=num1/num2; break;
      }
    f.z.value=result; }
  else { f.z.value="数据错误，请重新输入"; }
}
```

运行结果如图 8-22 和 8-23 所示。

> **注意：** 非空双标记中的文本内容可通过 innerHTML 属性获取或写入页面，目前已不赞成使用，而应该使用 W3C 标准的 firstChild.nodeValue 属性。

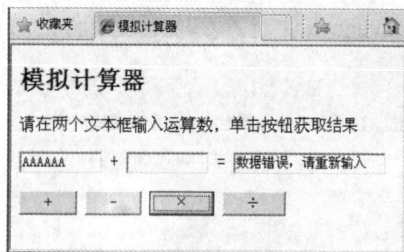

图 8-22　输入错误时的显示结果

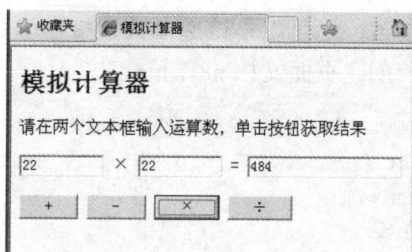

图 8-23　输入正确的计算结果

8.6　JavaScript 事件处理

页面中的每个标记元素都可以引发某个事件，XHTML 或 HTML 4.0 都可以将事件对象作为标记的属性，并与 JavaScript 函数配合使用，事件发生时自动调用函数或执行 JavaScript 代码实现对页面的操作。

标记元素响应事件的传统写法如下：

<标记名 事件属性名称＝"函数名（ [参数 1，参数 2，...]) 或 JavaScript 代码" >

如果执行的代码较少，可以直接在事件属性中书写事件代码，但不推荐这种方式，而且目前流行的网页制作技术中，即使调用事件函数也不在标记中使用事件属性，只为标记设置 id 属性，所要响应的各种事件名称及调用的事件函数全部在 JavaScript 文件中设置。

> **注意：** 事件发生时 JavaScript 会自动创建一个 event 事件对象，可作为参数传递，也可在事件函数中直接获取，event 事件对象中封装了引发事件的所有状态与参数，通过 event 对象可以获取引发事件的事件源对象、鼠标左键或右键及点击次数以及鼠标按下点的坐标、按下了键盘的哪个按键，详见第 10 章中的 event 事件对象。

8.6.1　JavaScript 常用事件

1. 页面相关事件

页面相关事件一般由 window 浏览器对象或 body 对象响应。

- onload：页面内容加载完成，包括外部文件引入完成。
- onunload：用户改变页面，卸载当前页面前或关闭浏览器后。

- onbeforeunload：当前页面内容被改变之前(关闭浏览器之前)。
- onmove：移动浏览器窗口(onmovestart、onmoveend)。
- onresize：调整浏览器窗口或框架尺寸大小(onresizestart、onresizeend)。
- onerror：加载页面或图像出现错误，如脚本错误与外部数据引用的错误。
- onabort：加载图像被用户中断或取消。
- onstop：按下浏览器停止按钮或者正下载的文件被中断。
- onscroll：浏览器滚动条位置发生变化。

2．鼠标相关的一般事件

鼠标相关事件可以由页面中任意标记对象响应。

- onclick：鼠标单击(在某个标记对象控制的范围内)。
- ondblclick：鼠标双击。
- onmousedown：鼠标按下(一般用于按钮或超链接对象)。
- onmouseup：鼠标松开(一般用于按钮或超链接对象)。
- onmouseover：鼠标移到元素上(进入某个标记对象控制的范围内)。
- onmouseout：鼠标从元素移开(脱离某个标记对象的控制范围)。
- onmousemove：鼠标在元素内控制范围移动。

注意：鼠标单击将同时分解为鼠标按下、鼠标释放，响应顺序为按下、释放、单击。

3．键盘相关事件

键盘相关事件可以由页面中任意标记对象响应，但必须获得焦点才能响应键盘事件。

- onkeydown：某个键被按下时。
- onkeyup：某个键松开释放时。
- onkeypress：键盘上的某个键被敲击(按下并释放)。

注意：按键事件将同时分解为键按下、键释放，响应顺序为按下、敲击、释放。

4．表单相关事件

表单相关事件一般由表单元素响应，可配合表单元素对表单数据进行验证。

- onfocus：元素获得焦点(也可用于其他标记，鼠标与键盘操作均可触发)。
- onblur：元素失去焦点(也可用于其他标记，鼠标与键盘操作均可触发)。
- onchange：文本内容被改变——在失去焦点时触发。
- onsubmit：单击提交按钮提交表单时触发(必须由 form 标记响应)。
- onreset：单击重置按钮时触发(必须由 form 标记响应)。

5．页面编辑事件

页面编辑事件一般由 window 浏览器对象、body 对象或表单元素响应。

- onselect：文本内容被选中后。
- onselectstart：文本内容被选择开始时触发。
- oncopy：页面选择内容被复制后在源对象触发。

- onbeforecopy：页面选择内容将要复制到用户系统的剪贴板前触发。
- oncut：页面选择内容被剪切时在源对象触发。
- onbeforecut：页面选择内容将被移离当前页面并移到用户系统的剪贴板前触发。
- onpaste：内容被粘贴到页面时在目标对象触发。
- onbeforepaste：内容将要从用户系统剪贴板粘贴到页面中时触发。
- onbeforeeditfocus：当前元素将要进入编辑状态前触发。
- onbeforeupdate：当用户粘贴系统剪贴板中的内容时通知目标对象。
- oncontextmenu：按鼠标右键或通过按键弹出页面菜单时触发(可禁止鼠标右键)。
- ondrag：当某个对象被拖动时在源对象上持续触发(活动事件)。
- ondragdrop：外部对象被鼠标拖进并停放在当前窗口。
- ondragend：鼠标拖动结束后释放鼠标时在源对象上触发。
- ondragstart：当某对象将被拖动时在源对象上触发。
- ondragenter：对象被鼠标拖动进入某个容器范围内时在目标容器上触发。
- ondragover：被拖动对象在其容器范围内拖动时持续在目标容器上触发。
- ondragleave：对象被鼠标拖动离开其容器范围时在目标容器上触发。
- ondrop：在一个拖动过程中，释放鼠标键时在目标对象上触发。
- onlosecapture：当元素失去鼠标移动所形成的焦点时触发。

6. 滚动字幕事件

滚动字幕事件一般由<marquee>标记响应。

- onbounce：marquee 对象 behavior 属性为 alternate 且字幕内容到达窗口一边时触发。
- onstart：marquee 元素开始显示内容时触发。
- onfinish：marquee 元素完成需要显示的内容后触发。

7. 数据绑定事件

数据绑定事件一般由 window 浏览器对象或 body 对象响应。

- onafterupdate：当数据完成由数据源到对象的传送时触发。
- oncellchange：当数据来源发生变化时触发。
- ondataavailable：当数据接收完成时触发。
- ondatasetchanged：数据在数据源发生变化时触发。
- ondatasetcomplete：当来自数据源的全部有效数据读取完毕时触发。
- onerrorupdate：当使用 onBeforeUpdate 事件取消了数据传送时触发。
- onrowenter：当前数据源的数据发生变化并且有新的有效数据时触发。
- onrowexit：当前数据源的数据将要发生变化时触发。
- onrowsdelete：当前数据记录将被删除时触发。
- onrowsinserted：当前数据源将要插入新数据记录时触发。

8. 外部事件

外部事件一般由 window 浏览器对象响应。

- onafterprint：对象所关联的文档打印或打印预览后在对象上触发。
- onbeforeprint：文档即将打印前触发。
- onfilterchange：当某个对象的滤镜效果发生变化时触发。
- onhelp：当用户按下 F1 或浏览器帮助时触发。
- onpropertychange：当对象属性之一发生变化时触发。
- onreadystatechange：当对象的初始化属性值发生变化时触发。
- onactivate：当对象设置为活动元素时触发。
- oncontrolselect：当用户将要对该对象制作一个控件选中区时触发。
- ontimeerror：当特定时间错误发生时触发，通常因将属性设置为无效值导致。

8.6.2　页面相关事件与函数的记忆调用

页面相关事件一般由 window 浏览器对象或 body 对象响应，常用事件如下：

- onload：页面加载完成。
- onunload：改变或卸载页面。
- onmove：移动浏览器窗口。
- onresize：调整浏览器窗口或框架大小。
- onerror：加载页面错误。
- onabort：加载图像中断或取消。
- onstop：按下浏览器停止按钮。
- onscroll：浏览器滚动条变化。

1．onload 事件与函数的记忆调用

onload 是浏览器装载打开页面完毕(包括引入外部文件完毕)后触发的事件，可以在 onload 事件调用的函数中创建用户 cookies 对象、为页面标记元素指定响应的事件函数、或者检测用户的浏览器类型以确定显示不同的页面内容。

假设为 onload 事件定义一个 initDocument 函数：

```
function initDocument()
{
    //页面装载完毕后执行的代码；
}
```

传统设计方法一般让<body>标记响应 onload 事件：

```
<body onload="initDocument()">
```

现在流行的设计方法一般不再使用 HTML 标记的事件属性，而全部由 JavaScript 代码完成，并通过 window 浏览器对象响应 onload 及其他页面事件，对应的 JavaScript 代码如下：

```
window.onload=initDocument;    //只有函数名没有()括号
```

浏览器装载页面时，JavaScript 代码同时被装载执行，执行这条语句只是将函数名交给 window 对象的 onload 事件，是让 window 对象记住 onload 事件发生时所要调用的函数名

而不是立即调用函数,其含义是"当浏览器窗口发生 onload 事件时再调用 initDocument() 函数"或"记住 onload 事件发生时调用的函数是 initDocument()"。

而如果写成 window.onload=initDocument(); 则装载执行这条语句时就会立即调用 initDocument()函数,但此时全部页面内容都还没有装载,浏览器尚不知道页面中有哪些标记,如果在 initDocument()函数中操作页面元素则会出错。

在 JavaScript 中 window 是浏览器最顶层全局对象,对象名 window 可以省略,而且该对象在打开浏览器时就已经存在,让 window 对象响应 onload 事件的代码可以简写为:

```
onload=initDocument;
```

> **注意:** 在页面中直接书写的 JavaScript 代码在页面装载时会立即执行,但刷新页面重新载入时再执行这些代码则可能因为使用了全局变量而出现错误,可以将这些代码都放在 onload 事件的函数中,这样既可保证在加载页面时立即执行,又可避免出现意外错误。

2. onunload 事件与匿名函数的记忆调用

某些浏览器会缓存页面内容,当用"后退"按钮返回已装载过的页面时,则只显示缓存的内容而不再触发 onload 事件,如果是在 onload 事件函数中设置标记的事件操作,则这些操作用"后退"按钮返回后也会失效。

当浏览器窗口转换显示新页面或关闭浏览器卸载退出当前页面时,会触发 onunload 事件,通过 onunload 事件函数则可以避免页面缓存,还可以清理资源,显示退出提示信息。

我们可以编写卸载页面事件函数 exitDocument(),用 window.onunload=exitDocument; 记住函数名在事件发生时调用函数。如果不需要清理资源,显示退出提示信息,也可以仅调用匿名空函数避免页面缓存,以便在再次返回时能自动触发 onload 事件:

```
window.onunload=function() {}
```

使用匿名函数同样具有函数的记忆调用功能,即执行该语句时不会立即调用函数,而是让事件记住该函数,当事件发生时再调用函数代码。

现在流行的设计方法是在 HTML 页面中不再出现哪个标记响应、哪个事件调用哪个函数的代码,使用标记对象也无需传递参数,全部由 window 对象的 onload 与 onunload 事件来完成。

【例 h8-8.html】用流行的设计方法重新设计 h8-7.html 模拟计算器与 h8-3.html 计算梯形面积,由 window 响应 onload 与 onunload 事件,在 onload 事件中设置按钮响应单击事件、body 响应 onresize 调整窗口事件,改变或卸载页面时在 onunload 事件中创建退出信息对话框。

(1) 设计 h8-8.html 页面:将页面中按钮响应事件的属性全部去掉,只需设置这些标记的 id 属性由 JavaScript 自动找到它们即可。代码如下:

```
<!DOCTYPE html PUBLIC "-//W3C//DTD XHTML 1.0 Transitional//EN"
  "http://www.w3.org/TR/xhtml1/DTD/xhtml1-transitional.dtd" >
<html>
  <head>
```

```
  <title>模拟计算器</title>
  <script src="j8-8.js" type="text/javascript" > </script>
<head>
<body>
  <form id="form1" action="h8-7.html"><!--指定服务器计算梯形面积备用程序-->
    <h2>模拟计算器</h2>
      请在两个文本框输入运算数，单击按钮获取结果<br />
    <p> <input id="x" name="x" size="10" /> <span id="o"> + </span>
      <input id="y" size="10" /> = <input id="z" /> </p>
    <p> <input id="add" type="button" value=" + " />
      <input id="sub" type="button" value=" - " />
      <input id="mul" type="button" value=" x " />
      <input id="div" type="button" value=" ÷ " /> </p>
    <h2>计算梯形面积</h2>
      上底a: <input type="text" id="a" /> <br />
      下底b: <input type="text" id="b" /> <br />
      高度h: <input type="text" id="h" /> <br />
      面积s: <input type="text" id="s" /> <br />
      <input id="but" type="submit" value="计算面积" />
  </form>
</body>
</html>
```

(2) 在同一目录下创建外部脚本文件 j8-8.js:

```
var f;                //表单全局对象，此处页面未装载完毕只声明不能创建
onload=initButton;     //页面装载完毕执行，记住函数名在 onload 事件发生时调用
onunload=function()    //卸载页面事件匿名函数，记住函数代码在事件发生时调用
{ alert("希望您经常光临本网站，再见！"); }    //即使空函数也可以避免页面缓存
function initButton()  //定义函数—在页面装载完毕 onload 事件发生时调用
{ f=document.getElementById("form1");   //全局表单对象，页面装载完毕根据 id 创建
  document.getElementById("add").onclick=bfun;//记住函数名在单击事件发生时调用
  document.getElementById("sub").onclick=bfun;
  document.getElementById("mul").onclick=bfun;
  document.getElementById("div").onclick=bfun;
  document.getElementById("but").onclick=rec;  //记住函数名单击提交表单时调用
  document.body.onresize=browerResize;         //调整窗口，也可由任意标记响应
}
function bfun()   //不用参数，可在函数中直接使用 this 表示调用函数的当前按钮对象
{ var num1, num2, result, fh=this.value;        //获取当前按钮名称，即运算符
  num1=f.x.value; num2=f.y.value;               //直接使用全局表单对象
  if ( num1>0 && num2>0 )
  { document.getElementById("o").firstChild.nodeValue=fh;  //为<span>设置
运算符
    switch(fh)
    { case " + " : result=num1*1+num2*1; break;    //注意字符串数据转换
      case " - " : result=num1-num2; break;
      case " x " : result=num1*num2; break;
```

```
            case " ÷ " : result=num1/num2; break;
          }
      f.z.value=result;
    }
  else { f.z.value="数据错误，请重新输入"; }
}
function rec()          //提交按钮 but 单击事件函数：计算梯形面积，不需要传递参数
{ if (f.a.value>0 && f.b.value>0 && f.h.value>0 )  //直接使用全局表单对象
   { f.s.value=( f.a.value*f.h.value + f.b.value*f.h.value )/2; }
  else { f.s.value="数据错误，请重新输入"; }
  return false;              //支持 JavaScript 则返回 false 终止通知表单提交服务器
}
function browerResize()  //body 标记响应 onresize 调整浏览器窗口事件函数
{ f.z.value="你在调整浏览器窗口"; }
```

运行结果如图 8-24 和 8-25 所示。

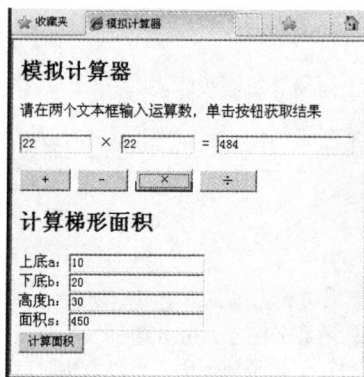

图 8-24 正常浏览使用页面   图 8-25 转换页面或退出时显示提示框

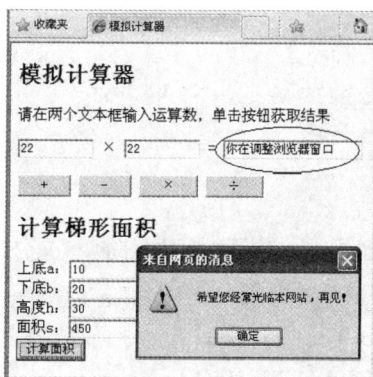

(3) 关于 j8-8.js 脚本说明：

```
var f;                    //全局表单对象，此处页面未装载完毕，只声明不能创建
function initButton()
{ f=document.getElementById("form1");  //全局表单对象，页面装载完毕根据 id 创建
  document.getElementById("add").onclick=bfun;//记住函数名单击事件，发生时调用
  ...
}
```

initButton()函数在页面装载完毕 onload 事件发生时由 window 对象自动调用，f 是全局表单对象，必须在函数外声明，但必须在页面装载完毕调用 initButton()函数时创建，如果在函数外声明语句中直接创建则页面尚未装载完毕浏览器找不到 id="form1"的表单标记。

```
document.getElementById("add").onclick=bfun;
```

document.getElementById("add")用于获取 id="add"的标记对象并为该标记设置 onclick 单击事件记忆函数名，仅在单击 add 标记时调用 bfun()函数。因为 add 不是系统对象，该代码必须放在 onload 事件函数内，在页面装载完毕后执行，否则找不到 id="add"的标记。

在已创建 f 对象的前提下让 add 按钮记住单击事件也可简化为 f.add.onclick=bfun;。

```
function rec()          //提交按钮 but 单击事件函数：计算梯形面积不需要传递参数
{ ...
  return false;         //支持 JavaScript 则返回 false 终止通知表单提交服务器
}
```

rec()是 submit 提交按钮的单击事件函数，返回 false 表示让按钮终止默认操作的执行，即不再通知<form>向服务器提交表单。

3. 无干扰脚本编程

如果同时在服务器端部署处理 h8-8.html 表单数据、计算返回梯形面积的服务器备用程序，并在 h8-8.html 中使用<form action="服务器备用程序 url">指定处理程序，则如果浏览器支持 JavaScript 就会调用函数计算梯形面积并返回 false 阻止向服务器程序提交表单，假设浏览器不支持 JavaScript 则不会返回 false，那就直接通知<form>向服务器程序提交计算梯形面积的表单，再由服务器处理程序返回计算结果。这样无论客户浏览器是否支持 JavaScript 都可以使用该页面计算梯形面积，这就是所谓的"无干扰脚本编程"。

8.6.3　鼠标相关事件

常用鼠标事件有 onclick(鼠标单击)、ondblclick(鼠标双击)、onmousedown(鼠标按下)、onmouseup(鼠标松开)、onmouseover(鼠标进入)、onmouseout(鼠标移开)、onmousemove(鼠标移动)等，其中鼠标单击包括了鼠标按下与释放事件，响应顺序为按下、释放、单击。

鼠标事件是使用最多的事件，所以也称为一般事件，鼠标相关事件可以由页面的任何标记响应。

【例 h8-9.html】用鼠标设置页面背景——页面初始默认背景为白色，在页面中任意位置(包括任意标记)按下鼠标则背景变为蓝色、抬起鼠标变为红色、双击鼠标恢复原来的白色。

用传统写法可直接为 body 标记的事件书写 JavaScript 代码，既可通过标记的传统 HTML 属性 bgColor 设置(颜色不能缩写)，也可通过 JavaScript 的 style 样式属性设置(颜色可缩写)，但 bgColor 属性与 style 对象属性不能混用。代码如下：

```
<!DOCTYPE html PUBLIC "-//W3C//DTD XHTML 1.0 Transitional//EN"
  "http://www.w3.org/TR/xhtml1/DTD/xhtml1-transitional.dtd" >
<html>
  <head><title>使用 body 设置页面背景</title></head>
  <body onmousedown="document.body.style.backgroundColor='blue'"
      onmouseup="document.body.style.backgroundColor='red'"
      ondblclick="document.body.style.backgroundColor='#FFF'">
    <h2>在页面任意位置按下鼠标背景蓝色，抬起鼠标红色、双击鼠标恢复白色</h2>
  </body>
</html>
```

该页面在 IE 中必须操作页面的实际内容区域才会有效，而火狐则在浏览器范围内都有效。

也可以通过标记的传统 HTML 属性 bgColor 设置(不推荐这种写法)：

```
<body onmousedown="document.body.bgColor='blue'"
  onmouseup="document.body.bgColor='red'"
  ondblclick="document.body.bgColor='#FFFFFF'">
```

注意：① CSS 背景样式属性为 background-color，在 JavaScript 中 style 作为样式对象，其背景颜色属性为 backgroundColor，关于 JavaScript 中 style 对象对应的 CSS 属性，详见第 10 章 JavaScript 的 style 对象。

② IE 浏览器 body 的有效范围仅与页面类型有关，在 XHTML 页面中 body 的有效范围仅仅是页面的实际内容区域，而在传统 HTML 页面中 body 的范围是浏览器中的全部可见区域。

③ 对火狐浏览器 body 的有效范围与文档类型无关，但使用纯 JavaScript 代码设置标记调用函数时，body 的有效范围仅仅是页面的实际内容区域，而在标记内书写代码或调用函数时 body 的范围是浏览器中的全部可见区域。

④ this 关键字表示当前标记对象自己，在标记内直接书写代码时可省略 this。对 IE 浏览器，this 可表示包括 body 在内的所有标记对象，而火狐浏览器在 HTML 页面中 this 只能表示 body 除外的其他标记对象，在纯 JavaScript 代码中则可表示包括 body 在内的所有标记对象。

仅仅对 IE 浏览器，以上代码可缩写为：

```
<body onmousedown="this.bgColor='blue'"
  onmouseup="bgColor='red'" ondblclick="bgColor='#FFFFFF'">
```

或者：

```
<body onmousedown="style.backgroundColor='blue'"
  onmouseup="style.backgroundColor='red'"
  ondblclick="style.backgroundColor='#FFF'">
```

【例 h8-10.html】以传统写法为 body 设置事件函数改变页面背景。

(1) 创建 h8-10.html 页面文档：

```
<!DOCTYPE html PUBLIC "-//W3C//DTD XHTML 1.0 Transitional//EN"
  "http://www.w3.org/TR/xhtml1/DTD/xhtml1-transitional.dtd" >
<html>
  <head><title>使用 body 设置页面背景</title>
      <script src="j8-10.js" type="text/javascript"> </script>
  </head>
  <body onmousedown="bc1()" onmouseup="bc2()" ondblclick="bc3(this)" >
   <h2>在页面任意位置按下鼠标背景蓝色，抬起鼠标红色、双击鼠标恢复白色</h2>
  </body>
</html>
```

(2) 在同一目录下创建 js 外部文件 j8-10.js：

```
function bc1()    { document.body.style.backgroundColor='blue'; }
```

```
function bc2()   { document.body.style.backgroundColor='red'; }
function bc3(obj) { obj.style.backgroundColor='#FFF'; }
```

本例为 body 对象的 style 属性对象设置 CSS 样式，也可设置传统 HTML 属性 bgColor，但二者不能混用，而且 XHTML 不赞成使用传统属性。

也可以通过 document 对象直接为页面设置背景，但 document 对象没有 style 属性对象，只能使用传统的标记属性，写为 document.bgColor='blue';(不赞成使用)。

该页面在 IE 中必须操作页面内容实际区域才有效，而火狐在浏览器范围内都有效。

注意：① 在标记内通过事件属性调用函数时，不能在函数内直接使用 this 表示当前对象，需要时必须用 this 传递当前对象，但定义函数时参数不能使用 this。对 body 对象可通过 document 对象直接获取，IE 浏览器也可通过函数传递 this。
② 由于火狐浏览器不能用 this 表示 body 对象，所以双击事件对火狐浏览器不起作用，其他事件改为参数传递也不起作用，只能在函数内使用 document.body 对象。

【例 h8-11.html】以目前流行写法为 body 设置事件函数，改变页面背景。

(1) 创建 h8-11.html 页面文档：

```
<!DOCTYPE html PUBLIC "-//W3C//DTD XHTML 1.0 Transitional//EN"
  "http://www.w3.org/TR/xhtml1/DTD/xhtml1-transitional.dtd" >
<html>
  <head><title>使用 body 设置页面背景</title>
      <script src="j8-11.js" type="text/javascript"> </script>
  </head>
  <body>
    <h2>在页面任意位置按下鼠标背景蓝色，抬起鼠标红色、双击鼠标恢复白色</h2>
  </body>
</html>
```

(2) 在同一目录下创建 js 外部文件 j8-11.js：

```
window.onunload=function() { }     //记忆卸载页面事件匿名函数，避免页面缓存
window.onload=initBody;         //记忆页面装载完成事件处理函数
function initBody()             //必须在 onload 函数内为 HTML 标记设置事件函数
{ document.body.onmousedown=bc1; //为 body 记忆事件发生时调用的函数
  document.body.onmouseup=bc2;   //对其他标记可通过 id 获取
  document.body.ondblclick=bc3;
}
function bc1()   //纯 JavaScript 设置的调用函数内可直接使用 this 表示当前调用的对象
{ this.style.backgroundColor='blue'; }
function bc2() { this.style.backgroundColor='red'; }
function bc3() { this.style.backgroundColor='#FFF'; }
```

该页面对 IE 或火狐浏览器相同，都必须操作页面实际内容区域才有效。

【例 h8-12.html】单击按钮计算圆的周长、双击按钮计算圆的面积。

(1) 创建 h8-12.html 页面文档：

```
<!DOCTYPE html PUBLIC "-//W3C//DTD XHTML 1.0 Transitional//EN"
```

```
          "http://www.w3.org/TR/xhtml1/DTD/xhtml1-transitional.dtd" >
<html>
  <head><title>单击、双击事件</title>
        <script src="j8-12.js" type="text/javascript"> </script>
  </head>
  <body>
    <h3>计算圆面积和周长</h3>
    输入半径: <input id="r" /> <br />
    计算结果: <input id="result" size="30" /> <br />
    确定按钮: <button id="but">单击求周长、双击求面积</button>
  </body>
</html>
```

（2） 在同一目录下创建 js 外部文件 j8-12.js：

```
var r, rt;                    //可在多个函数中使用的文本框全局对象，只声明不能创建
onunload=function() {}
onload=initButton;
function initButton()                  //页面加载后初始化按钮
{ document.getElementById("but").onclick=circleGirth;  //设置按钮单击事件函数
 document.getElementById("but").ondblclick=circleArea;//设置按钮双击事件函数
  r=document.getElementById("r");       //获取文本框全局对象
  rt=document.getElementById("result");
}
function circleGirth()              //按钮单击事件
{ if(r.value>0) rt.value="半径为"+r.value+"的圆周长为："+2*Math.PI*r.value;
  else rt.value="请输入正数";
}
function circleArea()               //按钮双击事件
{ if(r.value>0) rt.value="半径为"+r.value+"的圆面积为："
    + Math.PI*r.value*r.value;
  else rt.value="请输入正数";
}
```

运行结果如图 8-26 和 8-27 所示。

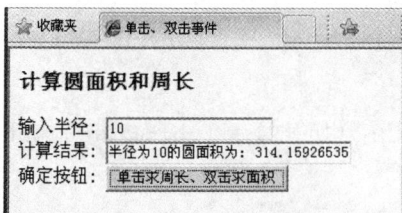

图 8-26 单击求圆周长   图 8-27 双击求圆面积

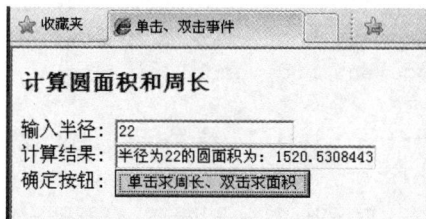

【例 h8-13.html】h3、span、文本框、文本区响应各种鼠标事件，单击 h3 标题变为红色，双击恢复为黑色。

注意鼠标单击事件还将同时分解为鼠标按下、鼠标释放，释放事件的显示会被单击覆

盖。另外鼠标进入的同时会伴随着移动，观察进入时必须小心缓慢进入，否则其显示会被移动覆盖。

文本框、按钮等空标记(单标记)以及文本区双标记等表单标记，使用 value 属性获取或写入文本内容，而\<div\>、\<p\>、\<span\>等非空双标记中的文本内容则是该标记对象中的 firstChild 子对象，老方式使用标记的 innerHTML 属性获取或写入文本内容，而新标准则使用 firstChild 子对象的 nodeValue 属性获取或写入文本内容。

使用 firstChild.nodeValue 属性时，必须保证标记的初始状态不能没有内容，如果该标记中没有初始内容，则应输入保留一个空格或书写\ 否则会产生 firstChild 对象不存在的错误。

> **注意**：对文本区表单元素最好使用 value 属性获取或写入文本内容，如果使用 firstChild.nodeValue 属性，很容易发生问题，例如运行时人为将文本区清空就会出现问题。

(1) 创建 h8-13.html 页面文档：

```
<!DOCTYPE html PUBLIC "-//W3C//DTD XHTML 1.0 Transitional//EN"
  "http://www.w3.org/TR/xhtml1/DTD/xhtml1-transitional.dtd" >
<html>
  <head><title>span、文本框、文本区响应鼠标事件</title>
    <script src="j8-13.js" type="text/javascript"> </script>
    <style type="text/css"> #text1 { color:red; font-weight:bold; }
     </style>
  </head>
  <body>
   <h3 id="title3">单击标题变为红色、双击恢复黑色</h3>
    <div>下面的文本框、文本区以及此处的 span<span id="text1"> </span>span 模拟响
应各种鼠标事件，注意在 span 空标记中保留空格或书写 。</div>
    <br />文本区: <textarea id="text2" rows="3" cols="30"> </textarea>
     <br />
    <br />文本框: <input id="text3" value="鼠标进来我就响应" size="30" />
  </body>
</html>
```

(2) 在同一目录下创建 js 外部文件 j8-13.js：

```
onunload=function() {}
onload=initElement;
function initElement()      //不在其他函数中使用的标记对象可定义为局部变量
{ var title3=document.getElementById("title3");   //创建获取标记对象
  var text1=document.getElementById("text1");
  var text2=document.getElementById("text2");
  var text3=document.getElementById("text3");
  title3.ondblclick=h3dblclick;            //鼠标双击
  title3.onclick=h3click;             //鼠标单击
  text1.onclick=t1click; text2.onclick=t1click; text3.onclick=t3click;
```

```
    text1.onmousedown=t1down;                //鼠标按下
    text2.onmousedown=t1down;  text3.onmousedown=t3down;
    text1.onmouseup=t1up;                    //鼠标释放
    text2.onmouseup=t1up;      text3.onmouseup=t3up;
    text1.onmousemove=t1move;                //鼠标移动
    text2.onmousemove=t1move;  text3.onmousemove=t3move;
    text1.onmouseover=t1over;                 //鼠标进入
    text2.onmouseover=t1over;  text3.onmouseover=t3over;
    text1.onmouseout=t1out;                  //鼠标离开
    text2.onmouseout=t1out;      text3.onmouseout=t3out;
}
function h3dblclick() { this.style.color='black'; }
function h3click()   { this.style.color='red'; }
function t1click() { this.firstChild.nodeValue='鼠标单击'; }
function t3click() { this.value='鼠标单击'; }
function t1down() { this.firstChild.nodeValue='鼠标按下'; }
function t3down() { this.value='鼠标按下'; }
function t1up()   { this.firstChild.nodeValue='鼠标释放'; }
function t3up()   { this.value='鼠标释放'; }
function t1move() { this.firstChild.nodeValue='鼠标移动'; }
function t3move() { this.value='鼠标移动'; }
function t1over() { this.firstChild.nodeValue='鼠标进入'; }
function t3over() { this.value='鼠标进入'; }
function t1out() { this.firstChild.nodeValue='鼠标离开'; }
function t3out() { this.value='鼠标离开'; }
```

运行结果如图 8-28 和 8-29 所示。

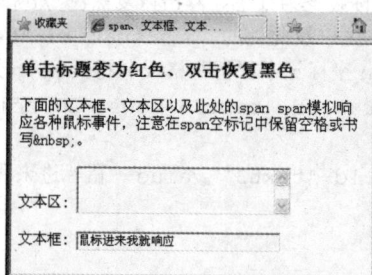

图 8-28　h8-13.html 页面初始状态

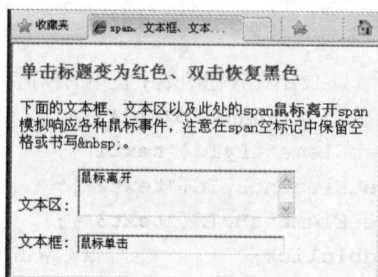

图 8-29　响应各种鼠标事件的显示效果

【例 h8-14.html】用鼠标事件实现图片翻转、链接指定页面(图像操作详见第 11 章)。

鼠标进入第一张图片翻转为另一幅图片并同时改变文本，离开后恢复原样，单击该图片则链接到 h8-12.html 页面。鼠标进入第二张图片后添加蓝色边框，离开后恢复原样。

对应 CSS 边框样式 border-color 属性的 style 对象属性为 borderColor。

(1)　创建 h8-14.html 页面文档：

```
<!DOCTYPE html PUBLIC "-//W3C//DTD XHTML 1.0 Transitional//EN"
  "http://www.w3.org/TR/xhtml1/DTD/xhtml1-transitional.dtd" >
<html>
  <head><title>图片链接翻转</title>
      <script src="j8-14.js" type="text/javascript"> </script>
      <style type="text/css" >
        #pic2 { border-style:solid; border-width:5px;
          border-color:white; }
      </style>
  </head>
  <body>
    <h3>鼠标事件实现图片链接翻转</h3>
    <a href="h8-12.html" >
      <img id="pic1" src="img/p8-1.jpg" width="300" height="350" /></a>
     <img id="pic2" src="img/p8-3.jpg" width="400" height="350" />
    <br />
    <h3 id="t">知道我在想什么吗？</h3>
    鼠标移过来看看吧……
  </body>
</html>
```

(2)　在同一目录下创建 js 外部文件 j8-14.js：

```
onunload=function() {}
onload=initImg;
function initImg()                          //初始化图片
{ var pic1=document.getElementById("pic1");  //局部图片元素对象
  var pic2=document.getElementById("pic2");
  pic1.onmouseover=p1over; pic1.onmouseout=p1out;
  pic2.onmouseover= p2over; pic2.onmouseout=p2out;
}
function p1over()
{ this.src="img/p8-2.jpg";
  document.getElementById("t").firstChild.nodeValue="我想和它结婚～～～～～";
}
function p1out()
{ this.src="img/p8-1.jpg";
  document.getElementById("t").firstChild.nodeValue="知道我在想什么吗？";
}
function p2over() { this.style.borderColor="blue" }
function p2out() { this.style.borderColor="white" }
```

运行结果如图 8-30 和 8-31 所示。

图 8-30　鼠标进入第二张图片后添加蓝色边框

图 8-31　鼠标进入第一张图片翻转为另一幅图片

8.6.4　焦点、按键及表单相关事件

　　鼠标点击某个元素时，该元素即获得焦点，当其他元素获得焦点时，该元素随即失去焦点，获得焦点的元素还可以响应按键事件。

　　常用的焦点、按键及表单事件有 onfocus(获得焦点)、onblur(失去焦点)、onchange(内容被改变，失去焦点时触发)、onsubmit(提交表单)、onreset(重置表单)、onkeydown(键按下)、onkeyup(键释放)、onkeypress(敲击按键，包括键按下、键释放，响应顺序为按下、敲击、释放)。

　　表单元素还可响应 onselect(选中文本)、oncopy(复制)、oncut(剪切)、onpaste(粘贴)等页面编辑事件。

> **注意：** onsubmit(提交表单)、onreset(重置表单)事件必须由<form>标记响应，返回 false 可终止提交或重置表单，而 submit 提交按钮、reset 重置按钮只能响应单击事件，返回 false 同样可终止提交或重置表单。

应用技巧：

(1) 如果某个表单元素的内容不允许修改，可设置其只读属性，但只读属性并不是所有浏览器都支持，可以对只读元素附加 onfocus 获得焦点事件强迫用户离开该元素。

(2) 利用 onblur 失去焦点事件可在用户离开时对数据进行验证，如果不符合要求，可显示错误提示信息并自动重新获得焦点(注意不要有两个以上元素同时设置失去焦点验证并自动获得焦点，以免造成相互获得焦点的死循环)。

(3) window 浏览器窗口对象响应 onfocus 获得焦点事件可以迫使一个窗口总在其他窗口背后，必须等其他窗口都最小化或关闭后该窗口才可以浏览。例如某些页面会悄悄打开一些广告窗口，当你关闭所有窗口时，才发现背后有一堆广告。实现方法只需加入以下 JavaScript 代码即可(火狐浏览器不支持)：

```
window.onfocus=moveBack;          //window 响应事件无需在函数中，window 可省略
function moveBack()  //window 获得焦点函数，让自己自动重新失去焦点
{ self.blur(); }
```

(4) window 对象响应 onblur 失去焦点事件可以使一个窗口总在其他窗口前面，实现方法只需加入以下代码即可(火狐浏览器不支持)：

```
window.onblur=moveUp;             //window 响应事件无需在函数中，window 可省略
function moveUp()  //window 失去焦点函数，让自己自动重新获得焦点
{ self.focus(); }
```

IE 浏览器实际运行时如果打开的其他窗口在前面，只不过是该窗口在屏幕状态栏中的图标先闪动然后显示为突出颜色以提醒用户。

【例 h8-15.html】模拟用户注册页面响应焦点、按键及表单相关事件。

输入名称文本框响应 onblur 失去焦点事件验证数据，内容为空时设置错误标志并重新获得焦点(也可弹出对话框)。电子邮箱模拟为只读元素附加响应 onfocus 获得焦点事件，强迫失去焦点则鼠标点不进去。

文本区响应选中文本事件，获得焦点时可响应按键事件显示用户按键信息。

表单标记响应提交、重置事件，单击 submit 按钮时显示确认对话框，如果选择"是"则模拟提交数据连接到 h8-14.html 页面，选择"否"则不提交数据，保持原页面，单击 reset 按钮时显示确认对话框，确认是否重置清除输入内容。

注意：本例题设置窗口总在背后，必须最小化或关闭其他窗口或文档才可浏览运行。

(1) 创建 h8-15.html 页面文档：

```
<!DOCTYPE html PUBLIC "-//W3C//DTD XHTML 1.0 Transitional//EN"
   "http://www.w3.org/TR/xhtml1/DTD/xhtml1-transitional.dtd" >
<html>
  <head><title>焦点、按键及表单事件</title>
      <script type="text/javascript" src="j8-15.js"></script>
  </head>
  <body>
    <h3>用户注册页面</h3>
    <form id="form" action="h8-14.html" method="post" >
```

```
输入名称: <input id="userName" /> <br />
输入密码: <input type="password" name="pass" size="21" /> <br />
电子邮箱: <input value="lfshun@163.com" readonly="readonly" /> <br />
选择性别: <input type="radio" value="0" checked="checked" />男
              <input type="radio" value="1"/>女<br />
选择运动: <input type="checkbox" value="爬山" checked="checked" />爬山
           
          <input type="checkbox" value="游泳" checked="checked" />游泳<br />
按键事件: <textarea id="text" rows="5" cols="20"> </textarea>
          <br /><br />
          <input type="submit" value="提交" />
          <input type="reset" />
      </form>
  </body>
</html>
```

(2) 在同一目录下创建 js 外部文件 j8-15.js:

```
onfocus=moveBack;              //窗口总在背后，必须最小化或关闭其他窗口才可浏览
function moveBack()  //window 获得焦点函数，让自己自动重新失去焦点
{ self.blur(); }
onunload=function() {}
onload=initForm;
function initForm()
{ document.getElementById("userName").onblur=fieldCheck;  //用户名失去焦点
  var allTags=document.getElementsByTagName("*");  //获取所有标记对象数组
  for (var i=0; i<allTags.length; i++)
    { if ( allTags[i].readOnly )       //对只读标记获得焦点事件记忆匿名函数
      { allTags[i].onfocus=function()
        { this.blur(); alert("邮箱不可编辑"); }
    } }                      //用标记内置函数 blur()强制失去焦点
  var text=document.getElementById("text");          //获取文本区标记对象
  text.onselect=textSelect;                     //文本区选中文本
  text.onkeydown=keyDown;                    //文本区获得焦点时按下按键
  text.onkeyup=keyUp;                       //文本区获得焦点时松开按键
  text.onkeypress=keyPress;                   //文本区获得焦点时敲击按键
  document.getElementById("form").onsubmit=formSubmit;  //提交表单
  document.getElementById("form").onreset=formReset;     //重置事件
}
function fieldCheck()              //用户名失去焦点验证数据
{ if (this.value=="")
  { this.style.backgroundColor="#FFFF99";
    this.focus(); }    //改变背景、自动获得焦点
  else { this.style.backgroundColor="#FFFFFF"; }          //恢复原背景
}
function textSelect()              //文本区选中文本
{ this.firstChild.nodeValue="您在选中文本"; }
function keyDown()
```

```
{ var text=this.firstChild.nodeValue; //获取原有文本
  this.firstChild.nodeValue=text+"\n 您在按下按键";
}
function keyUp()
{ this.firstChild.nodeValue=this.firstChild.nodeValue+"\n 您在松开按键"; }
function keyPress()
{ this.firstChild.nodeValue=this.firstChild.nodeValue+"\n 您敲击了按键"; }
function formSubmit()
{ var x=confirm("您确认要提交表单吗?");  //创建确认对话框，返回用户选择
  if (!x) return false;                //用户选择"否"则取消提交表单
}
function formReset()
{ var x=confirm("重置后所有信息将被删除\n 您确认要重置表单吗?");
  if (!x) return false;
}
```

运行结果如图 8-32 ~ 8-34 所示。

> 注意：火狐浏览器不支持标记内置函数 focus()；无法保持文本框自动重新获得焦点。

图 8-32　按键事件与姓名为空　　图 8-33　邮箱获得焦点事件　　图 8-34　提交按钮提交表单事件

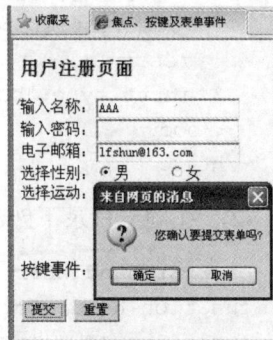

8.7　onerror 事件与页面错误提示

　　浏览器不会执行有错误的脚本代码，也不显示错误信息，只在状态栏显示"页面上有错误"，给脚本编辑带来很大困难，利用 onerror 事件或 try...catch/throw 捕获错误模块可以提供错误信息，就像上网常看到的 runtime 错误警告框："是否进行 debug？"。

8.7.1　用 onerror 事件捕获错误

　　这是捕获错误的传统方法，当页面文档或图像加载过程中出现错误时会触发 onerror 事件，可定义一个专门捕获错误的函数，也称为 onerror 事件处理器。

```
onerror=函数名;  //指定错误处理器，由 window 对象记忆而不是立即调用
function 函数名(msg, url, line)
{ //错误处理代码
```

```
    return true||false;
}
```

事件处理器函数必须有 3 个参数：msg 错误消息、url 错误页面、line 发生错误的代码行，当页面出现错误时 window.document 文档对象自动传递参数调用函数。

函数返回值可以确定错误消息是否显示在控制台，返回 false 则显示在控制台，返回 true 则不显示。

【例 h8-16.html】捕获错误信息的页面。

(1) 创建 h8-16.html 文档：

```
<!DOCTYPE html PUBLIC "-//W3C//DTD XHTML 1.0 Transitional//EN"
  "http://www.w3.org/TR/xhtml1/DTD/xhtml1-transitional.dtd" >
<html>
  <head><title>错误处理页面</title>
        <script type="text/javascript" src="j8-16.js"></script>
  </head>
  <body>
    <h3>捕获错误信息页面</h3>
    <script type="text/javascript">
      document.write("35/2="+35/2+"<br />")
    </script>
    <input type="button" id="mess" value="引发错误" />
  </body>
</html>
```

(2) 在同一目录下创建 js 外部文件 j8-16.js：

```
onerror=handleErr;          //记忆错误处理函数但不调用，可作为错误处理通用代码
function handleErr(msg, url, line)  //错误处理通用函数
{ var txt="页面出现错误:\n\n"
  txt+="错误页面 URL: " + url + "\n" + line + "行发生错误: "+ msg + "\n\n"
  txt+="单击确定继续…\n"
  alert(txt);
}
onunload=function() {}
onload=initButton;
function initButton()
{ document.getElementById("mess").onclick=mess; }  //按钮单击事件
function mess()                      //按钮单击事件调用函数发生错误
{ adddlert("欢迎光临本网站!"); }  //模拟错误，正确为 alert
```

当单击"引发错误"按钮时弹出对话框，如图 8-35 所示。

如果将页面中的 document.write 代码去掉 te，改为 document.wri，刷新装载页面则弹出对话框，如图 8-36 所示。

如果将页面中的 document.write("35/2="+35/2+"<br />")代码去掉最后的")"，刷新装载页面弹出对话框，如图 8-37 所示，此时火狐浏览器弹出的对话框如图 8-38 所示。如果将("35/2="+35/2+"<br />")代码中的双引号去掉，也会弹出对话框。

图 8-35 单击"引发错误"按钮时弹出对话框

图 8-36 将页面 document.write 代码去掉 te 弹出的对话框

图 8-37 将页面 document.write("35/2="+35/2+"<br />")代码去掉最后的"）"

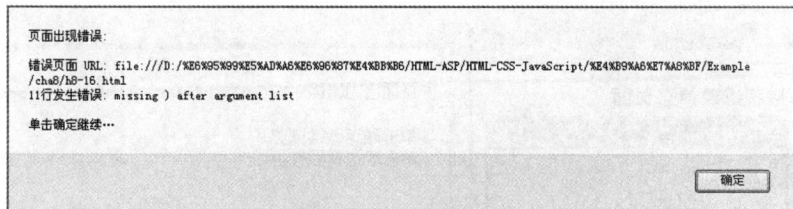

图 8-38 去掉最后的"）"时火狐浏览器弹出的对话框

8.7.2 用 try...catch 捕获错误

用 try...catch 捕获错误的语法格式如下：

```
try{ //可能出现错误的 JavaScript 代码; }
catch(err)  { //处理错误代码; }
```

将可能发生错误的代码放在 try 中，如果没有错误，等于 catch 不存在，一旦发生错误则会自动传递 err 错误对象并执行 catch 中的代码。

【例 h8-17.html】发生错误时显示确认框，点击确定按钮继续浏览网页，点击取消按钮转到指定页面。

(1) 创建 h8-17.html 文档：

```
<!DOCTYPE html PUBLIC "-//W3C//DTD XHTML 1.0 Transitional//EN"
  "http://www.w3.org/TR/xhtml1/DTD/xhtml1-transitional.dtd" >
```

```
<html>
  <head><title>try…catch 错误处理页面</title>
        <script type="text/javascript" src="j8-17.js"></script>
  </head>
  <body>
    <h3>try…catch捕获错误信息页面</h3>
    <input type="button" id="mess" value="引发错误" />
  </body>
</html>
```

(2) 在同一目录下创建 js 外部文件 j8-17.js：

```
onunload=function() {}
onload=initButton;
function initButton()
{ document.getElementById("mess").onclick=mess; }    //按钮单击事件
function mess()
{ try{ adddlert("欢迎光临本网站"); }    //可能出现错误的代码，模拟错误
  catch(err)
    { var txt="页面出现错误："+ err +"\n\n 单击确定继续浏览\n 单击取消返回首页\n"
      if ( !confirm(txt) ) { document.location.href="h8-14.html" }
    }
}
```

当单击"引发错误"按钮时，弹出对话框，如图 8-39 和 8-40 所示。

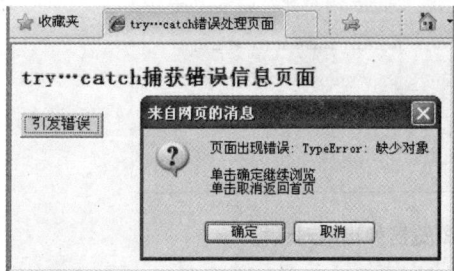

图 8-39 单击引发错误按钮时弹出对话框   图 8-40 火狐浏览器弹出的对话框

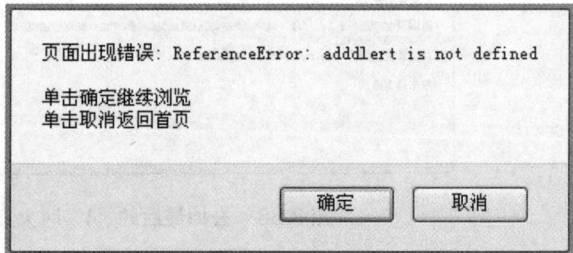

【例 h8-18.html】用 try...catch 改写 h8-16.html。

(1) 创建 h8-18.html 文档：

```
<!DOCTYPE html PUBLIC "-//W3C//DTD XHTML 1.0 Transitional//EN"
  "http://www.w3.org/TR/xhtml1/DTD/xhtml1-transitional.dtd" >
<html>
  <head><title>错误处理页面</title>
        <script type="text/javascript" src="j8-18.js"></script>
  </head>
  <body>
    <h3>捕获错误信息页面</h3>
    <script type="text/javascript">
      try{ document.write("35/2="+35/2+"<br />") }    //可能出现错误的代码
```

```
    catch(err) { viewErr(err); }                    //调用错误处理函数
  </script>
  <input type="button" id="mess" value="引发错误" />
 </body>
</html>
```

(2)　在同一目录下创建 js 外部文件 j8-18.js：

```
onunload=function() {}
onload=initButton;
function initButton()
{ document.getElementById("mess").onclick=mess; }    //按钮单击事件
function mess()                         //按钮单击事件调用函数发生错误
{ try{ adddlert("欢迎光临本网站!"); }        //可能出现错误的代码，模拟错误
  catch(err) { viewErr(err); }             //调用错误处理函数
}
function viewErr(err)                    //错误处理函数
{ var txt="页面出现错误:" + err + "\n\n 单击确定继续…\n "
  alert(txt);
}
```

以该方式单击"引发错误"按钮或将页面中的 document.write 代码去掉 te 改为 document.wri 后，刷新装载页面都可弹出错误提示对话框，但如果去掉")"或双引号则不执行代码，也不会弹出对话框。

8.7.3　用 throw 抛出错误对象

用 throw 抛出错误对象的语法格式如下：

```
throw 错误对象；
```

throw 语句用于创建抛出能被 try...catch 捕获并处理的错误对象，配合 try...catch 可处理一些能预见到的错误，以实现控制程序或提示精确错误信息。其中错误对象可以是字符串、整数、逻辑值或者其他对象。

【例 h8-19.html】提交表单时检查学生成绩，如果用户输入的学生成绩大于 100、小于 0 或等于 0 则弹出错误信息提示框，成绩正常则提交表单转到 h8-14.html 页面。

(1)　创建 h8-19.html 页面文档：

```
<!DOCTYPE html PUBLIC "-//W3C//DTD XHTML 1.0 Transitional//EN"
  "http://www.w3.org/TR/xhtml1/DTD/xhtml1-transitional.dtd" >
<html>
  <head><title>用 throw 抛出错误对象</title>
        <script type="text/javascript" src="j8-19.js"></script>
  </head>
  <body>
    <h3>提交学生成绩页面</h3>
    <form action="h8-14.html" method="post" >
      学生成绩: <input id="score" /> <br />
```

```
      <input type="submit" id="form" value="提交成绩" />
      <input type="reset" />
   </form>
 </body>
</html>
```

(2) 在同一目录下创建 js 外部文件 j8-19.js，注意 onsubmit 事件必须由<form>表单标记响应，submit 按钮可响应单击事件，返回 false 也可终止通知 form 提交表单。

代码如下：

```
onunload=function() {}
onload=initButton;
function initButton()
{ document.getElementById("form").onclick=checkScore; }   //提交表单
function checkScore()
{ var x= document.getElementById("score").value;
  try{ if ( x=="" || isNaN(x) ) throw "Err1";      //抛出错误 1
     else if (x>100) throw "Err2";             //抛出错误 2
     else if (x<0) throw "Err3";               //抛出错误 3
     else if (x==0)
       { var txt="学生成绩为 0 分\n\n 单击确定提交成绩\n 单击取消返回修改\n";
          if ( !confirm(txt) ) throw "Err4";   //抛出错误 4
     } }
  catch(err)
     { if (err=="Err1") alert("请输入数字字符");
       else if (err=="Err2") alert("学生成绩超过了 100，请重新输入");
       else if (err == "Err3") alert("必须输入 0～100 分的正数成绩");
       return false;                          //取消提交表单
     }
}
```

8.8 习　　题

一、选择题

1. 以下描述中哪些是 JavaScript 的功能？(　　)

　　A. 检测客户机器的浏览器版本，并能根据不同的浏览器装载不同的页面内容

　　B. 读取、改变并创建页面的 HTML 元素，动态改变页面内容

　　C. 对客户的操作事件作出响应，仅当事件发生时才执行某些代码

　　D. 在提交服务器之前对数据进行语法检查，避免向服务器提交无效数据

2. 对 JavaScript 语言的特点描述中正确的有(　　)。

　　A. 是一种基于对象、解释执行的脚本语言

　　B. 是一种基于对象、编译后执行的脚本语言

　　C. 是一种以事件驱动方式运行的语言

D. 它的运行环境只与客户端的浏览器版本有关，与服务器及客户端的操作系统无关

3. 我们可以在下列哪个 HTML 元素中放置 javascript 代码？（　　）

    A. \<script\>   B. \<javascript\>   C. \<js\>   D. \<scripting\>

4. 引用名为 "xxx.js" 的外部脚本的正确语法是（　　）。

    A. \<script src="xxx.js"\>

    B. \<script href="xxx.js"\>

    C. \<script name="xxx.js"\>

5. 在脚本编程中，如果使用已定义但是没有赋值的变量，则系统会返回（　　）。

    A. 空值 null   B. 不确定值 undefined

    C. 布尔值 false   D. 0 值

6. 下列说法中正确的是（　　）。

    A. JavaScript 中所有变量都必须使用 var 定义

    B. 使用 var 定义变量时一次只能定义一个

    C. JavaScript 中变量 num 和 Num 是一样的

    D. JavaScript 中变量没有固定的类型

7. JavaScript 中可以通过下面哪种形式的代码获取数组的长度？（　　）

    A. count(数组名)   B. 数组名.len

    C. len(数组名)   D. 数组名.length

8. 设存在函数 calculate()，要求点击某按钮时调用该函数，则相应的代码是（　　）。

    A. onclick="calculate()"

    B. onclick="calculate"

    C. onmousedown="calculate()"

    D. onmousedown="calculate"

9. 若存在代码\<form onsubmit="return validate();"\>，则下列说法中正确的是（　　）。

    A. 在某种条件下函数 validate() 必须能够返回值 false

    B. 当函数返回 false 值时，该函数将停止执行，并阻止表单向服务器提交数据

    C. 函数 validate() 的调用必须是在点击 submit 类型按钮时

    D. 函数 validate() 返回任意值都能够阻止表单向服务器提交数据

10. 若存在变量 a=5, b=6，则下面表达式中能使变量 a 的值变为 4 的有（　　）。

    A. b>=6 || a--   B. b>6 && a--   C. b>6 || a--   D. b>=6 && a--

11. 允许定义函数时不指定形参，而调用函数时指定实参，这句话是否正确？（　　）

    A. 是   B. 否

12. 在页面加载时立即执行的事件函数一般定义为（　　）。

    A. 独立函数   B. 内嵌函数   C. 匿名函数

13. 假设已经定义了独立的函数 validate()，要求在页面加载时调用该函数，正确的做法是（　　）。

    A. window.onload=validate();

    B. window.onload=validate;

  C. Window.onload=validate;

  D. onload=validate;

14. 关于 body 的有效范围，以下说法中正确的是(　　)。

  A. IE 浏览器对 XHTML 页面，body 的有效范围是页面实际内容区域

  B. IE 浏览器对 HTML 页面，body 的有效范围是页面实际内容区域

  C. 火狐浏览器中使用纯脚本调用函数时，body 的有效范围是页面实际内容区域

  D. 火狐浏览器使用事件属性调用函数时，body 的有效范围是页面实际内容区域

15. 脚本中鼠标离开事件是(　　)。

  A. onMouseDown B. onMouseOut C. onMouseOver D. onMouseUp

二、操作题

  设计如图 8-41 所示的页面效果。要求：在前两个文本框中输入任意数字值，点击相应的运算符按钮后，完成需要的运算。

图 8-41 页面计算器

第9章 JavaScript 对象与系统对象

学习目的与要求

📖 **知识点**

- 了解脚本中自定义类和对象的概念
- 掌握脚本中全局对象的概念
- 掌握 window 对象的属性及方法
- 理解浏览器信息对象 navigator 的属性和方法
- 理解客户端屏幕对象 screen 的作用
- 掌握 location 对象和 history 对象的作用

📢 **难点**

- window 对象中各种方法的应用

9.1 自定义类与对象

9.1.1 面向对象概述

对象就是指现实世界中的某个具体事物或者一个独立的实体，如一个学生、一台发动机、一辆汽车、一场演出、一个 HTML 文档、页面中的一幅<img>图像、一个<div>标记、一个<a>标记等都是一个对象。

面向对象就是把现实中的对象抽象为一组数据和若干操作方法(函数)，也可以把对象想象成一种新型变量：这种变量既能保存它自身具有的若干数据(对象的特征或属性，也称为对象的数据成员)，又包含有对它自身数据进行处理的方法(函数或对象的行为，也称为对象的成员方法或函数)。

学生对象的属性如：学号、姓名、性别、年龄、身高、体重、语文成绩、数学成绩。

学生对象的方法如：计算总分、计算平均分、打印输出个人简介及自身的各项数据。

<a>标记对象的属性有：id 值、class 样式类名、href 超链接页面。

<a>标记对象的方法有：鼠标进入、鼠标离开、鼠标单击时的事件处理函数。

对象的属性成员也可以是其他对象，例如汽车对象包含发动机对象，而 HTML 文档对象包含的属性为页面中的所有标记对象，每个标记对象还包含自己的属性对象。也就是说页面中的每个标记对象都还是文档对象的一个属性成员。

面向对象的程序设计就是用程序语言把对象的属性成员、操作方法抽象封装成一个类，用这个类作为通用的类型模板再去创建具体的对象(变量)。

面向对象必须具有的三大特征就是对象或类的封装(抽象)、类的继承与方法的多态，虽然 JavaScript 完全支持类与对象，但它只具有对象或类的封装特性而没有继承和多态，因此 JavaScript 只是一种基于对象的脚本语言。

JavaScript 提供了大量内置的系统类与对象，如浏览器对象、HTML 文档对象、各种标记对象，用户可以直接使用系统的内置对象，也可以自定义类并创建自己的对象。

9.1.2　用函数自定义类

如果需要使用自己的对象，首先必须根据对象的属性成员与操作方法抽象封装成一个类，例如需要把一个人作为对象，必须先设计一个人的类，再用这个类去创建具体的对象。

JavaScript 使用函数定义类，假设考虑人的属性为姓名、年龄，需要的方法为输入设置姓名、输入设置年龄，则该类的代码如下：

```
function Person(name, age)          //自定义 Person 类(函数)，可以没有参数
{ this.name=name;                   //定义对象的属性成员
  this.age=age;
  this.setName=function(name)       //类内直接定义对象的方法，设置对象 name 成员的值
    { this.name=name; }
  this.setAge=setAge;               //间接定义对象的方法，类内声明在类外单独定义
}
function setAge(age)                 //类外单独定义对象的方法，设置对象 age 成员的值
{ this.age=age }
```

> **注意**：类代码中的 name、age 成员是一个抽象概念，而不是具体的变量，不能保存数据，只有用 Person 类创建了某个具体人的对象如 sun，则 sun 对象才有属于自己的 name、age 成员变量以保存对象自己的数据，比如 name 保存姓名为"张三"、age 保存其年龄为 23 岁。

例如定义一个发动机类，属性成员为曲轴、活塞，方法为设置曲轴、设置活塞：

```
function Engine()                   //自定义发动机类
{ this.crankcase;                   //对象的属性成员曲轴
  this.piston;                      //对象的属性成员活塞
  this.setCcrankcase=function(crankcase) { this.crankcase=crankcase; }
                                    //设置曲轴方法
  this.setPiston=function(piston) { this.piston=piston; } //设置活塞方法
}
```

例如定义一个汽车类，属性成员为发动机对象、方向盘：

```
function Car()                      //自定义汽车类
{ this.power;                       //属性成员 power 是一个 Engine 发动机类的对象
  this.steering_wheel;              //属性成员方向盘
}
```

9.1.3　创建与使用对象

1. 创建对象

无论创建系统类的对象还是自定义类的对象，其格式为：

```
var 对象名 = new 类名(按类的要求传递实际参数);
```

例如 JavaScript 提供了内置的日期时间类 Date，则创建一个具体的日期时间对象 myDate 的代码为：

```
var myDate = new Date();        //myDate 对象具有当前机器的日期时间值
```

例如创建自定义 Person 类的 father 和 son 对象：

```
var father=new Person("张三", 48), son=new Person("张强", 23);
```

一个类可创建多个对象，每个对象都有属于自己的属性和方法，例如 father 对象有属于自己的 name、age 属性保存自己的姓名、年龄，也有属于自己的 setName()、setAge()方法；son 对象同样也有属于自己的 name、age 属性变量，保存自己的姓名、年龄。

对象引用自己的属性、调用自己的方法时必须使用"."运算符通过对象名来调用。

2．对象属性的使用

直接为对象的属性变量赋值：

对象名.属性名 = 属性值;　　　　//原值冲掉，保存新值

直接使用对象的某个属性值：

对象名.属性名;　//或：对象名["属性名"];

获取对象的某个属性值保持在变量中：

var 变量名 = **对象名.属性名**;

通过 getAttribute()通用方法获取属性值：

对象名.getAttribute("**属性名**"); //或：var **变量名**=对象名.getAttribute("**属性名**");

如果属性成员又是一个对象，则必须用 "." 逐级引用对象成员的某个属性值。例如有一个 Car 类的汽车对象 myCar，其中一个属性为 Engine 类的发动机对象 power，而发动机对象还包含曲轴属性 crankcase 和活塞属性 piston，如果引用 myCar 汽车对象中发动机对象成员 power 的活塞属性成员 piston，必须书写为 myCar.power.piston。

3．对象方法的调用

对象方法的调用格式如下：

对象名.函数名([参数]);　//或：**对象名**["**函数名**"]([参数]);

4．用 prototype 给类添加新的属性或方法

自定义类、包括几乎所有 JavaScript 内置的系统类都可以使用 prototype 关键字给类添加任意的属性或方法。语法格式为：

类名.**prototype**.新的属性名或**方法名**;　　//若没有单独定义函数，则默认为是一个属性

为类添加新的属性或方法之后创建的对象除具有原来类中定义的属性和方法外，还都具有了新增加的属性或方法，可以任意操作自己的属性、调用自己的方法。

如果是添加新方法，还必须单独定义这个函数，可以同时为方法设置参数：

```
function 方法名([参数]) { //函数代码; }
```

也可以在添加方法时直接定义代码：

```
类名.prototype.方法名 = function([参数]) { //函数代码; }
```

5．给某个特定对象添加新的属性或方法

(1) 直接为某个特定对象添加属于它自己的属性或方法

直接为对象添加新属性：

```
对象名.属性名 = 属性值;    //添加新属性必须同时赋值
```

如果该对象已存在指定的属性则直接赋值，把现有属性原值冲掉保存新值。

直接为对象添加新方法：

```
对象名.函数名 = function([参数]) { //函数代码; }
```

如果该对象已存在指定的方法，则新方法覆盖原方法，即废弃原方法保留新方法。

间接为对象添加新方法：

```
对象名.函数名 = 函数名;    //必须单独定义新添加的函数
function 函数名([参数]) { //函数代码; }              //单独定义对象的方法
```

(2) 用 setAttribute()通用方法为特定对象添加属于它自己的新属性或方法

语法格式如下：

对象名.setAttribute("**属性名或方法名**", "**属性值或方法代码**");

如果该对象已存在指定的属性，则直接赋值，把现有属性原值冲掉，保存新值。

例如 input.setAttribute("type", "text"); 等价于 input.type="text"; 可为 input 对象添加 type 属性并设置属性值为"text"，如果已存在 type 属性，则直接为该属性赋新值为"text"。

又如：

```
input.setAttribute("onclick", "javascript:alert('This is a test!');");
```

等价于：

```
input.onclick=function() { alert('This is a test!'); }
```

这可为 input 对象添加 onclick 单击事件函数，函数代码为 alert('This is a test!');。

注意：① JavaScript 所有的内置对象、DOM 标记对象、Object 类及自定义类的对象，都可以直接通过赋值或使用 setAttribute()方法添加任意的新属性或方法。

② IE 的 setAttribute()只能为对象添加基本类型的属性，而不支持添加对象、集合、事件类的新属性，例如不能通过 setAttribute()设置标记对象的 style 对象属性和 onclick 事件方法。

③ 对于 DOM 标记对象已有的常规属性，如 id、style 等，IE 或火狐浏览器都可使用"对象名.属性名"或"对象名.getAttribute()"获取，但如果是新添加的自定义属性，IE 仍可用任意方式获取，而火狐浏览器只能使用 getAttribute()获取自定义属

性，因此应该统一使用 getAttribute() 获取自定义属性。

6. 创建 Object 自定义空对象或无类型空对象

JavaScript 提供了一个内置的 Object 类，该类没有定义属性和方法，可供用户直接创建自定义的空对象，再为该对象添加属于它自己的任意属性或方法：

```
var myObj = new Object();    //空对象默认值为[object Object]
```

JavaScript 还允许创建自定义无类型空对象，可以为该对象添加任意的属性或方法：

```
var 无类型对象 = {};          //无类型对象默认值为[object Object]
```

7. 创建匿名类对象

创建匿名类对象的语法格式为：

```
var 匿名类对象 = { //类代码：定义若干属性、方法; }       //匿名类只能有 1 个对象
```

类中定义的属性必须用冒号赋值：

属性名:属性值

使用时，可以任意为属性重新赋值。

类中定义的方法必须用冒号定义：

方法名:function([参数]) { //方法代码; }

类中定义的所有属性、方法之间不论换行与否都必须用逗号隔开，直到类定义结束。

【例 h9-1.html】自定义类与对象示例。代码如下：

```
<!DOCTYPE html PUBLIC "-//W3C//DTD XHTML 1.0 Transitional//EN"
  "http://www.w3.org/TR/xhtml1/DTD/xhtml1-transitional.dtd" >
<html>
  <head>
    <title>自定义类与对象</title>
    <script type="text/javascript">
    function Person()        //定义 Person 类
    { this.name="张三";      //定义 name 属性并初始化，是所有对象的默认值
      this.sex; this.age;        //定义 sex、age 属性
      this.setName=function(name) { this.name=name; }       //定义函数
      this.getName=function() { return this.name; }
      this.setSex=function(sex) { this.sex=sex; }
      this.getSex=function() { return this.sex; }
      this.setAge=setAge;        //在外部定义函数
      this.getAge=getAge;        //在外部定义函数
      this.print=function() {return "我的名字叫" + this.name //定义输出函数
              + ", 性别\"" + this.sex + "\", 年龄" + this.age+"岁。"}
    }
    function setAge(age) { this.age=age; } //类内声明。在类外单独定义函数
    function getAge() { return this.age; }
    </script>
```

```html
<head>
<body>
  <h3>自定义类与对象</h3>
  <script type="text/javascript">
   var myObj=new Object()          //创建 Object 类的对象 myObj
   myObj.name="王五"              //为 myObj 对象添加 name、age、eyecolor 属性
   myObj.age=50;  myObj.eyecolor="黑色";
   myObj.print=function()           //为 myObj 对象添加 print()输出函数
     { return "姓名: " + this.name + ", 年龄=" + this.age + ", 眼睛"
        + this.eyecolor }
   document.write("myObj 对象=" + myObj.print() + "<hr />")
   var father=new Person(), mother=new Person(), son=new Person(); //创
建 Person 对象
     father.setSex("男"); father.setAge(50);
     mother.name="李丽";  mother["sex"]="女";  mother["setAge"](48);
     son.setName("张强");  son.setSex("男");  son.setAge(22);
     document.write("父亲的名字: " + father.getName() + ", 母亲的性别: "
        + mother.sex + ", 儿子的年龄: " + son["age"] + "<br />")
     document.write("父亲说: " + father.print() + "<br />")
     document.write("母亲说: " + mother.print() + "<br />")
     document.write("儿子说: " + son["print"]() + "<hr />")
     son.height=1.85;              //只为 son 对象添加 height 属性
     son.sayHello=function()         //只为 son 对象添加函数 sayHello()
     { if (this.sex=="男")
        { document.write(son.name + "说: 你好, 我身高" + son.height
                        + "典型的帅哥! <br />"); }
        else { document.write(son.name + "说: 你好, 我身高" + son.height
                        + "典型的美女! <br />"); }
     }
     son.sayHello();                //调用新添加的方法
     son.name="张玲"; son["sex"]="女"; son.height=1.70;
     son["sayHello"]();
     Person.prototype.weight;       //为 Person 类添加 height 属性, 可同时初始化
     Person.prototype.getInfo=function()   //为 Person 类添加方法
     { return this.print() + "体重" + this.weight + "斤。"; }
     father.weight=140; mother.weight=110; son["weight"]=90;
     document.write("父亲说: " + father.getInfo() + "<br />")
     document.write("母亲说: " + mother.getInfo() + "<br />")
     document.write("女儿说: " + son["getInfo"]() + "<hr />")
     var obj={};                 //创建一个无类型空对象, 可添加属性方法
     obj.name="晓晓"; obj.age=18;
     document.write("无类型对象 obj=" + obj.name + obj.age + "岁<hr />")
     var baby=                 //创建一个匿名类, 只能有 1 个 baby 对象
     { name:"哈宝", height:176,      //匿名类定义属性方法——必须用冒号赋值
       nickname:"宝儿", age:"1 岁", sex:"女孩",   //属性、方法之间必须用逗号隔开
       say:function()            //定义方法 say()
        { document.write("我是" + this.name + ", 小名\"" + this.nickname
```

```
            + ",身高=" + this.height + "\"。\n 我是个小" + this.sex
            + ",今年" + this.age + "了!<br />");
      }  }
    baby.say();                          //baby 匿名类对象调用方法
    baby.name="虎虎"; baby.age="5 岁"; baby.sex="男孩";    //baby 对象重新赋值
    baby.say();
    </script>
  </body>
</html>
```

运行结果如图 9-1 所示。

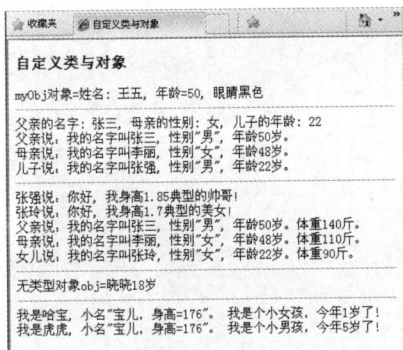

图 9-1　自定义类与对象示例

9.2　JavaScript 全局对象

JavaScript 提供了 window、screen、history、location、navigator、Array、String、RegExp、Data、Math、Boolean、Number 等内置的系统类与对象,还提供了页面文档对象 document 以及各种 DOM 标记节点对象,用户可直接使用这些系统类与对象。

JavaScript 还提供了一个内置的系统全局对象,该对象没有名称,其属性、函数可直接使用而不需要对象名前缀,因此全局对象的属性可理解为 JavaScript 的内置全局变量,全局对象的函数可理解为 JavaScript 的内置全局通用函数。

9.2.1　全局对象的属性——全局变量

(1) infinity:用于存放表示无穷大的数值。

当使用大于 1.7976931348623157E+308 的数值或者 0 作除数时返回正无穷值 infinity,当使用小于-1.7976931348623157E+308 的数值时,则返回负无穷值-infinity。

任何数据都不允许与 infinity 进行比较,否则会出现语法错误,如果需要判断数据是否为正常数值(非无穷大或可转换为数值的数据),可以使用全局函数 isFinite()。

(2) NaN:表示非数字值,即不能转换为数值的数据。

NaN 可以看作是一类数据或一个不确定的值,NaN 与任何数据(包括它自身)比较都不会相等,如果需要判断某个数据是否是非数字值,可以使用 isNaN()全局函数。

(3) undefined：表示未定义的值。

undefined 与 null 不同，null 是一个常量，用于表示没有值或空值，而 undefined 表示一个不存在的值，比如使用不存在的对象或变量，或已声明未赋值的变量都会返回 undefined。

如果需要判断一个数据是否为 undefined 不存在，必须用全等于===或!==，如果使用==或!=比较，则 undefined 与 null 等价。

【例 h9-2.html】使用全局属性。代码如下：

```
<!DOCTYPE html PUBLIC "-//W3C//DTD XHTML 1.0 Transitional//EN"
  "http://www.w3.org/TR/xhtml1/DTD/xhtml1-transitional.dtd" >
<html>
  <head><title>全局属性</title><head>
  <body>
    <h2>测试全局属性</h2>
    <script type="text/javascript">
      var t1=1.79769313E+308, t2=-1.79769313E+308;
      document.write("t1= "+t1+", t1*2= "+(t1*2)+"<br />");
      document.write("t2="+t2+", t2*2="+(t2*2)+"<br />");
      document.write("5/0="+(5/0)+"<br />");
      var t3="300", t4="abc";
      document.write("t3="+t3+", t3*2="+(t3*2)+"<br />");
      document.write("t4="+t4+", t4*2="+(t4*2)+"<br />");
      var t5="", t6;            //t6 未赋值
      document.write("t5="+t5+"  , t6="+t6+"<br />");
      if (t6==null) document.write("t6==null<br />");
      if (t6===null) document.write("t6===null<br />");
      if (t6==undefined) document.write("t6==undefinedd<br />");
      if (t6===undefined) document.write("t6===undefined<br />");
    </script>
  </body>
</html>
```

运行结果如图 9-2 所示。

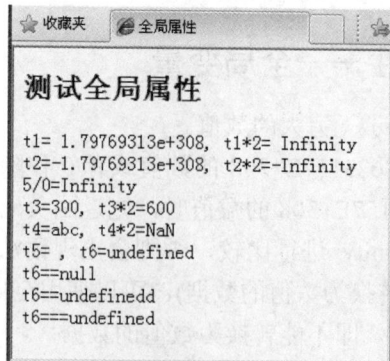

图 9-2　测试全局属性

9.2.2　全局对象的方法——全局函数

1．字符串转换整数值 parseInt(string [, radix])

将字符串按指定的 radix 进制计算并返回十进制整数。允许字符串开头+、-号及两端的空格转换到第一个非数字字符，若第一个字符不能转换，则返回 NaN。

进制数 radix 取值 2~36 之间，超出范围则返回 NaN。

省略 radix 或取值为 0 则根据 string 的值自动判断基数：0x 或 0X 开头认为是 16 进制数，0 开头则认为是 8 进制数，1~9 开头认为是 10 进制数。

2．字符串转换实数值 parseFloat(string)

将字符串转换为实型数。允许字符串开头+、-号及两端的空格转换到第一个非数字字符，若第一个字符不能转换，则返回 NaN。

3．判断正常数值 isFinite(number)

用于判断数值表达式或纯数字字符串 number 是否为正常数值(非无穷大)，如果是正常数值则返回 true，非数字值 NaN 或无穷大返回 false。

4．判断非数字值 isNaN(x)

用于判断 x 是否为非数字值或非纯数字字符串，如果是非数字值或非纯数字字符串则返回 true，数值或纯数字字符串返回 false。

5．执行表达式 eval(string 常量或常量表达式)

参数必须是字符串常量或常量表达式而不允许是变量，如果是可计算的算术表达式，则进行计算并返回结果，如果是 JavaScript 命令代码，则执行这些代码。

6．字符串编码 encodeURI(string)

用于代替老的 escape()函数对字符串进行编码，并返回编码后的副本。

在使用 URL 进行参数传递时，经常会传递一些中文参数或 URL 地址，如果传送数据页面采用 GB2312，而接收数据页面或程序使用 UTF-8，则处理收到的参数时就会发生错误。

如果接收数据的程序采用 UTF-8 方式，而当前页面采用其他方式，传递数据时则可使用 encodeURI()方法把 URI 文本字符串用 UTF-8 编码格式转化成 escape 格式的统一资源标识符(URI)字符串。

> 注意：该方法对 ! @ # $ & * ( ) = : / ; ? + ' 等字符不能进行编码，如果字符串中包含这些字符但又不是 URL 中的特殊字符，则可使用 encodeURIComponent()函数(不能编码 ! * ( )等字符)进行编码。

7．字符串解码 decodeURI(string)

用于代替老的 unescape()函数对字符串进行解码并返回解码后的副本。

【例 h9-3.html】数据转换与全局函数的使用。代码如下：

```html
<!DOCTYPE html PUBLIC "-//W3C//DTD XHTML 1.0 Transitional//EN"
  "http://www.w3.org/TR/xhtml1/DTD/xhtml1-transitional.dtd" >
<html>
  <head> <title>数据转换与全局函数</title><head>
  <body>
    <h3>数据转换与全局函数</h3>
    <script type="text/javascript">
    document.write('parseInt("XY+10.33XY")='
      + parseInt("XY+10.33XY") + "<br />");
    document.write('parseInt(" +10.33XY")='
      + parseInt(" +10.33XY") + "<br />");
    document.write('parseInt(" -19aAG")='
      + parseInt(" -19aAG") + "<br />");
    document.write('parseInt(" -19aAG", 0)='
      + parseInt(" -19aAG", 0) + "<br />");
    document.write('parseInt(" -19aAG", 16)='
      + parseInt(" -19aAG", 16) + "<br />");
    document.write('parseInt(" +0101")='
      + parseInt(" +0101") + "<br />");
    document.write('parseInt(" +0101", 2)='
      + parseInt(" +0101", 2) + "<br />");
    document.write('parseFloat("-H40")='
      + parseFloat("-H40") + "<br />");
    document.write('parseFloat(" +10.00ab ")='
      + parseFloat(" +10.00ab ") + "<br />");
    document.write('parseFloat("  -34 45 66")='
      + parseFloat("  -34 45 66") + "<br />");
    document.write('parseFloat("50-200")='
      + parseFloat("50-200") + "<br />");
    document.write('isFinite(50-200)=' + isFinite(50-200) + "<br />");
    document.write('isFinite(50/0)=' + isFinite(50/0) + "<br />");
    document.write('isFinite("50")=' + isFinite("50") + "<br />");
    document.write('isFinite("50-200")='
      + isFinite("50-200") + "<br />");
    document.write('isFinite("123ABC")='
      + isFinite("123ABC ") + "<br />");
    document.write('isFinite(false)='
      + isFinite(false) + "<br />");   //逻辑值
    document.write('isFinite(undefined)='
      + isFinite(undefined) + "<br />");
    document.write('isFinite(NaN)=' + isFinite(NaN) + "<br />");
    document.write('isNaN(50-200)=' + isNaN(50-200) + "<br />");
    document.write('isNaN(50/0)=' + isNaN(50/0) + "<br />");
    document.write('isNaN("50")=' + isNaN("50") + "<br />");
    document.write('isNaN("50-200")=' + isNaN("50-200") + "<br />");
    document.write('isNaN("123ABC")=' + isNaN("123ABC ") + "<br />");
```

```
document.write('isNaN(false)=' + isNaN(false) + "<br />");  //逻辑值
document.write('isNaN(undefined)=' + isNaN(undefined) + "<br />");
eval("x=10;y=20;document.write('x*y='+x*y+'<br />')");
document.write('eval(15+17)+eval("2+2")='
  + (eval(15+17) + eval("2+2")) + "<br />");
var x=encodeURI("我们学习/@(JavaScript)");
document.write('encodeURI("我们学习/@(JavaScript)")=' + x + "<br />");
document.write('解码后x=' + decodeURI(x) + "<br />");
  </script>
 </body>
</html>
```

运行结果如图 9-3 所示。

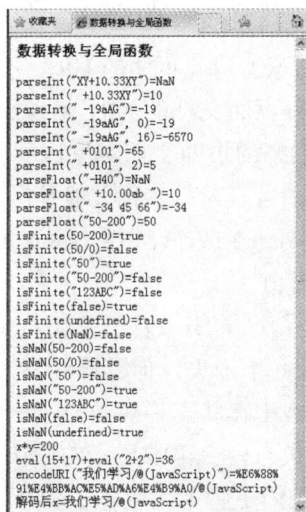

图 9-3　数据转换与全局函数

9.3　浏览器窗口对象 window

window 是 JavaScript 的最顶层对象，代表了客户端的一个浏览器窗口或一个框架，一个独立的浏览器窗口或一个框架就是一个 window 对象。浏览器执行<body>打开一个页面窗口或执行<frameset>创建一个框架集时，会自动创建相应的 window 对象，并为框架集中的每个框架创建一个 window 对象。

在客户端 JavaScript 中，window 也是全局对象，代表了当前浏览器窗口，引用当前窗口不需要特殊的语法，对象名 window 可以省略，可以直接把 window 对象的所有属性和方法作为全局变量、全局函数使用。

例如 window.document.write()可简写为 document.write()，创建消息框 window.alert()可简写为 alert()。

我们经常使用的 DOM 文档对象 document、客户端的浏览器信息对象 navigator、屏幕对象 screen、浏览器 URL 历史对象 history、打开页面文档的 URL 对象 location 等特殊对象都是 window 对象中所包含的属性成员子对象，都可以直接使用。

9.3.1 window 对象的属性

self 或 window 代表当前窗口对象自身的引用。

当需要明确引用当前窗口时，可使用这两个属性之一。例如当试图将某个页面强制装载到当前框架窗口的顶层窗口中打开时，可使用以下代码：

```
if (window.top != window.self)            //如果顶层窗口不是当前窗口自己
{ window.top.location = "test.html" }     //则在顶层窗口中打开
```

相关的属性如下。

- navigator：当前窗口所在的浏览器信息对象。
- screen：当前窗口所在的屏幕对象。
- history：当前窗口所在浏览器访问页面的 URL 历史对象。
- location：当前窗口所打开页面文档的 URL 对象。
- document：当前窗口中打开的页面文档对象。
- name：当前窗口的名称。当前窗口名称一般是用 open()在创建窗口时指定，或在创建<frame>框架时指定 name 或 id 属性，可作为<a>标记的 target 属性值以指定打开超链接页面的目标窗口。
- closed：判断当前窗口是否已关闭，若已关闭，其值为 true，否则为 false，窗口关闭后相应 window 对象并不消失，但其属性不允许再使用，否则会引发错误。
- status：设置窗口加载过程中在状态栏短暂显示的信息文本。
- defaultStatus：设置窗口状态栏中正常显示的默认文本。为防止隐藏超链接的钓鱼攻击，某些浏览器已经关闭了脚本化状态栏功能，此时设置 defaultStatus 及 status 无效，如火狐 4.0 浏览器不支持 defaultStatus 及 status 属性。
- frames[]：父框架(集)窗口中包含的全部子框架集合，是一个 window 对象数组。
- length：所包含的 window 子框架窗口对象的数量。
- opener：创建当前窗口的 window 窗口对象。
- parent：框架的 window 父窗口对象。
- top：框架的最顶层 window 父窗口对象。
- screenLeft/screenTop：窗口左上角在屏幕中的(x,y)坐标(可设置，IE、Opera 用)。
- screenX/screenY：窗口左上角在屏幕中的(x,y)坐标(可设置，Firefox、Safari 用)。

注意：JavaScript 的各种事件对象也都是 window 的属性成员，所有为 window 对象设置的事件都可省略 window 对象名。

9.3.2 window 对象的对话框

window 对象提供了消息、确认、输入对话框和弹出式信息窗口的创建方法，可以直接使用。

1. 提示信息对话框 alert("文本")

创建带指定文本信息和一个确认按钮的有模式消息对话框，对话框创建后必须立即响应，即点击按钮对话框消失后才可以操作其他内容。

消息对话框中显示的内容是 JavaScript 的纯文本字符串，对 IE 浏览器省略文本为无提示信息的对话框，而火狐浏览器省略文本则语法错误不执行。

消息对话框无返回值。

2. 确认对话框 confirm("文本")

创建带指定文本信息和确认、取消两个按钮的确认对话框。

单击确认按钮返回 true，单击取消按钮返回 false，仅 IE 浏览器可以省略文本。

3. 输入数据对话框 prompt("文本"[, "默认值"])

创建带指定文本信息和确认、取消两个按钮及一个输入文本框的输入数据对话框，可以指定文本框初始显示的默认值内容，省略默认值则初始值为 undefined。

单击确认按钮返回文本框中输入的文本内容，单击取消按钮返回 null。

> **注意：** 在使用虚拟网站运行时，许多浏览器都已禁止 prompt()输入数据对话框的使用，例如 IE8 浏览器中会显示"此网站使用脚本窗口向您索取信息。如果你信任该网站，请单击此处允许脚本窗口 …"，即使允许仍不起作用。实际应用时可通过文本框读取数据。

【例 h9-4.html】使用对话框计算∑n。

打开加载或刷新页面时弹出欢迎信息框，响应后弹出输入框输入求和数，单击取消时在页面文本框中显示"您取消了输入"，单击确定按钮时可将输入数显示在页面文本框中，之后单击"计算∑n"计算时，还会弹出确认对话框进行确认再进行计算，也可在文本框中输入新数据重新计算，若输入了非数值还会弹出消息对话框提示。

(1) 创建 h9-4.html 页面文档，只能直接运行文档，不能通过虚拟站点服务器运行。

代码如下：

```
<!DOCTYPE html PUBLIC "-//W3C//DTD XHTML 1.0 Transitional//EN"
  "http://www.w3.org/TR/xhtml1/DTD/xhtml1-transitional.dtd" >
<html>
  <head><title>使用消息、确认、输入框</title>
      <script src="j9-4.js" type="text/javascript" > </script>
  <head>
  <body>
    <h3>使用 window 对话框</h3>
    输入一个数 n，单击按钮求∑n。
    <form>
      您输入的数是: <input id="n" size="10" /> <input id="s" size="15" />
      <br />
      <input type="button" id="but" value="提交计算∑n" />
    </form>
```

```
</body>
</html>
```

(2) 在同一目录下创建 js 外部脚本文件 j9-4.js：

```
window.onunload=function() {};
window.onload=initButton;
function initButton()
{ document.getElementById("but").onclick=butfun;
  alert("欢迎使用本程序计算Σn\n 单击\"确定\"继续");
  var n;
  do{ n=prompt("请输入大于 0 的正整数 n：", "0");   //循环直到输入合法数值为止
      if (n==null) break;                        //单击取消按钮跳出循环
    } while ( n===undefined
    || !(n>0) ) //无默认值 undefined，用 n<=0 输入文本不成立
  if (n!=null) document.getElementById("n").value=n;
  else document.getElementById("n").value="您取消了输入";
}
function butfun ()
{ var s=0, n=document.getElementById("n").value;
  if ( isNaN(n) || n=="" || n<0 ) alert("请输入正整数！");
  else if (n>2000000) alert("数值太大不能循环计算！");
  else { var b=confirm("您确定要计算Σ" + n + " 吗？");
      if (b) { for (i=1; i<=n; i++) s+=i;
            document.getElementById("s").value="Σ" + n + "=" + s;
          }
      }
}
```

运行结果如图 9-4 和 9-5 所示。

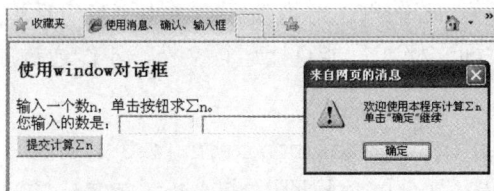

图 9-4　加载页面时弹出欢迎信息框

图 9-5　在输入数据对话框中输入求和数

9.3.3　window 对象的方法

window 对象提供了许多方法，可直接作为全局函数使用。

1. 创建新浏览器窗口 open([URL [, name [, features [, replace]]]])

open()方法先按指定名称 name 查找已有窗口，如果没有同名窗口或同名窗口已经关闭则会创建并立即打开一个新浏览器窗口，并返回新创建窗口 window 对象的引用。

- URL：该参数指定在窗口中加载的页面文档，若省略或者取值为""，则打开一个空窗口。
- name：该参数指定窗口的名称，可作为<a>标记的 target 属性值以指定打开超链接页面的目标窗口，省略 name 为无名窗口。如果已存在打开的 name 同名窗口则不创建新窗口而直接使用原有窗口并忽略 features 参数的设置。
- features：该参数是用逗号分隔的界面参数列表字符串，指定新窗口的外观界面元素。其中 height=窗口文档区高度(像素)，width=窗口宽度，left=窗口距屏幕左侧 x 坐标，top=窗口距屏幕上方 y 坐标。以下特征取值均为 yes||no||1||0，用于指定浏览器某些外观界面元素是否显示。

  titlebar=标题栏　　　location=地址栏　　　menubar=菜单栏

  toolbar=工具栏　　　scrollbars=滚动条　　　status=状态栏

  resizable=窗口调节　　　directories=目录按钮

  channelmode=使用剧院模式　　　fullscreen=全屏模式(必须与剧院模式同步)

> 注意：① 省略 features 参数或使用""则采用浏览器的默认设置，即使用全部界面元素。
> ② 一旦设置了某一个界面元素(包括 height、width)则其余未设置的界面元素全部默认为 no||0 不显示。
> ③ 指定多个界面元素可使用简化方式，如"toolbar,scrollbars=yes"或"toolbar, scrollbars"，但逗号前后不能有空格。

- replace：该参数指定是否以新文档 URL 替换原文档在浏览历史中的条目，取值 true 将替换历史条目，取值 false 则创建新条目。

> 注意：① open()方法各参数必须按顺序省略，使用后面参数时，之前的参数不能省略，不需要时可使用""空字符串。
> ② XHTML 新标准中已禁止<a>标记使用 target 属性打开新浏览器，如果需要打开新窗口时，可为<a>标记设置单击事件，在事件函数中用 open()创建新窗口，也可以通过 JavaScript 代码设置<a>标记的 target 属性。
> ③ IE8 必须按"Ctrl+刷新"后方可打开新窗口，通过按钮事件一次打开多个窗口时也必须按下 Ctrl 再单击按钮。
> ④ 在火狐浏览器中直接运行 HTML 文档时不能打开新窗口，必须创建虚拟站点运行并设置浏览器为允许弹出窗口。

【例 h9-5.html】创建并打开新窗口，火狐浏览器必须通过虚拟网站运行。

在打开 h9-5.html 页面时自动创建一个名字为"MyName"的新浏览器窗口(IE8 必须按"Ctrl+刷新")，通过按钮可以查看该窗口的名字、查看该窗口是否已被关闭，关闭该窗体后还可以通过按钮再打开。单击"打开 W3C 和 163 网站"按钮可同时创建两个新窗口，分别装载 W3C 和 163 网站的首页(IE8 必须按下 Ctrl 再单击按钮，否则只打开第一个窗口)。

    (1) 创建 h9-5.html 页面文档:

```
<!DOCTYPE html PUBLIC "-//W3C//DTD XHTML 1.0 Transitional//EN"
  "http://www.w3.org/TR/xhtml1/DTD/xhtml1-transitional.dtd" >
<html>
  <head><title>创建新窗口、请查看状态栏文本</title>
        <script src="j9-5.js" type="text/javascript"> </script>
  </head>
  <body>
    <h3>创建窗口、查看状态栏</h3>
    <input type="button" id="but1" value=" 打开 W3C 和 163 网站 " /><br />
    <input type="button" id="but2" value="查看myWindow是否已关闭" /><br />
    <input type="text" id="text1" size="23" /> <br />
    <input type="button" id="but3" value="查看 myWindow 窗口名字" /><br />
    <input type="text" id="text2" size="23" /> <br />
    <input type="button" id="but4" value="重新打开 myWindow 窗口" /><br />
  </body>
</html>
```

    (2) 在同一目录下创建 js 外部脚本文件 j9-5.js:

```
var myWindow;                    //新窗口全局对象
if (window.top!=window.self)     //若当前文档被装载到某个框架中，则在顶层窗口打开
{ window.top.location="h9-5.html" }
defaultStatus="欢迎光临山东商业职业技术学院网站!!";        //设置状态栏默认文本
status="这是加载页面过程中状态栏短暂显示的消息!!"
onunload=function() {};
onload=initButton;
function initButton()
{ myWindow=open("", "MyName", "width=150,height=100"); //创建新窗口全局对象
  myWindow.document.write("myWindow 窗口随创建它的窗口一同出现。并且在上方。")
  myWindow.focus();                                //获得焦点显示在上方
  document.getElementById("but1").onclick=openW3C_163;
  document.getElementById("but2").onclick=checkClosed;//myWindow 是否关闭
  document.getElementById("but3").onclick=checkName;//获取 myWindow 窗口名字
  document.getElementById("but4").onclick=openMyWin;//重新打开 myWindow 窗口
}
function openW3C_163()
{ open("http://www.163.com/");        //以浏览器默认界面元素打开新窗口装载 163 网站
  open("http://www.w3school.com.cn", "w3c", "width=400, height=400, \
      toolbar,location,menubar,scrollbars,resizable=yes"); //指定浏览器部分
界面元素
}
function checkClosed()
{ document.getElementById("text1").value=
    (myWindow.closed) ? "'myWindow'已被关闭!" : "'myWindow'没被关闭!";
}
```

```
function checkName()
{ if ( !myWindow.closed )
    document.getElementById("text2").value="新窗口名字: "+myWindow.name;
  else document.getElementById("text2").value="新窗口已关闭不能查看属性";
}
function openMyWin()
 { if ( myWindow.closed )
   { myWindow=open("", "MyName", "width=150,height=100" );
     myWindow.document.write("关闭后重新创建的myWindow窗口。"); }
   myWindow.focus();
}
```

运行结果如图 9-6 和 9-7 所示。

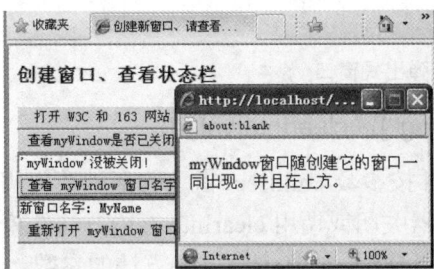

图 9-6　加载页面时创建的新窗口　　　　图 9-7　关闭后重新创建的窗口

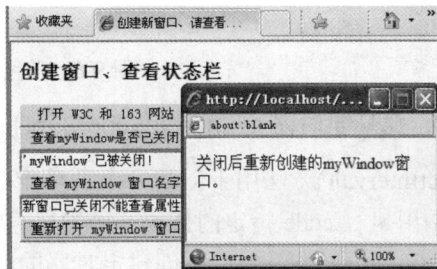

2. 创建弹出式窗口 createPopup()

弹出式 pop-up 窗口也是一个 window 对象，通过 window 对象的 document 子对象及其 body 对象可设置窗口中显示的内容，但弹出式窗口仅是一个没有边框及任何界面元素不可移动的空白区域，类似于漂浮在页面上的面板或画布，以鼠标单击 pop-up 窗口外的任意位置即可关闭该窗口。

【例 h9-6.html】创建一个 pop-up 弹出式窗口。代码如下：

```
<!DOCTYPE html PUBLIC "-//W3C//DTD XHTML 1.0 Transitional//EN"
  "http://www.w3.org/TR/xhtml1/DTD/xhtml1-transitional.dtd" >
<html>
  <head><title>创建 pop-up 弹出式窗口</title>
    <script type="text/javascript">
      function show_popup()   //按钮事件函数
      { var p=createPopup();                    //创建弹出式 pop-up 窗口
        var pbody=p.document.body;              //获取弹出式窗口的 body 对象
        pbody.style.backgroundColor="red";     //设置背景
        pbody.style.border="solid black 1px";  //设置边框
        pbody.innerHTML="这是一个 pop-up 窗口！在 pop-up 外面点击即可关闭！"
        p.show(50, 80, 200, 50, document.body); //显示弹出窗口，位置大小及内容
      }
    </script>
  </head>
  <body>
```

```
    <h3>创建 pop-up 弹出式窗口</h3>
    <button onclick="show_popup()">显示 pop-up 窗口</button>
  </body>
</html>
```

运行结果如图 9-8 所示。

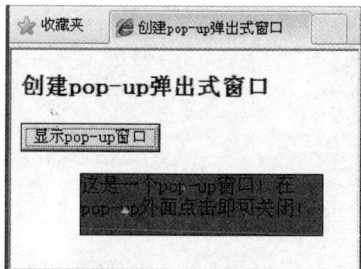

图 9-8　使用 pop-up 弹出式窗口

3．循环定时器 setInterval(code, millisec[,"lang"]) / clearInterval(id)

setInterval()方法用于创建一个循环定时器，并按参数 millisec 指定的毫秒数为周期，循环调用执行 code 指定的代码或函数，直到浏览器关闭或调用 clearInterval()方法结束。

setInterval()方法返回所创建定时器的 ID 值，并作为 clearInterval(id)方法的参数。

code 为循环定时调用执行的代码字符串、函数名或匿名函数，如果调用带参数的函数且参数为变量时，必须组合成字符串。例如 var x=3; 若指定循环调用函数 fun(x)时，必须写为：

```
setInterval("fun(" + x + ")", 1000);
```

clearInterval(id)方法用于结束指定 ID 的循环定时器，其中 id 参数必须是由 setInterval()创建循环定时器时返回的 ID 值。

4．延时定时器 setTimeout(code, millisec) / clearTimeout(id)

setTimeout()方法用于创建一个延时定时器，仅在参数 millisec 指定的毫秒数之后调用执行一次 code 指定的代码，并返回所创建定时器的 ID 值作为取消延时定时方法的参数。

code 为延时定时调用执行的代码字符串、函数名或匿名函数，如果调用带参数的函数且参数为变量时，必须组合成字符串。

虽然 setTimeout()方法只调用执行一次 code 代码，但如果在执行的 code 代码中再通过 setTimeout()方法继续延时调用 code 代码，即可实现递归循环调用的效果。

clearTimeout(id)用于取消指定 ID 循环定时器的延时调用，其中 id 参数必须是由 setTimeout()创建延时定时器时返回的 ID 值。

> **注意：** 定时器延时调用指定代码或函数是定时器函数内部的功能，而不是延时执行创建定时器方法，因此不会影响后续语句的执行，即不会等延时后再执行后面的语句。

【例 h9-7.html】创建 5 个不同的计时器。

页面计时：页面加载后用<span> 500 毫秒显示一次机器时间"时:分:秒"直到页面关

闭。

　　计时器 1：页面加载后用文本框 100 毫秒显示一次机器格式时间，可通过按钮停止。

　　计时器 2：按钮启动延时 5 秒后弹出对话框同时开始 100 毫秒显示一次机器格式的日期时间，可通过按钮停止。

　　循环计数器 1~100：按钮启动后每 200 毫秒加 1 从 1~100 循环计数直到页面关闭。

　　简单计数器 2,4,6,8：按钮启动后从 0 开始每 2 秒钟加 2 直到 8 自动结束。

(1)　创建 h9-7.html 页面文档：

```
<!DOCTYPE html PUBLIC "-//W3C//DTD XHTML 1.0 Transitional//EN"
 "http://www.w3.org/TR/xhtml1/DTD/xhtml1-transitional.dtd" >
<html>
  <head><title>循环、延时调用计时器</title>
        <script src="j9-7.js" type="text/javascript"> </script>
  </head>
  <body>
   <h3>循环、延时调用计时器</h3>
     页面计时：<span id="text"> </span><br />
     计时器 1：<input type="text" id="clock1" size="25" />
            <button id="stop1">停止计时</button><br />
     计时器 2：<input type="text" id="clock2" size="25" />
            <button id="start2">延时计时</button>
            <button id="stop2">停止计时</button><br />
     循环计数器 1~100：<input type="text" id="count1" size="10" />
            <button id="start3">计数开始</button><br />
     简单计数器 2,4,6,8：<input type="text" id="count2" size="10" />
            <button id="start4">计数开始</button> <br />
  </body>
</html>
```

(2)　在同一目录下创建 js 外部脚本文件 j9-7.js：

```
var n=0, id1=0, id2=0;                  //页面全局变量
onunload=function() {};
onload=initBody;
function initBody()
{ document.getElementById("stop1").onclick=stop1;
  document.getElementById("start2").onclick=start2;
  document.getElementById("stop2").onclick=stop2;
  document.getElementById("start3").onclick=start3;
  document.getElementById("start4").onclick=start4;
  startTime();                    //启动页面计时—采用延时定时递归循环
  id1=setInterval("clock1()",100);//计时 1 循环定时 100 毫秒调用 clock1()返回 ID
}
function startTime()              //页面计时
{ var today=new Date();
  var h=today.getHours();
  var m=today.getMinutes();  if (m<10) { m="0"+m; } //两位分钟数
```

```
    var s=today.getSeconds();   if (s<10) { s="0"+ s; }  //两位秒数
    document.getElementById('text').firstChild.nodeValue=h+":"+m+":"+s;
    setTimeout('startTime()', 500);    //延时递归调用，无限循环不停止不需要返回 id
}
function clock1()               //计时 1
{ var t=new Date().toLocaleTimeString();  //获取机器格式的时间
  document.getElementById("clock1").value=t;
}
function stop1() { clearInterval(id1); } //计时 1 停止计时
function start2()               //启动计时 2
{ setTimeout("alert('延时 5 秒计时现在开始!')", 5000);  //延时 5 秒弹出对话框
  setTimeout("clock2()", 5000);    //延时 5 秒启动计时 2
}
function clock2()               //计时 2
{ var t=new Date().toLocaleString()   //获取机器格式的日期时间
  document.getElementById("clock2").value=t;
  id2=setTimeout("clock2()", 100);  //延时 100 毫秒递归调用返回 ID
}
function stop2()
{ if ( id2!=0 ) clearInterval(id2); }   //防止计时器不存在时用户误操作
function start3()               //循环计数器
{ setInterval("setCount1()", 200) }  //循环调用 setCount1()
function setCount1()            //循环计数器
{ n+=1; if ( n>100) n=1;
  document.getElementById("count1").value=n;
}
function start4()
{ setCount2(0);
  setTimeout("setCount2(2)", 2000)
  setTimeout("setCount2(4)", 4000)
  setTimeout("setCount2(6)", 6000)
  setTimeout("setCount2(8)", 8000);
}
function setCount2(x)           //简单计数器
{ document.getElementById("count2").value=x; }
```

运行结果如图 9-9 所示。

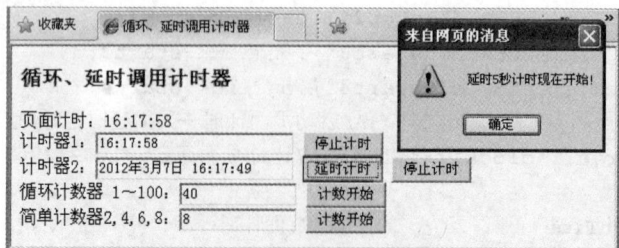

图 9-9　使用定时器

5．浏览器窗口获得焦点 focus()

focus()方法用于使当前窗口获得焦点，从而显示在其他窗口上方，该方法对某些浏览器可能无效。

6．浏览器窗口失去焦点 blur()

blur()方法用于将焦点从当前窗口上移开，焦点移开后将由哪个窗口获得，W3C 标准没有指定。该方法对某些浏览器可能无效，如火狐不支持。

7．设置窗口位置 moveTo(x,y)

moveTo()是窗口绝对定位方法，用于把窗口左上角定位在屏幕中的(x, y)坐标点位置(单位像素)。应用此方法时，浏览器限制不能把窗口定位在屏幕外。

8．移动窗口位置 moveBy(x,y)

moveBy()是窗口相对定位方法，用于把窗口左上角相对原来位置沿 x 水平方向移动 x 像素(正值向左负值向右)，沿 y 垂直方向移动 y 像素。

9．设置窗口尺寸 resizeTo(width[, height])

resizeTo()是设置窗口绝对大小的方法，用指定的宽度值 width、高度值 height(单位像素)设置浏览器窗口的大小。

10．调整窗口尺寸 resizeBy(width[, height])

resizeBy()是设置窗口相对大小的方法，用于在窗口原来大小的基础上调整窗口尺寸，即宽度增加 width、高度增加 height(单位像素)，正值窗口增大，负值窗口减小。

11．设置页面内容位置 scrollTo(xpos, ypos)

scrollTo()是绝对滚动方法，用于把窗口显示区左上角滚动到页面内容的指定坐标点(xpos, ypos)(像素)，或者说将页面内容的指定坐标点定位到浏览器窗口显示区左上角。

12．移动页面内容位置 scrollBy(xnum, ynum)

scrollBy()是相对滚动方法，用于将页面的显示内容相对原来位置沿 x 水平方向移动 xnum 像素、沿 y 垂直方向移动 ynum 像素，再定位到窗口显示区左上角。xnum 为正则显示区域向左移动(页面内容向右滚动)，同样 ynum 为正则页面内容向上移动。

13．打印窗口内容 print()

print()的功能相当于单击浏览器中的打印按钮，执行该方法时弹出对话框由用户选择。

14．关闭浏览器窗口 close()

close()方法只能关闭用 JavaScript 代码创建打开的窗口，而不能关闭用户打开的窗口。

【例 h9-8.html】移动调整窗口、打印窗口内容。

创建一个新窗口设置移动，在阻止弹出窗口的浏览器中必须设置允许弹出窗口。

设置\<p\>标记宽度以保证页面宽度，增加换行以保证页面高度便于观察移动效果。

(1) 创建 h9-8.html 页面文档：

```
<!DOCTYPE html PUBLIC "-//W3C//DTD XHTML 1.0 Transitional//EN"
  "http://www.w3.org/TR/xhtml1/DTD/xhtml1-transitional.dtd" >
<html>
  <head><title>移动调整打印窗口</title>
      <script src="j9-8.js" type="text/javascript"></script>
      <style type=text/css>  p { width:900px; } </style>
  </head>
  <body>
    <h3>观察新窗口 3 秒钟失去焦点</h3>
    <button id="moveTo" >新窗口移动到(0,0)</button>
    <button id="moveBy" >新窗口坐标增加 50</button>
    <button id="close" >关闭新窗口</button><br />
    <button id="resizeTo" >
        是子框架则设置顶层窗口否则设置窗口自己大小(500, 400)</button><br />
    <button id="resizeBy" >
        是子框架则调整顶层窗口否则调整窗口自己增大 100 像素</button><br />
    <button id="scrollTo" >页面内容滚动到(100, 500)</button>
    <button id="scrollBy" >页面内容滚动增加 100 像素</button> <br />
    <button id="print" >打印当前窗口内容</button>
    <p>页面文本、页面文本、页面文本、页面文本、页面文本、页面文本</p>
    <br /><br /><br /><br /><br /><br />
    <br /><br /><br /><br /><br /><br />
    <p>页面文本、页面文本、页面文本、页面文本、页面文本、页面文本</p>
    <br /><br /><br /><br /><br /><br />
    <br /><br /><br /><br /><br /><br />
    <p>页面文本、页面文本、页面文本、页面文本、页面文本、页面文本</p>
    <br /><br /><br /><br /><br /><br />
    <br /><br /><br /><br /><br /><br />
  </body>
</html>
```

(2) 在同一目录下创建 js 外部脚本文件 j9-8.js：

```
var myWindow;          //新窗口全局对象
onunload=function() {};
onload=initBody;
function initBody()
{ myWindow=open('', '', 'width=200,height=100');  //创建新窗口全局对象
  myWindow.document.write("我的新窗口");
  myWindow.focus();                              //新窗口获得焦点
  setTimeout('myWindow.blur()', 3000);            //新窗口延时 3 秒失去焦点
  document.getElementById("moveTo").onclick=moveToWin;
  document.getElementById("moveBy").onclick=moveByWin;
  document.getElementById("close").onclick=function()
  { myWindow.close(); }
  document.getElementById("resizeTo").onclick=resizeToWin;
```

```
document.getElementById("resizeBy").onclick=resizeByWin;
document.getElementById("scrollTo").onclick=function()
{ scrollTo(100, 500); }
document.getElementById("scrollBy").onclick=function()
{ scrollBy(100, 100); }
document.getElementById("print").onclick=function() { print(); }
}
function moveToWin()                     //绝对移动新窗口
{ myWindow.focus(); myWindow.moveTo(0, 0); }
function moveByWin()                     //相对移动新窗口
{ myWindow.focus(); myWindow.moveBy(50, 50); }
function resizeToWin()                   //绝对设置主窗口大小
{ if (window.top!=window.self) top.resizeTo(500,400);//在框架中设置顶层窗口
  else resizeTo(500,300);                          //不在框架中设置窗口自己
}
function resizeByWin()                   //相对调整主窗口大小
{ if (window.top!=window.self) top.resizeBy(100, 100);
  else window.resizeBy(100, 100);
}
```

运行结果如图 9-10 所示。

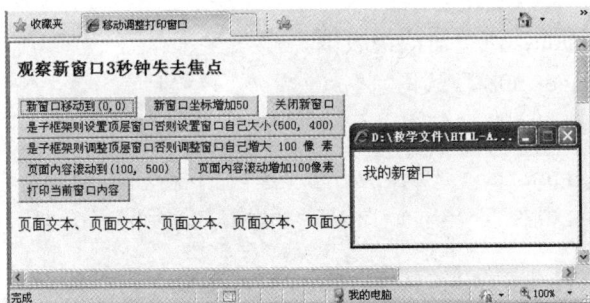

图 9-10　设置移动窗口位置、大小与打印

9.4　浏览器信息对象 navigator

navigator 对象是浏览器窗口 window 对象的子对象属性，可直接使用。

navigator 对象包含了客户端浏览器的类型、版本等信息，通过 navigator 对象可对浏览器进行检测，以针对不同浏览器提供不同的页面，避免个别 JavaScript 代码在某些浏览器中无法运行。

9.4.1　navigator 对象的属性

navigator 对象的属性如下。

- platform：机器操作系统。如 Win32、MacPPC 及 Linuxi586。
- plugins[]：浏览器已安装所有插件对象的集合，即 Plug-in 对象数组。

- appName：浏览器名称。例如 IE 浏览器名称为"Microsoft Internet Explorer"、Netscape 浏览器名称为"Netscape"。

- appCodeName：浏览器代码名。一般都是"Mozilla"。

- appVersion：浏览器版本信息。不同浏览器的信息格式有所不同，一般开头是版本号数字，之后是版本的细节，包括操作系统等。例如 IE 浏览器的版本信息(IE 5.0 以后的版本号仍保持为 4.0)为 4.0(compatible; MSIE 6.0; Windows NT 5.2; SV1; .NET CLR 1.1.4322)。可用 parseFloat()获取版本号完整数字，用 parseInt()获取主版本号。

- userAgent：发送给服务器 HTTP 请求的用户代理头 user-agent。userAgent 属性值一般由浏览器代码名 appCodeName 和版本信息 appVersion 属性值构成。如 IE 浏览器发送给服务器 HTTP 请求的用户代理头 user-agent 的 userAgent 属性值为 Mozilla/4.0(compatible; MSIE 6.0; Windows NT 5.2; SV1; .NET CLR 1.1.4322)。

- cookieEnabled：浏览器是否启用 cookie，启用为 true，禁用为 false。

- onLine：是否为脱机模式，脱机模式为 true，否则为 false。

- browserLanguage：当前浏览器的语言，Firefox 火狐不支持该属性。

- userLanguage：OS 自然语言设置，Firefox 火狐不支持该属性。

以下为 IE 浏览器的专有属性，Firefox、Opera 不支持。

- cpuClass：系统 CPU 等级。

- appMinorVersion：浏览器次级版本。

- systemLanguage：OS 默认语言。

【例 h9-9.html】获取浏览器信息。代码如下：

```
<!DOCTYPE html PUBLIC "-//W3C//DTD XHTML 1.0 Transitional//EN"
  "http://www.w3.org/TR/xhtml1/DTD/xhtml1-transitional.dtd" >
<html>
  <head> <title>获取浏览器信息</title> </head>
  <body>
    <h3>获取浏览器信息</h3>
    <script type="text/javascript">
      var x= window.navigator, version=navigator.appVersion;  //版本信息
      document.write("浏览器名称: " + x.appName + "<br />")
      document.write("浏览器版本: " + version + "<br />")
      document.write("浏览版本号: " + parseFloat(version) + "<br />")
      document.write("浏览器代码: " + x.appCodeName + "<br />")
      document.write("浏览器平台: " + x.platform + "<br />")
      document.write("浏览器插件: " + x.plugins + "<br />")
      document.write("用户代理头: " + x.userAgent + "<br />")
      document.write("是否启用 Cookies: " + x.cookieEnabled + "<br />")
      document.write("是否为脱机模式: " + x.onLine + "<br />");
      document.write("当前浏览器语言: " + x.browserLanguage + "<br />")
      document.write("OS 的自然语言: " + x.userLanguage + "<br />");
      document.write("IE 的次级版本: " + x.appMinorVersion + "<br />")
      document.write("IE 浏览器 CPU 等级: " + x.cpuClass + "<br />");
```

```
    document.write("IE 的 OS 默认语言: " + x.systemLanguage + "<br />")
  </script>
 </body>
</html>
```

运行结果如图 9-11 和 9-12 所示。

图 9-11 IE8 浏览器信息

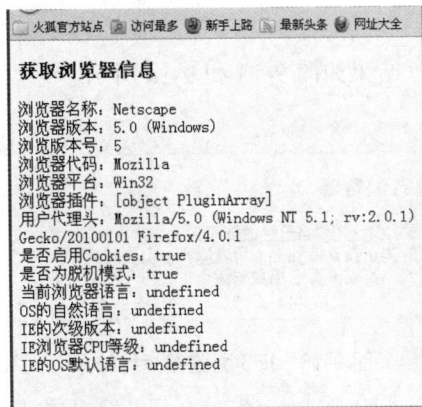

图 9-12 火狐 4.0.1 浏览器信息

9.4.2 navigator 对象的方法

1. 是否支持 Java 语言 javaEnabled()

若浏览器支持 Java 语言,返回 true,否则返回 false。

2. 是否启用数据污点 taintEnabled()

若浏览器启用允许带污点的数据(Data Tainting),返回 true,否则返回 false。

【例 h9-10.html】检查浏览器。代码如下:

```
<!DOCTYPE html PUBLIC "-//W3C//DTD XHTML 1.0 Transitional//EN"
  "http://www.w3.org/TR/xhtml1/DTD/xhtml1-transitional.dtd" >
<html>
  <head> <title>检查浏览器</title> </head>
  <body>
    <h3>检查浏览器</h3>
    <script type="text/javascript">
      var browser=navigator.appName;
      var version=navigator.appVersion;
      if ( ( browser=="Microsoft Internet Explorer"
          || browser=="Netscape") && parseFloat(version)>=4 )
        document.write("您的浏览器版本"
          + parseFloat(version) + "已经很棒了! <br />")
      else document.write("您的浏览器需要升级了! <br />")
      if ( navigator.javaEnabled() )
        document.write("您的浏览器支持 java, 可以运行 Applet 程序! <br />")
      else document.write(
```

```
    "您的浏览器不支持 java, 不能运行 Applet 小程序! <br />");
    if ( navigator.taintEnabled() )
        document.write("您的浏览器已经启用了数据污点! <br />")
    else document.write("您的浏览器没有启用数据污点! <br />")
    </script>
  </body>
</html>
```

运行结果如图 9-13 和 9-14 所示。

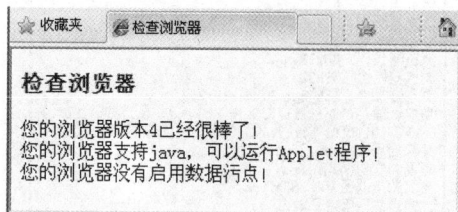

图 9-13　IE8 浏览器运行结果

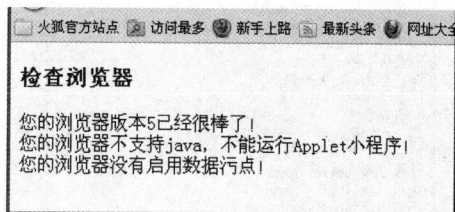

图 9-14　火狐 4.0.1 浏览器运行结果

9.5　客户端屏幕对象 screen

screen 对象是浏览器窗口对象 window 的子对象属性，可直接使用。

screen 对象包含了客户端显示屏的信息，利用这些信息可优化屏幕显示。例如根据屏幕尺寸对窗口定位、确定使用大图像还是小图像，根据显示器颜色深度选择使用 16 位色或 8 位色图形。

screen 屏幕对象只有属性而没有方法。

- availHeight：屏幕可用高度(以下单位都是像素)，不包括屏幕底部的任务栏。
- availWidth：屏幕可用宽度。
- height：屏幕高度。
- width：屏幕高度。
- colorDepth：屏幕缓冲器调色板的比特深度。
- pixelDepth：屏幕的颜色分辨率(比特每像素)，IE 浏览器不支持该属性。

以下为 IE 浏览器的专有属性，Firefox、Opera 不支持。

- deviceXDPI / deviceYDPI：屏幕每英寸水平/垂直点数。
- logicalXDPI / logicalYDPI：屏幕每英寸水平/垂直方向的常规点数。
- updateInterval：屏幕刷新率。
- fontSmoothingEnabled：是否在控制面板启用了字体平滑，启用 true，否则 false。
- bufferDepth：在 off-screen bitmap buffer 中调色板的比特深度。

【例 h9-11.html】获取屏幕信息。代码如下：

```
<!DOCTYPE html PUBLIC "-//W3C//DTD XHTML 1.0 Transitional//EN"
  "http://www.w3.org/TR/xhtml1/DTD/xhtml1-transitional.dtd" >
<html>
  <head> <title>获取屏幕信息</title> </head>
```

```
<body>
  <h3>获取屏幕信息</h3>
  <script type="text/javascript">
    document.write("屏幕尺寸："+screen.width+"×"+screen.height+"<br />")
    document.write("可用区域："+screen.availWidth+"×"
      + screen.availHeight + "<br />")
    document.write("颜色深度："+screen.colorDepth+"<br />")
    document.write("颜色分辨率："+screen.pixelDepth+"<br />")
    document.write("IE 缓冲深度："+screen.bufferDepth+"<br />")
    document.write("IE 每英寸水平点数："+screen.deviceXDPI+"<br />")
    document.write("IE 每英寸垂直点数："+screen.deviceYDPI+"<br />")
    document.write("IE 每英寸水平常规点数："+screen.logicalXDPI + "<br />")
    document.write("IE 每英寸垂直常规点数："+screen.logicalYDPI + "<br />")
    document.write("IE 是否启用字体平滑："
      + screen.fontSmoothingEnabled + "<br />")
    document.write("IE 屏幕刷新率："+screen.updateInterval+"<br />")
  </script>
</body>
</html>
```

运行结果如图 9-15 和 9-16 所示。

图 9-15　IE8 浏览器屏幕信息　　图 9-16　火狐 4.0.1 浏览器屏幕信息

9.6　当前页面 URL 对象 location

location 对象是浏览器窗口对象 window 的子对象属性，可直接使用。

location 对象包含了当前所显示页面的 URL 信息，即当前页面的 Web 地址。

9.6.1　location 对象的属性

location 对象的属性如下。

- href：当前页面完整的 URL。href 是 location 对象的默认属性，只使用 location 对象名即表示使用 location.href 属性，如果为 href 属性设置新的 URL，则浏览器会立即装载显示 URL 指定的新页面。

- pathname：页面 URL 中的路径。
- hostname：页面所在服务器的主机名。
- host：页面所在服务器的主机名和端口号。
- port：页面所在服务器的端口号。
- protocol：服务器发送页面使用的协议。
- search：请求页面?问号之后的 URL 参数。
- hash：页面请求中以#开始的 URL 锚，即请求页面中的锚点。

> **注意**：通过为 location 对象属性赋值，即可控制浏览器显示的页面，例如把新的 URL 赋予 location 或 href 属性，浏览器会装载显示新页面，如果给其他属性赋值，浏览器会重新组合并装载显示组合后的新 URL 页面。

【例 h9-12.html】获取页面 URL 信息。

该页面运行时应设置虚拟站点以获取页面 URL 中的服务器信息。在该页面中还定义了 a、b、c、d 四个锚点，可由 h9-13.html 页面打开并链接到指定锚点。具体代码如下：

```
<!DOCTYPE html PUBLIC "-//W3C//DTD XHTML 1.0 Transitional//EN"
  "http://www.w3.org/TR/xhtml1/DTD/xhtml1-transitional.dtd" >
<html>
  <head> <title>获取页面 URL 信息</title> </head>
  <body>
    <h3> <a id="a"> </a>获取页面 URL 信息</h3>
    <script type="text/javascript">
      document.write("当前页面完整 URL: "+location+ "<br />")
      document.write("当前页面完整 URL: "+location.href +"<br />")
      document.write("当前 URL 的路径: "+location.pathname+"<br />")
      document.write("主机名 URL 端口: "+location.host+"<br />")
      document.write("当前 URL 主机名: "+location.hostname+"<br />")
      document.write("当前 URL 端口号: "+location.port+"<br />")
      document.write("当前 URL 的协议: "+location.protocol+"<br />")
      document.write("?之后 URL 查询: "+location.search+"<br />")
      document.write("#开始的 URL 锚: "+location.hash+"<br />")
    </script>
    <h3> <a id="b"> </a> HTML 学习  第一章</h3>
    第一节: 标记<br /><br /> <br />
    <br /> <br /> <br /> <br /> <br /> <br />
    <br /> <br /> <br /> <br /> <br /> <br /> <br />
    <a id="c"> </a> 第二节: 属性<br /> <br /> <br />
    <br /> <br /> <br /> <br /> <br /> <br />
    <br /> <br /> <br /> <br /> <br /> <br /> <br />
    <a id="d"> </a> 第三节: 事件<br /> <br /> <br />
    <br /> <br /> <br /> <br /> <br /> <br />
    <br /> <br /> <br /> <br /> <br /> <br /> <br />
  </body>
</html>
```

如果设置虚拟站点 abc，则在浏览器中输入"http://localhost/abc/h9-12.html"，则 IE 与火狐浏览器运行结果相同，如图 9-17 所示。

图 9-17　location 对象显示页面 URL 信息

【例 h9-13.html】通过 location 对象设置 URL 访问 h9-12.html 页面。

单击"新页面开始"按钮打开新窗口显示 h9-12.html 页面开头，单击指定章节按钮则在第二个窗口显示对应锚点(火狐浏览器不能转到指定锚点)。

代码如下：

```
<!DOCTYPE html PUBLIC "-//W3C//DTD XHTML 1.0 Transitional//EN"
  "http://www.w3.org/TR/xhtml1/DTD/xhtml1-transitional.dtd" >

<html>

  <head> <title>设置 URL</title>
    <script type="text/javascript">
      function linkTo(y)     //按钮单击事件函数，传递指定锚点参数
      { var x=window.open("h9-12.html", "myWin",
                   "width=500,height=300,scrollbars,resizable=yes");
       x.location.hash=y;   //设置指定锚点
       x.focus();
      }
    </script>
  </head>

  <body>
    <h3>location 对象设置 URL</h3>
    点击按钮打开新窗口并显示对应的锚点。<br />
    <button onclick="linkTo('a')" >新页面开始</button> <br />
    <button onclick="linkTo('b')" >第一节(b)</button> <br />
    <button onclick="linkTo('c')" >第二节(c)</button> <br />
    <button onclick="linkTo('d')" >第三节(d)</button> <br />
  </body>
</html>
```

运行结果如图 9-18 和 9-19 所示。

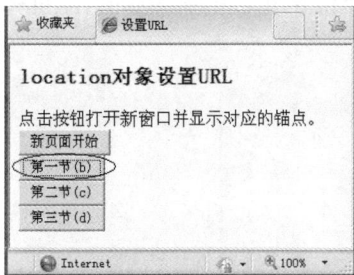

图 9-18　单击第一节链接锚点 b

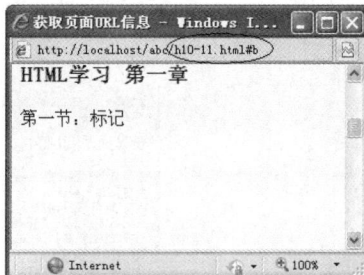

图 9-19　新窗口页面转到锚点 b

9.6.2　location 对象的方法

1. 重新加载当前文档 reload([force])

reload()方法可重新加载当前文档，相当于刷新页面，其中参数 force 指定是否必须下载：

- 若 force 取值 false 或省略，则通过 HTTP 头 If-Modified-Since 检测服务器文档是否改变，如果已经改变则会下载新的，如果未改变则从缓存中装载，相当于单击浏览器刷新按钮。
- 若 force 取值 true，则无论文档是否修改，都会强制从服务器重新下载，相当于按住 Shift 键再单击浏览器刷新按钮。

2. 加载新文档 assign(URL)

assign()方法用于加载新的文档，相当于超链接，该方法加载页面后将在 history 对象中产生新的历史纪录，可以通过后退按钮返回原页面。

3. 加载新文档替换当前文档 replace(newURL)

replace()方法与 assign()相同，也是用于加载新的文档，但 replace()方法不在 history 对象中产生新的历史纪录，而是用新页面的 URL 覆盖替换 history 对象中原页面的纪录，因此使用 replace()方法后不能用"后退"按钮返回到原页面。

【例 h9-14.html】用 location 对象加载新页面。

直接双击文件运行时 replace()方法加载新页面后"后退"按钮不可用，因此无法返回前页面，如果使用虚拟网站运行，虽然可以"后退"，但后退返回的不是被它替换的页面，而是 h9-14.html 之前的页面。

代码如下：

```
<!DOCTYPE html PUBLIC "-//W3C//DTD XHTML 1.0 Transitional//EN"
  "http://www.w3.org/TR/xhtml1/DTD/xhtml1-transitional.dtd" >
<html>
  <head> <title>用 location 对象加载页面</title>
    <script type="text/javascript">
      function reloadDoc(force) { location.reload(force); }
      function assignDoc()  { location.assign("h9-12.html") }
      function replaceDoc() { location.replace("h9-13.html") }
```

```
        </script>
    </head>
    <body>
        <h3>用 location 刷新加载替换页面</h3>
        <button onclick="reloadDoc(false)">刷新当前页面</button> <br />
        <button onclick="reloadDoc(true)">下载当前页面</button> <br />
        <button onclick="assignDoc()">用 assign()加载一个新文档</button> <br />
        <button onclick="replaceDoc()">用 replace() 替换当前文档</button> <br />
    </body>
</html>
```

运行结果如图 9-20 所示。

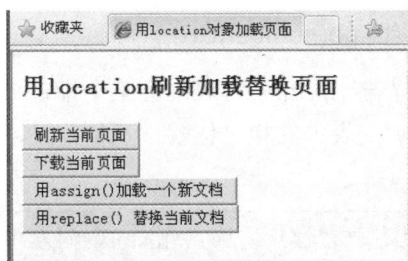

图 9-20　用 location 对象加载页面

如果为卸载页面事件编写代码：

```
onunload=function() { location.replace("h9-7.html"); }
```

则无论超链接到哪个页面，或者在事件方法中用 assign()、replace()加载哪个指定页面，当卸载当前页面准备加载指定页面时，就会执行 onunload 事件函数，结果都将被替换加载到"h9-7.html"页面，而且无法"后退"到原页面，当然这不是我们所希望的。

但也有些网站，当你把它作为友好网站超链接到它的页面后，就再也不能返回到你的页面，采用的方法是在网站首页文档中只写一行 JavaScript 代码：

```
<script type="text/javascript"
  language=javascript>location.href="/new/"</script>
```

而他们网站首页的实际内容文档 index.html 却放在网站根目录中的 new 目录中，超链接到网站的首页后再被 location.href 转到实际页面，当后退时，实际上又后退到其首页文档，自然又被 location.href 转到了实际页面，希望读者不要使用这类不道德的代码。

9.7　浏览页面历史对象 history

history 对象是浏览器窗口对象 window 的子对象属性，可直接使用。

history 对象可用于访问本次打开浏览器访问过的历史 URL 页面，该对象拥有 length 属性以及 back()、forward()和 go()三个方法。

1．length 属性

该属性为本次打开浏览器已访问过的历史 URL 页面数量。

2．加载前一个历史 URL 页面 back()

back()方法加载返回到本次打开浏览器 history 列表中的上一个 URL(如果存在)，等价于点击"后退"按钮或使用 history.go(-1)方法。

3．加载下一个历史 URL 页面 forward()

forward()方法加载前进到本次打开浏览器 history 列表中的下一个 URL(如果存在)，等价于点击"前进"按钮或使用 history.go(1)方法。

4．加载指定历史 URL 页面 go(number|URL)

go()方法加载本次打开浏览器 history 列表中的某个指定页面，参数可以使用数字值，表示要访问的 URL 在 history 列表中的相对位置，正值前进，负值后退，也可以直接指定要访问的 URL 字符串。

> 注意：参数 URL 字符串必须是本次打开浏览器 history 列表中已经存在的页面，否则不执行 go()方法，但是如果内容为空(如读取文本框的内容为空)，则重新加载当前页面本身。

【例 h9-15.html】使用 history 对象。

刚刚新打开浏览器时 history.length 为 0，为观察效果，必须装载访问几个页面后再加载运行本程序，并且刚装载本页面时没有向前的下一个页面，还应该再装载其他页面，然后后退到本页面，才可以观察到使用"前进到下一个历史 RUL 页面"的效果。

代码如下：

```
<!DOCTYPE html PUBLIC "-//W3C//DTD XHTML 1.0 Transitional//EN"
  "http://www.w3.org/TR/xhtml1/DTD/xhtml1-transitional.dtd" >
<html>
  <head>
    <title>使用 history 对象</title>
    <script type="text/javascript">
      alert("当前浏览器已访问的历史页面数="+history.length);
      function goForward() { history.forward(); } //或 go(1)
      function goBack() { history.go(-1); }        //或 back()
      function goTo()
        { var url=document.getElementById("url").value;
          if ( url!="" ) history.go(url);
        }
    </script>
  <body>
    <h3>history 对象的使用</h3>
    <button onclick="goForward()" >前进到下一个历史 RUL 页面</button>
    <button onclick="goBack()" >后退到前一个历史 RUL 页面</button> <br />
```

```
输入已访问过页面的 URL：<input id="url" size="23" />
<button onclick="goTo()" >提交</button> <br />
</body>
</html>
```

运行结果如图 9-21 所示。

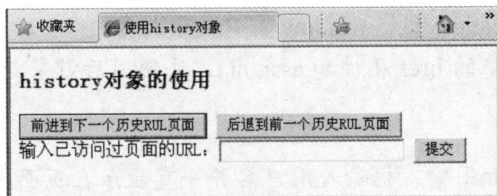

图 9-21　使用 history 对象

9.8　习　　题

一、选择题

1. 下面的代码不正确的是(　　)。

    A. input.type=text;

    B. input.setAttribute("type", "text");

    C. input.type="text";

2. 对于新添加的对象属性，下列说法中正确的是(　　)。

    A. IE 中只能使用 getAttribute()获取

    B. 火狐中只能使用 getAttribute()获取

    C. IE 中可以使用"对象名.属性名"获取

    D. 火狐中可以使用"对象名.属性名"获取

3. 表达式 parseInt("11", 2)的结果是(　　)。

    A. 11　　　　　　　B. 2　　　　　　　C. 3　　　　　　　D. 9

4. JavaScript 中的顶级对象是(　　)。

    A. window　　　　　B. location　　　　C. document　　　D. history

5. 使用 open 方法创建新浏览器窗口时，下面哪种说法是错误的？(　　)

    A. 参数 URL 不能省略，必须要指定新窗口中的页面文档

    B. 参数 URL 可以省略，此时新窗口中页面文档为空

    C. 参数 name 不能省略，必须指定要打开的窗口名称

    D. 参数 name 的取值可以是已经存在的窗口名称

6. 关于定时器，下面说法正确的是(　　)。

    A. setInterval()不能实现自身的循环定时

    B. setTimeout()能实现自身的循环定时

    C. 在函数体内部使用 setTimeout()能够实现函数自身的递归循环调用

    D. 只有 setInterval()在使用时能够返回 ID，并可通过该 ID 设置定时结束

333

7. 使用 location 对象的什么属性能够装载新的页面文件？（　　）

    A. src   B. url   C. href

8. 下面各种说法中正确的是（　　）。

    A. 任何浏览器中，window 对象都不能获取或者失去焦点

    B. 可以通过 location 对象重新加载一个新的页面文档并指定锚点位置

    C. history、location 都是 window 窗口的子对象

    D. location 对象的 href 属性和 assign()方法使用后效果是相同的

二、操作题

仿照例 h9-4.html 增加用输入框输入用户名并一直显示在页面上。

提示：可修改<h2>或增加<span>显示用户名。

另还可增加代码，在取消输入、不选择计算时清空结果框。

第 10 章 JavaScript 内置对象与 DOM 对象

学习目的与要求

📖 **知识点**

- 掌握数组对象、字符串对象和正则表达式对象的应用
- 掌握 Math 对象的应用
- 掌握日期时间对象的应用
- 掌握 document 对象的应用
- 掌握 DOM 节点对象的应用
- 掌握 event 事件对象和 style 样式对象的应用

📢 **难点**

- 正则表达式对象的应用
- DOM 节点对象的应用

10.1 Array 数组对象

第 9 章我们简单介绍了数组的创建与下标变量的使用，这一节我们将详细介绍 Array 数组对象的属性与方法。

10.1.1 Array 数组对象的创建与 length 属性

数组是 JavaScript 的 Array 对象，可以使用 new 创建空数组对象，也可以用初始化数据创建数组对象。语法格式如下：

```
var myArray=new Array();              创建空数组对象
var myArray=new Array(长度);          创建具有初始长度的数组对象
var myArray=new Array(数据1, 数据2, ...); 用初始化数据创建数组对象
var myArray=[数据1, 数据2, ...];       用数据创建数组，不要使用{}或()
```

数组元素下标从 0 开始，通过数组名及下标可以访问指定的数组元素，如 myArray[0] 或 myArray[表达式]，未赋值的元素默认为 undefined。

数组长度自动可变，可以添加任意多个任意类型值的元素，若元素个数超过数组长度，则自动增加数组长度。

每个数组对象都自动具有一个数组长度的属性变量 length，可以通过数组名访问：

```
数组名.length
```

length 属性在创建数组时初始化，添加新元素或删除元素时自动更新。通过设置修改

length 的值可以改变数组长度，设置值小于数组长度则数组截断变小，反之数组增大。

10.1.2　Array 数组对象的方法

1．获取全部数组元素字符串 toString()

toString()方法返回用逗号隔开的全部数组元素值字符串，但不显示未赋值的 undefined。

toString()方法可以省略，即单独使用数组名就等价于数组调用 toString()方法。

2．向数组末尾添加元素 push(new1 [, new2, ...])

push()方法可向数组末尾添加任意多个值为 new1 [, new2, ...]的数组元素，数组长度 length 自动增加，push()方法返回添加元素后的新数组长度。

3．在数组开头插入元素 unshift(new1 [, new2, ...])

unshift()方法可在数组开头插入任意多个值为 new1 [, new2, ...]的数组元素，数组长度 length 自动增加，unshift()方法返回添加元素后的新数组长度。

注意：unshift()方法在 IE 中返回 undefined。

4．删除最后一个元素 pop()

pop()方法可删除数组的最后一个元素，数组长度 length 自动减 1，返回被删除元素的值，如果数组已经为空，则不进行任何操作并返回 undefined。

5．删除第一个元素 shift()

shift()方法可删除数组的第一个元素，数组长度 length 自动减 1，返回被删除元素的值，如果数组已经为空，则不进行任何操作，并返回 undefined。

6．插入、删除或替换数组元素 splice(index [, howmany[, element1, element2,...]])

splice()方法根据所插入、删除或替换数组元素的个数，自动改变数组长度 length。
- index：指定添加、删除或替换元素的起始位置(第一个元素位置为 0)。
- element1, element2, ...：指定替换或插入的新元素值。
- howmany：该参数指定添加、删除、替换操作方式。
  - 省略 howmany 及之后所有参数则删除从 index 到结尾的全部元素(IE 不支持)，返回被删除的所有元素值(逗号隔开)。例如 arr.splice(6)删除第 7 个及以后的所有元素值，对 IE 浏览器必须使用 arr.splice(6, arr.length-6)。
  - 取 0 值：在 index 位置处插入 element1, element2,...等新元素，splice()无返回值。
  - 非 0 数值：指定从 index 位置开始删除或替换元素的个数。如果之后没有指定元素值则执行删除操作，返回被删除的所有元素值；如果指定了 element 元素值，则执行替换操作，返回被替换的全部元素值(若被替换元素不足，则同时插入新元素)。

336

【例 h10-1.html】添加、替换、删除数组元素。代码如下：

```
<!DOCTYPE html PUBLIC "-//W3C//DTD XHTML 1.0 Transitional//EN"
  "http://www.w3.org/TR/xhtml1/DTD/xhtml1-transitional.dtd" >
<html>
  <head> <title>添加替换删除数组元素</title> <head>
  <body>
    <h3>添加替换删除数组元素</h3>
    <script type="text/javascript">
      var arr=[1, 2, 3, true, false, "xxx", "yyy", "zzz"];
      document.write("原数组 arr[" + arr.length+"]: "
              + arr.toString() + "<br />")
      document.write("删除最后元素: "+arr.pop()+"<br />")
      document.write("删除开头元素: "+arr.shift()+"<br />")
      document.write("向最后添加 2 元素 XX，YY 后长度为: "
              + arr.push("XX", "YY") + "<br />")
      document.write("向开头添加 2 元素 100，200 后长度为: "
              + arr.unshift(100, 200) + "<br />")
      document.write(
        "现数组 arr["+arr.length+"]: "+arr+"<br />");    //省略 toString()
      document.write("aaa, bbb 替换 5、6 元素: "
        + arr.splice(4, 2, "aaa", "bbb") + "<br />")
      document.write("插入 5、6 元素 111，222: "
        + arr.splice(4, 0, 111, 222) + "<br />")
      document.write("现数组 arr[" + arr.length + "]: " + arr + "<br />")
      document.write("删除 7、8 个元素: " + arr.splice(6, 2) + "<br />")
      document.write("现数组 arr[" + arr.length+"]: " + arr + "<br />")
      document.write("删除第 7 及以后全部元素: "
        + arr.splice(6, arr.length-6) + "<br />")
      document.write("现数组 arr[" + arr.length + "]: " + arr + "<br />")
    </script>
  </body>
</html>
```

运行结果如图 10-1 所示。

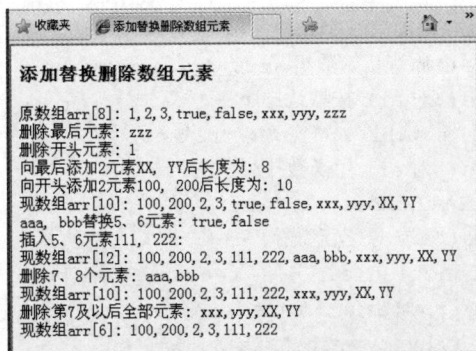

图 10-1　添加、替换、删除数组元素

7. 获取子数组 slice(start[, end])

slice()方法返回从数组的 start 位置到 end-1 位置所有元素组成的新数组，不改变原数组。

start 取负值则从数组尾部向前指定位置，-1 为最后一个元素。

end 也可以取负值，省略 end 则提取从 start 位置到数组结尾的所有元素为新数组。

8. 连接指定数组 concat(arrayX[, arrayY, ...])

concat()方法可以将当前数组与参数指定数组的全部元素依次连接成一个新数组，返回连接后的新数组对象，不改变原数组。

方法参数可以是数组名(连接该数组所有元素)，也可以是具体数值(连接新元素)。

9. 对数组排序 sort([排序函数名或匿名函数])

sort()方法对数组元素进行排序，直接改变原数组。

省略参数默认将所有元素作为字符串并按字符编码升序排序。未赋值默认 undefined 的元素排序在最后，输出时不显示。

如果需要按其他标准排序，则需要提供一个比较函数做参数。例如数值 105 与 12 若按默认字符串比较则 12 大于 105，可提供相应的比较函数指定按数值大小升序或降序排序。

10. 对数组反序 reverse()

reverse()方法可颠倒数组元素的顺序，直接改变原数组。

【例 h10-2.html】数组的连接、排序与提取子数组。代码如下：

```
<!DOCTYPE html PUBLIC "-//W3C//DTD XHTML 1.0 Transitional//EN"
  "http://www.w3.org/TR/xhtml1/DTD/xhtml1-transitional.dtd" >
<html>
  <head> <title>数组的连接、排序与提取</title> <head>
  <body>
   <h3>数组的连接、排序与提取</h3>
   <script type="text/javascript">
    function sortNumber(a, b) { return a-b; }    //排序函数—对数值升序排序
    var arr=[1, 2, 3, "10", "5", "40", "1"];           //创建 7 个元素数组
    arr[8]=100;   //增加第 9 个元素，则 a[7]元素默认 undefined 不显示，排序最后
    document.write("原有初始数组 arr: " + arr + "<br />" );
    document.write("对 arr 按默认排序: "
     + arr.sort() + "<br />");   //改变 arr 数组
    document.write("对 arr 用函数排列: "
     + arr.sort(sortNumber) + "<br />")
    document.write("arr 匿名函数排序: "          //直接定义匿名函数降序排序
     + arr.sort(function(a, b) { return b-a; }) + "<br />")
    var arr1=new Array(true, false);
    var arr2=new Array("yyy", "xxx");
    var arr3=arr.concat(5, 6);                     //不改变 arr 数组
    document.write("连接 5, 6 元素后的新数组 arr3: " + arr3 + "<br />" );
```

```
            var arr4=arr.concat(arr1, arr2);                //不包括 arr 连接的 5, 6
            document.write("arr, arr1, arr2 数组连接后的新数组 arr4: "
              + arr4 + "<br />" )
            document.write("对 arr4 逆序排列: " + arr4.reverse() + "<br />")
            document.write("对 arr4 默认排序: " + arr4.sort() + "<br />")
            var arr5=arr4.slice(2, 5);                    //提取从 3 到 5 元素组成新数组
            document.write("提取 arr4 第 3~5 元素的新数组: " + arr5 + "<br />")
        </script>
    </body>
</html>
```

运行结果如图 10-2 所示。

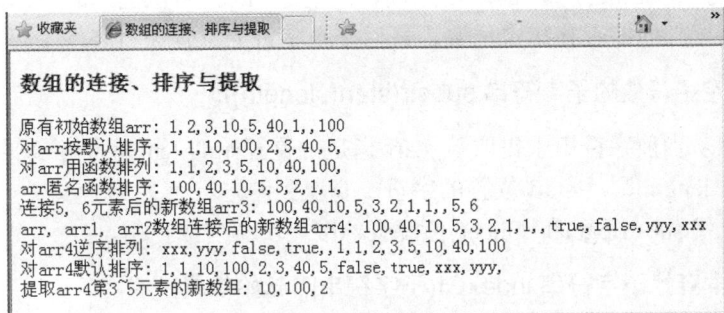

图 10-2　数组的连接、排序与提取

10.2　String 字符串对象

字符串是 JavaScript 的基本数据类型，每个字符串常量、变量都是 String 对象。字符串对象的内容是不可变的，String 对象的函数对字符串的处理都不会改变原字符串内容，而是将处理结果作为新的字符串对象返回。

1. String 对象的长度属性 length

字符串对象只有一个长度属性(不是方法)，可用于获取字符串所包含的字符个数。

例如 var txt="Hello World!"; 则 txt.length 的值为 12。

2. 获取指定位置的字符 charAt([index])

charAt()方法返回字符串中 index 指定位置的字符(第一个字符位置为 0)。如果省略参数或取值为 0，则返回第一个字符，如果指定的 index 不在字符串长度的范围内，则返回空值""。

例如有 var str="Hello world!"; 则 str.charAt(str.length-1)的值是"!"，str.charAt()的值是"H"，str.charAt(40)的值是""。

3. 获取指定位置字符的 Unicode 编码 charCodeAt([index])

charCodeAt()方法返回字符串中 index 指定位置字符的 Unicode 编码值，若返回值在 0~255 之间，则属于 ASCII 字符。如果省略参数或取值为 0 则返回第一个字符的 Unicode

值，如果指定的 index 不在字符串长度的范围内，则返回 NaN。

例如有 var str="A 我们学习"；则 str.charCodeAt(1)的值是 25105，str.charCodeAt()的值是 65，str.charCodeAt(40)的值是 NaN。

4. 获取指定范围的子字符串 substring(start[, end])

substring()方法返回当前字符串中从 start 到 end-1 指定范围内的子字符串。省略 end 则从 start 位置一直取到结尾。

start 与 end 必须是正数，两个参数相等返回空字符串，若 start 大于 end 可自动交换。

5. 获取指定范围的子字符串 slice(start[, end])

slice()方法与 substring()方法的功能相同，区别是 slice()方法的 start 与 end 参数可以取负值，即可以从尾部向前查找指定位置，最后一个字符的位置为-1。

6. 获取指定字符数的子字符串 substr(start[, length])

substr()方法从当前字符串中提取从 start 指定位置开始的 length 个字符的子字符串并返回该子串。省略 length 则从 start 位置的字符一直取到结尾。

该方法可替代 substring()和 splice()但没有标准化，不赞成使用。

7. 正向检索查找子字符串 indexOf(子字符串[, 起始位置])

indexOf()方法从指定位置开始向后查找匹配的子字符串(区分大小写)，返回首次出现指定子串第一个字符的位置，如果没有找到返回-1。

省略起始位置默认为 0，即从字符串开头开始查找。

8. 逆向检索查找子字符串 lastIndexOf(子字符串[, 最后位置])

lastIndexOf()方法从指定位置开始向前查找匹配(区分大小写)的子字符串，返回首次出现指定子串第一个字符的位置(即最后一次出现的位置)，如果没有找到返回-1。

省略最后位置为最后一个字符，即从字符串结尾开始向前查找。

9. 比较字符串 localeCompare(string)

localeCompare()方法用本地排序规则比较两个字符串，如果当前字符串大于参数字符串，返回正数，两个字符串相等，返回 0，当前字符串小于参数字符串，返回负数。

10. 字符串转换为小写/大写字母 toLowerCase() / toUpperCase()

分别将字符串中的大写字母转换为全小写输出以及将字符串全部转换为大写输出。

11. 获取 Unicode 码组成的字符串 String.fromCharCode([code1[,code2,code3,...]])

fromCharCode()方法返回由指定 Unicode 码组成的字符串，省略参数返回空值""。
该方法为 String 类的类方法，必须用类名调用。

12. 生成页面锚点 anchor(anchorname)

anchor()方法可在页面中自动生成名字为 anchorname 的 HTML 锚点标记。
例如 str.anchor("myanchor")等价于 HTML 标记<a name="myanchor">str</a>。

13．生成页面超链接 link(url)

link()方法可在页面中自动生成为<a>超链接标记：<a href="url">str</a>

14．用指定颜色显示字符串 fontcolor(color)

fontcolor(color)方法可用指定颜色在页面中显示字符串，参数 color 必须是颜色名、#十六进制数或 rgb(255,0,0)格式。

15．用指定字号显示字符串 fontsize(size)

fontsize(size)方法可用指定字号在页面中显示字符串，参数 size 必须是数字 1~7。

16．其他方法

其他与页面显示有关的字符串方法如下：

- 用大号字显示当前字符串——big()
- 用小号字显示当前字符串——small()
- 用粗体字显示当前字符串——bold()
- 用斜体字显示当前字符串——italics()
- 用打字机固定字体显示当前字符串——fixed()
- 加删除线显示当前字符串——strike()
- 把字符串显示为上标——sup()
- 把字符串显示为下标——sub()

【例 h10-3.html】使用 String 对象。代码如下：

```
<!DOCTYPE html PUBLIC "-//W3C//DTD XHTML 1.0 Transitional//EN"
  "http://www.w3.org/TR/xhtml1/DTD/xhtml1-transitional.dtd" >
<html>
<head> <title>使用 String 对象</title> <head>
<body>
  <h2>使用 String 对象</h2>
  <script type="text/javascript" >
  var str="Visit W3School, Hello world!"
  document.write("字符串\""+str+"\"的长度是: "+str.length+ "<br />")
  document.write("第 3 个字符是: "+str.charAt(2) + "<br />")
  document.write("最后的字符是: "+str.charAt(str.length-1)+"<br />")
  document.write("Hello 开始位置: "+str.indexOf("Hello", 5) + "<br />")
  document.write("hello 最后位置: "+str.lastIndexOf("hello")+"<br />")
  document.write("World 开始位置: "+str.indexOf("World") + "<br />")
  document.write("o 在前 17 字符中的最后位置: "
    + str.lastIndexOf("o", 16) + "<br />")
  document.write("第 9~14 个字符是: "+str.substring(8, 14)+"<br />")
  document.write("从第 9 开始的字符: "+str.substring(8)+"<br />")
  document.write("倒数第 2~6 个字符: "+str.slice(-6, -1)+"<br />")
  var str1="Visit w3School, Hello world!";        //可修改内容观察比较效果
  if ( str.localeCompare(str1)>0 )
      document.write(str + " 大于 " + str1 + "<br />");
```

```
else if ( str.localeCompare(str1)<0 )
    document.write(str + " 小于 " + str1 + "<br />");
else document.write(str + " 等于 " + str1 + "<br />");
document.write("使用红色粗体: "+str.bold().fontcolor("Red") + "<br />")
document.write("设置为超链接: "+str.link("h10-2.html")+"<br />")
</script>
</body>
</html>
```

运行结果如图 10-3 所示。

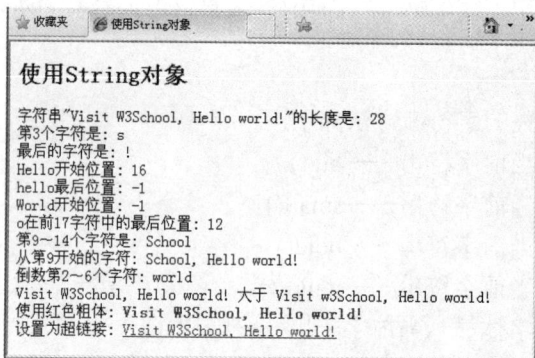

图 10-3　使用 String 对象的运行结果

17．字符串与正则表达式有关的方法

字符串与正则表达式有关的方法如下。

- search(string‖regexp)：检索与 string 或正则表达式 regexp 匹配的字符串。
- match(string‖regexp)：获取字符串中与 string 或 regexp 匹配的文本数组。
- split(string‖regexp [, howmany])：用 string 或正则表达式 regexp 作分隔符，获取从字符串中拆分出的子字符串数组。
- replace(string‖regexp, replacement)：替换与 string 或者正则表达式 regexp 相匹配的文本。

这些都是字符串非常有用的方法，因为与正则表达式有关，我们将在下一节正则表达式中介绍。

10.3　RegExp 正则表达式对象

正则表达式是由普通字符及特殊元字符组成的字符串，用于校验字符串的构成语法。

10.3.1　正则表达式的构成

1．普通字符

在正则表达式中，.(圆点或小数点) * + ? ^ $ | & { } [] ( ) 等字符是具有特定含义的特殊字符，使用这些字符本身时必须用"\"引导或使用代表它的转义字符。

正则表达式中保留了用"\"引导的转义字符：\\(反斜线字符)、\'(单引号)、\"(双引号)、\0mnn(三位八进制字符 mnn，第 1 位 m 取值 0~3)、\xhh(两位十六进制字符 hh)、\uhhhh(四位十六进制字符 hhhh)、\a(报警符 bell)、\t(跳格制表符)、\n(换行)、\r(回车)、\f(换页)。

正则表达式还增加了用"\"引导的元字符(匹配符及定位符)。

除了特殊字符以外的所有大小写字母、数字、标点符号，包括转义字符、元字符都是正则表达式中的普通字符。

2. 元字符

元字符是用于表示某一类字符的通用匹配符。

- .：圆点代表除\n 换行符以外的任何一个字符，圆点本身可用\.或\056、\u002E。
- \d：代表 0~9 中的任何一个数字字符，等价于[0-9]。
- \D：代表除 0~9 以外的任何一个非数字字符，等价于[^0-9]。
- \w：代表任何一个单词字符(字母、数字、下划线)，等价于[a-z A-Z 0-9_]。
- \W：代表任何一个非单词字符(字母、数字、下划线除外)，等价于[^\w]。
- \s：代表任何一个空格、制表、换页、换行空白字符，等价于[\t\n\v\f\r](内有空格)。
- \S：代表任何一个\s 除外的非空白字符，等价于[^\s]。

3. 定位、标识符

定位符用于表示字符串或正则表达式边界。使用这些字符本身可用"\"来引导。

- ^：在文本中表示字符串开始位置(边界)，在[]中表示不接受、不能用某些字符。
- $：表示整个字符串的结尾，在允许多行的字符串模式中也表示'\n' '\r'回车换行符。
- \b：表示字符串行内一个单词的开始位置(边界，隐含之前匹配多个空白符)。
- \B：表示非单词边界。

^与$配合可实现精确匹配，其他为模糊匹配，即只要包含指定的字符就可以，其余有多少任意字符不影响。

bucket 匹配在任意位置包含它们的字符串"...ssbucket..."、"bucketss..."、"...ssbucket"。

^bucket 匹配以 bucket 开头的字符串"bucket up..."、"bucketss..."，不匹配"...bucket..."。

bucket$匹配"...bucket"、"...ssbucket"，不能匹配"...buckets"、"...bucket ..."。

^bucket$只能匹配"bucket"。

^\t、^\s、^\\、^\. 分别表示以制表符、空白符、反斜杠、圆点开始的字符串。

- ( )：标识子表达式，用于匹配文本中的一部分或表示匹配优先级。
- |：表示在其前后两项中任选一个，即"或"运算或者"并集"运算。
- &&：表示前后两项必须同时满足，即"与"运算或者"交集"运算。
- [ ]：只匹配其中一个字符，可标识所有允许的字符集，但只能任选其一(隐式并集)。
- -：减号或负号，在[ ]内用于表示范围(包括两端字符)，如[0-3]、[a-z]，作为正常字符在[ ]之外可直接使用，也可使用"\-"。

4．贪婪限定符

贪婪(尽可能多地匹配)限定符可限定它前面的字符 X 允许出现的次数。

- X{n}：X 恰好 n 次。如 yb{3}k 只匹配"...ybbbk..."。
- X{n,}：X 至少 n 次。如 yb{3,}k 可匹配"...ybbbk..."或"...ybbbbbbbbk..."。
- X{n,m}：X 至少 n 次，最多 m 次(n<=m)，逗号前后不能有空格。

如 yo{3,5}k 只匹配"...ybbbk..."、"...ybbbbk..."与"...ybbbbbk..."。

- X?：X 零或 1 次，等价于 X {0,1}。如 yo?k 只匹配"...yk..."与"...yok..."。
- X*：X 零或多次，等价于 X {0,}。如 yo*k 可匹配"...yk..."或"...yoooook..."。
- X+：X 1 或多次，等价于 X {1,}。如 yo+k 可匹配"...yok..."或"...yooook..."。

在以上符号后面如果再加上一个?或+，其含义不变。

5．正则表达式应用示例

[abc]可匹配 abc 任一字符，而[^abc]则匹配除 abc 外的任一字符。

[a-z]表示 a~z 中任一个小写字母。

[a-zA-Z]匹配任一大小写字母。

[a-d[m-p]]匹配 a-d 或 m-p 中的任一字母，等价于[a-dm-p]。

[a-z&&[def]]匹配 a~z 中的任一字母，但必须是 def 中的任一字母，等价于[def]。

[a-z&&[^m-p]]匹配 a~z 中除了 m-p 范围的任一字母，等价于[a-lq-z]。

[0-9\.\-]匹配数字、小数点和负号中的任一字符。

[\f\r\t\n]匹配所有的空白字符(注意其中的空格)，等价于\s。

^[a-z][0-9]$匹配一个小写字母与一个数字组成的字符串，如"z2"、"t6"。

^[^0-9][0-9]$匹配一个非数字字符与一个数字组成的字符串，如"-2"、"_6"、"t6"。

[^\\\/\^]匹配除 \ / ^ 之外的任何字符。

^a$匹配"a"、^a{4}$ 匹配"aaaa"、^a{1,3}$ 匹配"a"、"aa"、"aaa"。

^a{2,}$匹配两个以上 a。

^.5$匹配除\n 外任何一个字符与数字 5 两个字符组成的字符串。

^[a-zA-Z0-9_]{1,}$或^[a-zA-Z0-9_]+$或^\w+$匹配一个以上单词字符字符串。

^\-{0,1}[0-9]{1,}$或^\-?[0-9]+$匹配正负整数，包括 1 或多个 0，可以 0 开头。

^[0]{1}|([1-9]{1}[0-9]{0.})$匹配所有非 0 开头的正整数，包括一个 0。

^[0-9]{1,}$或^[0-9]+$匹配所有正整数，包括 1 或多个 0，可以 0 开头。

^[0]{1}|([1-9]{1}[0-9]{0.})$匹配所有非 0 开头的正整数，包括一个 0。

^\-?[0-9]{0,}\.?[0-9]{0,}$或^\-?[0-9]*\.?[0-9]*$匹配所有实数，允许""单独"-"或"."。

^\-{0,1}[0-9]{1,}(\.{0,1}[0-9]{1,})?$匹配正负必须有整数，最后不能单独是"."。

(-?\d{1,2})|(-?[0-9]{1,2}\56[1-9])匹配正负 1~2 位整数或带一位非 0 小数。

^a{2,}匹配开头两个以上 a，如"aardvark..."，"aaaab..."。

\w{1,}@\w{1,}\56\w{1,}匹配 E-mail 邮箱的构成规则。即 1 个以上单词字符@1 个以上单词字符 圆点 1 个以上单词字符。

10.3.2　RegExp 正则表达式对象的创建与属性

RegExp 正则表达式对象可用于制定检索文本内容、位置、类型的规则。

1．用构造函数创建 RegExp 对象

语法格式为：

```
var patt=new RegExp("正则表达式 pattern" [, "模式 flags"]);
```

2．用正则表达式隐式创建 RegExp 对象

语法格式为：

```
var patt=/正则表达式 pattern/[模式 flags];    //正则表达式与模式都不允许加引号
```

也可直接创建无名对象使用或作为函数参数：/正则表达式 pattern/[模式 flags]。

其中参数 flags 是正则表达式对象的模式标志，取值为 g、i 或 m，可以组合使用：

- g——用于创建全局检索的正则表达式对象，以便分次循环检索所有匹配的文本，省略 g 默认非全局模式只能检索第 1 个匹配的文本。
- i——用于创建忽略大小写的正则表达式对象，省略 i 默认区分大小写。
- m——用于创建可跨多行检索的正则表达式对象，如果正则表达式中含有^、$、\n 字符，则可以匹配每行的开头和结尾，省略 m 默认为不跨行检索。

例如：/W3School$/im 为非全局、忽略大小写、可跨多行检索的正则表达式对象，可匹配字符串"…w3school"或"…W3School\nisgreat…"。

3．正则表达式对象的属性

正则表达式对象的属性如下。

- global：是否全局模式，创建对象时设置了 g 为 true，否则为 false。
- ignoreCase：是否区分大小写，创建对象时设置了 i 为 true，否则为 false。
- multiline：是否多行模式，创建对象时设置了 m 为 true，否则为 false。
- source：保存正则表达式源文本 pattern，不包括定界符/…/，也不包括标志 g、i、m。
- lastIndex：保存上次匹配文本之后第 1 个字符位置，是全局模式下次检索的起始依据。
  - ◆ lastIndex 属性保存的位置是全局对象 exec()或 test()方法检索的依据，创建对象时初始值为 0，之后由 exec()或 test()方法在找到匹配文本后自动记录，并作为下次检索的起点，循环重复调用这两个方法即可遍历字符串中所有匹配的文本。
  - ◆ 当 exec()或 test()方法再也找不到匹配文本时，自动设置 lastIndex 属性为 0。
  - ◆ lastIndex 属性是可读写的，如果在一个字符串中检索了某个子字符串之后再检索另一个新子字符串，则必须把这个属性设置为 0。

4. 正则表达式类的特殊类属性

当正则表达式对象调用 exec()方法对字符串文本检索匹配后会返回一个数组，以保存检索到的匹配信息，这些信息还同时会作为正则表达式类的特殊类属性值。

$1~$9：如果正则表达式中包含带圆括号的子表达式，则类属性$1~$9 分别保存第 1 到第 9 个圆括号子表达式所匹配的文本，如果有超过 9 个以上的匹配文本，则$1...$9 会顺序后移，只保存最后的 9 个子表达式匹配文本。

lastMatch 或$&：保存最后一次匹配的文本。

leftContext 或$`(Esc 下边的反单引号)：保存最后一次匹配文本左边的所有内容。

rightContext 或$'(单引号)：保存最后一次匹配文本右边的所有内容。

lastParen 或$+：保存最后圆括号子表达式所匹配的文本。

类属性使用时必须通过类名调用，即 RegExp.$1 ~ RegExp.$9，而 RegExp.$+则等价于 RegExp.lastParen。

> 注意：在字符串的 replace()替换方法中替换正则表达式匹配的文本时，在替换文本中必须直接使用$1 ~ $9，而不允许使用类名 RegExp 作为前缀。

10.3.3　RegExp 正则表达式对象的方法

使用 RegExp 正则表达式对象的方法可以检查字符串是否包含与 RegExp 对象匹配的文本、检索匹配的文本、重新设置 RegExp 对象。

1. 检查字符串是否包含匹配文本 test(string)

test()方法用于检测指定字符串 string 中是否包含与当前正则表达式对象匹配的文本，包含返回 true，不包含返回 false。

非全局对象调用 test()方法每次都从头开始，只检索第一次匹配的文本，不记录 lastIndex 属性。

全局对象调用 test()方法每次都从 lastIndex 属性指定的位置开始检索字符串，找到匹配文本时自动将 lastIndex 设置为匹配文本的下一个字符位置，到达字符串尾部再没有有匹配文本时将 lastIndex 设置为 0。

【例 h10-4.html】使用 test()函数检测匹配文本。代码如下：

```
<!DOCTYPE html PUBLIC "-//W3C//DTD XHTML 1.0 Transitional//EN"
  "http://www.w3.org/TR/xhtml1/DTD/xhtml1-transitional.dtd" >
<html>
  <head> <title>使用 test()函数</title> <head>
  <body>
    <h3>用 test()判断字符串是否包含匹配文本</h3>
    <script type="text/javascript">
      var str="Visit W3School, Hello world! w3-W3School";
      var patt1=new RegExp("W3", "gi")         //全局模式忽略大小写不跨行
      document.write("全局对象的 global="+patt1.global+"<br />")
      document.write("忽略大小写 ignoreCase="+patt1.ignoreCase+"<br />")
```

```
document.write("跨行检索值 multiline="+patt1.multiline+"<br />")
for (var i=1; i<100; i++)                    //非全局对象会造成死循环
  { document.write("第"+i+"次检索前位置："+patt1.lastIndex)
    if ( !patt1.test(str) ) break;
    document.write("，第"+i+"次检索后位置："+patt1.lastIndex+"<br />");
  }
document.write("<br />检索"+patt1.source+"结束后位置："
            +patt1.lastIndex+"<hr />");   //水平线
var patt2=/W3/g;                          //全局对象区分大小写不跨行
do{ document.write("检索前位置："+patt2.lastIndex);
    result=patt2.test(str);
    document.write("，检索后位置："+patt2.lastIndex+"<br />")
  } while (result)
document.write("循环结束位置："+patt2.lastIndex+"<hr />");    //水平线
var patt3=new RegExp(".3")               //非全局只检索第一次匹配的文本
document.write("检索前位置："+patt3.lastIndex+"<br />")
if ( patt1.test(str) )
    document.write("字符串中包含文本"+patt3.source+"<br />")
else document.write("字符串中不包含文本"+patt3.source+"<br />")
document.write("检索后位置："+patt3.lastIndex+"<br />")
if ( /(-\d{1,2})|(-?[0-9]{1,2}\56[0-9])/.test("-46") )
    document.write("匹配-46<br />")
if ( /(\-\d{1,2})|(-?[0-9]{1,2}\56[0-9])/.test("23") )
    document.write("匹配 23<br />")
</script>
</body>
</html>
```

运行结果如图 10-4 所示。

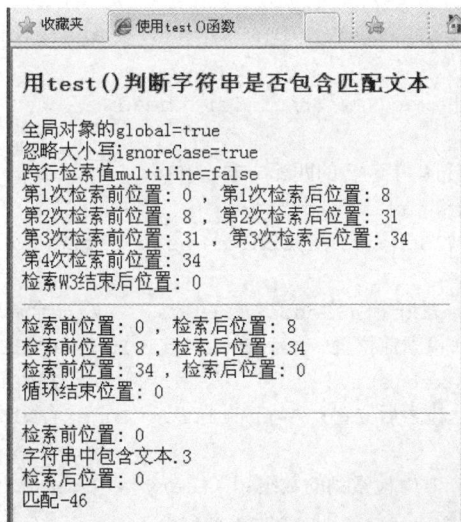

图 10-4　用 test() 判断字符串是否包含匹配文本

2. 检索匹配的文本 exec(string)

exec()方法用于检索指定字符串 string 中与正则表达式匹配的文本：

- 非全局对象调用 exec()方法，每次总是从头开始，只检索第一次匹配的文本，找到匹配文本后返回包含匹配文本信息的数组，也会将 lastIndex 设置为匹配文本下一个字符的位置，检索不到匹配的文本返回 null，lastIndex 仍保存原初始值。
- 全局对象调用 exec()方法则从 lastIndex 属性指定的位置开始检索字符串，找到匹配文本后返回包含匹配文本信息的数组，并将 lastIndex 设置为匹配文本下一个字符的位置，到达结尾没有匹配文本时返回 null，并将 lastIndex 设置为 0。
- 全局 RegExp 对象通过循环调用 exec()方法，可遍历字符串中所有匹配的文本，对每个匹配的文本都返回包含匹配信息的数组。
- 返回的匹配文本信息数组中 0 元素存放检索到的匹配字符串，其余存放子匹配信息，如果正则表达式含有带圆括号的子表达式，则从数组[1]元素开始依次存放与圆括号子表达式匹配的子字符串(与$1~$9 相同)。

例如有正则表达式：(-?\d{1,2})|(-?\d{1,2}\.56[1-9])

匹配的文本为：1~2 位的正负整数或 1~2 位的正负整数带 1 位非 0 小数。

返回数组 a 的元素为：a[0]为匹配的整个字符串，a[1]为整数字符串，a[2]为带小数的字符串。

> 注意：① 由正则表达式 exec()方法返回的数组除 length 属性外，还具有两个特殊属性：
> index——存放匹配文本第一个字符在原文本中的位置。
> input——存放被检索原字符串对象的引用。
> ② 与圆括号子表达式匹配的文本还将依次存入正则表达式的类变量$1~$9 中。

【例 h10-5.html】使用 exec()函数检索匹配的字符串。代码如下：

```
<!DOCTYPE html PUBLIC "-//W3C//DTD XHTML 1.0 Transitional//EN"
  "http://www.w3.org/TR/xhtml1/DTD/xhtml1-transitional.dtd" >
<html>
  <head> <title>使用 exec()函数</title> <head>
  <body>
<h3>用 exec()检索字符串中包含的匹配文本</h3>
<script type="text/javascript">
  var str="Visit W3School, W3School is a place to study web technology
-w3school.";
  var patt1=new RegExp("W3School");          //非全局对象
  document.write("检索前位置: "+patt1.lastIndex+"<br />")
  var arry=patt1.exec(str);                  //检索到返回数组，否则返回 null
  document.write("检索后位置: "+patt1.lastIndex+"<br />")
  if ( arry!=null )
    { document.write("检索到的数组: "+arry + "<br />");
      for (var i=0; i<arry.length; i++)      //数组只有一个元素 arry[0]
        { document.write("元素["+ i +"]: " + arry[i] + "<br />"); }
      document.write("被检索文本: " + arry.input+"<br />检索到文本\""
```

```
          + patt1.source + "\""的位置: " + arry.index+"<br />"); }
    else document.write("文本\"" + str + "\"中没有与\""
      + patt1.source + "\""匹配的内容。<br />");
    document.write("再次检索前位置: "+patt1.lastIndex+"<br />")
    var arry=patt1.exec(str);                //非全局对象第二次检索
    if ( arry!=null )
      { document.write("再次检索到文本\"" + arry[0]
        + "\"的位置: " + arry.index + "<br />");
      document.write("检索后的位置: " + patt1.lastIndex + "<br />"); }
    else document.write("中没有检索到匹配的内容。<br />");
    document.write("<hr />")         //水平线
    var patt2=new RegExp(".3.{6}", "g");         //全局对象
    while ( true )                     //非全局对象会造成死循环
      { document.write("检索前位置: " + patt2.lastIndex)
        if ( (arry=patt2.exec(str)) == null ) break;
        document.write(" ，检索后位置: "+patt2.lastIndex+"<br />")
        document.write("检索结果数组: "+arry+"<br />");
        document.write("本次检索\"" + patt2.source
          + "\"出现的位置是: " + arry.index + "<br />");
      }
    document.write("<br />全部检索结束的位置: "+patt2.lastIndex+"<br />");
  </script>
  </body>
</html>
```

运行结果如图 10-5 所示。

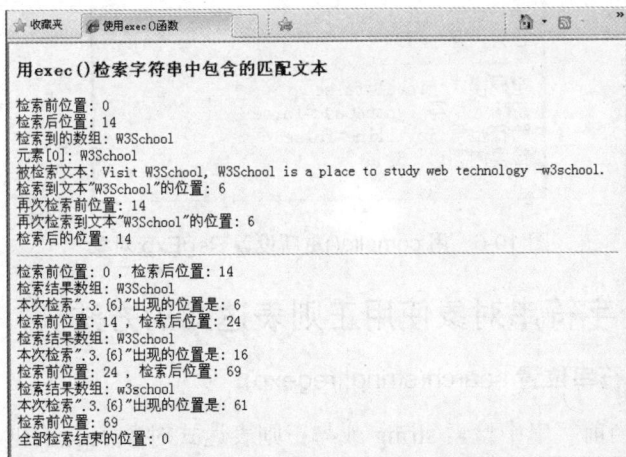

图 10-5　用 exec()检索字符串中包含的文本

3. 重新设置 RegExp 对象 compile("正则表达式 pattern" [, "模式 flags"])

compile()函数用于重新设置正则表达式对象，同时改变检索内容及模式参数。

【例 h10-6.html】使用 compile()重新设置 RegExp 对象。代码如下：

```
<!DOCTYPE html PUBLIC "-//W3C//DTD XHTML 1.0 Transitional//EN"
```

```
        "http://www.w3.org/TR/xhtml1/DTD/xhtml1-transitional.dtd" >
<html>
   <head> <title>使用 compile()函数</title> <head>
   <body>
     <h3>用 compile()重新设置 RegExp 对象</h3>
     <script type="text/javascript">
     var patt=new RegExp("W3", "gi")    //全局模式忽略大小写
     document.write("全局模式 global="+patt.global+"<br />")
     document.write("忽略大小写 ignoreCase="+patt.ignoreCase+"<br />")
     document.write("跨行检索 multiline="+patt.multiline+"<br />")
     document.write("检索内容: \""+patt.source+"\"<br /><hr />");
     patt.compile(".3.{6}");              //改变检索内容与模式——g i m 都不设置
     document.write("全局模式 global="+patt.global+"<br />")
     document.write("忽略大小写 ignoreCase="+patt.ignoreCase+"<br />")
     document.write("跨行检索 multiline="+patt.multiline+"<br />")
     document.write("检索内容: \""+patt.source+"\"<br />");
     </script>
   </body>
</html>
```

运行结果如图 10-6 所示。

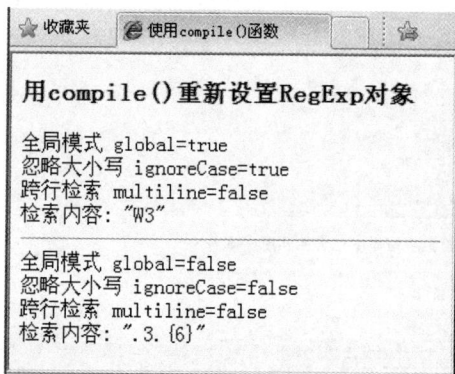

图 10-6 用 compile()重新设置 RegExp 对象

10.3.4 String 字符串对象使用正则表达式的方法

1. 查找匹配字符串位置 search(string||regexp)

search()方法在当前字串中检索 string 或与正则表达式对象 regexp 匹配的字符串，返回第 1 个匹配的子字符串的起始位置，检索不到返回-1。

参数 regexp 可以是已创建的 RegExp 对象或无名对象/pattern/[flags]。

search()函数不执行全局匹配，每次总是从字符串的开头检索第 1 个匹配的字符串。

2. 检索匹配的文本 match(string||regexp)

match()函数与正则表达式 exec()方法相似，用于检索当前字符串中与 string 子字符串或正则表达式匹配的文本，但返回的是匹配的信息数组，找不到返回 null。

- 字符串或非全局正则表达式对象作参数时，match()方法每次总是从头开始，只检索第一次匹配的文本，返回数组的 0 元素存放匹配文本，其余元素存放与 regexp 匹配的信息，数组的 index 属性存放匹配文本第 1 个字符的位置，input 属性存放被检索原字符串对象的引用。
- 全局正则表达式对象作参数时，match()方法也仅执行一次全局检索，不需要循环且只返回一个数组，但数组元素会依次存放所有匹配的文本，数组的 index 属性存放最后一个匹配文本的第 1 个字符位置，input 属性存放被检索原字符串对象的引用。

注意： 火狐浏览器执行 match()函数后返回的数组不支持 index 与 input 属性。

【例 h10-7.html】使用 search、match 函数。代码如下：

```
<!DOCTYPE html PUBLIC "-//W3C//DTD XHTML 1.0 Transitional//EN"
  "http://www.w3.org/TR/xhtml1/DTD/xhtml1-transitional.dtd" >
<html>
  <head> <title>使用 search、match 函数</title> <head>
  <body>
    <h3>使用 search、match 函数</h3>
    <script type="text/javascript">
    var str="W3School, Hello world! World. 1 plus 2 equal 3. World!"
    document.write("被检索字符串: "+str+"<br />");
    document.write("World 位置:"+str.search("World")+"<br />")
    document.write("World 位置:"+str.search(/World/)+"<br />");//区分大小写
    document.write("World 位置:"+str.search(/World/i)+"<hr />");//忽略大小写
    var arry=str.match("World");       //字符串检索
    document.write("字符串检索\"World\"的数组: "+arry+"<br />")
    for(var i=0; i<arry.length; i++)
    { document.write("元素["+ i + "]: " + arry[i] + "<br />"); }
    document.write("检索到\""+arry[0]+"\"的位置是: "+arry.index+"<hr />");
    arry=str.match(/World/i);          //非全局检索、忽略大小写
    document.write("非全局检索/World/i 的数组: "+arry+"<br />")
    for(i=0; i<arry.length; i++)
    { document.write("元素["+ i + "]: "+arry[i]+"<br />"); }
    document.write("检索到\""+arry[0]+"\"的位置是: "+arry.index+"<hr />");
    arry=str.match(/World/ig)          //全局检索、忽略大小写
    document.write("全局检索/World/ig 的数组: "+arry+"<br />")
    for(i=0; i<arry.length; i++)
    { document.write("元素["+ i + "]: "+arry[i]+"<br />"); }
    document.write("arry.index 记录的位置是: "+arry.index+"<hr />");
    arry=str.match(/\d+/g)            //全局查找数字
    document.write("全局检索/\\d+/g 的数组: "+arry+"<br />")
    </script>
  </body>
</html>
```

运行结果如图 10-7 所示。

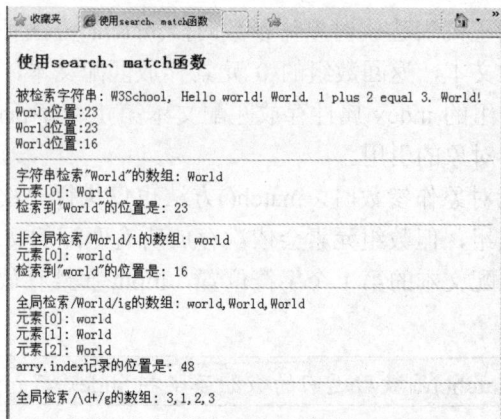

图 10-7　使用 search、match 函数

3．拆分字符串 split(string||regexp [, howmany])

split()方法用于把一个字符串按 string 字符串指定的分隔符或与正则表达式 regexp 匹配的分隔符拆分成若干个子字符串(不包括分隔符自身)，返回拆分后的子字符串数组。

若用空字符串""作分隔符，则按每个字符分隔，即每个字符都是一个子字符串元素。

howmany 参数用于指定返回数组的最大长度，省略 howmany 默认分隔整个字符串，返回包含全部子字符串的数组。

【例 h10-8.html】使用 split()函数拆分字符串。代码如下：

```
<!DOCTYPE html PUBLIC "-//W3C//DTD XHTML 1.0 Transitional//EN"
  "http://www.w3.org/TR/xhtml1/DTD/xhtml1-transitional.dtd" >
<html>
  <head> <title>使用 split()函数</title> <head>
  <body>
    <h3>使用 split()拆分文本</h3>
    <script type="text/javascript">
    var str="How are you doing today?"
    document.write("原字符串 str=\""+str+"\"<br />")
    document.write("按空串分隔: "+str.split("") + "<br />")
    document.write("按空格分隔: "+str.split(" ")+"<br />")
    document.write("正则空白符: "+str.split(/\s+/) + "<br />")
    document.write("取前 3 单词: "+str.split(" ", 3) + "<br />")
    document.write(
      "hello 按空串取前 3 个字母: " + "hello".split("", 3) + "<br />")
    document.write("2:3:4:5 按:分隔: "+"2:3:4:5".split(":") + "<br />")
    document.write("|a|b|c 按 |分隔: "
      + "|a|b|c".split("|") + "<br />");   //第一项为空
    str=".123+123.456-12*56/3.";
    document.write("数学表达式 str = \""+str+"\"<br />")
    document.write("按运算符拆分出数据: "+str.split(/[^\d\56]/)+"<br />")
    document.write("按数据拆分出运算符: "
      + str.split(/[\56]?[\d]+[\56]?[\d]*/) + "<br />")
    </script>
```

```
  </body>
</html>
```

运行结果如图 10-8 所示。

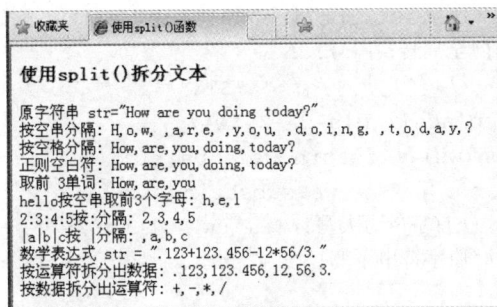

图 10-8　用 split()拆分文本

4．替换字符串文本 replace(string||regexp, replacement)

replace()方法可用 replacement 指定的文本替换当前字符串中与 string 或 regexp 正则表达式匹配的文本，返回替换后的新字符串，不改变原字符串。

- 若用字符串 string 或非全局正则表达式对象 regexp 作参数，则 replace()方法只替换第一个匹配的文本，如果使用全局对象，则可替换所有匹配的文本。
- replacement 指定替换文本，也可以是能返回文本的函数。
- 在 replacement 的替换文本中可直接使用正则表达式的类属性$1~$9，用于代表原文中与 regexp 对象 1~9 个圆括号子表达式所匹配的文本。

例如：

```
replace(/(\w+)\s*,\s*(\w+)/, "xx$2yy, $1ab")
```

其中/(\w+)\s*,\s*(\w+)/可以匹配的文本为(1 个以上单词字符) + 0 个以上空白符 + , + 0 个以上空白符 + (1 个以上单词字符)，原文本中与 2 个子表达式相匹配的文本则分别用 $1、$2 表示，假设$1 匹配 hhh、$2 匹配 aaa，则替换文本为"xx**aaa**yy, **hhh**ab"，然后再去替换与/(\w+)\s*,\s*(\w+)/匹配的文本。

【例 h10-9.html】使用 replace()函数替换、修改文本。代码如下：

```
<!DOCTYPE html PUBLIC "-//W3C//DTD XHTML 1.0 Transitional//EN"
  "http://www.w3.org/TR/xhtml1/DTD/xhtml1-transitional.dtd" >
<html>
  <head> <title>使用 replace()函数</title> <head>
  <body>
   <h3>使用 replace()替换文本</h3>
   <script type="text/javascript">
   var str="Doe, John Welcome to Microsoft. to Microsoft! JAVAscript
Tutorial. 'ab', 'xy' ";
   document.write("非全局的替换: "
     + str.replace(/Microsoft/, "W3School") + "<br />");
   document.write("全局替换结果: "
```

```
            + str.replace(/Microsoft/g, "W3School") + "<br />");
document.write("转换姓名格式: "
            + str.replace(/(\w+)\s*,\s*(\w+)/,"$2 $1") + "<br />");
document.write("确保单词正确: "
            + str.replace(/javascript/i, "JavaScript") + "<br />");
document.write("全局转换引号: "
            + str.replace(/'([^']*)'/g, "\"$1\"") + "<br />");
var uw = str.replace(/\b[a-zA-Z]\w+/g,              //匿名函数作替换文本
            function(ws) { return ws.substring(0,1).toUpperCase()
                              + ws.substring(1); });
document.write ("首字母为大写: " + uw + "<br />");
document.write("原字符串不变: " + str + "<br />");
</script>
  </body>
</html>
```

运行结果如图 10-9 所示。

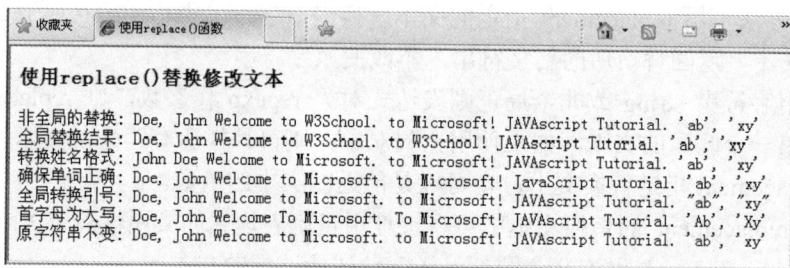

图 10-9　用 replace()替换文本

10.3.5　自定义删除字符串首尾空格的方法 trim(str)

JavaScript 的字符串对象没有提供去掉首尾空格的方法，我们可以利用 replace()方法与正则表达式对象，自己设计一个函数将首尾的空格替换为空，即可实现这个功能：

```
function trim(str)
{ return str.replace(/^[\s]*/, "").replace(/[\s]*$/g, ""); }
```

也可以在页面装载时为自己程序中的 String 类添加一个属于字符串对象自己的 trim()成员方法，这样无需单独调用独立方法，由字符串对象随时自由调用：

```
String.prototype.trim=function(){
  return this.replace(/(^\s*)|(\s*$)/g, ""); }
```

【例 h10-10.html】使用 trim()自定义函数去掉字符串首尾空格。代码如下：

```
<!DOCTYPE html PUBLIC "-//W3C//DTD XHTML 1.0 Transitional//EN"
  "http://www.w3.org/TR/xhtml1/DTD/xhtml1-transitional.dtd" >
<html>
  <head> <title>使用 trim()自定义函数去掉字符串首尾空格</title> <head>
  <body>
```

```html
<h3>用 trim()自定义函数去掉字符串首尾空格</h3>
<script type="text/javascript">
  String.prototype.trim1= function(){
    return this.replace(/(^\s*)|(\s*$)/g, ""); }
  function trim2(str) {
    return str.replace(/^[\s]*/, "").replace(/[\s]*$/g, ""); }
  var str1="Welcome  to Microsoft. JAVAscript.";
  var str2="   Welcome  to Microsoft. JAVAscript.     ";
  document.write("原字符串 str1=\""+str1+"\"<br />");
  document.write("原字符串 str2=\""+str2+"\"<br />");
  document.write("调用成员函数 str1=\""+str1.trim1()+"\"<br />");
  document.write("调用成员函数 str2=\""+str2.trim1()+"\"<br />");
  document.write("用自定义函数 str1=\""+trim2(str1)+"\"<br />");
  document.write("用自定义函数 str2=\""+trim2(str2)+"\"<br />");
</script>
  </body>
</html>
```

运行结果如图 10-10 所示。

图 10-10　用 trim()自定义函数去掉字符串首尾空格

10.4　Date 日期时间对象

使用 JavaScript 的 Date 日期时间对象，可在页面中动态地显示客户机器系统的当前日期时间。

10.4.1　Date 日期时间对象的创建

语法如下：

```
var myDate=new Date([日期时间字符串])
var myDate=new Date([year, month, day])
```

用构造方法可以创建由参数指定的日期时间对象，可以使用日期时间字符串，也可以使用年、月、日数组作参数，省略参数默认为机器系统当前的日期时间。

使用年、月、日数组作参数创建指定日期时间对象时，年份参数 year 必须是四位数，如果使用两位数，则创建的日期为 19xx 年。

日期时间对象默认的显示格式为：英文月份 日期 年份 时:分:秒

例如：July 21 1983 01:15:00

日期对象可直接进行大小比较：

```
if (myDate > today) { ... }
```

10.4.2　Date 日期时间对象的方法

Date 日期时间对象没有可直接操作的属性，全部通过方法进行操作。

1．获取日期时间的方法

默认本地日期时间，UTC 表示世界时间。获取日期时间的方法如下。

- getYear()：返回两位或四位数年份，已被 getFullYear()方法取代。
- getFullYear() / getUTCFullYear()：返回四位数年份。
- getMonth() / getUTCMonth()：返回月份(0～11)。
- getDate() / getUTCDate()：返回某天几号。
- getDay() / getUTCDay()：返回一周中的星期几(日 0～6)。
- getHours() / getUTCHours()：返回小时(0～23)，默认 24 小时制。
- getMinutes() / getUTCMinutes()：返回分钟(0～59)。
- getSeconds() / getUTCSeconds()：返回秒数(0～59)。
- getMilliseconds() / getUTCMilliseconds()：返回毫秒(0～999)。
- getTime()：返回 1970 年 1 月 1 日至当前对象的毫秒数，等价于 valueOf()。
- getTimezoneOffset()：返回本地与格林威治时间的分钟差。
- Date.parse(日期时间字符串或日期对象)：类方法，由类名调用，返回指定日期与 1970.1.1 日 00:00:00 相隔的毫秒数。
- Date.UTC(y, m, d [, h [, m [, s [, ms]]]])：类方法，由类名调用，返回指定日期距世界时间 1970.1.1 日 00:00:00 相隔的毫秒数。

2．设置日期时间的方法

设置日期时间的函数在标准化之前无返回值，标准化后都返回 1970 年 1 月 1 日 00:00:00 至所设置新日期时间的毫秒数，各函数参数都可以使用表达式。

- setYear(year)：设置两位或四位数字的年份，已被 setFullYear()方法代替。
- setFullYear(year [, month [, day]]) / setUTCFullYear(year [, month [, day]])：设置四位数字的年份 [, 0～11 月份 [, 1～31 日]]。如 myDate.setFullYear(2008, 7, 9)设置为 2008 年 8 月 9 日。
- setMonth(month [, day]) / setUTCMonth(month [, day])：设置 0~11 月份 [, 1～31 日]。
- setDate(day) / setUTCDate(day)：设置 1~31 日。例如 myDate.setDate(myDate.getDate()+105)从当前日期推迟 105 天数，自动改变月份年份。
- setHours(hour[, min[, sec[, millisec]]]) / setUTCHours(hour[, min[, sec[, millisec]]])：设置 0～23 小时 [, 0～59 分钟 [, 0～59 秒 [, 0～999 毫秒值]]]。如果参数为一位

数字，JavaScript 会在结果中自动加 1 或 2 个前置 0。

- setMinutes(min[, sec[, millisec]]) / setUTCMinutes(min[, sec[, millisec]])：设置 0～59 分钟 [, 0～59 秒 [, 0～999 毫秒值]]。
- setSeconds(sec[, millisec]) / setUTCSeconds(sec[, millisec])：设置 0～59 秒 [, 0～999 毫秒值]。
- setMilliseconds(millisec) / setUTCMilliseconds(millisec)：设置 0～999 毫秒值。
- setTime(millisec)：根据 1970 年 1 月 1 日 00:00:00 向后(负数向前)的毫秒数，设置日期时间。

3．显示日期时间的方法

显示日期时间的方法如下。

- valueOf()：返回 1970 年 1 月 1 日至当前对象的毫秒数，等价于 getTime()。
- toString()：返回 Date 对象默认格式的字符串，可只用对象名，省略 toString()。
- toDateString()：返回 Date 对象的日期部分字符串。
- toTimeString()：返回 Date 对象的时间部分字符串，默认 24 小时制。
- toUTCString()：返回 Date 对象的世界时间字符串。
- toGMTString()：返回 Date 格林威治字符串，用 toUTCString()取代。
- toLocaleString()：返回本地格式的日期、时间字符串，时间默认 24 小时制。
- toLocaleDateString()：返回本地格式的日期部分字符串。IE 6.0 SP3 浏览器自动带有星期几，而 IE 6.0 SP2 及其他 IE 或火狐浏览器都不带星期。
- toLocaleTimeString()：返回本地格式的时间部分字符串，默认 24 小时制。

【例 h10-11.html】显示默认日期时间。代码如下：

```
<!DOCTYPE html PUBLIC "-//W3C//DTD XHTML 1.0 Transitional//EN"
  "http://www.w3.org/TR/xhtml1/DTD/xhtml1-transitional.dtd" >
<html>
  <head> <title>使用日期时间对象</title> <head>
  <body>
    <h3>使用日期时间对象</h3>
    <script type="text/javascript">
    var d=new Date();
    document.write("机器当前日期时间: "+d.toString()+"<br />")
    document.write("当前日期: "+d.toDateString() + "<br />")
    document.write("当前时间: "+d.toTimeString() + "<br />")
    document.write("当前世界日期: "+d.toUTCString()+"<br />")
    document.write("本地日期时间: "+d.toLocaleString()+"<br />")
    document.write("本地日期: "+d.toLocaleDateString()+"<br />")
    document.write("本地时间: "+d.toLocaleTimeString()+"<br />")
    document.write("本地与格林威治分钟差: "+d.getTimezoneOffset()+"<br />")
    document.write("1970.1.1 至今毫秒数: "+d.getTime()+"<br />")
    d.setDate(d.getDate()+105)        //当前日期后移 105 天
    document.write("后移 105 天本地日期: "+d.toLocaleDateString()+"<br />")
    d.setMonth(d.getMonth()+5)        //后移 105 天的当前日期再后移 5 个月
```

```
document.write("再后移 5 个月本地日期: "+d.toLocaleDateString()+"<br />")
d.setFullYear(1957, 2, 7)
var m=new Date()
document.write("1957.3.7 距今天相差: "
  + ((m.getTime()-d.getTime())/(24*60*60*1000) ) + "天<br />")
</script>
  </body>
</html>
```

运行结果如图 10-11 所示。

图 10-11　显示默认日期时间

【例 h10-12.html】综合运用日期时间。

通过<h3>标记显示几种不同日期时间与问候，并通过<span>显示不同国家地区的时间，用户通过单选按钮可以选择按 24 或 12 小时制显示时间，还可通过<span>显示倒计时天数。

其中<span>标记的 class 属性不是设置样式，而是计时标志以区别于其他的<span>。

(1) 创建 h10-12.html 页面文档：

```
<!DOCTYPE html PUBLIC "-//W3C//DTD XHTML 1.0 Transitional//EN"
  "http://www.w3.org/TR/xhtml1/DTD/xhtml1-transitional.dtd" >
<html>
  <head>
      <title>动态显示问候</title>
      <script type="text/javascript" src="j10-12.js"></script>
  </head>
  <body>
    <h3 id="showDT">按选定格式显示日期</h3>
    <h3>今天是<span id="biaoti">星期儿, 汉字月份日子</span>日。</h3>
    <h3 id="work">提示工作日或周末</h2>
    <h3 id="hello">根据时间打招呼</h2>
    是否显示 24 小时时间:
    <input type="radio" name="milTime" id="time24" checked="checked" />是
      <input type="radio" name="milTime" />否
    <ul><li>北京时间: <span class="tz+0"> </span></li>
```

```
    <li>伦敦时间: <span class="tz-8"> </span></li>
    <li>纽约时间: <span class="tz-13"> </span></li>
  </ul>
  <p>到国庆节还有<span class="daysTill" id="nday">倒计时</span>天。</p>
  <p>距离春节还有<span class="daysTill" id="sday">倒计时</span>天。</p>
 </body>
</html>
```

(2) 在同一目录下创建外部脚本文件 j10-12.js:

```
var allTags;                     //所有 span 标记对象数组
var bool=true;                   //整点时间时调用初始化函数, 避免再次启动循环计时
onunload=function() {};
onload=initDate;
function initDate()              //页面装载初始化函数
{var weekName=["星期日","星期一","星期二","星期三","星期四","星期五","星期六"];
  var monName=["一月", "二月", "三月", "四月", "五月", "六月", "七月", "八月",
    "九月", "十月", "十一月", "十二月"];
  var date=new Date();
  var week=date.getDay();
  //var dtstr=date.getFullYear() + "年" + (date.getMonth()+1)
  // + "月" + date.getDate() + "日 " + day[week]];   //不同浏览器的通用方法
  var dtstr=date.toLocaleDateString();        //IE 6.0 SP3 已包含了星期几
  if (dtstr.length<13 ) dtstr+=" "+weekName[week];   //不包含时增加星期几
  document.getElementById("showDT").firstChild.nodeValue=dtstr;
  dtstr=weekName[week]+", "+monName[date.getMonth()]+date.getDate();
  document.getElementById("biaoti").firstChild.nodeValue=dtstr;
  if ( week>0 && week<6 ) { dtstr="今天是工作日, 祝工作愉快!!"; }
  else { dtstr="恭喜, 祝你度过一个愉快的周末!!"; }
  document.getElementById("work").firstChild.nodeValue=dtstr;
  var hour=date.getHours();
  if ( hour>=23 && hour<5) dtstr="注意身体, 早点休息～～～～～";
  else if ( hour<9 ) dtstr="早安!";
  else if ( hour<17 && week>0 && week<6 ) dtstr="工作时间玩游戏, 小心挨罚";
  else if ( hour<17 ) dtstr="周末出去走走吧～～";
  else dtstr="晚上好! ";
  document.getElementById("hello").firstChild.nodeValue=dtstr;
  allTags=document.getElementsByTagName("span");   //获取所有 span 标记数组
  if (bool) { showDateTime(); bool=false; } //避免刷新页面再次启动循环计时函数
}
function showDateTime()          //循环递归调用的计时函数
{ var date=new Date();
  for (var i=0; i<allTags.length; i++)             //对所有 span 标记循环
    { if ( allTags[i].className
      .indexOf("daysTill")>-1 )        //class 属性包含"daysTill"
       allTags[i].firstChild.nodeValue=
         showDaysTill( allTags[i].id );  //倒计时天数
     else if (allTags[i].className.indexOf("tz")==0) //class 属性开头是"tz"
```

```
        showTime( allTags[i],
          allTags[i].className.substring(2) );      //不同地区时间
    }
  if (date.getMinutes()==0 && date.getSeconds()==0 )
    { initDate(); }                    //整点时间时调用一次初始化函数，相当于刷新页面
  setTimeout(showDateTime, 1000);                    //每1秒循环递归调用自己
  //以下是showDateTime()函数的内部函数，内部函数可直接使用外部函数的变量
  function showDaysTill( thisID )      //内部函数，返回倒计时的天数
  { if ( thisID=="nday") return daysTill(10, 1);
    if (thisID=="sday") return daysTill(1, 23);              //2012年春节
  }
  function daysTill(mm, dd)            //计算倒计时的天数
  {var inDate=new Date(date.getFullYear(),mm-1,dd); //创建指定节日日期对象
    if ( inDate<date )
       inDate.setFullYear(date.getFullYear()+1);   //节日已过去,加1年
    return Math.ceil((
       inDate.getTime()-date.getTime()) /(1000*60*60*24) );   //返回天数
  }
  function showTime(thisTag, tzTime)   //内部函数，显示不同国家地区的时间
  { var tzDate=new Date();                       //机器当前日期时间
    tzDate.setHours(
       tzDate.getHours()+parseInt(tzTime)); //根据class时差设置小时
    var hour=tzDate.getHours(), min=tzDate.getMinutes(),
       sec=tzDate.getSeconds();
    var str= showHours(hour)+showZero(min)+showZero(sec) +showAm(hour);
    thisTag.firstChild.nodeValue=str;
  }
  function showHours(theHour)      //设置24或12小时制
  { if (theHour<10) return " "+theHour;
    if (theHour<13) return theHour;
    return ( militaryTime() )? theHour : ( (theHour<22) ? " "
      + (theHour-12) : theHour-12 );
  }
  function showZero(inValue)       //分秒数不足两位数时补0
  { return (inValue<10) ? ":0"+inValue : ":"+inValue; }
  function showAm(theHour)         //12小时制显示上午AM下午PM标志
  { if ( militaryTime() ) return "";
    if ( theHour<12 ) return " AM"; else return " PM";
  }
  function militaryTime()          //获取用户是否选择24小时制
  {
    return (document.getElementById("time24").checked);
  }
}
```

运行结果如图10-12和10-13所示。

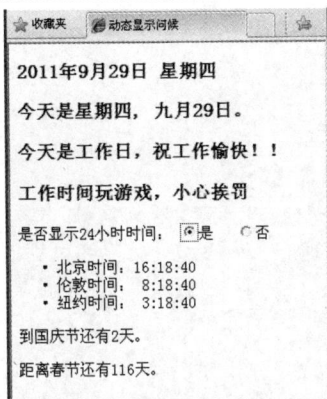

图 10-12　用 24 小时制显示时间

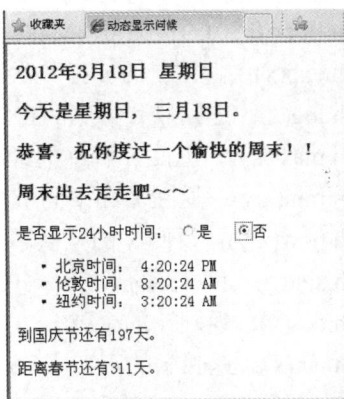

图 10-13　用 12 小时制显示时间

10.5　Math 类与 Boolean、Number 对象

10.5.1　Math 数学函数类

JavaScript 中设置了 Math 数学函数类，提供了常用的常量和方法，但都是类常量与类方法，所以 Math 类不需要创建对象，直接通过类名即可使用类常量、调用类方法。

1. Math 类的类常量属性

Math 类的类常量属性如下。

- Math.E：常量 e，自然对数的底数，约等于 2.71828。
- Math.PI：圆周率，约等于 3.1415926。
- Math.SQRT2：2 的平方根，约等于 1.414。
- Math.SQRT1_2：1/2 的平方根，约等于 0.707。
- Math.LN2：2 的自然对数，约等于 0.693。
- Math.LN10：10 的自然对数，约等于 2.302。
- Math.LOG2E：以 2 为底 e 的对数，约等于 1.414。
- Math.LOG10E：以 10 为底 e 的对数，约等于 0.434。

2. Math 类的数学类方法

Math 类提供的数学函数都是类方法，必须用 Math 类名调用。

- Math.sqrt(x)：返回 x 的平方根。
- Math.abs(x)：返回 x 的绝对值。
- Math.random()：返回 0~1 之间的随机数。例如 Math.floor(Math.random()*11); 可得到 0~10 范围内的随机整数。
- Math.round(x)：把 x 四舍五入为最接近的整数，如 Math.round(4.7)的值为 5。
- Math.ceil(x)：对 x 进行上舍入(强制进位)，返回大于等于 x 最接近的整数。例如 Math.ceil(0.30)的值为 1，Math.ceil(-5.9)的值为-5。
- Math.floor(x)：对 x 进行下舍入(强制截断)，返回小于等于 x 最接近的整数。例如

Math.floor(0.80)的值为 0，Math.floor(-5.1)的值为-6。

- Math.exp(x)：返回 e 的 x 指数次方。
- Math.log(x)：返回以 e 为底的自然对数。
- Math.max(x,y)：返回 x 和 y 的最大值。
- Math.min(x,y)：返回 x 和 y 的最小值。
- Math.pow(x,y)：返回 x 的 y 次幂。
- Math.sin(x)：返回 x 的正弦——单位弧度。
- Math.cos(x)：返回 x 的余弦。
- Math.tan(x)：返回 x 的正切。
- Math.asin(x)：返回 x 的反正弦值。
- Math.acos(x)：返回 x 的反余弦值。
- Math.atan(x)：返回 x 的反正切值，介于-PI/2 与 PI/2 之间的弧度值。
- Math.atan2(y,x)：返回从 x 轴到点(x,y)的角度，介于-PI/2 与 PI/2 的弧度。

10.5.2　Boolean 对象

boolean 是 JavaScript 的一种基本数据类型，Boolean 对象是 boolean 值的包装对象，可以把布尔值打包成对象以便添加操作方法，也可以将非逻辑值转换为逻辑值 true 或 false。

1．创建 Boolean 对象

创建 Boolean 对象的语法格式为：

```
var myBoolean = new Boolean([表达式])
```

省略表达式或取值为 0、-0、null、""、false、undefined、NaN，则创建值为 false 的对象，否则(包括用字符串"false"作参数)创建值为 true 的对象。

2．Boolean 对象的属性

Boolean 对象的属性如下。

- constructor：对创建此对象的构造函数的引用。
- prototype：用于给对象添加新的属性和方法。

这是所有 JavaScript 内置对象都具有的属性。

3．Boolean 对象的方法

Boolean 对象的方法如下。

- valueOf()：返回对象的原始布尔值。
- toString()：返回对象逻辑值字符串，可以省略而只用对象名。
- toSource()：返回对象的源代码，有的浏览器可能不支持。

10.5.3　Number 对象

JavaScript 没有 integer、short、long 及 double 数值类型，只有 64 位的浮点数表示任意数值数据，最大值为 1.7976931348623157e+308，最小值为-5e-324。

Number 是基本数据值的包装对象，必要时对象与数值可自动转换，通过对象可以添加操作方法对数据进行处理。

1．创建 Number 对象

创建 Number 对象的语句如下：

```
var myNumber = new Number(表达式或数字字符串);
```

2．Number 对象的属性

Number 对象的属性如下。

- constructor：对创建此对象的构造函数的引用。
- prototype：用于给对象添加新的属性和方法。

3．Number 对象的方法

Number 对象的方法如下。

- valueOf()：返回对象包装的数值。
- toString([radix])：把对象包装的数值转换为指定基数的字符串。radix 取值为整数 2~36，省略默认基数 10，此时可省略函数，只使用对象名。
- toLocaleString()：把对象包装的数字转换为本地格式字符串。本地格式可能会影响小数点或千分位分隔符采用的标点符号。
- toFixed([num])：把对象转换为四舍五入保留 num 位小数的字符串。num 指定保留小数的位数，取值为 0~20 位，省略参数默认取整数。
- toExponential([num])：转换为保留 num 位小数的指数字符串。num 指定保留小数的位数，取值为 0~20 位，省略参数则使用尽可能多的数字。
- toPrecision([num])：转换为保留 num 位有效数字的指数或定点字符串。num 为结果的有效位数，如果足够则返回定点数，否则采用指数，省略参数相当于调用 toString()。

【例 h10-13.html】使用 Number 对象。代码如下：

```
<!DOCTYPE html PUBLIC "-//W3C//DTD XHTML 1.0 Transitional//EN"
  "http://www.w3.org/TR/xhtml1/DTD/xhtml1-transitional.dtd" >
<html>
  <head> <title>使用 Number 对象</title> <head>
  <body>
    <h3>使用 Number 对象</h3>
    <script type="text/javascript">
    var num=new Number(10337.4567);
    document.write("num.valueOf()="+num.valueOf() + "<br />")
    document.write("num.toString()="+num.toString() + "<br />")
    document.write("num.toString(2)="+num.toString(2) + "<br />")
    document.write("num.toString(16)="+num.toString(16) + "<br />")
    document.write("num.toFixed()="+num.toFixed() + "<br />")
    document.write("num.toFixed(2)="+num.toFixed(2) + "<br />")
    document.write("num.toExponential()="+num.toExponential() + "<br />")
```

```
document.write(
    "num.toExponential(3)=" + num.toExponential(3) + "<br />")
document.write(
    "num.toExponential(8)=" + num.toExponential(8) + "<br />")
document.write("num.toPrecision()="+num.toPrecision() + "<br />")
document.write("num.toPrecision(3)="+num.toPrecision(3) + "<br />")
document.write("num.toPrecision(8)="+num.toPrecision(8) + "<br />")
    </script>
  </body>
</html>
```

运行结果如图 10-14 所示。

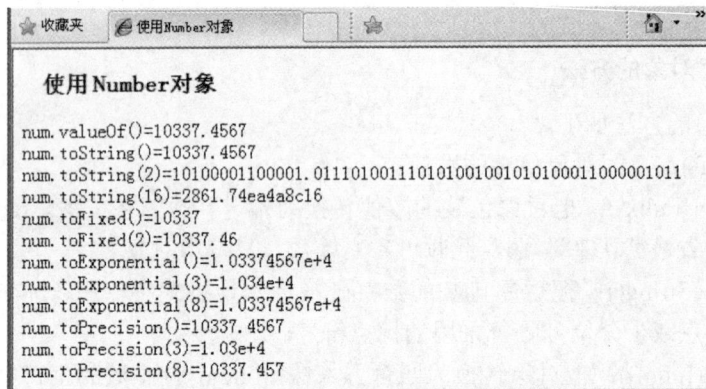

图 10-14　使用 Number 对象的运行结果

10.6　document 文档对象

document 对象也是浏览器窗口对象 window 的子对象属性，可直接使用。

HTML DOM 是 W3C 规范中的 HTML 文档对象模型(Document Object Model for HTML)，定义了访问和操作 HTML 文档的标准方法，可被 Java、JavaScript 和 VBscript 等任何编程语言使用。

HTML 文档为树形结构，也称为文档树。而 DOM 把 HTML 文档进一步细化为带有标记元素、属性和文本节点的节点树，起始于文档根节点，每个标记元素、标记的属性、标记中的文本都是树中的一个 Node 节点，每一个节点都是一个对象。

document 对象代表了整个 HTML 文档页面的根节点对象，是所有节点对象的父对象，可用于访问整个页面的所有元素。

- 整个 HTML 文档是一个文档节点对象，即 document 对象。
- 每个 HTML 标记都是元素节点对象。
- 每个 HTML 标记的属性都是元素的属性节点对象。
- 每个 HTML 标记中的文本是元素的文本节点对象。
- 每个 HTML 注释都是注释节点对象。

除文档根节点 document 对象外，每个节点都有父节点，大部分元素还会有子节点，如<p>、<div>、<span>节点对象可包含属性节点、文本节点及其他子标记节点等子对象。

通过 DOM 对象可以访问页面中的所有 HTML 标记元素以及它们所包含的属性及文本，可以创建删除标记元素，也可以对元素内容进行修改和删除。

10.6.1　document 对象的属性与 cookie

1．document 对象的属性

document 对象的属性如下。

- body：<body>元素，使用框架集时则表示为最外层的<frameset>。
- title：当前文档的标题，即<title>元素内的文本。
- URL：当前文档的 URL，等价于 location.href 属性。
- domain：当前文档的服务器域名地址。
- referrer：由超链接载入当前文档的前文档 URL，非超链接载入的文档值为 null。
- lastModified：当前文档最后的修改日期，来源于 HTTP Last-Modified 头。
- cookie：当前文档存储在用户机器上的标志字符串文件，用于跟踪用户。

【例 h10-14.html】查看 document 属性，设置虚拟网站 abc 运行该文档。代码如下：

```
<!DOCTYPE html PUBLIC "-//W3C//DTD XHTML 1.0 Transitional//EN"
  "http://www.w3.org/TR/xhtml1/DTD/xhtml1-transitional.dtd" >
<html>
  <head> <title>查看 document 属性</title> </head>
  <body>
    <h3>查看 document 属性</h3>
    <script type="text/javascript">
      document.write("本文档的标题是： "+document.title+"<br />")
      document.write("本文档的 URL 是： "+document.URL+"<br />")
      document.write("本文档的域名是： "+document.domain+"<br />")
      document.write("载入本文档的 URL： "+document.referrer+"<br />")
      document.write("最后被修改日期： "+document.lastModified+"<br />")
    </script>
  </body>
</html>
```

运行结果如图 10-15 和 10-16 所示。

图 10-15　直接查看 document 属性　　　图 10-16　通过超链接查看 document 属性

【h10-15.html】链接 h10-14.html 页面，单击超链接后运行结果如图 10-15 所示。代码如下：

```
<!DOCTYPE html PUBLIC "-//W3C//DTD XHTML 1.0 Transitional//EN"
  "http://www.w3.org/TR/xhtml1/DTD/xhtml1-transitional.dtd" >
<html>
  <head> <title>链接 h10-14.html 页面</title> </head>
  <body> <a href="h10-14.html"> 链接 h10-14.html 页面</a> </body>
</html>
```

2. 关于 cookie

cookie 是由 document 自动保存在用户机器硬盘上的一个简单文本文件，其中包含了当前文档及其所在的服务器地址，当保存有 cookie 文件的用户计算机再次向该服务器请求这个页面时，浏览器会自动发送这个 cookie。若用户禁止了 cookie，则设置的 cookie 无效。

cookie 文件由 document 对象自动读写，其内容必须是键值对的特定格式：

"**键名=键值**; **expires**=date;[**path**=url; **domain**=服务器域名]"

设置自定义 cookie 值"键名=键值"时，一个语句一次只能设置一项，可用多个语句多次设置多项，但每次每项的设置中必须最少包含一项 expires，系统保存时各项之间自动用分号带一个空格隔开(书写时可省略空格)，键名相同时则用新值替换原值。

系统默认的键名 expires 可设置过期日期(超过设置日期浏览器会自动删除这个 cookie)、path 保存当前文档 url、domain 保存服务器域名，但这些数据都是不可读取的。

【例 h10-16.html】对首次访问的用户要求输入姓名并存储在 cookie 中键名为 name，cookie 有效期设置为从最后一次访问起 6 个月，有效期内再次访问时直接显示欢迎消息。

运行时若向后调整机器时间超过 6 个月，则 cookie 失效，必须重新输入姓名创建新 cookie。反复调试时注意在浏览器中删除已设置的 cookie。

(1) 创建 h10-16.html 页面文档：

```
<!DOCTYPE html PUBLIC "-//W3C//DTD XHTML 1.0 Transitional//EN"
  "http://www.w3.org/TR/xhtml1/DTD/xhtml1-transitional.dtd" >
<html>
  <head> <title>使用 cookie</title>
   <script type="text/javascript" src="j10-16.js" > </script>
   <style type=text/css> #hidden { display:none; }/* 默认不可见 */</style>
  </head>
  <body>
    <h3 id="welcome">欢迎您来到本网站！</h3>
    <div id="hidden">欢迎首次访问,请输入您的用户名: <br />
       <input id="name" /><input type="button" id="but"
         value="提交"/></div>
    <script type="text/javascript">
      document.write("本文档相关的 cookie: "+document.cookie+"<br />")
    </script>
  </body>
</html>
```

(2)　在同一目录下创建外部脚本文件 j10-16.js：

```
onunload=function() {};
onload=checkCookie;
function checkCookie()
{ var name=getCookie("name");   //调用函数 getCookie() 获取指定键名的 cookie 值
  if (name && name!="") { setCookie(name); return; } //cookie 存在，重新设置
  document.getElementById("hidden").style.display="block";   //div 标记可见
  document.getElementById("name").focus();            //文本框获得焦点
  document.getElementById("but").onclick=getName;        //提交按钮单击事件
}
function getName()           //按钮单击事件，获取用户名(模拟注册)设置 cookie
{ var text=document.getElementById("name");
  var name=text.value;
  if ( name==null || name=="" )
    { alert("用户名不能为空，请重新输入"); text.focus(); }      //文本框获得焦点
  else {
    document.getElementById("hidden").style.display="none";//div 标记不可见
        setCookie(name); }                    //设置 cookie
}
function setCookie(name)        //对姓名编码设置保存新 cookie
{ var date=new Date();
  date.setMonth(date.getMonth()+6);      //设置过期日期 6 个月
  document.cookie="name="+encodeURI(name)+";expires="+date.toGMTString();
  var str=document.getElementById("welcome").firstChild.nodeValue;
  document.getElementById("welcome").firstChild.nodeValue =
    name + ": 您好! " + str;
}
function getCookie(keyName)     //获取指定键名的 cookie 值
{ if ( document.cookie==null || document.cookie=="" )
    return "";   //cookie 不存在返回""
  var cookieList=document.cookie.split("; ");//拆分 cookie 字符串，必须有空格
  for (var i=0; i<cookieList.length; i++)
    { var key=cookieList[i].split("=");           //拆分键值对
      if ( key[0]==keyName ) { return decodeURI(key[1]); }   //解码返回键值
    }
  return "";                        //没有指定的键名项返回""
}
```

运行结果如图 10-17 和 10-18 所示。

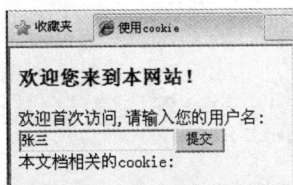

图 10-17　第一次运行页面

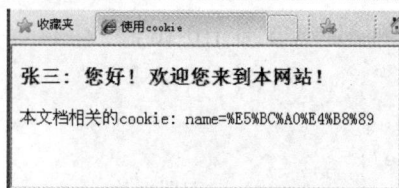

图 10-18　刷新或重新打开页面

【例 h10-17.html】设置多项 cookie 值，包括过期时间 1 年、用户有效期内的访问次数、可使用的上次访问时间，利用上次访问时间可计算距上次访问的天数。

在每本图书<p>标记的 id 属性中包含了出版日期，对上次访问之后增加的新书会自动在书名之前用背景图片显示新书标志。

(1)　创建 h10-17.html 页面文档。代码如下：

```
<!DOCTYPE html PUBLIC "-//W3C//DTD XHTML 1.0 Transitional//EN"
  "http://www.w3.org/TR/xhtml1/DTD/xhtml1-transitional.dtd" >
<html>
  <head> <title>设置多项 cookie</title>
    <script type="text/javascript" src="j10-17.js" ></script>
    <style type="text/css">
      .newImg { padding-left:35px;      /*增加左侧内边距显示背景新书图像*/
      background-image:url(img/new.gif); background-repeat: no-repeat; }
    </style>
  </head>
  <body>
    <p id="welcome">欢迎光临</p>
    <p>请查看本站最新书籍: </p>
    <p id="New-2011122101"> <a href="#">JavaScript 快速入门(第 6 版)</a></p>
    <p id="New-2012050801"> <a href="#">Dreamweaver8 操作指南</a> </p>
  </body>
</html>
```

(2)　在同一目录下创建外部脚本文件 j10-17.js：

```
onunload=function() {};
onload=checkCookie;
function checkCookie()
{ var visitNum=1, days, today=new Date();
  var lastday=new Date(0, 0, 1);        //用户上次访问日期，新用户默认日期
  var visitDate=getCookie("date");      //调用 getCookie()函数获取上次访问时间
  if ( visitDate!=null && visitDate!="" )    //cookie 存在
    { lastday=new Date(visitDate);           //创建上次访问日期对象，计算相隔天数
      days=Math.floor(
        (today.getTime()-lastday.getTime())/(24*60*60*1000) );
      visitNum=parseInt( getCookie("num") )+1;     //获取用户访问次数
    }
  var str="欢迎您第"+visitNum+"次光临本网站。";
  if (visitNum>1) str+="您上次访问已经"+days+"天了。";
```

```
document.getElementById("welcome").firstChild.nodeValue=str;
var allTagP=document.getElementsByTagName("p");    //获取所有<p>标记数组
for (var i=0; i<allTagP.length; i++)
  { var p=allTagP[i];
    if (p.id.indexOf("New-") != -1)                //检索 id 包含"New-"的<p>标记
     { var dateStr=p.id.substring(4);              //取 id 中包含的日期子字符串
      var y=parseInt(dateStr.substring(0, 4));     //取年份
      var m=parseInt(dateStr.substring(4,6),10);   //取月份，必须指定十进制
      var d=parseInt(dateStr.substring(6,8),10);   //取日子，必须指定十进制
      var bookDate=new Date(y, m-1, d);            //创建出版日期对象
      if ( bookDate>lastday )         //上次访问后的新图书添加样式显示新书标志
        { p.className=(p.className==null || p.className=="")?
            "newImg" : p.className + " newImg";    //没有样式则添加，已有附加
        }                                   //附加样式前必须有空格
     }
    }
  var expire=new Date();                         //创建过期时间，重新设置 cookie
  expire.setFullYear(today.getFullYear()+1);     //有效期 1 年
  document.cookie="num="+visitNum+";expires="+expire.toGMTString();
  document.cookie = "date=" + today.toGMTString()
     + ";expires=" + expire.toGMTString();
}
function getCookie(keyName)                    //获取指定键名的 cookie 值
{ if (document.cookie==null || document.cookie=="" ) return "";
 var cookieList=document.cookie.split("; ");    //必须有空格
 for (var i=0; i<cookieList.length; i++)
   { var key=cookieList[i].split("=");
     if ( key[0]==keyName ) { return key[1]; } }
 return "";
}
```

只要上次访问是在 2011 年 12 月 21 日之前，再次运行页面的结果如图 10-19 所示，在 2012 年 5 月 8 日之前的再次访问(可调整机器时间刷新页面)运行结果如图 10-20 所示。

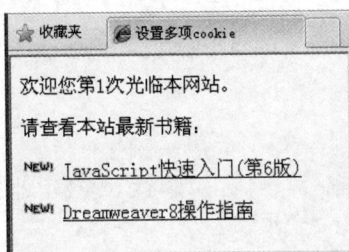

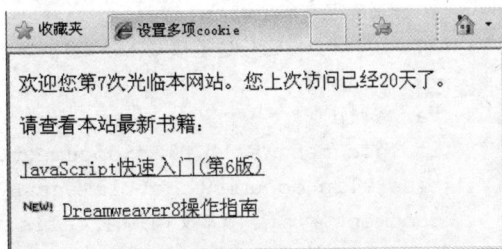

图 10-19　第一次或上次在 2011.12.21 前　　图 10-20　上次访问在 2011.12.21 后 2012.5.8 前

10.6.2　document 对象的集合属性

document 对象的集合属性如下。

- forms[]：文档中所有<form>元素的数组。
- images[]：文档中所有<img>元素的数组。
- links[]：文档中所有<a>超链接、<area>图像映射和<link>元素的数组。
- anchors[]：文档中所有<a name||id="锚点">锚点的数组，对 IE 浏览器，也包括超链接<a>。
- all[] | layers[]：文档中所有 html 元素的数组集合(按文档顺序)。在 IE 浏览器中使用 all[]，而在 Netscape 中使用 layers[]。

建议使用 document.getElementsByTagName("*");方法获取全部元素。

一般常使用 if(document.all)，根据 document.all 是否存在判断是否是 IE 浏览器。

获取集合中某个标记元素对象的方法(下标从 0 开始)如下。

- 根据元素位置获取第 i 个元素：document.all[i-1]
- 根据元素 name 或 id 属性值获取指定元素：document.all[name||id]
- 根据标记名称获取数组中同名元素的子数组：document.all.tags[tagname]

> 注意：① 在 links 数组中获取第 i 个元素时，IE 浏览器也可以使用 document.links.item(i-1)；但火狐浏览器不支持 item(i-1)，应尽量统一使用 document.links[i-1]。
> ② Document 的集合属性为 0 级 DOM 所提供(目前为 2 级 DOM)，目前已被 getElementById()、getElementsByName()和 getElementsByTagName()方法所取代，但仍可以使用。

【例 h10-18.html】使用 document 集合属性。代码如下：

```
<!DOCTYPE html PUBLIC "-//W3C//DTD XHTML 1.0 Transitional//EN"
  "http://www.w3.org/TR/xhtml1/DTD/xhtml1-transitional.dtd" >
<html> <head> <title>使用 document 集合属性</title> </head>
  <body>
    <h3>使用 document 集合属性</h3>
    <form id="Form1" name="Form1">您的姓名：<input type="text" /> </form>
    <a name="first">第一个锚</a>
    <img src="img/p10-1.jpg" /> <img src="img/p10-2.jpg" /> <br />
    <form id="Form2" name="Form2">您的汽车：<input type="text" /> </form>
    <form name="Form3"> </form>
    <a href="#" >这是超链接</a> <a name="second">第二个锚</a> <hr />
    <script type="text/javascript">
      var alls;
      if (document.all) alls=document.all;              //IE 浏览器
      else alls=document.getElementsByTagName("*"); //非 IE 浏览器，也适用 IE
      document.write("本文档共有"+alls.length+"个元素：")
      for (i=0; i<alls.length; i++)
        document.write(alls[i].tagName+", ");              //或 nodeName
      document.write("<br />")
      document.write("本文档包含"+document.forms.length+"个表单，")
      document.write("第一个表单名称是："
        + document.getElementById("Form1").name)
      document.write("，第二个表单名称是："+document.forms[1].name+"<br />")
```

```
      document.write("本文档包含"+document.anchors.length+"个锚点，")
      document.write("第一个锚的文本： "
        + document.anchors[0].firstChild.nodeValue)
      document.write("，第二个锚的文本： "
        + document.anchors[1].innerHTML + "<br />")
      document.write("本文档包含"+document.links.length + "个超链接，")
      document.write("链接页面是： "+document.links[0].href + "<br />")
      document.write("本文档包含"+document.images.length + "幅图像。<br />")
    </script>
  </body>
</html>
```

运行结果如图 10-21 所示。

图 10-21　使用 document 集合属性

10.6.3　document 对象的方法

document 对象的方法如下。

- getElementById("id")：获取指定 id 的元素对象(如有多个只取第一个)。
- getElementsByName("name")：获取指定 name 属性名称的元素对象集合数组。
- getElementsByTagName("tagname")：获取指定标记名的对象集合数组。标记名不区分大小写，获取第 i 个<p>元素：document.getElementsByTagName("p")[i-1]。用 getElementsByTagName("*");可获取文档所有元素，相当于 all 或 layers 集合。
- createElement("标记名")：创建返回新标记节点对象。
- createTextNode("文本内容")：创建返回新文本节点对象。

标记对象调用 appendChild(文本节点或子标记节点对象)方法可追加指定子节点对象，body 页面对象调用 appendChild(标记节点对象)方法可在页面中追加指定标记对象。

- write("html 标记或字符串常量"+变量或函数)：将内容写入 HTML 文档，由浏览器执行。
- writeln("html 标记或字符串常量"+变量或函数)：在最后插入换行符\n 而不是页面换行。
- open(["mimetype" [, "replace"]])：清除当前页面、打开新文档流接收 write()内容。mimetype 指定文档类型(默认"text/html")、replace 指定从父文档继承历史条目。

● close()：关闭 open()打开的文档流并强制显示已写入数据。

> 注意：window 对象的 open()方法是打开新窗口，而 document 对象的 open()方法是在当前窗口中打开新的文档流。用 write()输出到文档流后，必须用 close()关闭以强制显示内容。若已调用 close()再使用 write()，会隐式调用 open()清除原内容再输出。

【例 h10-19.html】用 document 获取、创建元素。

(1) 创建 h10-19.html 页面文档：

```
<!DOCTYPE html PUBLIC "-//W3C//DTD XHTML 1.0 Transitional//EN"
  "http://www.w3.org/TR/xhtml1/DTD/xhtml1-transitional.dtd" >
<html>
  <head> <title>用 document 获取元素</title>
      <script src="j10-19.js" type="text/javascript"></script>
  </head>
  <body>
    <h3>获取 id 标记、name 标记数组</h2>
    <input name="myIn" /> <br />
    <input name="myIn" /> <br />
    <input name="myIn" /> <br />
    <input type="button" id="but1" value="查看有几个名字是'myIn'的元素" />
    <br />
    <input type="button" id="but2" value="查看共有几个'<input />'标记" />
    <br />
    <input type="button" id="but3" value="打开新窗口" >
    <input type="button" id="but4" value="在新窗口打开新文档" > <br />
  </body>
</html>
```

(2) 在同一目录下创建外部脚本文件 j10-19.js：

```
var win, div;                       //新窗口与新创建的<div>标记对象，全局对象
onunload=function() {};
onload=initButton;
function initButton()
{ document.getElementById("but1").onclick=getNames;  //获取 name 属性标记数组
  document.getElementById("but2").onclick=getTagNames;//获取<input>标记数组
  document.getElementById("but3").onclick=createNewWin;//window 打开新窗口
  document.getElementById("but4").onclick=createNewDoc;//新窗口打开新文档流
  div=document.createElement("div");                //创建<div>标记全局对象
  var mess=document.createTextNode("hello world");  //创建文本节点对象
  div.appendChild(mess);                            //文本对象追加到<div>标记对象
  document.body.appendChild(div);                   //<div>标记追加到 body 页面
}
function getNames()          //获取 name="myIn"的标记数组显示在新<div>标记
{ var x=document.getElementsByName("myIn");
  div.firstChild.nodeValue+="\nname=\"myIn\"的标记数组["+x.length+"]="+x;
}
```

```
function getTagNames()        //获取<input>标记数组
{ var x=document.getElementsByTagName("input");
  div.firstChild.nodeValue+="\nname=\"myIn\"的标记数组["+x.length+"]="+x;
}
function createNewWin()        //window 对象打开新窗口
{ win=open('', 'myWin', 'width=250,height=150');   //创建新窗口全局对象
  win.document.writeln("<h3>这是一个新窗口</h3>");
  win.document.write("Hello World! ", "Hello You! ",
              "<p style='color:blue;'>Hello World!</p>");   //多个参数
}
function createNewDoc()        //在新窗口打开新文档流
{ var newDoc=win.document.open("text/html", "replace");
  newDoc.write("<h3>学习 DOM 非常有趣! </h3>");
  newDoc.close();
}
```

运行结果如图 10-22 和 10-23 所示。

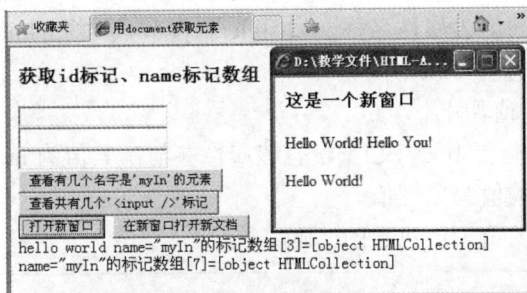

图 10-22　以 window 对象打开新窗口

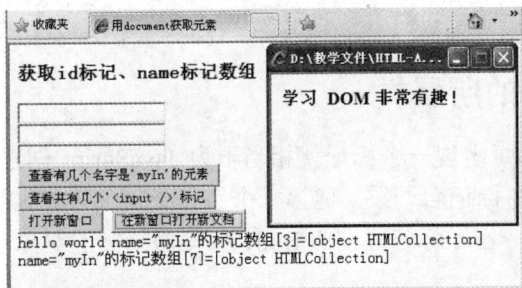

图 10-23　以 document 对象在新窗口中打开新文档流

10.7　DOM 节点对象

　　DOM 节点对象泛指标记对象、标记的属性子对象、标记内的子标记对象或文本子对象，可通过 document 的 getElementById()、getElementsByName()和 getElementsByTagName()方法获取指定的标记对象，然后再通过该标记对象获取其属性、子标记或文本内容子对象。

10.7.1 DOM 节点对象的通用属性

标记对象、标记的属性子对象、标记内的子标记对象或文本子对象等 DOM 节点对象都具有 nodeType 节点类型、nodeName 节点名称和 nodeValue 节点值三个通用属性。

(1) nodeType 节点类型取值含义如下。

- 1：标记节点，包括 body 文档节点。
- 2：属性节点。
- 3：文本节点。
- 8：注释节点。
- 9：文档节点。

(2) nodeName 节点名称，不同类型对象的属性值含义不同。

- body 文档节点对象值为#document。
- 标记节点为标记名(全部大写)，等价于 tagName 属性。如<div>标记对象的 nodeName 属性值为"DIV"，<img>标记对象的 tagName 属性值为"IMG"。
- 属性节点对象的值为属性名称，如 style 属性节点对象的 nodeName 值为 style。
- 文本节点对象的值为#text。

(3) nodeValue 节点值如下。

- 标记节点对象(包括 body 文档)没有该属性参与，其值为 null。
- 属性节点对象的值为属性值。
- 文本节点对象的值为所包含的文本字符串。

> 注意：文本区的文本节点应使用 value 属性，如果使用 nodeValue 属性很容易出错。可以通过直接赋值为任意节点对象添加任意类型的属性。例如：var a=getElementById ("idValue"); a.propertyName="propertyValue"; 为 a 对象添加属性。

10.7.2 标记对象的所属类

在 HTML 文档中，每出现一个标记就相当于为 JavaScript 创建了一个相应的对象，这些对象对应的类名一般与标记名一致，但第一个字母必须大写。

例如<body>、<p>、<div>标记分别为 Body、P、Div 类的对象。

例外的标记如下。

- Anchor：锚或超链接<a>对象的类名。
- Image：嵌入图像<img>对象的类名。
- TableRow：表格行标记<tr>对象的类名。
- TableCell：表格单元格标记<td>对象的类名。

此外还有 Input text(文本框)、Input password(密码框)、Input hidden(隐藏域)、Input checkbox(选择框)、Input radio(单选框)、Input file(文件选择框)、Input reset(重置按钮)、Input submit(提交按钮)、Input button(输入按钮)对象的类名。

我们可以通过 createElement("标记名")创建新的指定标记对象，也可以直接使用类名来创建标记对象。例如：

```
var div = new Div();     //创建一个空<div></div>标记对象
var img = new Image();   //创建一个空<img />嵌入图像标记对象
```

然后可以通过直接赋值或调用 setAttribute()方法为标记对象添加设置各种属性或文本内容。

10.7.3　标记对象的属性

一个标记的所有属性都是该标记对象的子对象，通过 document 对象获取标记对象后，可使用"对象名.属性名"或调用 getAttribute()、setAttribute()方法获取或设置该对象的任意属性值。属性子对象也可通过自己的属性或方法来操作自己的属性。

1．标记对象的标准属性

标记对象的标准属性如下。

● id：标记对象的 id 属性子对象。

● className：标记对象的 class 属性子对象。

● style：标记对象的 CSS 样式属性子对象。

● title：标记对象在鼠标指向它时的提示标题属性子对象。

● dir：标记对象的文本文字书写方向属性子对象。

● lang：标记对象的语言代码属性子对象。

【例 h10-20.html】使用标记对象的属性。代码如下：

```
<!DOCTYPE html PUBLIC "-//W3C//DTD XHTML 1.0 Transitional//EN"
   "http://www.w3.org/TR/xhtml1/DTD/xhtml1-transitional.dtd" >
<html>
  <head> <title>标记对象的标准属性</title> </head>
  <body id="myid" class="mystyle" dir="rtl" title="这是body"
       style="font-size:16pt;color:blue" >
    <h3>标记对象的标准属性</h3>
    <script type="text/javascript">
     x=document.body;
     document.write("body 的 Id: "+x.id+"<br />");
     document.write("body 样式 class: "+x.className+"<br />");
     x.className="myCSS";               //改变 body 的 class 样式类名
     document.write("body 样式 class: "+x.className+"<br />");
     document.write("body 文本方向: "+x.dir+"<br />");
     document.write("body 语言代码: "+x.lang+"<br />");
     document.write("body 提示标题: "+x.title+"<br />");
     document.write("body 样式字体: "+x.style.fontSize+"<br />");
     document.write("body 样式颜色: "+x.style.color+"<br />");
    </script>
  </body>
</html>
```

运行结果如图 10-24 所示。

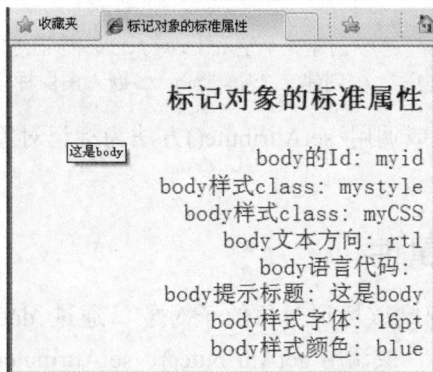

图 10-24   body 标记对象的标准属性

2．标记对象的通用属性及子标记属性

标记对象的通用属性及子标记属性如下。

- name：标记的 name 属性，<area><option><table><frameset>不能使用该属性。
- tagName：标记的标记名称，等价于 nodeName 属性，全部为大写字母。
- tabIndex：标记 tab 键控制次序，<img><form><hidden><option><table><frameset>标记不能使用该属性。
- accessKey：访问标记所使用的快捷键，<img><form><hidden><select><option><table><frameset>标记不能使用该属性。
- innerHTML / innerText：非空标记内的文本内容已被 W3C 标准禁止使用，推荐使用 firstChild.nodeValue 属性，但标记的初始文本内容不能为空，必须有空格或 或者使用之前先对 firstChild.nodeValue 属性赋值激活。
- firstChild：当前标记内的第一个子标记节点，对非空文本标记一般为文本内容，可取代 innerHTML 获取 x 文本标记的文本内容：var text=x.firstChild.nodeValue;

> **注意**：文本区表单元素的文本内容应使用 value，使用 firstChild.nodeValue 会出现错误。

- lastChild：当前标记内的最后一个子标记节点。
- nextSibling：当前标记节点的下一个兄弟节点。
- previousSibling：当前标记节点的上一个兄弟节点。

> **注意**：IE 或 Firefox 把标记内的空格、换行、制表符都作为子节点，如果同一个父标记内的兄弟标记之间有空格、换行、制表符，在使用 nextSibling、previousSibling 获取下一个、上一个兄弟节点时得到的将是文本节点"#text"，因此使用 nextSibling、previousSibling 时标记之间不能留有空格，也不能换行，如果需要换行时，可以在标记内部换行。

- parentNode：当前标记的父节点，可用于改变文档结构，例如删除某个指定标记节点：

```
var x=document.getElementById("maindiv");      //获取被删除节点
x.parentNode.removeChild(x);                   //由父节点执行删除
```

通过 parentNode、firstChild、lastChild 等标记节点可快速获取相关标记或定位。

- offsetParent：距离当前标记最近的已进行 CSS 定位的父元素，如果所有父元素都没有定位，则为 body 根元素(浏览器页面)。
- childNodes[]：当前标记内所有子标记节点数组(按文档顺序)。

应用技巧——对 IE 或 Firefox 标记内空格、换行、制表符等子节点的处理：

```
function clearWhitespace(childNodes)  //清除空白符子节点函数，参数为子节点集合
{ for(var i=0; i<element.childNotes.length; i++)
  { var node = element.childNodes[i];
    if ( node.nodeType==3
      && /\s/.test(node.nodeValue) )  //文本节点且包含空白符
    { node.parentNode.removeChild(node); }    //删除该节点
  }
}
```

3．标记对象的区域及位置属性

标记对象的区域及位置属性如下。

- offsetWidth：元素 width+padding+border+margin 的宽度总和(像素)。
- offsetHeight：元素 height+padding+border+margin 的高度总和(像素)。
- clientTop：元素上边缘到客户区域顶端的距离(像素)。
- clientLeft：元素左边缘到客户区域左端的距离(像素)。
- offsetTop：元素上边缘到 offsetParent 已定位父对象上边缘的偏移量(像素)。
- offsetLeft：元素左边缘到 offsetParent 已定位父对象左边缘的偏移量(像素)。

> 注意：在 IE7 及以下浏览器中 offsetTop、offsetLeft 属性存在 Bug，无论有无 offsetParent 也无论其取值如何，总是参照 body 计算，IE8 修正为与其他浏览器相同，参照 offsetParent 对象计算。在参照 body 计算时 IE 从左边框开始计算，而其他的浏览器将从左外边距开始计算。

10.7.4　标记对象的方法

创建标记对象后可使用"对象名.方法([参数])"任意调用该对象具有的方法。

1．标记对象的通用方法

标记对象的通用方法如下。

- focus()：当前标记获得焦点。
- blur()：当前标记失去焦点——把焦点从当前元素上移开。
- setAttribute("属性名", "属性值")：为当前标记添加属性或替换已有属性值，也可通过直接赋值添加任意属性：a.pName="pValue";。
- getAttribute("属性名")：获取当前标记指定属性的属性值，对标记对象的自定义属性，IE 可以用"对象名.属性名"或 getAttribute()获取，而火狐浏览器只能通过 getAttribute()获取。

- cloneNode(include)：返回当前标记的副本，即复制的当前节点。其中 include 取值为 true 表示连同子标记节点一起复制，取值为 false 不复制子节点。

2. 父标记操作子标记对象的方法(document 方法)

父标记操作子标记对象的方法(document 方法)如下。

- getElementById("id")：获取标记内指定 id 的子元素对象(如有多个只取第一个)。
- getElementsByName("name")：获取标记内具有指定 name 属性的子元素对象集合数组。
- getElementsByTagName("tagname")：获取标记内指定标记名的子元素对象集合。
- hasChildNodes()：判断当前标记内是否具有子节点，有返回 true，否则 false。
- appendChild(子节点对象)：在当前标记内的尾部添加指定的子节点。
- insertBefore(新子节点对象, 插入位置原子节点对象)：在指定原子节点之前插入新子节点，返回新插入子节点对象。
- replaceChild(新子节点对象, 被替换子节点对象)：用新子节点替换原有子节点，返回被替换的子节点对象。
- removeChild(childNode)：删除当前标记内的指定子节点，包括子节点中的子节点。

应用技巧——交换两个子标记位置(如表格排序交换两行或两列子元素)：

```
function swap(node1, node2)   //传递参与交换的两个标记对象
{
  var par=node1.parentNode;  //获取父标记对象
  var t1=node1.nextSubling,
    t2=node2.nextSubling; //获取各自下一个兄弟节点——插入点
  par.removeChild(node1); par.removeChild(node2);  //删除交换节点
  if ( t1 )
    par.insertBefore(node2, t1); //如果t1存在将node2插入t1(原node1)位置
  else par.appendChild(node2);      //t1不存在为最后元素，在最后追加node2
  if( t2 )
    par.insertBefore(node1, t2); //如果t2存在将node1插入t2(原node2)位置
  else par.appendChild(node1);      //t2不存在为最后元素，在最后追加node1
}
```

10.7.5 某些标记对象的专有属性或方法

某些 HTML 标记除了标准或通用的属性或方法外，还会有只属于自己的属性或方法。

1. <body>标记的属性

offsetWidth / offsetHeight：当前浏览器窗口的宽度/高度。

2. <head>中<link>标记的属性

disabled：设置引用目标 URL 文件是否被禁用，取值 true 被禁用，取值 false 启用。

3．<a>超链接标记、<head>中<base>标记的属性

target：XHTML 规范不支持标记的 target 属性，可通过 JavaScript 设置该属性。

4．<form>表单标记的属性及方法

<form>表单标记的属性及方法如下。
- elements[]：表单中包含的所有标记对象数组。
- reset()：把表单的所有输入元素重置恢复为默认值，等价于单击重置按钮。
- submit()：向服务器提交表单数据，等价于单击提交按钮。

5．<form>内所有表单元素的通用属性

form：包含表单元素的<form>父表单对象，通过任一表单元素可获取<form>对象。

6．单选按钮、复选框、reset 重置按钮、submit 提交按钮、button 按钮的方法

click()：在该元素上模拟一次鼠标单击，等价于鼠标单击该元素。

> **注意**：IE 浏览器不支持单选按钮的 click()方法。

7．文本框、密码框、文本区、文件选择框的方法

select()：自动选中框区中的文本，等价于用鼠标拖动选中。

8．<select>下拉列表或滚动列表框的属性与方法

<select>下拉列表或滚动列表框的属性与方法如下。
- selectedIndex：被选中项目的位置索引号(从 0 开始)。
- options[]：所有选项标记的集合数组。
- remove(index)：删除指定索引位置的选项标记，index 小于 0 或大于项数无效。
- add(option, before)：在 before 选项标记前插入一个 option 选项标记对象。

> **注意**：对 IE 省略 before、非 IE 的 before 取值为 null 则在末尾添加选项对象。

例如：

```
var option=document.createElement('option');  //创建一个新<option>标记对象
option.value="提交文本"; option.firstChild.nodeValue="显示文本";
var s=document.getElementById("mySelect");  //获取滚动或下拉列表
try { s.add(option, null); }  //标准用法，非 IE 在末尾添加，IE 出错则执行 catch()
catch(ex) { s.add(option); }  //IE 专用，在末尾添加
```

9．<table>表格对象的属性与方法

<table>表格对象的属性与方法如下。
- rows[]：当前表格中的所有<tr>行对象数组。
- cells[]：当前表格中的所有<td>单元格对象数组。
- tBodies[] / tFoot / tHead：当前表格中的<tbody>对象数组/<tfoot>/<thead>对象。
- createCaption()：创建并返回空<caption>标题标记对象。如果表格中已有标题标记

则不创建新对象，返回原有标题对象。

```
var t=document.getElementById('myTable');   //获取表格对象
var c=t.createCaption();   c.firstChild.nodeValue="表格标题"
```

- deleteCaption()：删除当前表格中的<caption>标题标记对象及其内容。
- insertRow(index)：在指定行索引处插入一个<tr>空行对象，并返回该行对象。若 index 等于行数，则附加到末尾，若小于 0 或大于行数，则抛出异常。如果是空表，则自动插入新<tbody>，新行插入到该<tbody>内。
- deleteRow(index)：删除指定行索引处的<tr>对象及全部内容并返回该行对象。
- createTFoot() / deleteTFoot()：创建空 tfoot 元素/删除 tfoot 元素(包括内容)。
- createTHead() / deleteTHead()：创建空 thead 元素/删除 thead 元素(包括内容)。

10．<tr>表格行对象的属性与方法

<tr>表格行对象的属性与方法如下。

- rowIndex：当前行在表中的位置索引(从 0 开始)。
- cells[]：当前行内的所有<td>单元格对象集合数组。引用 i 行中的 j 单元格 table.rows[i].cells[j]或用当前行 tr.cells[j]。
- deleteCell(index)：删除当前行中指定位置的<td>单元格及内容。若 index 小于 0 或大于单元格个数，则抛出异常。
- insertCell(index)：在当前行指定位置插入<td>空单元格对象，返回该对象。如果 index 等于单元格数，则附加在末尾，小于 0 或大于单元格数抛出异常。

```
var td=document.getElementById('tr')
    .insertCell(0);   //在当前行插入<td>空单元格
td.firstChild.nodeValue = "张三";                //设置<td>单元格内容
```

注意：insertCell()方法只能添加<td>元素，若添加<th>必须单独创建节点并插入。

【例 h10-21.html】节点对象综合操作。

可在文本区中输入文本内容，创建新的<p>标记(也可不输内容创建空标记)，并根据下拉列表的选择及单击不同按钮进行不同操作，可将新标记加入或插入到</div>标记，也可删除或替换</div>中的其他标记，注意第一次操作必须是"添加节点"。

(1) 创建 h10-21.html 页面文档。代码如下：

```
<!DOCTYPE html PUBLIC "-//W3C//DTD XHTML 1.0 Transitional//EN"
  "http://www.w3.org/TR/xhtml1/DTD/xhtml1-transitional.dtd" >
<html>
  <head><title>节点对象综合操作</title>
      <script type="text/javascript" src="j10-21.js"></script>
  </head>
  <body>
    <form action="#">
      <p>在文本区中输入新节点的文本内容: <br />
        <textarea id="text" rows="5" cols="42"></textarea>
```

```
        </p>
        选择插入标记位置或删除的标记:
        <select id="nodeList"><option>最后元素</option></select>
        <p> <input type="button" id="add" value="添加节点" />
            <input type="button" id="del" value="删除节点" />
            <input type="button" id="ins" value="插入节点" />
            <input type="button" id="rep" value="替换节点" />
        </p>
    </form>
    <div id="modify"> </div>
  </body>
</html>
```

(2) 在同一目录下创建外部脚本文件 j10-21.js:

```
var select, div;      //<select><div>全局标记对象, <div>可加入新创建的标记对象
onunload=function() {};
onload=initAll;
function initAll()
{ select=document.getElementById("nodeList");          //获取指定下拉列表全局对象
  div=document.getElementById("modify");               //获取指定<div>全局对象
  document.getElementById("add").onclick=addNode;       //添加节点
  document.getElementById("del").onclick=delNode;       //删除节点
  document.getElementById("ins").onclick=insertNode;    //插入节点
  document.getElementById("rep").onclick=replaceNode;   //替换节点
}
function addNode()    //在<div>最后添加节点
{ var newNode=createP();                               //调用方法创建<p>标记
  if (newNode==null) return;
  div.appendChild(newNode);                            // <p>标记加入<div>
  listChange();                                        //调用方法修改下拉列表
}
function delNode()      //删除指定节点
{ var num=select.selectedIndex;                        //获取下拉列表被选中项索引
  var allTagPs=div.getElementsByTagName("p");  //<div>标记内所有<p>标记数组
  if (num==0) div.removeChild(allTagPs[allTagPs.length-1]); //默认最后一个
  else div.removeChild(allTagPs.item(num-1)); //等价于 allTagPs[num-1]
  listChange();                                        //调用方法修改下拉列表
}
function insertNode()    //在指定位置插入节点
{ var newNode=createP();                               //调用方法创建<p>标记
  if (newNode==null) return;
  var num=select.selectedIndex;                        //获取下拉列表被选中项索引
  if (num==0) { div.appendChild(newNode); }            //默认插入到最后
  else { var allTagPs=div.getElementsByTagName("p");
         div.insertBefore(newNode, allTagPs[num-1]);//在指定标记前插入新标记
       }
  listChange();
```

```
}
function replaceNode()   //替换指定位置的节点
{ var newNode=createP();                           //调用方法创建<p>标记
  if (newNode==null) return;
  var num=select.selectedIndex;
  var allTagPs=div.getElementsByTagName("p");
  if (num==0) { num= allTagPs.length; }            //默认最后一个
  div.replaceChild(newNode, allTagPs[num-1]);      //替换指定位置的节点
  listChange();
}
function createP()       //创建<p>标记对象
{ var text=
    document.getElementById("text").value; //不要使用 firstChild.nodeValue
  if ( text==null || text=="" )
    { var boo=confirm("您没有在文本区输入节点内容\n 单击确定：创建空标记\n 单击取
消：返回输入节点内容重新操作");
      if (boo) ext=" "; else return null;
    }
  var newNode=document.createElement("p");         //创建<p>标记对象
  var newText=document.createTextNode(text);       //创建文本节点对象
  newNode.appendChild(newText);                    //文本节点加入<p>标记
  return newNode;
}
function listChange()   //修改下拉列表
{ var count=div.getElementsByTagName("p").length;//<div>标记内<p>标记的数量
  select.options.length=0;                         //清空下拉列表
  select.options[0]=new Option("最后元素");         //创建下拉列表中第一个列表项对象
  for (var i=1; i<=count; i++)
    { select.options[i]=new Option("p"+i); }       //循环创建下拉列表中的列表项对象
}
```

运行结果如图 10-25 和 10-26 所示。

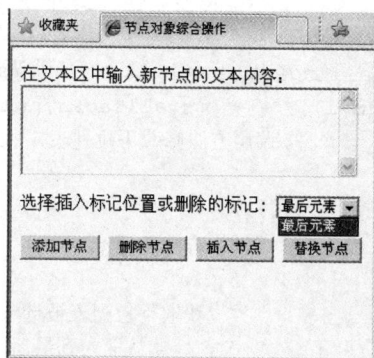

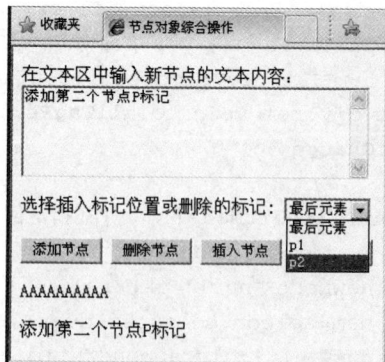

图 10-25　初始页面　　　　　　图 10-26　向页面添加节点对象

10.8　event(事件)对象

页面中任何事件发生时，JavaScript 都会自动创建一个封装了事件状态的 event 对象，通过 event 对象可获取引发事件的事件源对象、按键的键码、操作鼠标的左右键及坐标点。

对 IE 浏览器，event 对象是 window 窗口对象的子对象属性，可在事件函数中直接获取使用 window.event 事件对象(window 可以省略)而不需要专门的参数接收 event 对象。

对 FireFox 火狐等非 IE 浏览器，event 对象不是 window 的子对象属性，在事件函数中需要使用 event 对象时必须设置参数接收 event 对象，当引发事件调用事件处理函数时，会自动传递 event 对象而不需要显式传递。如果在事件函数中嵌套调用其他函数，则需要显式的向下传递 event 对象。

代码如下：

```
document.getElementsById(id).事件名=functionName;
  //调用函数不需要传递 event 对象
function functionName(evt)   //非 IE 浏览器需要时必须设置参数接收 event 对象
{ //对 IE 浏览器不会传递 event 对象，因此 evt 对 IE 不存在，解决浏览器的兼容方法：
  if (!evt) evt=window.event;  //IE 浏览器必须单独获取，或者：
                              //evt=(evt) ? evt : event;
  //后面的代码即可将 evt 作为本次事件的 event 对象直接使用
}
```

1. event 对象的标准属性(2 级 DOM)

(1) event 事件对象只有属性，没有方法。

● type：当前事件的类型名，与事件名同名或删除事件名前缀"on"。

(2) 以下 DOM 标准属性 IE 浏览器不支持，用于火狐等非 IE 浏览器。

● timeStamp：事件生成的日期时间。

● target：触发事件的事件源对象(目标节点)。但在 mouseout 鼠标离开事件中 target 等于将要去往的元素 relatedTarget，如果想要得到当前元素，可通过 currentTarget 对象获取。

● currentTarget：监听、处理该事件的元素、文档或窗口对象。

● bubbles：是否起泡类型事件，是(true)，否(false)。

● cancelable：事件是否具有可取消的默认方法。

(3) 以下为 IE 浏览器专用的属性。

● srcElement：触发事件的事件源对象，相当于 DOM 的 target 属性。

● returnValue：比事件方法返回值的优先级更高的返回值，可自行设置。

● cancelBubble：是否阻止事件传播到包容的容器对象，可自行设置。

2. 与鼠标事件相关的属性

(1) 与鼠标事件相关的属性如下。

- relatedTarget：DOM 标准属性，IE 不支持，IE 使用 fromElement、toElement。
  - ◆ 在 mouseover(鼠标进入事件)中表示鼠标来自最近的上一个元素。
  - ◆ 在 mouseout(鼠标离开事件)中表示鼠标去向最近的下一个元素。
- button：IE 浏览器的鼠标值——1 左键、2 右键、3 左右同时按、4 中键。
  - 其他浏览器鼠标值：0 左键、2 右键。
  - 非鼠标事件返回 undefined。
- clientX / clientY：鼠标指针在浏览器客户区(不包括工具栏、滚动条等)中的坐标。
- screenX / screenY：鼠标指针在屏幕中的坐标。

(2) 以下为 IE 浏览器专用的属性。

- fromElement：在 mouseover(鼠标进入事件)中表示鼠标来自最近的上个元素。而在鼠标离开时，fromElement 等于当前事件源 srcElement。
- toElement：在 mouseout 鼠标离开事件中表示鼠标去向最近的下一个元素。而在鼠标进入时，toElement 等于当前事件源 srcElement。
- offsetX / offsetY：事件发生点在事件源对象中的 x, y 坐标。
- x, y：事件发生点在最内层 CSS 定位对象中的 x, y 坐标(火狐为 pageX, pageY)。

3．与键盘事件相关的属性

与键盘事件相关的属性如下。

- altKey：按键事件触发时，Alt 键是否被按下。
- ctrlKey：按键事件触发时，Ctrl 键是否被按下。
- shiftKey：按键事件触发时，Shift 键是否被按下。
- keyCode：IE 浏览器获取被按下字符的 ASCII 码。
- which：Netscape/Firefox/Opera 浏览器获取被按下字符的 ASCII 码。

【例 h10-22.html】文本区 1 响应响应鼠标按下、移动事件，获得焦点后响应按键按下事件，引发事件时在文本区 2 内显示事件属性。

注意：在使用 Alt+按键、Ctrl+按键时，应避免使用已有特定功能的按键。

(1) 创建 h10-22.html 页面文档。代码如下：

```
<!DOCTYPE html PUBLIC "-//W3C//DTD XHTML 1.0 Transitional//EN"
  "http://www.w3.org/TR/xhtml1/DTD/xhtml1-transitional.dtd" >
<html>
  <head> <title>鼠标与键盘事件</title>
        <script type="text/javascript" src="j10-22.js"></script>
  </head>
  <body>
   <h3>文本区获得焦点响应按键、鼠标事件</h3>
   <textarea id="text1" rows="3" cols="45" ></textarea><br /><br />
   <textarea id="text2" rows="13" cols="45" ></textarea>
  </body>
</html>
```

(2)　在同一目录下创建外部脚本文件 j10-22.js：

```
var text;                                  //文本区 2 全局对象
onunload=function() {};
onload=initAll;

function initAll()
{ text=document.getElementById("text2");     //文本区 2 对象
  text.value="";                             //刷新页面时清空
  document.getElementById("text1").onmousemove=mouseMove;//鼠标文本区 1 移动
  document.getElementById("text1").onmousedown=mouseDown; //鼠标按下
  document.getElementById("text1").onkeydown=keyDown;      //获得焦点按键按下
}
function mouseMove()      //鼠标移动
{ //text.value+="\n 鼠标在文本区内移动"; //调试运行其他事件后取消注释显示事件信息
}
function mouseDown(evt)   //鼠标按下，显示左右键、事件源及坐标
{ if (!evt) { evt=event; }                        //IE 浏览器初始化事件对象
 var targ=
  (evt.target) ? evt.target : evt.srcElement;     //不同浏览器获取事件源对象
 var button;
 if (evt.button==0 || evt.button==1) button="鼠标左键"; //兼容不同浏览器
 else if (evt.button==2) button="鼠标右键";
 var sx=evt.screenX, sy=evt.screenY;              //鼠标在屏幕中按下的坐标
 var cx=evt.clientX, cy=evt.clientY;              //鼠标在客户区按下的坐标
 var ox=
  (evt.offsetX) ? evt.offsetX : cx-targ.offsetLeft; //鼠标在事件源按下的坐标
 var oy=( evt.offsetY ) ? evt.offsetY : cy-targ.offsetTop;
 text.value+="\n 您用"+button+"单击了"+targ.tagName+"标记。";
 text.value+="\n 鼠标在屏幕中的坐标("+sx+","+sy+")";
 text.value+="\n 鼠标在客户区的坐标("+cx+","+cy+")";
 text.value+="\n 鼠标在事件源的坐标("+ox+","+oy+")";
}

function keyDown(evt)    //按键按下，获取按键字符
{ if (!evt) { evt=event; }                         //IE 浏览器初始化事件对象
 text.value+="\n 您按下的键是：";
 if (evt.altKey ) text.value+="ALT+";
 else if (evt.ctrlKey ) text.value+="CTRL+";
 else if (evt.shiftKey ) text.value+="SHIFT+";
 if (evt.keyCode)
    text.value+=String.fromCharCode(evt.keyCode);  //IE 获取字符
 else if (evt.which)
    text.value+=String.fromCharCode(evt.which );   //其他浏览器
}
```

运行结果如图 10-27 所示。

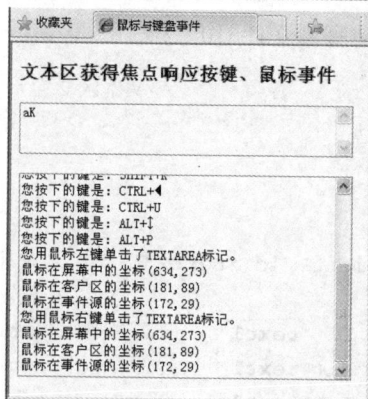

图 10-27 获取鼠标、按键事件的信息

10.9 style(样式)对象

XHTML 将 style 作为标记的样式属性节点子对象，style 对象的属性就是 CSS 样式属性，在 JavaScript 中每个 HTML 标记都可通过其 style 子对象设置 CSS 样式。

CSS 设置标记样式规则：

样式属性：属性值；

JavaScript 设置标记样式：

标记对象**.style.CSS 样式属性**="属性值"；

JavaScript 样式属性与 CSS 样式属性的区别如下：

- 也许是为了区别数值类型 float，JavaScript 使用的 CSS 浮动样式 float 是一个唯一的例外，对 IE、Opera 浏览器使用"标记对象.style.styleFloat="属性值"；"而对火狐 Firefox 及其他浏览器使用"标记对象.style.cssFloat="属性值"；"。
- 除 float 外，凡是单一单词的 CSS 样式属性，JavaScript 样式属性与 CSS 样式属性完全相同。例如 CSS 字符颜色 color、块元素宽度 width、综合边框 border、定位 position、显示方式 display 等在 JavaScript 中仍表示为 color、width、border、position、display。
- 凡是多单词用"-"连接的 CSS 样式属性，JavaScript 样式属性统一为去掉"-"并将其后单词的第一个字母大写。例如 CSS 字号大小 font-size、水平对齐方式 text-align、背景图像 background-imag、上边框样式 border-top-style 等在 JavaScript 中分别表示为 fontSize、textAlign、backgroundImag、borderTopStyle。

注意：JavaScript 中标记的 style 子对象是指标记内部的 style 属性，如果 HTML 标记使用 style 属性设置 CSS 样式，则 JavaScript 可通过 style 子对象直接获取使用，但如果用样式表为 HTML 标记设置样式，则 JavaScript 中该标记的 style 子对象及样式属性不存在，必须先使用"标记对象.style.CSS 样式属性="属性值"；"赋值激活(添加属性)后方可使用。

例如设置 id="dis"标记的隐藏或显示时，如果使用样式表设置其初始状态不可见：

```
#dis { display:none; }
```

假设在单击事件函数中使用 JavaScript 代码：

```
var menuStyle=document.getElementById("dis").style;
menuStyle.display=(menuStyle.display=="none")?"block":"none";
```

或者：

```
menuStyle.display=(menuStyle.display!="none")?"none":"block";
```

则打开页面第一次单击时不起作用。这是因为该标记中不存在 style.display 属性，无法正确进行比较，都会执行 menuStyle.display="none"；一旦赋值激活 menuStyle.display 之后，就可以正常操作了。除了使用先赋值激活方法外，也可以在条件判断时不使用其初始值，而使用相反值进行判断，然后再通过赋新值激活。

例如：

```
menuStyle.display=(menuStyle.display=="block") ? "none" : "block";
```

或者：

```
menuStyle.display=(menuStyle.display!="block") ? "block" : "none";
```

这样虽然第一次 display 不存在，但恰好符合初始状态，执行 menuStyle.display="block";时的激活有效，保证可正常地操作(可参阅 h11-1.html 与 h11-15.html)。

【例 h10-23.html】盯着鼠标移动的眼睛，当鼠标带动蓝球移动时眼球会跟随移动。

眼睛为直径 24 的圆，以左上角定位，眼球为边长 4 的矩形，眼球左上角活动范围的位置限定在最小值为眼睛位置+3、最大值为眼睛位置+17 的范围内，如图 10-28 所示。

眼球的坐标可以采用以下公式进行比较计算：

((鼠标坐标 与 眼球最小值(眼睛+3))取最大值 与 眼球最大值(眼睛+17))取最小值

若鼠标坐标值大位置在眼睛右或下，则取小值即为眼球最大值，眼球向右或下看。若鼠标坐标值小位置在眼睛左或上，则取小值即为眼球最小值，眼球向左或上看。

采用下式计算结果一样：

((鼠标坐标 与 眼球最大值(眼睛+17))取最小值 与 眼球最小值(眼睛+3))取最大值

本例页面运行结果如图 10-29 所示。

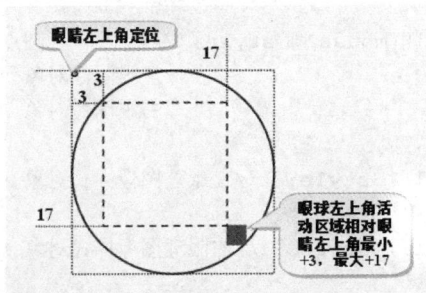

图 10-28　眼球移动范围

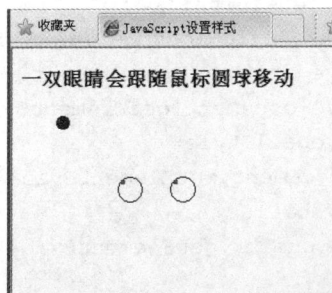

图 10-29　页面运行结果

(1) 创建 h10-23.html 页面文档：

```
<!DOCTYPE html PUBLIC "-//W3C//DTD XHTML 1.0 Transitional//EN"
  "http://www.w3.org/TR/xhtml1/DTD/xhtml1-transitional.dtd" >
<html>
  <head>
    <title>JavaScript 设置样式</title>
    <script type="text/javascript" src="j10-23.js"></script>
    <link rel="stylesheet" href="c10-23.css" />
  </head>
  <body>
    <h3>一双眼睛会跟随鼠标圆球移动</h3>
    <div id="mouse" >●</div>
    <img src="img/circle.gif" id="lEye" alt="左眼" />
    <img src="img/circle.gif" id="rEye" alt="右眼" />
    <img src="img/lilRed.gif" id="lEyeball" alt="左眼球" />
    <img src="img/lilRed.gif" id="rEyeball" alt="右眼球" />
  </body>
</html>
```

(2) 在同一目录下创建外部样式表文件 c10-23.css：

```
div  { color:blue; position:absolute; top:0px; left:0px; }
#lEye, #rEye { position:absolute; top:120px; width:24px; height:25px; }
#lEye { left:100px; }
#rEye { left:150px; }
#lEyeball, #rEyeball { position:absolute; top:135px; width:4px;
height:4px; }
#lEyeball { left:118px; }
#rEyeball { left:153px; }
```

(3) 在同一目录下创建外部脚本文件 j10-23.js：

```
var mouseStyle, lEye, rEye, lEyeballStyle, rEyeballStyle;  //全局对象
document.onmousemove=moveEyeball;          //document 文档对象响应鼠标移动
onunload=function() {};
onload=initAll;

function initAll()
{ mouseStyle=document.getElementById("mouse").style;//<div>鼠标圆点样式对象
  lEye=document.getElementById("lEye");              //左眼图像对象
  rEye=document.getElementById("rEye");              //右眼图像对象
  lEyeballStyle=
    document.getElementById("lEyeball").style;  //左眼球图像样式对象
  rEyeballStyle=
    document.getElementById("rEyeball").style;  //右眼球图像样式对象
}

function moveEyeball(evt)  //鼠标移动事件，鼠标圆球、左眼球右眼球定位
```

```
{ if (!evt) { evt=window.event; }          //IE浏览器初始化事件对象
 var x=evt.clientX, y=evt.clientY;          //获取鼠标在页面中的坐标
 mouseStyle.left=(x-10)+"px";               //设置圆球随鼠标定位—跟随鼠标移动
 mouseStyle.top=(y-10)+"px";
 lEyeballStyle.top=
   Math.min(Math.max(y, lEye.offsetTop+3), lEye.offsetTop+17)+"px";
 lEyeballStyle.left=
   Math.min(Math.max(x, lEye.offsetLeft+3), lEye.offsetLeft+17)+"px";
 rEyeballStyle.top=
   Math.min(Math.max(y, rEye.offsetTop+3), rEye.offsetTop+17)+"px";
 rEyeballStyle.left=
   Math.min(Math.max(x, rEye.offsetLeft+3), rEye.offsetLeft+17)+"px";
}
```

10.10　习　　题

一、选择题

1. 数组对象 Array 的方法中不改变原数组顺序和内容的是(　　)。

    A. sort()　　　　B. reverse()　　　　C. slice()　　　　D. concat()

2. "中国".length 的结果是(　　)。

    A. 2　　　　　　B. 4

3. 下面代码运行之后，变量 len 的值为(　　)。

```
var str1="中国 China";
var len=0;
for (i=0; i<str1.length; i++)
{
  if(str1.charCodeAt(i)>=0 && str1.charCodeAt(i)<=255)
  { len=len+2; }
  else
  { len=len+1; }
}
```

    A. 7　　　　　　B. 5　　　　　　C. 9　　　　　　D. 11

4. 要求用户名称只能以字母开始，包含 6~18 个字母数字或下划线，相应的正则表达式是(　　)。

    A. /^[A-Za-z]\w{6,18}/　　　　B. /^[A-Za-z]\w{6,}/

    C. / [^A-Za-z]\w{6,18}/　　　　D. /[A-Za-z]\w{6,18}/

5. 假设已经存在正则表达式 ptrn，验证字符串 str 是否符合正则表达式的要求，以下代码正确的是(　　)。

    A. str.test(ptrn)　　　　　　B. ptrn.test(str)

    C. str.search(ptrn)　　　　　D. ptrn.search(str)

6. 假设存在如下代码：

```
var str="Hello world!";
var ptrn=/world/;
```

下列表达式写法正确的有(　　　)。

　　A. str.test(ptrn)　　B. ptrn.test(str)　　C. str.match(ptrn)　　　D. ptrn.match(str)

7. 正则表达式对象中，用于设置全局模式的模式标志字符是(　　　)。

　　A. i　　　　　　B. g　　　　　　C. m

8. 假设已经存在串变量 str="I am a teacher!"，取其前三个单词的做法是(　　　)。

　　A. str.split(" ")　　B. str.split("")　　C. str.split(" ",3)　　D. str.split("",3)

9. 下列日期时间函数中错误的是(　　　)。

　　A. getDate()　　B. getDays()　　C. getHours()　　　　D.getTime()

10. 关于 HTML 文档对象模型，下面说法中错误的是(　　　)。

　　A. 整个文档是一个文档节点对象 document

　　B. document 对象不具有父节点

　　C. HTML 中的标记<span>不能被看做是元素节点对象

　　D. 元素节点对象<p>包含属性节点对象和文本节点对象

11. 识别某个浏览器类型时，我们经常采用如下哪种做法?(　　　)

　　A. 使用 if (document.all)，条件成立则是 IE 浏览器

　　B. 使用 if(document.layers)，条件成立则不是 IE 浏览器

　　C. 使用 if (window.all)，条件成立则是 IE 浏览器

12. 获取 ID 属性值为 P1 的元素节点，代码是(　　　)。

　　A. document.p1

　　B. document.getElementById(p1)

　　C. document.getElementById('p1')

　　D. document.getElementByName(p1)

13. 获取文档所有节点，可以使用下面哪种做法?(　　　)

　　A. document.getElementById("")

　　B. document.getElementById("*")

　　C. document.getElementByName("*")

　　D. document.getElementByTagName("*")

14. 关于标记对象的属性，下列哪个说法是错误的?(　　　)

　　A. 所有标记对象都可以使用属性 ID

　　B. 所有标记对象都可以使用属性 name

　　C. 有部分标记对象不能使用属性 name

　　D. 属性 style 标记对象的 CSS 样式属性子对象

15. 关于标记对象属性 firstChild，下列说法错误的是(　　　)。

　　A. 是当前标记内的第一个子标记节点

　　B. 对非空文本标记一般为文本内容

　　C. 可以对表单文本框使用 firstChild.nodeValue 获取文本框的值

二、操作题

完成如图 10-30 所示的页面，并按要求编写代码。

(1) 在左侧框中选中的元素可以在点击 ">" 按钮后移动到右侧框中，反之亦然。

(2) 点击 ">>" 按钮可以把左侧框中剩余的全部元素移动到右侧框中，反之亦然。

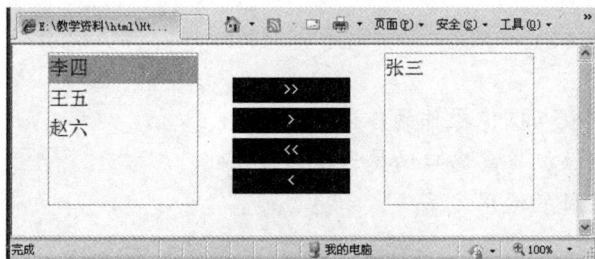

图 10-30 移动元素

第 11 章　JavaScript 应用

学习目的与要求

📖　知识点

- 掌握下拉列表与图像操作的各种特效设置
- 掌握超链接及浏览器窗口的灵活操作方法
- 掌握表单验证的通用方法

📣　难点

- 表单验证的通用方法应用

11.1　下拉列表导航

11.1.1　鼠标单击折叠式下拉列表导航

折叠式下拉列表导航是将下拉列表导航菜单分类集中折叠隐藏起来，在鼠标单击主导航项时则打开显示下拉列表，鼠标再次单击则折叠隐藏下拉列表。一般折叠式下拉列表主导航项不能带有超链接，单击打开时占据页面空间，也可设置为不占用页面空间。

1．纵向折叠式单击下拉列表导航

主导航项可使用<div class="mainLink menuX">标记，class 指定的两个类必须用空格隔开。其中 mainLink 类设置该标记的样式，而 menuX 为对应下拉列表<ul>的 id 属性值，本例 JavaScript 代码要求 class 中的 menu 必须惟一且必须是最后一个类。

注意：主导航项也可使用<a>标记(参见 h11-3.html 文档)，但应使用 display:block;设置为块级元素，由于鼠标单击需要展开或折叠下拉列表，还必须为<a>设置单击事件函数并返回 false 以禁止链接转向其他页面。

【例 h11-1.html】纵向折叠式单击占据页面空间的下拉列表导航。

(1) 创建 h11-1.html 页面文档：

```
<!DOCTYPE html PUBLIC "-//W3C//DTD XHTML 1.0 Transitional//EN"
  "http://www.w3.org/TR/xhtml1/DTD/xhtml1-transitional.dtd" >
<html>
  <head>
    <title>折叠式下拉列表导航</title>
    <link rel="stylesheet" rev="stylesheet" href="c11-1.css" />
    <script type="text/javascript" src="j11-1.js"></script>
  </head>
```

```
<body>
<div id="main">
  <h3>学院管理</h3>
  <div class="menu">
    <div class="mainLink menu1">教育教学</div>
    <ul id="menu1" class="menu">
      <li><a href="pg1.html">平面设计</a></li>
      <li><a href="pg2.html">三维动画</a></li>
      <li><a href="pg3.html">网页制作</a></li>
      <li><a href="pg4.html">Flash 动画</a></li> </ul> </div>
  <div class="menu">
    <div class="mainLink menu2">招生就业</div>
    <ul id="menu2" class="menu">
      <li><a href="pg5.html">人才交流</a></li>
      <li><a href="pg6.html">招工单位</a></li>
      <li><a href="pg7.html">就业状况</a></li> </ul> </div>
  <div class="menu">
    <div class="mainLink menu3">学生社区</div>
    <ul id="menu3" class="menu">
      <li><a href="pg8.html">新闻娱乐</a></li>
      <li><a href="pg9.html">动漫视频</a></li>
      <li><a href="pg10.html">聊天室</a></li> </ul> </div>
  </div>
  <div id="clear">鼠标单击折叠式下拉列表导航。</div>
  </body>
</html>
```

注意：class="menu"、id="clear"是为横向折叠式下拉列表导航设置的，本例不需要。

(2)　在同一目录下创建 CSS 外部样式表文件 c11-1.css：

```
#main { margin:10px; padding:10px; font-size:14px; border:1px solid red;
    width:160px; }              /* 若改为横向折叠式下拉列表导航，必须去掉宽度 */
div.mainLink { margin-top:5px; font-size:16px; font-weight:bold;
    color:#FFF; width:160px; height:30px; line-height:30px;
    cursor:pointer; text-align:center; background:url(img/dh2.jpg); }
ul.menu { margin:0; padding:0; margin-top:5px; display:none;/* 初始不可见*/
    width:160px; background-color:#CF9; text-align:center;
    list-style-type:none; }                     /* 取消项目编号 */
ul a   { color:#00F; font-weight:bold; line-height:20px;
    text-decoration:none; }
ul a:hover { color:#F00; background:cyan; }
/* #main, div.menu { float:left; } */           /* 横向折叠式下拉列表导航使用
*/
/* #clear { clear:left; } */                     /* 横向折叠式下拉列表导航使用 */
```

(3)　在同一目录下创建 JavaScript 外部脚本文件 j11-1.js：

```
onunload=function() {};
onload=initAll;
function initAll()
{ var alldivs=document.getElementsByTagName("div");    //所有<div>标记数组
  for (var i=0; i<alldivs.length; i++)
  {if(alldivs[i].className.indexOf("mainLink")>-1) //class 包含"mainLink"
    { alldivs[i].onclick=toggleMenu; }              //主导航项记忆单击事件函数
  }
}
function toggleMenu()        //鼠标单击主导航项
{ var menuStart=this.className.indexOf("menu");   //查找 class 中的"menu"
  var menuId=this.className.substring(menuStart);   //获取对应 ul 标记的 id
  var menuStyle=
    document.getElementById(menuId).style; //获取 ul 标记的样式对象
  menuStyle.display=(menuStyle.display=="block") ?
    "none" : "block"; //显示与隐藏转换
}
```

注意： 如果使用语句 menuStyle.display=(menuStyle.display=="none")?"block":"none"; 则打开页面后所有主导航项第一次单击都不起作用。这是因为 ul 标记中不存在 style.display 属性，因此 menuStyle.display=="none" 条件不成立，则会执行 menuStyle.display="none";一旦赋值激活 menuStyle.display 之后，就可以正常地操作了。而使用 menuStyle.display=="block"条件时，虽然第一次 menuStyle.display 不存在，但恰好符合初始状态，执行 menuStyle.display="block"；激活有效，保证了正常操作。

如果在 onload 事件函数中添加激活这些 ul 标记的 style.display 属性并设置其初始值为"none"则可以使用任何条件进行判断。

运行结果如图 11-1 和 11-2 所示。

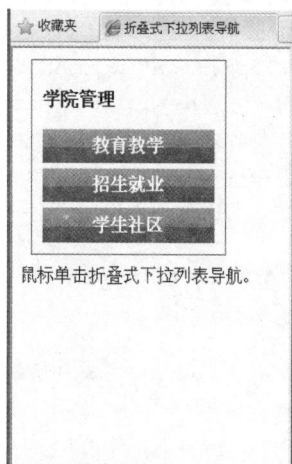

图 11-1　隐藏纵向折叠式下拉列表　　　图 11-2　打开纵向折叠式下拉列表

2．横向折叠式单击下拉列表导航

【例 h11-2.html】横向折叠式单击占据页面空间的下拉列表导航。

只需对 h11-1.html 的 CSS 样式表文件进行修改，去掉#main 样式中的宽度样式属性 width:160px; 增加样式表 div.menu { float:left; }、#clear { clear:left; }即可，运行结果如图 11-3 和 11-4 所示。

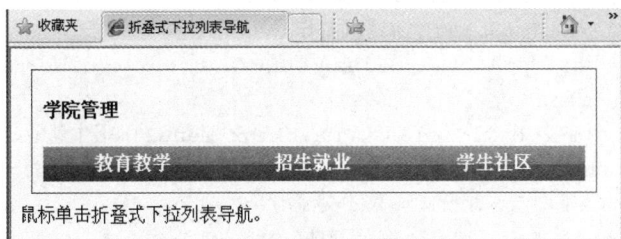

图 11-3　横向折叠式下拉列表导航折叠隐藏下拉列表

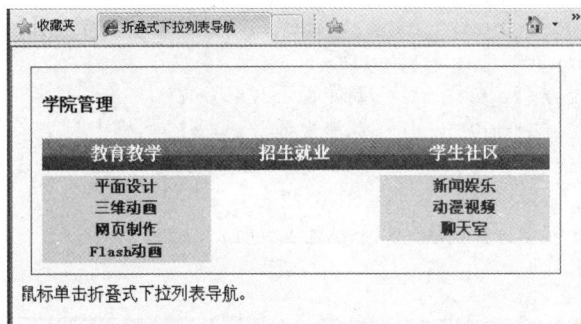

图 11-4　横向折叠式下拉列表导航打开显示下拉列表

11.1.2　鼠标指向展开式下拉列表导航

展开式下拉列表导航是将下拉列表导航菜单分类集中折叠隐藏起来，主导航项同时也可以是一个超链接，当鼠标指向主导航项时，自动展开显示下拉列表，鼠标离开时自动关闭隐藏。展开式下拉列表打开时可以占用页面空间，一般设置为不占用页面空间。

1．占用页面空间的纵向展开式下拉列表导航

【例 h11-3.html】纵向展开式下拉列表导航，下拉列表打开时占用页面空间。

(1) 创建 h11-3.html 页面文档：

```
<!DOCTYPE html PUBLIC "-//W3C//DTD XHTML 1.0 Transitional//EN"
  "http://www.w3.org/TR/xhtml1/DTD/xhtml1-transitional.dtd" >
<html>
  <head>
    <title>展开式下拉列表导航</title>
    <link rel="stylesheet" rev="stylesheet" href="c11-3.css" />
    <script type="text/javascript" src="j11-3.js"></script>
  </head>
  <body>
```

```
<div id="main">
 <h3>学院管理</h3>
 <div class="menu">
   <a href="h11-1.html" class="mainLink menu1">教育教学</a>
   <ul id="menu1" class="menu">
     <li><a href="pg1.html">平面设计</a></li>
     <li><a href="pg2.html">三维动画</a></li>
     <li><a href="pg3.html">网页制作</a></li>
     <li><a href="pg4.html">Flash 动画</a></li> </ul> </div>
 <div class="menu">
   <a href="h11-2.html" class="mainLink menu2">招生就业</a>
   <ul id="menu2" class="menu">
     <li><a href="pg5.html">人才交流</a></li>
     <li><a href="pg6.html">招工单位</a></li>
     <li><a href="pg7.html">就业状况</a></li> </ul> </div>
 <div class="menu">
   <a href="h11-2.html" class="mainLink menu3">学生社区</a>
   <ul id="menu3" class="menu">
     <li><a href="pg8.html">新闻娱乐</a></li>
     <li><a href="pg9.html">动漫视频</a></li>
     <li><a href="pg10.html">聊天室</a></li> </ul> </div>
 </div>
 <div id="clear">鼠标指向展开式下拉列表导航。</div>
 </body>
</html>
```

> 注意：class="menu"、id="clear"是为横向展开式下拉列表导航设置的，本例不需要。

(2) 在同一目录下创建 CSS 外部样式表文件 c11-3.css：

```
#main { margin:10px; padding:10px; font-size:14px; border:1px solid red;
     width:160px; }          /* 改为横向展开式下拉列表导航则可去掉宽度 */
a    { font-weight:bold; text-decoration:none; }
a.mainLink { color:#FFF; margin-top:5px; font-size:16px;
     display:block; width:160px; height:30px; line-height:30px;
     text-align:center; background:url(img/dh2.jpg); }
a.mainLink:hover { color:#F00; }
ul.menu { margin:0; padding:0; display:none;         /* 初始不可见*/
       width:160px; background-color:#CF9; text-align:center;
       list-style-type:none; }                 /* 取消项目编号 */
ul a    { color:#00F; line-height:20px; }
ul a:hover { color:#F00; background:cyan; }
/* #main, div.menu { float:left; } */           /* 横向展开式下拉列表导航使用 */
/* #clear { clear:left; } */                  /* 横向展开式下拉列表导航使用 */
```

(3) 在同一目录下创建 JavaScript 外部脚本文件 j11-3.js。

该文件除了将主导航项由鼠标单击改为鼠标进入事件外，还必须设置鼠标进入整个

<div>父标记区域都要保持下拉列表可见，只有在鼠标离开包括主导航项及下拉列表的
<div>父标记区域后，下拉列表才能关闭不可见。

代码如下：

```
onunload=function() {};
window.onload=initAll;
function initAll()
{ var allLinks=document.getElementsByTagName("a");     //所有<a>标记数组
  for (var i=0; i<allLinks.length; i++)
  {if(allLinks[i].className.indexOf("mainLink")>-1)//class 包含"mainLink"
   { // allLinks[i].onclick=function()
     //   { return false; }  //可禁止主导航项标题的链接
       allLinks[i].onmouseover=toggleMenu;      //主导航项记忆指向事件函数
   }
  }
}
function toggleMenu()        //鼠标进入主导航项
{ var menuStart=this.className.indexOf("menu");     //查找 class 中的"menu"
  var menuId=this.className.substring(menuStart);   //获取对应 ul 标记的 id
  var menuStyle=
    document.getElementById(menuId).style; //获取 ul 标记的样式对象
  var menuDiv=this.parentNode;                    //获取对应<div>父标记对象
  menuDiv.onmouseover=function()
    { menuStyle.display="block"; }  //鼠标进入父<div>
  menuDiv.onmouseout=function()
    { menuStyle.display="none"; }  //鼠标离开父<div>
}
```

运行结果如图 11-5 和 11-6 所示。

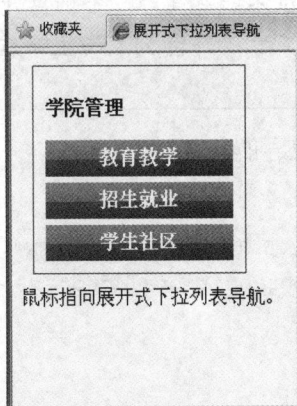

图 11-5　隐藏纵向展开式下拉列表

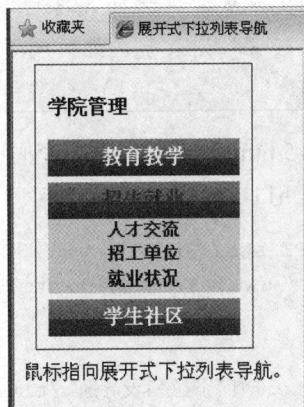

图 11-6　打开纵向展开式下拉列表

2. 占用页面空间的横向展开式下拉列表导航

【例 h11-4.html】横向展开式下拉列表导航，下拉列表打开时占用页面空间。

同样只需对例 h11-3.html 中的 CSS 样式表文件进行修改，去掉#main 样式中的宽度样

式属性 width:160px; 增加样式表 div.menu { float:left; }、#clear { clear:left; }即可，运行结果如图 11-7 和 11-8 所示。

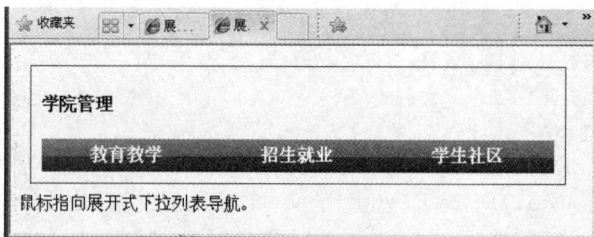

图 11-7　横向展开式下拉列表导航隐藏下拉列表

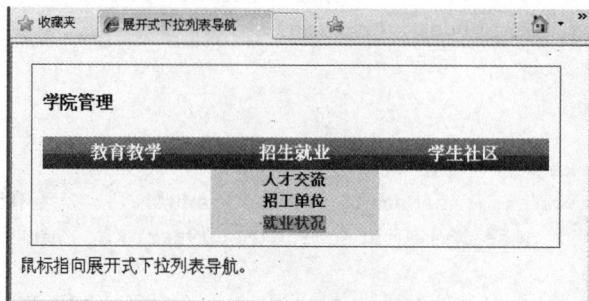

图 11-8　横向展开式下拉列表导航展开显示下拉列表

3．不占用页面空间的横向下拉列表导航

如果让下拉列表展开时不占用页面空间，可以让下拉列表采用绝对定位，可以使用 visibility，也可使用 display 设置元素的可见与隐藏。

注意：主导航项超链接左浮动横向排列必须前后相接，与对应的下拉列表不再属于同一个独立的父元素，下拉列表与主导航项之间的定位不能有间隙，否则离开主导航项还没有进入下拉列表就已经关闭了。JavaScript 代码因为下拉列表与主导航项的分开有所不同。

【例 h11-5.html】不占用页面空间的横向下拉列表导航。

(1) 创建 h11-5.html 页面文档：

```
<!DOCTYPE html PUBLIC "-//W3C//DTD XHTML 1.0 Transitional//EN"
  "http://www.w3.org/TR/xhtml1/DTD/xhtml1-transitional.dtd" >
<html>
  <head>
    <title>横向下拉列表导航</title>
    <link rel="stylesheet" rev="stylesheet" href="c11-5.css" />
    <script type="text/javascript" src="j11-5.js"></script>
  </head>
  <body>
  <div id="main">
    <h3>学院管理</h3>
```

```
<a href="h11-1.html" class="mainLink menu1">教育教学</a>
<a href="h11-2.html" class="mainLink menu2">招生就业</a>
<a href="h11-2.html" class="mainLink menu3">学生社区</a>
<ul id="menu1" class="menu">
    <li><a href="pg1.html">平面设计</a></li>
    <li><a href="pg2.html">三维动画</a></li>
    <li><a href="pg3.html">网页制作</a></li>
    <li><a href="pg4.html">Flash动画</a></li> </ul> </div>
<ul id="menu2" class="menu">
    <li><a href="pg5.html">人才交流</a></li>
    <li><a href="pg6.html">招工单位</a></li>
    <li><a href="pg7.html">就业状况</a></li> </ul> </div>
<ul id="menu3" class="menu">
    <li><a href="pg8.html">新闻娱乐</a></li>
    <li><a href="pg9.html">动漫视频</a></li>
    <li><a href="pg10.html">聊天室</a></li> </ul> </div>
</div>
<div>鼠标指向横向展开式下拉列表导航。</div>
</body>
</html>
```

(2)　在同一目录下创建 CSS 外部样式表文件 c11-5.css:

```
#main { margin:10px; padding:10px; font-size:14px; border:1px solid red;
    width:500px; height:100px; position:relative; }   /* 相对定位 */
a    { font-weight:bold; text-decoration:none; }
a.mainLink {margin:0 2px; float:left; display:block; /*主导航超链接左浮动*/
    color:#FFF; margin-top:5px; font-size:16px;
    width:160px; height:30px; line-height:30px;
    text-align:center; background:url(img/dh2.jpg); }
a.mainLink:hover { color:#F00; }
ul.menu { margin:0; padding:10px 0; list-style-type:none; /*取消项目编号*/
    width:160px; background-color:#CF9; text-align:center;
    position:absolute; visibility:hidden;}        /* 绝对定位、初始不可见*/
#menu1 { top:96px; left:12px;
    _top:85px; _left:14px; } /* 底划线为 IE6 浏览器专用*/
#menu2 { top:107px; left:195px; _top:110px; _left:199px; }
#menu3 { top:107px; left:359px; _top:110px; _left:363px; }
*+html #menu1 { top:85px; left:13px; }           /* *+html 为 IE7 浏览器使用*/
*+html #menu2 { top:111px; left:198px; }
*+html #menu3 { top:111px; left:361px; }
ul a    { color:#00F; line-height:20px; }
ul a:hover { color:#F00; background:cyan; }
```

(3)　在同一目录下创建 JavaScript 外部脚本文件 j11-5.js:

```
onunload=function() {};
window.onload=initAll;
function initAll()
```

```
{ var allLinks=document.getElementsByTagName("a");        //所有<a>标记数组
  for (var i=0; i<allLinks.length; i++)
  {if(allLinks[i].className.indexOf("mainLink")>-1)//class 包含"mainLink"
   { // allLinks[i].onclick=function()
     // { return false; }   //可禁止主导航项标题的链接
        allLinks[i].onmouseover=toggleMenu;              //主导航项记忆指向事件函数
   }
  }
}
function toggleMenu()        //鼠标进入主导航项
{ var menuStart=this.className.indexOf("menu");        //查找 class 中的"menu"
  var menuId=this.className.substring(menuStart);        //获取对应 ul 标记的 id
  var menuUl=document.getElementById(menuId);        //获取对应 ul 标记对象
  menuUl.style.visibility="visible";                //必须单独设置可见
  menuUl.onmouseover=function()
   { this.style.visibility="visible"; }  //鼠标进入对应 ul
  menuUl.onmouseout=function()
   { this.style.visibility="hidden"; }  //鼠标离开对应 ul
  this.onmouseout=function()
   { menuUl.style.visibility="hidden"; }  //鼠标离开导航项
}
```

运行结果如图 11-9 所示。

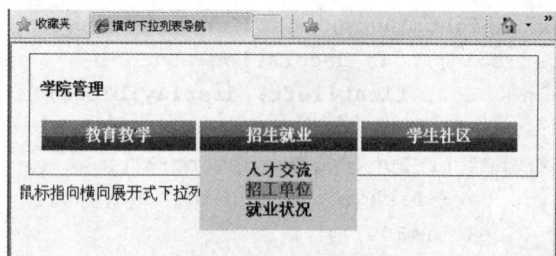

图 11-9　不占用空间的横向展开式下拉列表导航

11.1.3　下拉列表导航与动态生成下拉列表

在使用下拉列表选择超链接网站导航时，传统设计方式需要先在下拉列表中选择链接的网站，再点击一个比如名称为"go"的按钮，目前流行的方法在选择下拉列表项时即可自动链接到指定页面。

对一些有规律的下拉列表元素，如选择年份、月份、日期的下拉列表，可通过 JavaScript 自动创建以减少 HTML 页面的代码量，还可以避免选择日期错误，例如 2 月份不存在 30、31 号，平年时也不存在 2 月 29 日。

【例 h11-6.html】使用下拉列表导航与动态生成下拉列表。

本例题自动创建年份、月份下拉列表，必须选择有效年份才可以选择月份，并根据所选月份自动生成该月份所具有的日子下拉列表。

本例题还使用了下拉列表直接导航到指定页面，如果用户浏览器不支持 JavaScript 或已经关闭该功能时，页面会自动显示"提交导航"按钮，配合后台服务器 gotoLocation.jsp 程序可动态地为用户转移到指定的超链接页面，实现"无干扰"编程。

(1) 创建 h11-6.html 页面文档：

```
<!DOCTYPE html PUBLIC "-//W3C//DTD XHTML 1.0 Transitional//EN"
  "http://www.w3.org/TR/xhtml1/DTD/xhtml1-transitional.dtd" >
<html>
  <head> <title>自动导航、动态生成列表项</title>
       <script type="text/javascript" src="j11-6.js"> </script>
  </head>
  <body>
   <form action="gotoLocation.jsp">
     出生日期: <select id="years"><option>-年份-</option></select>
           <select id="months"><option>-月份-</option></select>
           <select id="days"><option>-日子-</option></select>
     <span id="birthday" style="color:red"> </span><br /><br />
     页面导航:
     <select id="newHtml">
       <option selected="selected">选择一个页面</option>
       <option value="h11-1.html">纵向折叠式导航</option>
       <option value="h11-2.html">横向折叠式导航</option>
       <option value="h11-4.html">占用空间的横向导航</option>
       <option value="h11-5.html">不占用空间的横向导航</option>
     </select>
     <noscript> <input type="submit" value="点击这里!" /> </noscript>
   </form>
  </body>
</html>
```

(2) 在同一目录下创建 JavaScript 外部脚本文件 j11-6.js：

```
var year, month, months=["一月", "二月", "三月", "四月", "五月", "六月",
                "七月", "八月", "九月", "十月", "十一月", "十二月"];
var monthDays=[31, 28, 31, 30, 31, 30, 31, 31, 30, 31, 30, 31];
var birthDay;                                  //<span>标记全局对象
onunload=function() {}
onload=initForm;
function initForm()
{ for (var i=1901; i<=2020; i++)                 //创建年份下拉列表
   { document.getElementById("years").options[i-1900]=new Option(i); }
  for (var i=0; i<12; i++)                         //创建月份下拉列表
   { document.getElementById("months").options[i+1]=
      new Option(months[i]); }
  document.getElementById("newHtml")
   .selectedIndex=0; //保证刷新时总显示第一项
  document.getElementById("days").selectedIndex=0;
  birthDay=document.getElementById("birthday");
  document.getElementById("years").onchange=newMonth; //选择年份则初始化月份
```

```
document.getElementById("months").onclick=createDays;  //选择月份自动生成日子
document.getElementById("days").onchange=
  creatBirthday;  //显示选择的出生日期
document.getElementById("newHtml").onchange=newPage;  //选择时链接指定页面
}


function newMonth()              //改变年份时初始化月份
{ document.getElementById("months").selectedIndex=0; }


function creatDays()             //选择月份后根据年份、月份自动创建日子列表项
{ year=document.getElementById("years").selectedIndex+1900;  //获取年份
  if ( year==1900 )
    { birthDay.firstChild.nodeValue="请先选择年份！";
      this.selectedIndex=0; return; }
  var monthIndex=this.selectedIndex;               //选中的月份索引
  var daysTag=document.getElementById("days");     //获取日子下拉列表
  daysTag.options.length=1;                        //日子下拉列表清零
  if ( monthIndex>0 )                              //选择了有效月份
    { month=months[monthIndex-1];                  //获取选择的月份
      var days=monthDays[monthIndex-1];            //当前月份天数
      if ( monthIndex==2 )                         //计算 2 月份是否闰月
        { if ( year%4==0 && year%100!=0 || year%400==0 ) days++; }
      for (var i=1; i<=days; i++)
        { daysTag.options[i]=new Option(i); } //创建日子列表
} }


function creatBirthday()          //显示选择的出生日期
{ var dayIndex=this.selectedIndex;                 //获取选中的日子索引
  if ( dayIndex>0 )                                //选择了有效日子
    { birthDay.firstChild.nodeValue=year+"年"+month+dayIndex+"日"; }
}
function newPage()                //根据选择自动导航转移
{ var newPage=this.options[this.selectedIndex].value;   //获取超链接页面
  if (newPage != "") { window.location=newPage; }   //在原窗口中加载指定页面
  //window.open(newPage);            //打开新窗口加载指定页面
}
```

运行结果如图 11-10 所示。

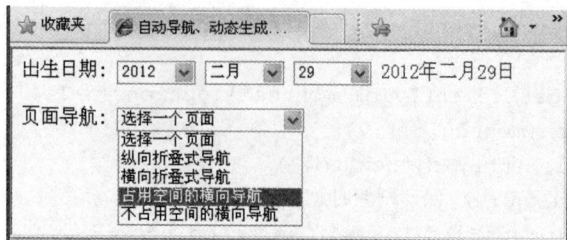

图 11-10 下拉列表导航与动态生成下拉列表

11.2 图 像 操 作

页面中使用的所有图像等资源文件都必须从服务器下载到用户机器上才能由浏览器调用，但这些图像不会都出现在 HTML 页面的代码中，而浏览器在初始加载 HTML 页面时只会将页面代码中的图像下载到客户机器上。

如果在 JavaScript 代码中使用了不在 HTML 代码中的图片，例如需要在鼠标指向一幅图片时翻转为另一幅不在 HTML 代码中的图片，就必须等待浏览器临时从服务器下载新图片到用户机器上，下载的延迟会影响页面的浏览效率，网速较慢时延迟会更突出。

通常的解决方法是在加载页面时就立即执行的 JavaScript 代码，或在 onload 事件函数中将页面使用的所有图片文件都创建为 JavaScript 图像对象——也就是所谓的预加载图像，虽然不直接使用这些对象，但创建这些对象就使得浏览器必须先从服务器下载图片到用户机器上。这样就可在页面加载时一次性加载完所有资源文件，可能初始加载页面慢一些，但浏览器以后使用这些资源文件时可直接从客户机器上调用，避免了页面运行过程中的下载延时。

11.2.1 图像与文本翻转器

图像翻转器也称为悬放超链接按钮，实际上是一个交互变换图片的超链接图像按钮，当鼠标指向超链接图像时，图片自动变换为另一张不同的图像以提供良好的视觉反馈，减少用户的困惑及操作失误。

使用图像翻转器必须为每个图标准备两到三张不同的图片，也可以是相同内容但一张黯淡另一张加亮或带有不同色彩，页面默认显示一幅链接图片，当鼠标进入该图像时则显示为另一张图片，单击该图像可超链接到指定的页面，还可以在超链接加载新页面的过程中显示第三张图像。

1. 图像翻转器

【例 h11-7.html】简单图像翻转器。

本例使用内容相同但一张黯淡另一张加亮的图片文件，默认为黯淡图片并用该文件名作为\<img>标记的 id 属性值，对应翻转的加亮图片文件名增加特定字符"_on"。

例如第一个翻转器的图片文件为 news.gif、news_on.gif，则其 id 属性值为 news。

本例题采用最简单直观的方法，在\<head>中加载 JavaScript 文件时创建所有图像对象，即预加载所有图像文件，并为每个超链接图像翻转器单独设置 onmouseover 和 onmouseout 事件处理函数。

(1) 创建 h11-7.html 页面文档：

```
<!DOCTYPE html PUBLIC "-//W3C//DTD XHTML 1.0 Transitional//EN"
  "http://www.w3.org/TR/xhtml1/DTD/xhtml1-transitional.dtd" >
<html>
  <head> <title>图像翻转器—悬放超链接按钮</title>
        <style type="text/css"> img { border-style:none; } </style>
        <script type="text/javascript" src="j11-7.js"> </script>
```

```
</head>
<body>
  <h3>图像翻转器</h3>
  鼠标指向超链接图像按钮可以加亮，点击后链接对应页面。<hr /><br />
  <a href="h11-1.html"> <img id="news" src="img/news.gif" alt="新闻" />
  </a>
  <a href="h11-2.html"> <img id="products" src="img/products.gif"
    alt="产品" /></a>
  <a href="h11-3.html"> <img id="order" src="img/order.gif"
    alt="订单" /></a>
  <a href="h11-4.html"> <img id="goodies" src="img/goodies.gif"
    alt="糖果" /></a>
  <a href="h11-5.html"> <img id="about" src="img/about.gif"
    alt="关于我们" /></a>
</body>
</html>
```

（2）在同一目录下创建 JavaScript 外部脚本文件 j11-7.js：

```
var img1=new Image();  img1.src="img/news.gif";  //创建图像对象，预加载图片文件
var img2=new Image();  img2.src="img/news_on.gif";
var img3=new Image();  img3.src="img/products.gif";
var img4=new Image();  img4.src="img/products_on.gif";
var img5=new Image();  img5.src="img/order.gif";
var img6=new Image();  img6.src="img/order_on.gif";
var img7=new Image();  img7.src="img/goodies.gif";
var img8=new Image();  img8.src="img/goodies_on.gif";
var img9=new Image();  img9.src="img/about.gif";
var img10=new Image();  img10.src="img/about_on.gif";
// 以上代码可在<head>中预加载所有图像，也可以使用以下更为简单的方法：
// var imgs=["news.gif", "news_on.gif", "products.gif",
// "products_on.gif", "order.gif", "order_on.gif",
// "goodies.gif", "goodies_on.gif", "about.gif", "about_on.gif"];
// var images=new Array();  //创建图像对象数组
// for(var i=0; i<imgs.length; i++)
// { images[i]=new Image();  images[i].src="img/"+imgs[i]; }
onunload=function() {}
onload=initImg;
function initImg()          //为指定 id 的<img>标记指定鼠标进入、鼠标离开事件函数
{ document.getElementById("news").onmouseover=newOver;  //指定鼠标进入事件函数
  document.getElementById("news").onmouseout=newOut;  //指定鼠标离开事件函数
  document.getElementById("products").onmouseover=proOver;
  document.getElementById("products").onmouseout=proOut;
  document.getElementById("order").onmouseover=ordOver;
  document.getElementById("order").onmouseout=ordOut;
  document.getElementById("goodies").onmouseover=gooOver;
  document.getElementById("goodies").onmouseout=gooOut;
  document.getElementById("about").onmouseover=aboOver;
```

```
    document.getElementById("about").onmouseout=aboOut;
}
function newOver() { this.src="img/news_on.gif"; } //鼠标进入显示加亮图片
function newOut()  { this.src="img/news.gif"; }     //鼠标离开显示原默认图片
function proOver() { this.src="img/products_on.gif"; }
function proOut()  { this.src="img/products.gif"; }
function ordOver() { this.src="img/order_on.gif"; }
function ordOut()  { this.src="img/order.gif"; }
function gooOver() { this.src="img/goodies_on.gif"; }
function gooOut()  { this.src="img/goodies.gif"; }
function aboOver() { this.src="img/about_on.gif"; }
function aboOut()  { this.src="img/about.gif"; }
```

运行结果如图 11-11 和 11-12 所示。

图 11-11　默认页面显示结果　　　图 11-12　鼠标指向 about Us 时显示结果

【例 h11-8.html】更有效的通用图像翻转器。

假设所有<a>标记内的<img>——即父标记是<a>的<img>都是图像翻转器则可省略 id 属性以减少代码量，直接通过<img>标记的 src 属性获取默认图片文件，增加 "_on" 即可作为翻转的图片文件名。运行结果与图 11-11、图 11-12 相同。

(1) 创建 h11-8.html 文档：

```
<!DOCTYPE html PUBLIC "-//W3C//DTD XHTML 1.0 Transitional//EN"
  "http://www.w3.org/TR/xhtml1/DTD/xhtml1-transitional.dtd" >
<html>
  <head> <title>图像翻转器—悬放超链接按钮</title>
        <style type="text/css"> img { border-style:none; } </style>
        <script type="text/javascript" src="j11-8.js"> </script>
  </head>
  <body>
    <h3>图像翻转器</h3>
    鼠标指向超链接图像按钮可以加亮，点击后链接对应页面。<hr /><br />
    <a href="h11-1.html"> <img src="img/news.gif" alt="新闻" /> </a>
    <a href="h11-2.html"> <img src="img/products.gif" alt="产品" /></a>
    <a href="h11-3.html"> <img src="img/order.gif" alt="订单" /></a>
    <a href="h11-4.html"> <img src="img/goodies.gif" alt="糖果" /></a>
    <a href="h11-5.html"> <img src="img/about.gif" alt="关于我们" /></a>
```

```
    </body>
</html>
```

(2) 在同一目录下创建 JavaScript 外部脚本文件 j11-8.js。

该方法在页面加载完成后为每个超链接的<img>标记分别添加 overImg 和 outImg 两个 Image 子对象属性，overImg 子对象的 src 属性保存鼠标进入时翻转的加亮图片，outImg 子对象的 src 属性保存鼠标离开后所用的默认黯淡图片。

j11-8.js 可作为所有<a>标记内<img>图像翻转器的通用文件，但必须所有文件名后缀相同，鼠标指向时的翻转图像文件名比对应的默认图像文件名增加特定字符 "_on"。

在之后的部分例题中我们将直接引用 j11-8.js 这个通用外部脚本文件：

```
onunload=function() {}
onload=initImg;
function initImg()            //页面加载时预加载<a>标记中所有<img>使用的所有图像
{ var imgs=document.getElementsByTagName("img"); //获取所有<img>标记对象数组
                                   //也可直接使用 document.images 集合数组
  for (var i=0; i<imgs.length; i++)         //对文档中所有<img>标记对象循环
  { var img=imgs[i];
    if ( img.parentNode.tagName=="A" )      //父标记是<a>的<img>对象
      { img.onmouseover=over;               //为<img>指定鼠标进入事件
        img.onmouseout=out;                 //为<img>指定鼠标离开事件
        img.overImg=new Image();            //为<img>添加 overImg 子对象属性
        var index=img.src.indexOf(".");     //获取原默认图像文件名中"."的位置
        var start=img.src.substring(0, index); //获取原默认图像的文件名
        var end=img.src.substring(index);   //获取原默认图像的文件名后缀
        img.overImg.src= start+"_on"+end;  //为 overImg 子对象的属性加载亮图像
        img.outImg=new Image();             //为<img>添加 outImg 子对象属性
        img.outImg.src=img.src;             //outImg 子对象的属性保存原默认图像
      }
  }
}
function over()
{ this.src=this.overImg.src; }   //显示 overImg 对象中预加载的亮图像
function out()
{ this.src=this.outImg.src; }    //显示 outImg 对象中保存的原默认图像
```

注意：如果页面中仅有一部分<a>标记内的<img>是图像翻转器，则必须为翻转器<img>设置 id 属性，通过判断只对存在 img.id 属性的<img>设置图像翻转。

2. 通过超链接文本触发图像翻转

h11-8.html 页面是在鼠标指向进入图像时触发图像翻转，单击图像链接到指定页面，也可以不用图像链接页面而设置单独对应的超链接文本，在鼠标指向超链接文本时同时触发对应的图像翻转，单击超链接文本加载指定页面。

由于<a>与翻转器<img>标记是相互独立的，若让<a>标记能找到对应的<img>标记则必须为<img>设置 id 属性，我们可以将<a>的 id 属性值设置为默认图片的文件名，对应

<img>的 id 属性值设置为 a.id+"Img"，这样通过<a>标记即能找到对应的<img>标记，也可以方便地操作图像翻转。

【例 h11-9.html】通过超链接文本触发图像翻转。

(1) 创建 h11-9.html 页面文档：

```
<!DOCTYPE html PUBLIC "-//W3C//DTD XHTML 1.0 Transitional//EN"
  "http://www.w3.org/TR/xhtml1/DTD/xhtml1-transitional.dtd" >
<html>
  <head> <title>超链接文本触发图像翻转</title>
        <style type="text/css">
          a { color:blue; text-decoration:none;
              font-weight:bold; } /* 默认无下划线 */
          a:hover { color:red;
              text-decoration:underline; } /* 鼠标指向添加下划线 */
        </style>
        <script type="text/javascript" src="j11-9.js"> </script>
  </head>
  <body>
    <h3>超链接文本触发图像翻转</h3>
    鼠标指向超链接文本时可触发对应的图像翻转。<hr /><br />
    <img id="newsImg" src="img/news.gif" alt="新闻" />
    <img id="productsImg" src="img/products.gif" alt="产品" />
    <img id="orderImg" src="img/order.gif" alt="订单" />
    <img id="goodiesImg" src="img/goodies.gif" alt="糖果" />
    <img id="aboutImg" src="img/about.gif" alt="关于我们" />
    <div>  
      <a href="h11-1.html" id="news" >新闻</a>     
      <a href="h11-2.html" id="products" >产品</a>   
          
      <a href="h11-3.html" id="order" >订单</a>     
      <a href="h11-4.html" id="goodies" >糖果</a>   
      <a href="h11-5.html" id="about" >关于我们</a>
    </div>
  </body>
</html>
```

(2) 在同一目录下创建 JavaScript 外部脚本文件 j11-9.js。

该文件可作为所有<a>、<img>标记 id 属性值及文件名使用相同规则的 HTML 通用文件。代码如下：

```
onunload=function() {}
onload=initAImg;
function initAImg()                    //初始化<a>标记预加载所有图像
{ var as=document.getElementsByTagName("a");  //获取所有<a>标记对象数组
            //可直接使用 document.links 集合数组，IE 也可用 anchors 集合数组
  for (var i=0; i<as.length; i++)          //对文档中所有<a>标记对象循环
  { var a=as[i];
```

```
  if ( a.id )                          //<a>标记的 id 存在，区别其他无 id 的<a>标记
   { var img=document.getElementById(a.id+"Img");  //获取对应的<img>标记
    if ( img )                         //<a>标记存在对应的<img>
      { a.onmouseover=overImg;   //为<a>指定鼠标进入事件
        a.onmouseout=outImg;     //为<a>指定鼠标进入事件
        a.changeImg=img;         //为<a>添加 changeImg 属性保存对应<img>
        a.outImg=new Image();    //为<a>添加 outImg 属性保存默认原图片
        a.outImg.src=img.src;
        a.overImg=new Image();   //为<a>添加 overImg 属性保存翻转亮图片
        a.overImg.src="img/"+a.id+"_on.gif";
      }
   }
  }
}
function overImg ()
{ this.changeImg.src=this.overImg.src; }  //对应<img>加载亮图片
function outImg ()
{ this.changeImg.src=this.outImg.src; }   //对应<img>加载默认原图片
```

运行结果如图 11-13 和 11-14 所示。

图 11-13　默认页面显示结果　　　图 11-14　鼠标指向超链接文本时显示结果

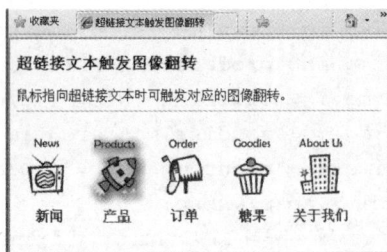

3. 鼠标指向图像或超链接文本时都可触发图像翻转

可以设置鼠标指向图像或指向超链接文本时都能触发图像翻转，单击图像或超链接文本都可以加载指定页面，为了让<a>找到对应<img>，必须为<img>设置 id。

一个 HTML 文档可以同时引用多个 JavaScript 外部文件，例如指向图像翻转时可引用已有的 j11-8.js 通用外部文件，然后增加新文件，实现超链接文本触发图像翻转。

注意：多个外部文件在一个页面中同时使用时不允许有同名的函数与同名的全局变量，如果在不同文件中为同一个元素设置了同一个事件的处理函数(函数名不允许相同)，则后引用文件中的事件函数会覆盖取消前面引用文件中的事件函数。例如通用文件中已设置了 onload 事件函数而且新增加的外部文件也需要设置 onload 事件函数时，除了函数名不允许相同外，还必须注意文件的引用顺序：如果先引用已有的通用文件(不用修改)，后引用新增加的外部文件，则可在新文件的 onload 函数中人为调用通用文件的 onload 函数以保证初始化代码都能被全部执行。同样如果在不同文件中为同一个元素设置了同一个事件的处理函数时，必须在后引用文件的函数中人为调用先引用文件中的函数，否则前一个函数不会执行。

【例 h11-10.html】鼠标指向图像或超链接文本时都可以触发图像翻转、链接到指定的页面。

(1)　创建 h11-10.html 页面文档：

```
<!DOCTYPE html PUBLIC "-//W3C//DTD XHTML 1.0 Transitional//EN"
  "http://www.w3.org/TR/xhtml1/DTD/xhtml1-transitional.dtd" >
<html>
  <head> <title>图像与超链接文本触发图像翻转</title>
        <style type="text/css">
          a { color:blue; text-decoration:none;
              font-weight:bold; } /* 默认无下划线 */
          a:hover { color:red;
              text-decoration:underline; } /* 鼠标指向添加下划线 */
          img   { border-style:none; }          /* 取消超链接图像边框线 */
        </style>
        <script type="text/javascript" src="j11-8.js"> </script>
        <script type="text/javascript" src="j11-10.js"> </script>
  </head>
<body>
    <h3>图像及超链接文本均可触发图像翻转</h3>
    鼠标指向图像或超链接文本都可触发图像翻转并链接对应页面。<hr /><br />
  <a href="h11-1.html"><img id="newsImg" src="img/news.gif" /> </a>
  <a href="h11-2.html"><img id="productsImg" src="img/products.gif" />
  </a>
  <a href="h11-3.html"> <img id="orderImg" src="img/order.gif" /></a>
  <a href="h11-4.html"> <img id="goodiesImg" src="img/goodies.gif" />
  </a>
  <a href="h11-5.html"> <img id="aboutImg" src="img/about.gif" /></a>
  <div>  
    <a href="h11-1.html" id="news" >新闻</a>     
    <a href="h11-2.html" id="products" >产品</a>   
      
    <a href="h11-3.html" id="order">订单</a>     
    <a href="h11-4.html" id="goodies" >糖果</a>   
    <a href="h11-5.html" id="about" >关于我们</a>
  </div>
  </body>
</html>
```

(2)　在同一目录下创建新增加的 JavaScript 外部脚本文件 j11-10.js。
该文件与 j11-9.js 代码完全相同，仅增加人为调用 j11-8.js 文件的 onload 事件函数：

```
onunload=function() {} //覆盖通用文件 j11-8.js 中已有的该函数，也可以省略
onload=initAImg;      //浏览器覆盖记忆后指定的函数，不能与通用文件的函数同名
function initAImg()           //初始化<a>标记
{ var as=document.getElementsByTagName("a");  //获取所有<a>标记对象数组
  for (var i=0; i<as.length; i++)       //对文档中所有<a>标记对象循环
```

```
  { var a=as[i];
    if ( a.id )                    //<a>标记 id 存在，区别其他无 id 的<a>标记
     { var img=document.getElementById(a.id+"Img");  //获取对应的<img>标记
       if ( img )                   //<a>标记存在对应的<img>
        { a.onmouseover=overImg;  //鼠标进入<a>，不能与 j11-8.js 中的函数同名
          a.onmouseout=outImg;    //鼠标离开<a>，不能与 j11-8.js 中的函数同名
          a.changeImg=img;        //为<a>添加 changeImg 属性保存对应<img>
          a.outImg=new Image();   //为<a>添加 outImg 属性保存默认原图片
          a.outImg.src=img.src;
          a.overImg=new Image();  //为<a>添加 overImg 属性保存翻转亮图片
          a.overImg.src="img/"+a.id+"_on.gif";
        }
     }
  }
  initImg();                       //人为调用 j11-8.js 文件的 onload 事件函数
}
function overImg ()
{ this.changeImg.src=this.overImg.src; }  //对应<img>加载亮图片
function outImg ()
{ this.changeImg.src=this.outImg.src; }   //对应<img>加载默认原图片
```

运行结果如图 11-15 和 11-16 所示。

图 11-15　鼠标指向超链接文本时图像翻转　　　图 11-16　鼠标指向图像时图像翻转

4．三状态图像翻转器

三状态翻转器需要三张图片，除了默认图片和鼠标指向的图片外，第三张在单击图片加载新页面的延时过程中显示。由于调试例题时直接运行 HTML，文件没有加载延时，所以无法看到单击时显示第三张图片，我们临时增加一个 alert() 对话框用于观察效果。

图片文件可采用以下命名方法：三张图片采用相同的前缀名称，默认图片增加"_off"、鼠标指向图片增加"_on"、第三张增加"_click"，三张图片文件名的后缀也必须相同。

三状态翻转器可为<img>标记设置 id 属性，属性值为三张图片文件名中相同的前缀部分，通过 img.id 属性值再增加"_off"、"_on"、"_click"及文件名后缀，即可分别获取三张图片文件。例如默认图片文件为 picture_off.gif、鼠标指向图片为 picture_on.gif，第三张为 picture_click.gif，则<img>标记的 id 属性值可设置为 picture。

更简单的方法是省略<img>的 id 属性，减少代码量，通过<img>的 src 属性获取默认图片，使用字符串检索"_off"，分离出相同的前缀部分和文件名后缀，再与"_on"或"_click"组合成另外两张图片文件名，也可以直接使用正则表达式将"_off"替换为"_on"或"_click"。

【例 h11-11.html】使用正则表达式实现两个三状态图像翻转器。第一个翻转器三张图片 button1_off.gif、button1_on.gif、button1_click.gif(单击为绿)。第二个翻转器三张图片 button2_off.gif、button2_on.gif、button2_click.gif(单击为绿)。

(1)　创建 h11-11.html 页面文档：

```
<!DOCTYPE html PUBLIC "-//W3C//DTD XHTML 1.0 Transitional//EN"
  "http://www.w3.org/TR/xhtml1/DTD/xhtml1-transitional.dtd" >
<html>
  <head>
    <title>三状态图像翻转器</title>
    <style type="text/css" > img { border-style:none; width:113px;
      height:33px; } </style>
    <script type="text/javascript" src="j11-11.js" > </script>
  </head>
  <body>
    <h3>三状态图像翻转器</h3>
    鼠标指向超链接图像可翻转，单击时显示第三张图片。<hr /><br />
    <a href="h11-8.html"> <img src="img/button1_off.gif" /> </a>
        
    <a href="h11-9.html"> <img src="img/button2_off.gif" /> </a>
  </body>
</html>
```

(2)　在同一目录下创建 JavaScript 外部脚本文件 j11-11.js：

```
onunload=function() {}
onload=initImg;
function initImg()              //预加载<a>标记中所有<img>标记使用的图像
{ var re=/\s*_off\s*/;         //正则表达式对象，如果_off 前后有空白符也将一起替换
  var imgs=document.getElementsByTagName("img"); //获取所有<img>标记对象数组
  for (var i=0; i<imgs.length; i++)          //对文档中所有<img>标记对象循环
  { var img=imgs[i];
    if ( img.parentNode.tagName=="A" ) //父标记是<a>的<img>
      { img.onmouseover=over;          //鼠标进入<img>事件
        img.overImg=new Image();       //为<img>添加 overImg 子对象属性
        img.overImg.src=img.src.replace(re, "_on"); //替换为指向图像文件名
        img.onmouseout=out;            //鼠标离开<img>事件
        img.outImg=new Image();        //为<img>添加 outImg 子对象属性
        img.outImg.src=img.src;
        img.onclick=click;             //鼠标单击<img>事件
        img.clickImg=new Image();      //为<img>添加 clickImg 子对象属性
        img.clickImg.src=
            img.src.replace(re, "_click"); //替换为单击图像文件名
```

```
        }
      }
   }
function over() { this.src=this.overImg.src; }
function out()  { this.src=this.outImg.src; }
function click()
{ this.src=this.clickImg.src;  alert("单击时显示第三张图片"); }
```

运行结果如图 11-17 所示。

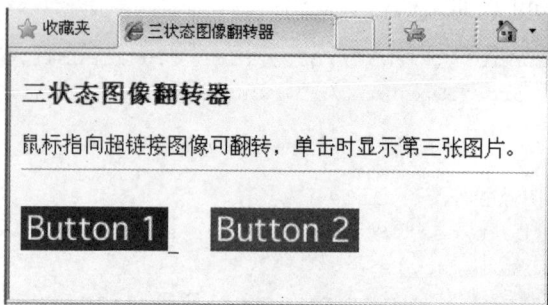

图 11-17　鼠标指向第二个图像翻转器(红色)

5．一个超链接触发多个翻转器、多个超链接触发同一个翻转器

一个超链接<a>可以触发多个图像翻转器，当鼠标进入该超链接时既可触发自身翻转，还可以同时触发多个其他的翻转器发生翻转。为了能找到其他的翻转器，必须为各个翻转器设置各自的 id 属性，并将各翻转器的 id 作为触发翻转<a>标记的 class 属性(多个class 属性值包括样式类必须以空格隔开)，由超链接通过 class 找到各翻转器。如果超链接<a>的内部是<img>标记，也可以将各翻转器的 id 作为该<img>的 class 属性，由<img>通过class 找到各翻转器。

多个超链接(图像)也可以触发同一个图像翻转器，就是为多个超链接(图像)设置一个公用图像翻转器，默认初始图片可使用背景色的空图片，各超链接的翻转图片文件名增加统一的特定字符，无论鼠标进入其中哪个超链接(图像)，都会触发公用翻转器翻转为与其对应的说明性图像。公用翻转器必须设置 id 属性并作为各个超链接(图像)的 class 属性值以便找到公用翻转器。

【例 h11-12.html】通过多个超链接中的图像触发公用的图像翻转器，每个超链接中的图像还可同时触发自身翻转。

本例假设所有超链接<a>中的<img>都是图像翻转器，并通过<img>触发公用翻转器，所以必须将其他的公用翻转器 id 作为<img>的 class 属性。

本例第一、二个超链接可同时触发 public1、public2 公用图像翻转器，第三、四个超链接只触发 public1 翻转器，第五个超链接不触发公用翻转器。

假设公用翻转器 id 为 public1、public2，超链接图片文件名构成规则为：若默认图片为 news.gif，则自身翻转图像为 news_on.gif，在 public1 中翻转的图片为 news_public1.gif，在 public2 中翻转的图片为 news_public2.gif。如果能像 h11-11.html 那样在默认图片的文件名中使用特殊字符"_off"，则使用正则表达式替换文件名会更简单。

(1)　创建 h11-12.html 页面文档：

```
<!DOCTYPE html PUBLIC "-//W3C//DTD XHTML 1.0 Transitional//EN"
  "http://www.w3.org/TR/xhtml1/DTD/xhtml1-transitional.dtd" >
<html><head>
    <title>多链接触发同一翻转器</title>
    <style type="text/css">
      body { background-color:#EECC99; }
      img  { border-style:none; }
      #public1, #public2 { width:75px; height:85px; }
    </style>
    <script type="text/javascript" src="j11-12.js"> </script>
</head><body>
    <h3>多个超链接触发多个图像翻转器</h3>
    <div>您现在指向的超链接是: <br />
        <img id="public1" src="img/bg.gif" alt="默认背景色空图片" />
        <img id="public2" src="img/bg.gif" alt="默认背景色空图片" /> <hr />
    </div>
    <a href="h11-1.html"> <img src="img/news.gif"
      class="public1 public2" /> </a>
    <a href="h11-2.html"> <img src="img/products.gif"
      class="public1 public2" /></a>
    <a href="h11-3.html"> <img src="img/order.gif" class="public1" /></a>
    <a href="h11-4.html"> <img src="img/goodies.gif" class="public1" />
    </a>
    <a href="h11-5.html"> <img src="img/about.gif" /></a>
</body></html>
```

(2)　在同一目录下创建 JavaScript 外部脚本文件 j11-12.js。

该例题的核心是各超链接中的<img>标记通过 class 查找其他多个翻转器，而且必须为触发多个翻转器的<img>标记添加 changeImg、overImg 和 outImg 三个数组子对象属性，每个数组元素都必须创建为 Image 图像对象，其中 changeImg 数组元素分别保存所触发的<img>翻转器对象(包括自身)，而 overImg 和 outImg 数组元素分别保存对应翻转器对象使用的翻转图片和默认的原始图片。如 img.changeImg[0]若保存某个翻转器 img0 对象，则 img.overImg[0]和 img.outImg[0]分别保存对应该 img0 对象使用的翻转图片和原始图片。

代码如下：

```
onunload=function() {}
onload=initImg;
function initImg()
{ var imgs=document.getElementsByTagName("img"); //获取所有<img>标记对象数组
  for (var i=0; i<imgs.length; i++)          //对文档中所有<img>标记对象循环
  {
    var img=imgs[i];
    if ( img.parentNode.tagName=="A" )   //父标记是<a>的<img>对象
    { img.onmouseover=over;            //为<img>指定鼠标进入事件
```

```
        img.onmouseout=out;               //为<img>指定鼠标离开事件
        img.changeImg=new Array();        //为<img>添加子对象数组保存多个翻转器
        img.overImg=new Array();          //为<img>添加子对象数组保存多个翻转图片
        img.outImg=new Array();           //为<img>添加子对象数组保存多个默认图片
        var len=0;                        //可触发翻转器的个数，即子对象数组长度

        if (img.className )               //<img>标记的class属性存在
         { var overs=
             img.className.split(" ");   //获取<img>按空格拆分的class属性数组
           for(var j=0; j<overs.length; j++)    //对class属性数组循环
            { var oImg=
               document.getElementById(overs[j]); //获取class指定id翻转器
            if (oImg)                      //如果该翻转器存在，保存对应图片
             { img.changeImg[len]=oImg;    //添加子对象数组元保存翻转器对象
              img.overImg[len]=new Image(); //添加子对象数组元素为Image对象
              var index=img.src.indexOf("."); //获取原默认图像文件"."的位置
              var start=img.src.substring(0, index); //获取原默认图像的文件名
              var end=img.src.substring(index); //获取原默认图像的文件名后缀
              img.overImg[len].src=
                start+"_"+overs[j]+end;   //为该翻转器保存图像
              img.outImg[len]=new Image(); //添加子对象数组元素
              img.outImg[len].src=oImg.src; //保存该翻转器默认原图片
              len++;
             }
            }
         }
        img.changeImg[len]=img;           //添加子对象数组元保存超链接翻转器自身
        img.overImg[len]=new Image();     //添加子对象数组元素为Image对象
        var index=img.src.indexOf(".");   //获取原默认图像文件"."的位置
        var start=img.src.substring(0, index); //获取原默认图像的文件名
        var end=img.src.substring(index); //获取原默认图像的文件名后缀
        img.overImg[len].src=start+"_on"+end; //为该翻转器保存翻转加亮图像
        img.outImg[len]=new Image();      //添加子对象数组元素为Image对象
        img.outImg[len].src=img.src;      //保存该翻转器默认原图片
       }
     }
   }

function over()   //鼠标进入超链接时为所有翻转器加载翻转图片
{ for (var i=0; i<this.changeImg.length; i++)
   this.changeImg[i].src=this.overImg[i].src; }

function out()    //鼠标离开超链接时为所有翻转器恢复原默认图片
{ for (var i=0; i<this.changeImg.length; i++)
   this.changeImg[i].src=this.outImg[i].src; }
```

运行结果如图11-18和11-19所示。

図 11-18　鼠标指向第一个超链接时图像翻转　　图 11-19　鼠标指向第四个超链接时图像翻转

【例 h11-13.html】通过超链接<a>标记触发多个公用的其他图像翻转器。

本例假设所有超链接<a>中的<img>都是图像翻转器，超链接图像自身的翻转引用 j11-8.js 通用文件，通过<a>标记触发其他翻转器，尤其适合于超链接文本触发其他翻转器。若其他翻转器 id 为 public1、public2，则<a>标记的 class 属性必须为"public1 public2 ..."，若超链接默认图片为 news.gif，自身翻转图像为 news_on.gif，在 public1 中翻转的图片为 news_public1.gif，在 public1 中翻转的图片为 news_public2.gif，则<a>标记的 id 属性为图像文件名前缀部分"news"。运行结果与图 11-18 和 11-19 相同。

(1) 改写 h11-12.html，创建页面文档 h11-13.html：

```
<!DOCTYPE html PUBLIC "-//W3C//DTD XHTML 1.0 Transitional//EN"
  "http://www.w3.org/TR/xhtml1/DTD/xhtml1-transitional.dtd" >
<html>
  <head>
    <title>多链接触发同一翻转器</title>
    <style type="text/css">
      body { background-color:#EECC99; }
      img { border-style:none; }
      #public1, #public2 { width:75px; height:85px; }
    </style>
    <script type="text/javascript" src="j11-8.js"> </script>
    <script type="text/javascript" src="j11-13.js"> </script>
  </head>
<body>
    <h3>多个超链接触发多个图像翻转器</h3>
    <div>您现在指向的超链接是: <br />
        <img id="public1" src="img/bg.gif" alt="默认背景色空图片" />
        <img id="public2" src="img/bg.gif" alt="默认背景色空图片" /> <hr />
    </div>
    <a href="h11-1.html" id="news" class="public1 public2">
      <img src="img/news.gif" /> </a>
    <a href="h11-2.html" id="products" class="public1 public2">
      <img src="img/products.gif" /></a>
    <a href="h11-3.html" id="order" class="public1">
```

```
    <img src="img/order.gif"/></a>
  <a href="h11-4.html" id="goodies" class="public1">
    <img src="img/goodies.gif" /></a>
  <a href="h11-5.html"> <img src="img/about.gif" /></a>
  </body>
</html>
```

(2) 在同一目录下创建 JavaScript 外部脚本文件 j11-13.js。

本文件通过各超链接<a>标记 class 仅查找其他翻转器，必须为 <a>标记添加 changeImg、overImg 和 outImg 数组子对象，分别保存其他翻转器对应的翻转图片和默认的原始图片。

代码如下：

```
onunload=function() {}
onload=initAImg;                        //不能与 j11-8.js 文件中的 onload 事件函数同名
function initAImg()
{ as=document.getElementsByTagName("a"); //获取所有<a>标记对象数组
  for (var i=0; i<as.length; i++)              //对文档中所有<a>标记对象循环
   { var a=as[i];
     if (a.id && a.className )              //<a>标记 id 与 class 属性都存在
      { a.changeImg=new Array();          //为<a>添加子对象数组保存多个翻转器
        a.overImg=new Array();            //为<a>添加子对象数组保存多个翻转图片
        a.outImg=new Array();             //为<a>添加子对象数组保存多个默认图片
        a.onmouseover=overImg;            //指定鼠标进入事件，不能与 j11-8.js 同名
        a.onmouseout=outImg;              //指定鼠标离开事件，不能与 j11-8.js 同名
        var len=0;                        //可触发翻转器的个数，即子对象数组长度
        var overs=a.className.split(" "); //获取<a>按空格拆分的 class 属性数组
        for(var j=0; j<overs.length; j++)     //对<a>标记 class 属性数组循环
         { var oImg=
             document.getElementById(overs[j]);   //获取 class 指定 id 翻转器
           if (oImg)                       //如果该翻转器存在，保存对应图片
            { a.changeImg[len]=oImg;        //添加子对象数组元保存翻转器对象
              a.overImg[len]=new Image();   //添加子对象数组元素为 Image 对象
              a.overImg[len].src=
                "img/"+a.id+"_"+overs[j]+".gif";   //保存翻转图像
              a.outImg[len]=new Image();    //添加子对象数组元素
              a.outImg[len].src=oImg.src;   //保存该翻转器默认原图片
              len++;
   } } } }
   initImg();  //人为调用 j11-8.js 文件的 onload 事件函数设置超链接图像自身为翻转器
}
function overImg()   //鼠标进入超链接时为其他翻转器加载翻转图片
{ for (var i=0; i<this.changeImg.length; i++)
this.changeImg[i].src=this.overImg[i].src; }
function outImg()   //鼠标离开超链接时为其他翻转器恢复原默认图片
{ for (var i=0; i<this.changeImg.length; i++)
this.changeImg[i].src=this.outImg[i].src; }
```

6. 多个超链接触发文本翻转器

超链接可以触发图像翻转器，也可以触发多个文本翻转器，当鼠标进入与离开某个超链接时，可在不同的文本翻转器中显示不同的文本。

可以使用<span>或<div>标记作为行内或块级文本翻转器(初始值不能为空)，为了多个超链接能找到文本翻转器，必须为翻转器设置 id 属性并作为超链接标记的 class 属性。

由于显示的文本为普通字符串，为了代码的通用性，可为每个触发文本翻转器的超链接<a>标记设置 id 属性，并将<a>标记 id 属性，触发翻转的文本字符串分别定义为对应下标的数组，通过<a>标记 id 属性所在的下标找到对应的翻转文本。如果超链接<a>的内部是<img>标记，也可以将文本翻转器 id 作为该<img>的 class 属性由<img>通过 class 找到翻转器，并为<img>设置 id，通过<img>标记 id 属性所在的下标找到对应的翻转文本。

【例 h11-14.html】多个超链接触发同一个文本翻转器。

本例假设所有超链接<a>中的<img>都是图像翻转器，超链接图像自身的翻转引用 j11-8.js 通用文件，而通过<a>标记触发文本翻转器。

(1)　创建 h11-14.html 页面文档：

```
<!DOCTYPE html PUBLIC "-//W3C//DTD XHTML 1.0 Transitional//EN"
  "http://www.w3.org/TR/xhtml1/DTD/xhtml1-transitional.dtd" >
<html>
  <head> <title>多个链接触发同一文本翻转器</title>
      <style type="text/css">
        img  { border-style:none; }
        #text { color:red; font-weight:bold; }
      </style>
      <script type="text/javascript" src="j11-8.js"> </script>
      <script type="text/javascript" src="j11-14.js"> </script>
  </head>
  <body>
    <h3>多个超链接触发同一文本翻转器</h3>
    <div>您现在指向的超链接是: <span id="text" />暂无超链接</span></div><hr />
    <a href="h11-1.html" id="newText" class="text">
      <img src="img/news.gif" /> </a>
    <a href="h11-2.html" id="proText" class="text">
      <img src="img/products.gif" /></a>
    <a href="h11-3.html" id="ordText" class="text">
      <img src="img/order.gif"/></a>
    <a href="h11-4.html" id="goodText" class="text">
      <img src="img/goodies.gif" /></a>
    <a href="h11-5.html" id="aboutText" class="text">
      <img src="img/about.gif" /></a>
  </body>
</html>
```

(2)　在同一目录下创建 JavaScript 外部脚本文件 j11-14.js。

本文件通过各超链接<a>标记 class 查找文本翻转器，为<a>标记添加 changeText 属性保存<span>文本翻转器，添加 overText 属性和 outText 属性分别保存对应翻转文本和默认文本。代码如下：

```
onunload=function() {}
var a_id=
  ["newText", "proText", "ordText", "goodText", "aboutText"];  //全局数组
var text=["新闻频道 h11-1.html 页面", "产品介绍 h11-2.html 页面",
  "签订合同 h11-3.html 页面", "糖果点心 h11-4.html 页面",
  "联系我们 h11-5.html 页面"];
onload=initText;                          //不能与 j11-8.js 文件中的 onload 事件函数同名
function initText()
{ as=document.getElementsByTagName("a");  //获取所有<a>标记对象数组
  for (var i=0; i<as.length; i++)              //对文档中所有<a>标记对象循环
   { var a=as[i];
     if (a.id && a.className )                 //<a>标记 id 与 class 属性都存在
      { var overs=a.className.split(" ");  //获取<a>按空格拆分的 class 属性数组
        for(var j=0; j<overs.length; j++)      //对<a>标记 class 属性数组循环
         { if (overs[j]=="text")               //<a>标记 class 中包含 text
            {var span=document.getElementById("text");//获取指定 id 文本翻转器
             a.onmouseover=overImg;       //指定鼠标进入事件，不能与 j11-8.js 同名
             a.onmouseout=outImg;         //指定鼠标离开事件，不能与 j11-8.js 同名
             a.changeText=span;           //为<a>添加属性保存<span>文本翻转器
             for (var k=0;
               k<a_id.length; k++) //循环查找<a>标记 id 属性在数组中的下标
              { if ( a.id==a_id[k])
                 { a.overText=text[k]; break; } //添加属性保存对应下标的翻转文本
              }
             a.outText=
               span.firstChild.nodeValue; //为<a>添加属性保存翻转器默认文本
   } } } }
  initImg();  //人为调用 j11-8.js 文件的 onload 事件函数设置超链接图像自身为翻转器
}
function overImg()    //鼠标进入超链接时文本翻转器显示对应翻转文本
{ this.changeText.firstChild.nodeValue=this.overText; }
function outImg()     //鼠标离开超链接时文本翻转器显示原默认文本
{ this.changeText.firstChild.nodeValue=this.outText; }
```

运行结果如图 11-20 和 11-21 所示。

图 11-20　默认页面显示结果　　　　图 11-21　鼠标指向超链接图像时显示结果

11.2.2 移动图像——漂浮广告

通过有规律地循环对图像进行定位，可实现图像的移动效果，漂浮广告就是一幅在浏览器页面中自由移动的图片，所谓漂浮，就是随机对图像进行定位。

【例 h11-15.html】移动图像。本例通过图像移动，模拟了一个鱼缸，以及月亮的盈亏效果，整个页面中还有一幅漂浮图像。

(1) 创建 h11-15.html 页面文档：

```
<!DOCTYPE html PUBLIC "-//W3C//DTD XHTML 1.0 Transitional//EN"
  "http://www.w3.org/TR/xhtml1/DTD/xhtml1-transitional.dtd" >
<html>
  <head> <title>移动图像</title>
        <link rel="stylesheet" rev="stylesheet" href="c11-15.css" />
        <script type="text/javascript" src="j11-15.js"> </script>
  </head>
  <body>
   <div id="fishTank">
     <h3>虚拟鱼缸</h3>
     <p>在虚拟鱼缸里你永远不必担心忘记喂鱼。</p>
     <img id="lfish" src="img/lfish.gif" alt="欢乐鱼" />
     <img id="rfish" src="img/rfish.gif" alt="欢乐鱼" />
   </div>
   <div id="moon">
     <h3>月亮盈亏</h3>
     <img id="black" src="img/black_dot.gif" alt="背景" />
     <img id="mover" src="img/full_moon.jpg" alt="月球" />
   </div>
   <img id="adLayer" src="img/piaofu.gif" alt="漂浮广告" />
  </body>
</html>
```

(2) 在同一目录下创建 CSS 外部样式表文件 c11-15.css。

JavaScript 代码只能获取使用在标记内用 style 属性设置的 CSS 偏移量，在 CSS 样式表中设置的偏移量不能被 JavaScript 代码直接获取，必须在 JavaScript 代码中先赋值激活后方可使用，因此由 JavaScript 赋初值的偏移量在 CSS 中可以省略(斜线部分)。

代码如下：

```
div { height:270px; margin:5px; position:relative; }  /* 父元素相对定位 */
#fishTank { background-image:url(img/water.jpg); }
h3, p { text-align:center; }
#lfish, #rfish { position:absolute; top:75px; }       /* 移动子元素绝对定位 */
#moon { background-color: #000; }
#moon h3 { color:#FFF; }
#black { width:250px; height:250px; position:absolute; left:300px;
  top:15px; z-index:2; }
#mover { width:232px; height:232px; position:absolute; left:5px;
  top:20px; z-index:1; }
```

```
#adLayer { width:200px; height:300px; z-index:5; position:absolute;
    left:10px; top:50px; }
```

(3) 在同一目录下创建 JavaScript 外部脚本文件 j11-15.js。

对在 CSS 样式表中设置的元素定位偏移量，在 JavaScript 中必须先赋值激活后，方可使用。

代码如下：

```
var fishStyle, adStyle, moverStyle,
  gox=1, goy=1, black=1;   //控制层移动方向的全局变量
onunload=function() {}
onload=initBody;
function initBody()
{ lfishStyle=document.getElementById("lfish").style;
  rfishStyle=document.getElementById("rfish").style;
  lfishStyle.left=
    document.body.offsetWidth+"px";  //赋值激活，对火狐必须带有单位
  rfishStyle.left=-118+"px";
  setInterval("fishSwim()", 70);                //每隔70毫秒自动循环调用
  moverStyle=document.getElementById("mover").style;
  moverStyle.left=5+"px";                    //必须先赋值激活才能使用
  setInterval("moonMove()", 20);               //每隔20毫秒自动循环调用
  adStyle=document.getElementById("adLayer").style;
  adStyle.left=10+"px"; adStyle.top=50+"px";     //必须先赋值激活才能使用
  adFloat();                             //调用漂浮广告的移动函数
}
function fishSwim()
{ var lleft=parseInt(lfishStyle.left)-5;
  lfishStyle.left=lleft+"px";
  if (lleft<-118) lfishStyle.left=document.body.offsetWidth+"px";
  var rleft=parseInt(rfishStyle.left)+5;
  rfishStyle.left=rleft+"px";
  if (rleft>document.body.offsetWidth) rfishStyle.left=-118+"px";
}
function moonMove()
{ var w=document.body.offsetWidth;          //获取窗口宽度
  var left=parseInt(moverStyle.left)+black;
  moverStyle.left=left+"px";
  if (left<0 || left+232>w ) black=-black;
}
function adFloat()
{ var w=document.body.offsetWidth;            //获取窗口尺寸
  var h=document.body.offsetHeight;
  var x=parseInt(adStyle.left)
    + gox*Math.ceil(Math.random()*4);   //x方向增减值1~5
  var y=parseInt(adStyle.top)
    + goy*Math.ceil(Math.random()*4);   //y方向增减值1~5
```

```
        if (x<0)
        { gox=-gox; x=0; }  //反向，固定值移动可用 if (x<0 || x+200>w ) gox=-gox;
        else if (x+200>w)
        { gox=-gox; x=w-200; }    //使用随机值防止反复反向无法脱离边缘
        if (y<0)
        { goy=-goy; y=0; }  //反向，固定值移动可用 if (y<0 || y+300>h ) goy=-goy;
        else if (y+300>h)
        { goy=-goy; y=h-300; }     //垂直反向，防止反复反向而无法脱离边缘
        adStyle.left=x+"px";                   //修改坐标
        adStyle.top=y+"px";
        setTimeout("adFloat()", 70);               //70 毫秒递归调用一次
    }
```

运行结果如图 11-22 所示。

图 11-22　移动或漂浮的图像

11.2.3　随机显示一条文本或一幅图像

如果页面中准备有多种文本资料或图片，而每次需要显示一条文本或一幅图片时，可以采用随机抽取的方法，每次加载页面时可任意加载其中之一。

【例 h11-16.html】每次页面加载时随机抽取一句格言、一幅图片。

(1) 创建 h11-16.html 页面文档，其中 spacer.gif 是一个占位的空图片：

```
<!DOCTYPE html PUBLIC "-//W3C//DTD XHTML 1.0 Transitional//EN"
  "http://www.w3.org/TR/xhtml1/DTD/xhtml1-transitional.dtd" >
<html>
  <head> <title>显示随机格言与图像</title>
      <style type="text/css">
          dl { background-color:#EEE; margin:0 15px 10px;
              padding:15px; float:left; }
```

```
        #myText { color:red; font-weight:bold; }
        #myImg { width:75px; height:85px; float:left; }
        #clear { clear:both; }
      </style>
      <script type="text/javascript" src="j11-16.js"> </script>
   </head>

   <body>
    <h3>随机显示名人格言与图像</h3>
    <p>刷新、重新载入页面可看到其他名人格言及图片。</p>
    <dl> <dt id="myText"> </dt> <br /> <dd id="myName"> </dd>
    </dl>
    <img id="myImg" src="img/spacer.gif" alt="随机图像" />
    <div id="clear">欢迎您经常光顾本网站！</div>
   </body>
</html>
```

(2) 在同一目录下创建 JavaScript 外部脚本文件 j11-16.js：

```
var names=["列宁", "高尔基", "谚语", "诸葛亮", "韩愈", "老子"];
var texts=["书籍是巨大的力量。", "书是人类进步的阶梯。", "书到用时方恨少，事非经过
不知难。", "非学无以广才，非志无以成学。", "业精于勤，荒于嬉；行成于思，毁于随。", "
千里之行，始于足下。"];
var imgs=["news", "products", "order", "goodies", "about"];
onunload=function() {}
onload=initBody;

function initBody()
{ var num1=Math.floor( Math.random()*names.length );  //截断取整数
  var num2=Math.floor( Math.random()*imgs.length );
  document.getElementById("myText").firstChild.nodeValue="\""+texts[num1]+"\"";
  document.getElementById("myName").firstChild.nodeValue=" — "
    + names[num1];
  document.getElementById("myImg").src="img/" + imgs[num2] + "_on.gif";
}
```

运行结果如图 11-23 和 11-24 所示。

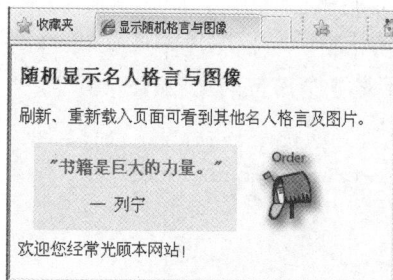

图 11-23　默认页面显示结果

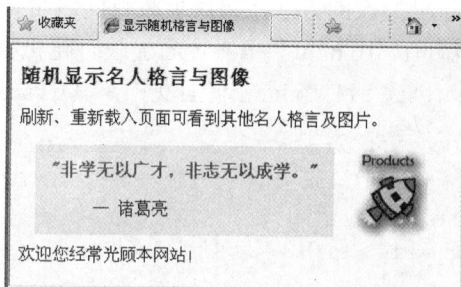

图 11-24　刷新页面显示结果

11.2.4　循环显示图像广告

通过 JavaScript 脚本代码控制，我们可以像播放幻灯片那样在页面某一个位置上循环显示多幅图像广告，既可以由客户手动显示上一张或下一张图像，也可以从第一张或随机选取一张开始自动循环显示，还可以为每幅图像设置不同的文本介绍，并为每幅图像设置不同的超链接页面。

1. 手动变换图像

【例 h11-17.html】用户通过鼠标单击或按下光标左右移动键显示上一张或下一张图像，并且可以鼠标单击图像或按 Enter 键超链接到对应的不同页面(斜体代码)。

(1)　创建 h11-17.html 页面文档，若不需要图像超链接可去掉斜体代码：

```
<!DOCTYPE html PUBLIC "-//W3C//DTD XHTML 1.0 Transitional//EN"
    "http://www.w3.org/TR/xhtml1/DTD/xhtml1-transitional.dtd" >
<html>
  <head> <title>手动播放图片</title>
      <style type="text/css">
        #main, #picture, #text { float:left; }
        #picture { border-style:none; width:400px;
                    height:300px; margin:5px; }
        #text   { background-color:#EEE;
                  width:400px; height:280px; margin:5px; padding:10px; }
        #clear { clear:left; margin-left:100px; color:blue;
                  font-weight:bold; cursor:hand; }
      </style>
      <script type="text/javascript" src="j11-17.js" > </script>
  </head>
  <body>
    <h3>鼠标单击或按下光标左右移动键显示不同图像，单击图像或按回车键超链接不同页面。
    </h3>
    <div id="main">
      <a id="imgs" href="h11-1.html" > <!-- 单击每幅图像都可超链接不同页面 -->
        <img id="picture" src="img/sict/sict1.jpg" alt="循环播放图像" />
      </a>
      <div id="text">山东商业职业技术学院：群山环抱、空气新鲜、风景优美，令莘莘学子
心旷神怡…</div>
    </div>
    <div id="clear"><span id="prev">&lt;&lt;前一张</span>  
            <span id="next">下一张&gt;&gt;</span></div>
  </body>
</html>
```

翻动图片的按钮也可使用以下代码：

```
<div id="clear"><span id="prev"><img src="img/prev.gif" />前一张</span>
    
<span id="next">下一张<img src="img/next.gif" /></span> </div>
```

或者使用按钮标记：

```
<div id="clear"><input id="prev" type="button" value="&lt;&lt;前一张" />
    
<input id="next" type="button" value="下一张&gt;&gt;" /> </div>
```

(2) 在同一目录下创建 JavaScript 外部脚本文件 j11-17.js：

```
var num=0;                          //图像下标全局变量
var imgs=["sict1", "sict2", "sict3", "sict4", "sict5", "sict6",
  "sict7", "sict8", "sict9" ];
var loadedimgs=new Array();         //图像对象数组
for(var i=0; i<imgs.length; i++)    //预装载全部图像对象，避免临时加载延时
  { loadedimgs[i]=new Image();
loadedimgs[i].src="img/sict/"+imgs[num]+".jpg"; }
var texts=["山东商业职业技术学院：群山环抱、空气新鲜、风景优美，令莘莘学子心旷神怡…
", "图书馆：雄伟气魄……", "办公楼：湖面倒影，荷花相映……", "致远林：读书明志，宁静
致远……", "商鼎广场：鲁商文化的标志……", "校内第一湖：湖光山色，交相辉映……", "教
学楼：静雅环翠，教学育人……", "镜湖映月：校内第二湖，小巧玲珑，幽静藏珠……", "体育
馆场：孕育了一代高校棒球冠军……" ];
var links=["11-1", "11-2", "11-3", "11-4", "11-5", "11-6", "11-7", "11-
8", "11-9" ];
onunload=function() {}
onload=initLinks;
function initLinks()
{ document.onkeydown=key;                      //文档对象响应按键事件
  document.getElementById("prev").onclick=previous;  //前一张<span>单击事件
  document.getElementById("next").onclick=next;      //下一张<span>单击事件
  var img=document.getElementById("picture");
  if ( img.parentNode.tagName=="A" )           //图像父标记为<a>
    { img.parentNode.onclick=newLocation; }    //为父标记<a>设置单击事件
}
function key(evt)      //按键事件，IE 不支持隐式自动传递事件对象 evt
{ var thisKey= (evt) ? evt.which : event.keyCode;  //不同浏览器获取按键的键码
  if (thisKey==37) { previous(); }             //光标左移动箭头，调用"前一张"函数
  else if (thisKey==39) { next(); }            //光标右移动箭头，调用"下一张"函数
  else if (thisKey==13) { newLocation(); }     //打回车加载对应的超链接页面
}
function previous() { newSlide(-1); } //单击前一张<span>事件，传递-1 调用函数
function next() { newSlide(1); }      //单击下一张<span>事件，传递 1 调用函数
function newSlide(addNum)
{ num+=addNum;
  if (num<0) { num=imgs.length-1; }
  else if (num==imgs.length) { num=0; }
  document.getElementById("picture").src="img/sict/"+imgs[num]+".jpg";
  document.getElementById("text").firstChild.nodeValue=texts[num];
}
function newLocation()     //单击图片超链接事件—重定向
```

```
{ location.href="h"+ links[num]+ ".html";          //在当前窗口打开新页面
  // open("h"+ links[num]+ ".html");                //用独立窗口打开新页面
  return false;                                     //取消<a>标记默认的超链接
}
```

运行结果如图 11-25 所示。

图 11-25　鼠标或光标左右移动键翻动图像

2. 自动循环显示图像

【例 h11-18.html】从随机指定的图像开始(斜体代码)自动循环播放动画广告，鼠标单击图像可超链接到对应的不同页面(斜体代码)。

(1) 创建 h11-18.html 页面文档：

```
<!DOCTYPE html PUBLIC "-//W3C//DTD XHTML 1.0 Transitional//EN"
  "http://www.w3.org/TR/xhtml1/DTD/xhtml1-transitional.dtd" >
<html>
  <head> <title>自动循环播放图片</title>
      <style type="text/css">
        #main, #picture, #text { float:left; }
        #picture { border-style:none; width:400px; height:300px;
              margin:5px; }
        #text    { background-color:#EEE;
              width:400px; height:280px; margin:5px; padding:10px; }
        #clear { clear:left; }
      </style>
      <script type="text/javascript" src="j11-18.js" > </script>
  </head>
  <body>
    <h3>自动循环播放图片。</h3>
    <div id="main">
     <a id="imgs" href="h11-1.html" > <!-- 虚超链接—响应单击事件重定向 -->
      <img id="picture" src="img/sict/sict1.jpg" alt="自动循环播放图像" />
     </a>
     <div id="text">图像解释文本，不能为空</div>
    </div>
    <div id="clear">后续其他页面内容</div>
  </body>
</html>
```

（2）在同一目录下创建 JavaScript 外部脚本文件 j11-18.js：

```javascript
var text, img, num=0;                    //图像及其下标全局变量
var imgs=["sict1", "sict2", "sict3", "sict4", "sict5", "sict6",
  "sict7", "sict8", "sict9" ];
var loadedimgs=new Array();              //图像对象数组
for(var i=0; i<imgs.length; i++)         //预装载全部图像对象，避免临时加载延时
  { loadedimgs[i]=new Image();
    loadedimgs[i].src="img/sict/"+imgs[num]+".jpg"; }
var texts=["山东商业职业技术学院：群山环抱、空气新鲜、风景优美，令莘莘学子心旷神怡…
", "图书馆：雄伟气魄……", "办公楼：湖面倒影，荷花相映……", "致远林：读书明志，宁静
致远……", "商鼎广场：鲁商文化的标志……", "校内第一湖：湖光山色，交相辉映……", "教
学楼：静雅环翠，教学育人……", "镜湖映月：校内第二湖，小巧玲珑，幽静藏珠……", "体育
馆场：孕育了一代高校棒球冠军……" ];
var links=["11-1", "11-2", "11-3", "11-4", "11-5", "11-6",
    "11-7", "11-8", "11-9" ];
onunload=function() {}
onload=initLinks;
function initLinks()
{ img=document.getElementById("picture");
  text=document.getElementById("text");
  if ( img.parentNode.tagName=="A" )                //图像父标记为<a>
    { img.parentNode.onclick=newLocation; }         //为父标记<a>设置单击事件
  num=Math.floor( Math.random()*imgs.length ); //截断取整数，随机确定开始图像
  rotate();                                         //调用循环播放图像函数
}
function rotate()          //播放新图像函数
{ if ( ++num>=imgs.length) num=0;
  img.src="img/sict/"+imgs[num]+".jpg";
  text.firstChild.nodeValue=texts[num];
  setTimeout("rotate()", 3000);                     //每3秒钟递归调用播放图像函数
}
function newLocation()     //单击图片超链接事件
{ location.href="h"+ links[num]+ ".html";           //在当前窗口打开新页面
  // open("h"+ links[num]+ ".html");                 //用独立窗口打开新页面
  return false;                                      //取消<a>标记默认的超链接
}
```

运行结果如图 11-26 所示。

图 11-26　从随机指定图像开始自动循环播放图像

3．使用 IE 浏览器动态滤镜自动循环显示图像

【例 h11-19.html】IE 浏览器使用动态滤镜效果从随机指定图像开始(斜体代码)自动循环播放动画广告，鼠标单击图像可超链接到对应的不同页面(斜体代码)。

IE 浏览器专有的 CSS 动态滤镜(其他 CSS 滤镜请参阅其他相关书籍)：

```
Filter:revealtrans(duration=转换间隔秒数, transition=动态转换效果类型)
```

其中 transition 参数的取值如下。

0：矩形收缩转换	1：矩形扩张转换	2：圆形收缩转换
3：圆形扩张转换	4：向上擦除	5：向下擦除
6：向右擦除	7：向左擦除	8：纵向百叶窗转换。
9：横向百叶窗转换	10：国际象棋棋盘横向转换	11：国际象棋棋盘纵向转换
12：随机杂点干扰转换	13：左右关门效果转换	14：左右开门效果转换
15：上下关门效果转换	16：上下开门效果转换。	

17：从右上角到左下角的锯齿边覆盖效果转换。

18：从右下角到左上角的锯齿边覆盖效果转换。

19：从左上角到右下角的锯齿边覆盖效果转换。

20：从左下角到右上角的锯齿边覆盖效果转换。

21：随机横线条转换　　　22：随机竖线条转换

23：随机产生所有可能的转换值，即自动随机抽取 0~22 的变换效果之一。

> 注意：① 必须在<img>标记内用 style 指定动态滤镜样式，然后方可通过 JavaScript 来设置 transition。
> ② 设置动态滤镜后，还需要运行 apply 和 play 函数以加载激活变换和运行的效果。

(1) 创建 h11-19.html 页面文档。只需修改 h11-18.html 代码引用文件，并在<img>标记中增加 style 指定动态滤镜样式：

```
<script type="text/javascript" src="j11-19.js" > </script>
<a id="imgs" href="h11-1.html" > <!-- 虚超链接——响应单击事件重定向 -->
  <img id="picture" src="img/sict/sict1.jpg" alt="自动循环播放图像"
    style="filter:revealTrans(duration=2, transition=23)" />
</a>
```

(2) 在同一目录下创建 JavaScript 外部脚本文件 j11-19.js。只需修改 j11-18.js 文件循环播放图像函数，增加设置动态滤镜的代码(注意顺序)：

```
function rotate()              //播放新图像函数
{ if (++num>=imgs.length) num=0;
  if (document.all)                        //是 IE 浏览器
  { img.filters.revealTrans.transition=Math.floor(Math.random()*23);
      //可直接设置为 imag.filters.revealTrans.transition=23; 使用默认随机效果
    img.filters.revealTrans.apply(); }        //设置该标记动态变换效果
  img.src="img/sict/"+imgs[num]+".jpg";
  if (document.all) img.filters.revealTrans.play();    //最后运行动态变换效果
```

```
text.firstChild.nodeValue=texts[num];
setTimeout("rotate()", 3000);                    //每 3 秒钟递归调用播放图像函数
}
```

运行效果在火狐等浏览器中无变化，在 IE 浏览器中则可通过动态滤镜变换图像，如图 11-27 所示。

图 11-27 IE 浏览器使用动态滤镜从随机指定图像开始自动循环播放图像

11.3 超链接与浏览器窗口操作

11.3.1 灵活使用超链接

1. 在被链接页面中显示链接它的页面

使用 document.referrer 属性可获取链接当前页面的页面 URL，如果不是被超链接而是新打开窗口在地址栏请求的页面，则 referrer 属性为 null，通过判断 referrer 是否存在并通过检索 URL 中的部分 IP 地址或域名还可确定是从哪个网站超链接过来的。当网站间有协作关系时，可对从友好站点链接过来的用户提供特殊服务或显示链接它的页面。

【例 h11-20.html】在被链接页面中显示引用它的页面。代码如下：

```
<!DOCTYPE html PUBLIC "-//W3C//DTD XHTML 1.0 Transitional//EN"
  "http://www.w3.org/TR/xhtml1/DTD/xhtml1-transitional.dtd" >
<html>
  <head><title>显示链接页面</title>
    <script type="text/javascript">
    onload=writeMessage;
    function writeMessage()
    { if (document.referrer )    //referrerl 存在，也可进一步判断该网站的 URL
      { document.getElementById("referrer").firstChild.nodeValue=
            "欢迎您从" + document.referrer + "页面来到本网站";
      }
    }
    </script>
  </head>
```

```
<body>
  <h3 id="referrer">欢迎您光临本网站</h3>
</body>
</html>
```

直接运行 h11-20.html 页面如图 11-28 所示，运行 h11-21.html 页面(必须使用虚拟服务器运行)超链接到 h11-7.html 页面时如图 11-29 所示。

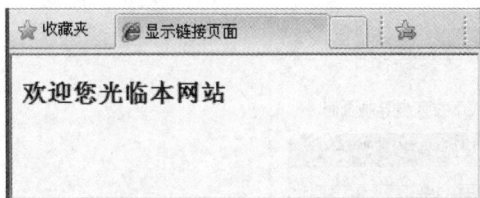

图 11-28　单独运行 h11-20.html 页面　　　图 11-29　被链接时显示引用它的页面

2. 超链接的重定向

如果需要在超链接到目标页面之前执行某种操作，例如给出用户离开自己网站的提示，由用户选择是否执行链接，则可通过 JavaScript 代码来实现。

通过 JavaScript 代码也可对超链接进行重定向——即隐藏被链接的页面，在页面代码中看到的是转向 A 页面，而执行 JavaScript 后实际上却转向了 B 页面，即通过脚本可以干预超链接实现重定向。

【例 h11-21.html】页面转向的提示与超链接重定向。

(1) 创建 h11-21.html 页面文档：

```
<!DOCTYPE html PUBLIC "-//W3C//DTD XHTML 1.0 Transitional//EN"
  "http://www.w3.org/TR/xhtml1/DTD/xhtml1-transitional.dtd" >
<html>
  <head> <title>超链接的重定向</title>
        <script src="j11-21.js" type="text/javascript"> </script>
  </head>
  <body>
    <p>点击<a href="h11-20.html">h11-20.html</a>显示欢迎页面。<br />
       点击<a id="ahref" href="h11-1.html">h11-1.html</a>显示纵向折叠式下拉列
              表导航页面。</p>
  </body>
</html>
```

(2) 在同一目录下创建 JavaScript 外部脚本文件 j11-21.js：

```
onunload=function() {};
onload=initAll;
function initAll()
{ document.getElementById("ahref").onclick=redirect; }
function redirect()
{ var boo=confirm("我们对其他网站的内容不负任何责任\n 您确定要转去该网站吗？");
  if (boo) window.location="h11-19.html";  //确定转向时实际转向了循环显示图像
```

```
        return false;                          //终止执行<a>标记本身的超链接动作
    }
```

页面运行的结果如图 11-30 所示，点击 "h11-20.html" 超链接后的页面如图 11-29 所示，点击 "h11-1.html" 超链接时，弹出确认对话框，用户单击 "确定" 按钮则实际转向了循环显示图像的 h11-19.html 页面，如图 11-27 所示，若不支持 JavaScript，则仍然按<a>标记执行超链接。

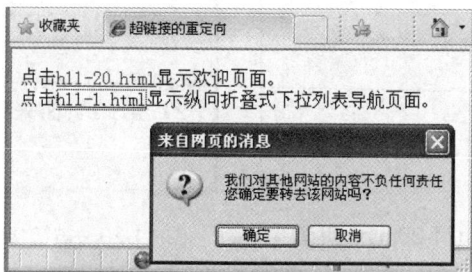

图 11-30　转向提示与超链接重定向

11.3.2　在独立窗口中打开超链接页面

W3C 的 XHTML 标准已经禁止了超链接<a>标记的 target 属性，不允许打开新窗口或在指定的框架中加载新页面，虽然目前指定为过渡型文档还可以继续使用 target 属性，但随着 W3C 标准的强化及新版本的推出，彻底禁止 target 属性也许只是迟早的问题。

即使禁止了<a>标记的 target 属性(有点过分)，我们仍然可以通过 JavaScript 代码设置 target 属性打开独立窗口加载超链接页面，也可以使用 window 对象的 open()方法打开独立的子窗口显示新页面(而且通过父窗口还可以操作子窗口)。

1．用 JavaScript 设置 target 属性打开新窗口

【例 h11-22.html】用独立窗口打开超链接页面。

本例通过 h11-8.html 图像翻转器对前两个超链接用独立窗口打开超链接页面。页面显示如图 11-11 和 11-12 所示，单击前两个超链接图像时，会打开新窗口显示链接的页面，其他超链接页面则在当前窗口中显示。

(1) 创建 h11-22.html 文档，对 h11-8.html 中需要使用独立窗口的前两个超链接<a>标记设置合法的向前引用 rel="external"属性作为标志(也可借用 class 属性设置标志)。

代码如下：

```
<!DOCTYPE html PUBLIC "-//W3C//DTD XHTML 1.0 Transitional//EN"
  "http://www.w3.org/TR/xhtml1/DTD/xhtml1-transitional.dtd" >
<html>
  <head> <title>图像翻转器—悬放超链接按钮</title>
        <style type="text/css">  img { border-style:none; } </style>
        <script type="text/javascript" src="j11-22.js"> </script> </head>
  <body> <h3>图像翻转器</h3>
    鼠标指向超链接图像按钮可以加亮，点击后链接对应页面。<hr /><br />
    <a href="h11-1.html" rel="external" >
```

```
     <img src="img/news.gif" alt="新闻" /> </a>
  <a href="h11-2.html" rel="external" >
    <img src="img/products.gif" alt="产品" /></a>
  <a href="h11-3.html"> <img src="img/order.gif" alt="订单" /></a>
  <a href="h11-4.html"> <img src="img/goodies.gif" alt="糖果" /></a>
  <a href="h11-5.html"> <img src="img/about.gif" alt="关于我们" /></a>
 </body>
</html>
```

(2)　在同一目录下创建 JavaScript 外部脚本文件 j11-22.js。

修改 j11-8.js 文件，只需增加设置<a>标记 target 属性的代码(粗体部分)即可：

```
onunload=function() {}
onload=initImg;
function initImg()       //页面加载时，预加载<a>标记中所有<img>标记使用的图像
{ var as=document.getElementsByTagName("A");      //获取所有<a>标记对象数组
  for (var j=0; j<as.length; j++)                   //对所有<a>标记对象循环
    { var a=as[j];
      if (a.rel=="external") a.target="_blank";      //设置<a>标记的 target 属性
    }
  var imgs=document.getElementsByTagName("img"); //获取所有<img>标记对象数组
  for (var i=0; i<imgs.length; i++)                 //对文档中所有<img>标记对象循环
    { var img=imgs[i];
      if ( img.parentNode.tagName=="A" )      //父标记是<a>的<img>对象
        { img.onmouseover=over;               //为<img>指定鼠标进入事件
          img.onmouseout=out;                 //为<img>指定鼠标离开事件
          img.overImg=new Image();            //为<img>添加 overImg 子对象属性
          var index=img.src.indexOf(".");     //获取原默认图像文件名中"."的位置
          var start=img.src.substring(0, index);   //获取原默认图像的文件名
          var end=img.src.substring(index);     //获取原默认图像的文件名后缀
          img.overImg.src= start+"_on"+end; //为 overImg 子对象的属性加载亮图像
          img.outImg=new Image();             //为<img>添加 outImg 子对象属性
          img.outImg.src=img.src;             //outImg 子对象的属性保存原默认图像
        }
    }
}
function over()
{ this.src=this.overImg.src; }     //显示 overImg 对象中预加载的亮图像
function out()
{ this.src=this.outImg.src; }     //显示 outImg 对象中保存的原默认图像
```

2．用 window 对象 open()方法打开新窗口

在 h9-5.html 中我们已经介绍了如何使用 window 对象的 open()方法打开新窗口，对需要使用独立窗口的超链接<a>标记设置合法的向前引用 rel="external"属性作为标志(也可借用 class 属性设置标志)，可实现用独立窗口打开超链接页面。

(1)　直接使用 h11-22.html 文档。

(2) 修改 j11-22.js 代码并对用独立窗口的超链接增加单击事件函数 newWindows()(这些代码均已写在 j11-22.js 的例题代码中，使用 open()时去掉原代码 a.target="_blank";)。

具体代码如下：

```
function initImg()      //onload 事件函数
{ var as=document.getElementsByTagName("A");    //获取所有<a>标记对象数组
  for (var j=0; j<as.length; j++)                 //对所有<a>标记对象循环
    { var a=as[j];
      if (a.rel=="external") a.onclick=newWindows;//设置<a>标记的单击事件函数
    }
  //其余代码不变……
}
function newWindows()       //使用独立窗口的超链接<a>的单击事件函数
{ open( this.href );        //用独立窗口打开超链接页面
  return false;             //取消<a>标记默认的超链接
}
//其余函数不变……
```

11.4　表单处理与验证

表单是实现用户与服务器交互的最重要方法，用户对服务器的请求、提交给服务器的数据一般都是通过表单实现的，JavaScript 可实现客户端的表单验证，对用户提交数据的内容、格式进行初步的语法验证，符合要求再提交服务器进行最终验证，避免频繁提交服务器，即可减少网络传输、提高效率，也能减轻服务器的负担。

通过<form>标记的 onsubmit 事件函数，可在单击"提交"按钮时进行客户端表单验证，验证成功(返回 true)则提交服务器，验证失败(返回 false)终止提交。

失去焦点事件 onblur 可对某一项输入内容进行当即验证，若不符合要求，可用 focus()重新获得焦点并可用 select()方法选中原文本供用户修改，但一个页面中只能为一个元素设置 onblur 验证，否则可能会造成焦点转换的死循环。

简单语法验证包括输入内容不能为空(必填项)、输入字符的个数、对第 1 个字符或内容的限制(如非数字、大小写、日期的格式或范围、E-mail 及文件名的构成规则)、两项内容是否一致(如确认密码)、单选按钮组是否必须有一个被选中、复选框是否至少一项被选中、下拉列表是否为有效选项(如第一项的提示信息为无效选项)等。

11.4.1　使用正则表达式验证表单内容

1. 验证 E-mail 邮箱的构成规则

正则表达式：

`/^\w{2,}@\w{2,}\56\w{2,}$/`

其中^……$表示必须匹配一个完整的字符串，其匹配的内容为：

2 个以上单词字符 + @ + 2 个以上单词字符 + 圆点 + 2 个以上单词字符

例如 lfshun@163.com 是匹配文本，而 lfshun@163.com.cn 则不匹配。

正则表达式：

```
/^\w+(-?\w+)*@\w+(-?\w+)*(\56\w{2,3})+$/;
```

则表示：

<u>1 个以上字符</u> + 0 或多个(<u>0 或 1 次-</u> + <u>1 个以上字符</u>) + @ + <u>1 个以上字符</u> + 0 或多个(<u>0 或 1 次-</u> + <u>1 个以上字符</u>) + 1 个以上 (<u>点</u> + <u>2-3 个字符</u>)

例如 lfshun@163.com、lf-shun@163-abc.com.cn 都是匹配文本。

2. 验证上传图像文件的 URL

正则表达式：

```
/^(((file|http):\/\/)|([A-G]:\\)|(../)|\/)?(\
w+[\/\\])+\w+\56(gif|jpg|\w+)$/i;
```

其中最后的 i 表示不区分大小写，其匹配的内容为：

0 或 1 个((file 或 http):// 或 [A-G]:\ 或 ../ 或 /) + 1 或多个(1 个以上单词字符 + /或\ ) + 1 或多个单词字符 + 圆点 + (gif 或 jpg 或 1 个以上单词字符)

例如 file://abc/xyz/xxx.gif 或 HTTP://abc/xyz/aaaa/xxx.JPG 或 D:\abc\xyz\xxx.JPG 或../abc/xyz/xxx.JPG 或/abc/xxx.JPG 或 img/order.gif。

3. 验证并格式化电话号码

例如要求输入 10~12 位带区号的电话号码，前 3~4 位为 0 开头的区号，后 8 或 7 位是 2 以上数字开头的电话号码，输入正确则格式化为统一格式：(010)-8888-8888。

```
var re=/^\(?((0[12]\d{1})|(0[3-9]\d{2}))\)?[\.\-\/]?([2-9]\d{3})[\.\-
\/]?(\d{3,4})$/;
```

可选的(+ ((01 或 02 开头 3 位数)或(03~09 开头 4 位数)) + 可选的) + 可选的.-/ + 2~9 开头 4 位数 + 可选的.-/ + 3 或 4 位数

对 01~02 开头的区号自动取前 3 位数，03~09 开头的区号则取前 4 位，如果电话为 7 位数，则最后可以是 3 位数。

第 1 个子表达式为外圆括号内的区号，第 2 个子表达式为 3 位区号，第 3 个子表达式为 4 位区号，第 4 个子表达式为 2 以上开头共 4 位，第 5 个子表达式为 3 或 4 位数。

输入 01023456789、(010)2345-6789、010.2345/6789、010-2345.6789、010/2345/6789、(010)/2345-6789 则都是正确的，统一格式化为(010)-8888-8888。

方法一，使用正则表达式对象调用 exec()方法返回数组：

```
var newPhone, phoneNum="(010)/2345-6789";
var phoneList=re.exec(phoneNum);  //检索到匹配的字符串返回数组，不匹配返回 null
if (phoneList) { newPhone="(" + phoneList[1] + ")-"
                '+ phoneList[4] + "-" + phoneList[5]; }
```

方法二，在正则表达式对象调用 exec()方法后使用类变量$1~$9：

```
var newPhone, phoneNum="(010)/2345-6789";
if ( re.exec(phoneNum) )
{ newPhone="("+RegExp.$1+")-"+RegExp.$4+"-"+RegExp.$5; }
```

4．字符串内容的提取、交换与格式化

例如在文本区输入一组英文姓名，每个人的姓名单独一行(换行)，而每个人的姓名又分为姓和名两个单词，且名字在前姓氏在后并以空格隔开"名字 姓氏"，如果需要转换为名字在后姓氏在前且用圆点连接"姓氏.名字"，还必须保证姓和名的首字母都为大写，其余小写。

(1) 获取文本区内容：

```
var names=document.getElementsById("textArea").value;  //获取文本区英文姓名
var newNames="";                    //用于存放转换后的新格式姓名文本内容
```

(2) 将姓和名的首字母转换为大写，其余小写。

方法一：用正则表达式将大篇文章按换行符拆分成段落数组，每个人的"名字 姓氏"都是一个数组元素，再循环用正则表达式检索，将每个人的姓名分为四部分，保存在匹配信息数组及类变量中。

代码如下：

```
var re=/\s*\n\s*/;                  // 0 或多个空白符 + 换行符 + 0 或多个空白符
var nameList=names.split(re);       //用正则表达式对象 re 为分隔符拆分为姓名数组
re=/^([a-z])(\S+)\s+([a-z])(\S+)$/i;  //正则表达式匹配整个字符串，不区分大小写
                //首字母+多个非空白符+1 或多空白符+首字母+多个非空白符
for (var i=0; i<nameList.length; i++)
 { re.exec(nameList[i]);            //将 nameList[i]分 4 部分存入数组及类变量$1~$9
   nameList[i]=RegExp.$1.toUpperCase() + RegExp.$2.toLowerCase() + " "
          + RegExp.$3.toUpperCase() + RegExp.$4.toLowerCase();
   newNames+=nameList[k]+"\n";      //组合为转换后的新文本内容
 }
```

方法二：直接用自定义匿名函数作为参数，使用全局正则表达式对象一次性替换全部单词的首字母大写，其余小写(其中\b 为单词的起始边界)。

代码如下：

```
newNames=names.replace( /\b[a-z]\w+/gi, function(ws)
 { return
    ws.substring(0, 1).toUpperCase()+ws.substring(1).toLowerCase(); } );
```

(3) 将"名字 姓氏"自动交换并格式化为"姓氏.名字"：

```
re=/\s*\n\s*/;                       // 0 或多个空白符 + 换行符 + 0 或多个空白符
nameList=newNames.split(re);  //用正则表达式对象 re 为分隔符拆分新的姓名数组
re=/^(\S+)\s+(\S+)$/;                // 1 或多非空白符 + 1 或多空白符 + 1 或多非空白符
names="";                            //转换后的新格式姓名文本内容
for (var i=0; i<nameList.length; i++)
{ names+=nameList[i].replace(re, "$2.$1")+"\n"; }
```

11.4.2 目前流行的通用表单验证方法

传统表单验证一般在<form>标记内设置 onsubmit 属性调用事件函数,针对需要验证的标记元素分别编写单独的验证函数,验证错误时弹出提示信息对话框,无法实现代码通用。

目前通用流行的方法是将验证内容分类并作为 class 类名,对需要验证的元素按验证类型附加对应的 class 类名,如果需要多项验证,则附加多个类名,多个类名包括 CSS 样式类之间用空格隔开,空格隔开的多个验证类是与的关系,将分别验证,必须全部符合要求。

例如可用验证类名"reqd"可表示验证非空的必填项,即元素内容不能为空,如果用 size 表示验证内容的长度,则"size8"表示内容长度不能小于 8 个字符、"size10-10"表示内容长度必须为 10 个字符、"size6-16"表示内容长度必须为 6~16 个字符。如果需要某个元素的内容与另一个元素的内容相同,则可将另一个元素的 id 值作为该元素的验证类名,例如如果输入密码框的 id="pass1"则确认密码框使用 class="pass1"即可表示其内容必须与输入密码框的内容相同,如果使用 class="reqd pass1",则表示该元素内容不允许为空而且内容必须与 id="pass1"的元素内容一致。

验证错误时一般不再使用对话框,而是改变标签提示文本及输入框的字符或背景颜色提醒用户,只需将标签提示文本作为父元素<label>,并设计验证错误时专用的样式,当验证错误时通过 JavaScript 为错误元素及<label>附加上验证错误样式即可。

还可以在输入框之后通过<span>附加错误提示信息。

> 注意: IE 或 Firefox 把标记内的空格、换行、制表符都作为子节点,如果同一个父标记中的兄弟标记之间有空格、换行、制表符,则使用 nextSibling、previousSibling 获取下一个、上一个兄弟节点时得到的将是文本节点"#text"。如果在输入框之后用<span>显示错误信息,则输入框与<span>之间不允许有空格或换行,否则无法找到<span>,如果需要换行,可以在标记内部换行。

【例 h11-23.html】表单验证的通用模式适用于多个表单的页面,可以对所有表单进行验证。

所谓通用模式,只需约定验证类型单词并设置为 class 类名,即可对该标记内容进行验证,本例题中将验证用户名不能为空"reqd"、密码长度"size6-16"、确认密码不能为空且必须与输入密码相同(为演示通用性,设置了两个验证,实际只需验证相同即可)。

验证出现错误时,输入框改变背景颜色并附加边框,如果设置了<label>父标记,则同时将父标记文本变为红色,不设置<label>父标记也不影响页面运行,只是标签颜色不变而已。如果设置了输入框的下一个兄弟标记<span>(必须紧跟在输入框之后具有同一个父标记、有初始空格符),还会同时在<span>中显示错误信息,不设置<span>也不会影响页面的运行。

(1) 创建 h11-23.html 文档:

```
<!DOCTYPE html PUBLIC "-//W3C//DTD XHTML 1.0 Transitional//EN"
    "http://www.w3.org/TR/xhtml1/DTD/xhtml1-transitional.dtd" >
```

```
<html>
  <head> <title>表单验证</title>
        <style type="text/css">  /* 验证错误专用样式表 */
          input.invalid { background-color:#FF9; border:2px red inset; }
          label.invalid, label span { color:#F00; }
        </style>
        <script type="text/javascript" src="j11-23.js" > </script>
  </head>
  <body>
    <h3>表单验证的通用模式</h3>
    <form action="h11-22.html">
     <p><label>用户名称: <input class="reqd" /><span> </span>
     </label></p>
     <p><label>注册密码: <input type="password" id="pass1"
       class="size6-16" /><span> </span> </label></p>
     <p><label>确认密码: <input type="password"
       class="reqd pass1" /><span> </span></label></p>
     <p><input type="submit" value="提交" />  
        <input type="reset" /></p>
    </form>
  </body>
</html>
```

(2) 在同一目录下创建表单验证的通用外部脚本文件 j11-23.js。

所谓通用文件，就是一个验证表单的通用代码框架，当验证类型 class 类名改变时，只需修改其中的 switch()语句，根据 class 验证添加对应的 case "class 值"或在 default 中调用对应添加的验证函数即可，在 h11-24.html 中我们将套用该框架，对表单进行综合验证。

j11-23.js 文件中只有 onload 事件函数 initForms()和验证表单函数 validForm()，其余各种验证函数都是 validForm()函数中的内部函数，内部函数可直接使用外部函数中定义的变量而无需传递参数，尤其适合需要共用多个变量的情况。

代码如下：

```
onunload=function() {};
onload=initForms;
function initForms()
{ var forms=
    document.getElementsByTagName("form"); //获取所有<form>表单对象数组
                              //也可直接使用 document.forms 集合数组
  for (var i=0; i<forms.length; i++)       //循环对页面中所有表单进行验证
  { forms[i].onsubmit=function()
     { return validForm(this); }  //有返回值匿名事件函数
} }    //调用函数验证成功返回 true 提交表单，验证不成功返回 false 取消提交表单
function validForm(form)   //验证表单函数
{ var validGood=true;                //表单验证成功标志，可在内部函数中直接使用
  var allTags=form.elements;              //获取当前表单内包含的所有标记对象数组
  for (var i=0; i<allTags.length; i++)     //循环对表单内所有标记进行验证
```

```
{ if ( !validTag(allTags[i]) )
    { validGood=false; } }    //只要一个验证失败则表单失败
return validGood;                        //验证通过返回 true，失败返回 false，不提交表单


function validTag(tag)    //第一层内部函数—验证表单某个标记
{ var nextTag=tag.nextSibling;                    //获取当前标记的下一个兄弟标记
  if ( nextTag && nextTag.nodeName=="SPAN" )   //兄弟标记存在而且是<span>
    { nextTag.firstChild.nodeValue=" "; }            //去掉原有的错误提示信息
  var parTag=tag.parentNode;        //获取当前标记的父标记
  if (parTag.nodeName=="LABEL")   //父标记是<label>则借用验证去掉原错误样式
    { var labClass="";              //验证后附加给<label>标记的新 class 属性
      var labClasses=
        parTag.className.split(" ");      //拆分<label>父标记 class 属性
      for (var k=0; k<labClasses.length; k++)//循环验证<label>所有 class 值
        { labClass+=
            validClass(labClasses[k])+" "; } //根据 class 验证返回新 class
      parTag.className=labClass;   //将验证后新 class 赋给标记——已去掉错误样式
    }
  var newClass="";                    //验证后附加给标记的新 class 属性
  var allClasses=
    tag.className.split(" ");  //将标记的原 class 属性用空格拆分为数组
  for (var j=0; j<allClasses.length;
       j++)      //循环验证标记所有 class 值，不能用外层 i
  {newClass+=validClass(allClasses[j])+" ";} //根据 class 验证返回新 class
    //删除原有错误样式，验证成功返回原样式，验证失败返回附加 invalid 错误样式
  tag.className=newClass;            //将验证后新 class 赋给标记，可能包含错误样式
  if ( newClass.indexOf("invalid")>-1)
    //标记新 class 包含 invalid 错误样式——验证失败
    { if (parTag.nodeName=="LABEL")     //父标记是<label>则附加错误样式表
        { parTag.className+=" invalid"; }  //附加 class 样式必须空格隔开
      if (validGood)   //之前表单尚未出错，则让第一个验证错误的标记获得焦点
        { tag.focus();
          if (tag.nodeName=="INPUT") tag.select(); }  //输入框选中内容
      return false; //验证失败返回 false 不提交表单
    }
  return true;  //验证成功返回 true，为观察运行效果可返回 false 强制不提交表单


function validClass(tagClass)
  //第二层内部函数——对 class 分类验证返回新 class
{ var backClass=tagClass;        //验证后返回的新 class 类名——错误时附加样式
  switch(tagClass)              //根据 class 值调用不同函数进行验证
    { case "invalid":              //上次验证失败附加的错误样式返回""——去掉
      case "": backClass=""; break; //原来没有样式不需验证直接返回""
      case "reqd":                //必填项，如果为空则附加错误样式" invalid"
        if (tag.value=="")
          { backClass+=" invalid"; //附加错误样式，必须用空格隔开
            if ( nextTag && nextTag.nodeName=="SPAN" ) //存在<span>兄弟标记
```

437

```
                    { nextTag.firstChild.nodeValue="本项内容必须填写或选择！"; }
            }
        break;
    default:   //对不规则不固定的验证调用函数，验证通过返回 true，失败 fslse
        if ( !validEqual(tagClass) )
            backClass+=" invalid";  //验证 id 标记内容相同
        if ( !validLength(tagClass) )
            backClass+=" invalid";  //验证标记内容长度
    }
  return backClass;
}


function validEqual(tagId)      //第二层内部函数—验证与 id 标记的内容是否相等
{ var otherTag=document.getElementById(tagId); //用 class 作 id 获取标记
  if ( !otherTag )
    return true;   //不存在 class 为 id 的标记，无可比性则按相等处理
  if ( tag.value==otherTag.value )
    return true;       //存在 id 标记且值相等返回 true
  if ( !nextTag || nextTag.nodeName!="SPAN")
    return false;  //不存在<span>兄弟标记
  var text1="本标记", text2=tagId+"标记";       //错误提示信息默认值
  if (parTag.nodeName=="LABEL")               //父标记是<label>则获取标记内容
    { text1=tag.parentNode.firstChild.nodeValue; }
  if (otherTag.parentNode.nodeName=="LABEL")
    //id 指定标记的父标记是<label>
    { text2=otherTag.parentNode.firstChild.nodeValue; }
  nextTag.firstChild.nodeValue=text1+"与"+text2+"内容不一致！" ;
  return false;
}


function validLength(size)//第二层内部函数—验证长度如"size6"、"size6-16"
{ if ( size.indexOf("size")==-1)
    return true;   //class 不含 size，无可比性则按正确处理
  var max, min=parseInt( size.substring(4) );        //取出第一个数为最小数
  if ( size.indexOf("-") == -1) max=0;                //不含"-"则无第二个数，
  else max=parseInt(size.substring(size.indexOf("-")+1));//取出第二个数
  var str, len=tag.value.length;                //获取输入内容长度
  if ( max==0 )
    { if ( len>=min ) return true;                //验证成功返回 true
      str="内容不能小于"+min+"个字符！" ; }
  else if ( max==min )
    { if ( len==max ) return true;
      str="内容必须输入"+max+"个字符！"; }
  else { if ( len<=max && len>=min ) return true;
      str="必须输入"+min+"-"+max+"个字符！"; }
  if ( nextTag && nextTag.nodeName=="SPAN")           //存在<span>兄弟标记
    { nextTag.firstChild.nodeValue=str; }
```

```
      return false;
   }
 } //第一层验证标记内部函数结束
}//验证表单函数结束
```

运行结果如图 11-31～11-33 所示。

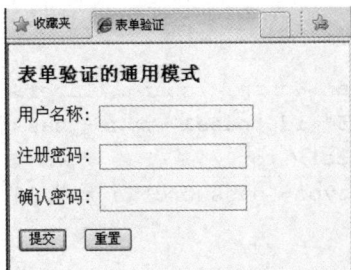

图 11-31　表单验证初始页面

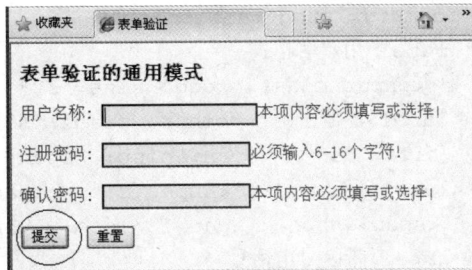

图 11-32　直接单击"提交"按钮的页面

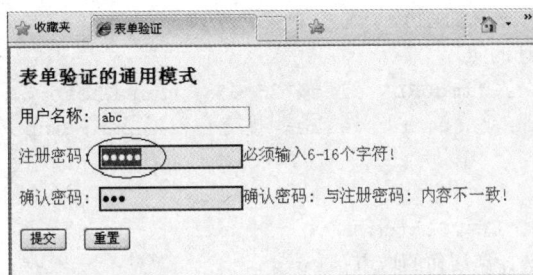

图 11-33　输入姓名后单击"提交"按钮的页面

11.4.3　表单综合验证示例

【例 h11-24.html】模拟注册表单实现表单的综合验证。

本页面为演示通用性设置了两个表单，合成为一个表单也不会影响表单验证，其中第一个表单 id="stop" 为了观察上传照片强制不提交表单，第二个表单验证通过后转换页面。

(1) 创建 h11-24.html 文档：

```
<!DOCTYPE html PUBLIC "-//W3C//DTD XHTML 1.0 Transitional//EN"
  "http://www.w3.org/TR/xhtml1/DTD/xhtml1-transitional.dtd" >
<html>
 <head>
  <title>模拟综合验证表单</title>
  <style type="text/css">  /*上传照片绝对定位，默认 spacer.gif 为背景色图片 */
   #chgImg { width:130px; height:140px; position:absolute;
     left:360px; top:50px; }
   #align { position:relative; top:-15px; } /* 邮政编码上移，下面为验证码*/
   #validShow { font-style:italic; background-color:cyan;
     padding:3px 20px 2px; }
   label.invalid, label span, span#zip, span#abc { color:#F00; }
   input.invalid { background-color:#FF9; border:2px red inset; }
```

439

```
    </style>
    <script type="text/javascript" src="j11-24.js" > </script>
</head>
<body>
<img id="chgImg" src="img/spacer.gif" alt="显示你上传的图片" />
 <h3>模拟综合验证表单</h3>
 <form id="stop" action="#">
 <label>用户名称:
    *<input class="reqd" size="32" /><span> </span></label><br />
 <label>注册密码: *<input class="size6-16" id="pass1" type="password"
    size="35" /><span> </span> </label> <br />
 <label>确认密码: *<input class="pass1" type="password" size="35"/>
    <span> </span> </label> <br />
 <label>带区号电话号码:
    *<input class="phone" size="25" /><span> </span></label><br />
 <label>Email 邮箱地址:
    *<input class="email" size="25" /><span> </span></label><br />
 <label>请上传您的照片:
    *<input class="imgURL" size="25" /><span> </span></label><br />
 <p><input type="submit" value="提交" /> <input type="reset" /><
    /p>
</form><hr />
<form action="h11-22.html">
 输入邮政编码或选择您居住的城市:<br />
 <label id="align">邮政编码:
    <input class="isZip-dealer" size="10" maxlength="6" /></label>
 <select id="dealer" size="3" >
    <option value="250100">济南</option><option value="250200">青岛
    </option>
    <option value="250300">淄博</option><option value="250400">烟台
    </option>
    <option value="250500">济宁</option></select>
    <span id="zip"> </span><br />
 <label>选择年龄: <select class="reqd">
    <option selected="selected">选择年龄:</option>
    <option value="20">20</option><option value="25">25</option>
    <option value="30">30</option><option value="30">35</option>
    </select><span> </span> </label> <br />
 <label>个人爱好:
    <input id="beauty" type="checkbox" value="beauty" />美容(仅女士)
    <input type="checkbox" value="book" />读书
    <input type="checkbox" value="sport" />运动
</label><br />
 <label>选择性别:
    <input id="male" class="radio" type="radio"
    name="sex" value="male" />男士
    <input id="lady" class="radio" type="radio"
```

```
              name="sex" value="lady" />女士
    </label><span id="abc"> </span> <br />
    <label>月薪收入:
      <input class="isNum" size="10" /><span> </span></label><br />
    <label>验 证 码: <input class="isValid" size="10" /></label>
      <span id="validShow"> </span>
      <input type="button" id="validBut" value="换一张" /> <br />
    <p><input type="submit" value="提交" /> 
      <input type="reset" /></p>
    </form>
  </body>
</html>
```

> **注意**：IE7 及以下的浏览器不区分 id 与 name 属性，不同标记的 id 与 name 属性不能相同，由于两个性别单选按钮使用了同一个 name="sex" 属性，如果 <span id="abc"> </span>标记再使用 id="sex"则 JavaScript 代码会出现错误。

(2) 关于表单验证的说明：

- 用户名称 class="reqd"表示非空必填项，不允许为空。
- 注册密码 class="size6-16"表示密码长度须 6~16 位，id="pass1"与确认密码相同。
- 确认密码 class="pass1"必须与 id="pass1"的注册密码框内容相同。
- 电话号码 class="phone"必须为带区号 10~12 位数字并自动转换为(010)-8888-8888。
- 邮箱地址 class="email"必须匹配/^\w+(-?\w+)*@\w+(-?\w+)*(\56\w{2,3})+$/。例如邮箱输入 lfshun@163.com 正确。
- 上传照片 class="imgURL"匹配/^(([A-G]:\\)|(..\/)|\/)?(\w+[\/\\])?\w+\56(gif|jpg|\w+)$/i。例如输入 img/lfish.gif 正确。
- 邮政编码 class="isZip-dealer"用-表示两个验证是或的关系，或者输入邮政编码 isZi 必须满足非 0 开头 6 位正整数，或者有效选择 id="dealer"的城市，二者必选其一。也可以二者都选：即使选择了城市，一旦输入了邮政编码，就必须符合 isZip 规则。
- 选择年龄 class="reqd"表示非空，对下拉列表则表示必须选择有效项。
- 个人爱好复选框：美容项 id="beauty"表示与其他元素有关联，即选择了"美容"则必须对应选择单选框的"女士"。
- 选择性别单选框：各选项 class="radio"表示单选按钮必须选择其中一个并且与其他元素有关联，若选择 id="male"，则不允许选择 id="beauty"复选框"美容"。
- 月薪收入 class="isNum"必须输入非 0 开头的正整数。
- 验证码 class="isValid"必须与<span id="validShow">产生的 4 位随机数字相同，单击 id="validBut"的"换一张"按钮可重新生成 4 位随机数(目前多为动态图片)。

> **注意**：如果一个选项会影响另一个选项的值，则称它们为关联元素，为了避免可能出现的矛盾，可以检查用户输入，出现错误时弹出警告框。本例采用了自动选择方式：若

选择了"美容"，则可自动选择"女士"；若选择了"男士"，则保证不选择"美容"，如果已经选择可自动取消。自动选择、取消可通过相关控件的 onclick 单击事件来实现。

(3) 在同一目录下创建表单验证的通用外部脚本文件 j11-24.js。

利用 j11-23.js 表单验证的通用框架添加相关验证的代码块(带下划线代码或函数)，验证错误时如果有<span>兄弟标记则用<span>显示错误信息，否则用对话框显示错误信息。

代码如下：

```
var valid;                      //增加验证码全局变量
onunload=function() {}
onload=initForms;
function initForms()            //修改原有 onload 初始化函数添加代码
{ getValid();                   //调用函数产生 4 位随机数字的验证码
  document.getElementById("validBut").onclick=
    getValid; //"换一张"验证码单击事件
  document.getElementById("beauty").onclick=setLady; //"美容"复选框单击事件
  document.getElementById("male").onclick=
    cancelBeauty; //"男士"单选框单击事件
  var forms=
    document.getElementsByTagName("form"); //获取所有<form>表单对象数组
  for (var i=0; i<forms.length; i++)                  //对页面中所有表单进行验证
  { forms[i].onsubmit=function()
    { return validForm(this); }  //有返回值匿名事件函数
  }
}


function getValid()         //在任意位置添加独立函数——模拟产生 4 位随机数字验证码
{ valid=
  String( Math.floor( Math.random()*10000 ) ); //产生 4 位随机数保存到全局变量
  while ( valid.length<4 ) { valid="0"+valid; }//不足 4 位循环前补 0 直到 4 位数
  document.getElementById("validShow").firstChild.nodeValue=
    valid; //span 显示验证码
}


function setLady()          //在任意位置添加独立函数——选中"美容"则自动选择"女士"
{ if (this.checked)
  document.getElementById("lady").checked=true; } //手动单击可以取消


function cancelBeauty() //在任意位置添加独立函数——选中"男士"则自动取消"美容"
{ document.getElementById("beauty").checked=false;        //单选单击只有选中
  //或: var roof=document.getElementById("beauty");
  //if(this.checked && roof.checked ) { roof.click(); } //调用函数模拟单击
}


function validForm(form) //修改原有验证表单的函数——增加代码与第二层内部函数
```

```
{
   //……原代码
   if (form.id=="stop") return false;     //增加代码为观察上传照片强制不提交表单
   return validGood;                      //验证通过返回 true 提交表单——false 不提交

   function validTag(tag)                 //原有内部函数—验证表单中的某个标记
   {
     //……原代码
     function validClass(tagClass)//修改原有第二层内部函数 switch(tagClass)语句
     { var backClass=tagClass;            //验证后返回的新 class 类名
       switch(tagClass)                   //根据 class 值调用不同函数进行验证
         { case "invalid":                //上次验证失败附加的错误样式返回""——去掉
           case "": backClass=""; break;  //原来没有样式不需验证直接返回""
           case "reqd":                   //必填项，如果为空则附加错误样式" invalid"
             if (tag.value=="")
               { backClass+=" invalid";   //附加错误样式，必须用空格隔开
                 if ( nextTag && nextTag.nodeName=="SPAN") //存在<span>兄弟标记
                   { nextTag.firstChild.nodeValue="本项内容必须填写或选择！"; }
                 else alert("本项内容必须填写或选择！");
               }
             break;
           case "phone":                  //调用函数 validPhone()验证电话号码是否符合规则
             if ( !validPhone() ) backClass+=" invalid"; break;
           case "email":                  //调用函数 validEmail()验证是否符合 Email 构成规则
             if ( !validEmail() ) backClass+=" invalid"; break;
           case "imgURL":                 //调用函数 validImgURL 验证上传图片文件是否合法
             if ( !validImgURL() ) backClass+=" invalid"; break;
           case "isZip-dealer":           //调用函数判断邮政编码与选择城市二选一是否正确
             if ( !validIsZip(tagClass) ) backClass+=" invalid"; break;
           case "radio":                  //调用函数判断单选按钮是否选中了其中一个
             if ( !validRadio() ) backClass+=" invalid"; break;
           case "isNum":                  //调用函数判断是否是非 0 开头的正整数
             if ( !validIsNum() )
               { backClass+=" invalid";
                 if ( nextTag && nextTag.nodeName=="SPAN")//存在<span>兄弟标记
                   { nextTag.firstChild.nodeValue="请输入非 0 开头的正整数！"; }
                 else alert("请输入非 0 开头的正整数！");
               }
             break;
           case "isValid":                //判断输入内容与机器随机验证码是否相等
             if ( tag.value!=valid ) backClass+=" invalid"; break;
           default:   //对不规则不固定的验证调用函数，验证通过返回 true，失败 false
             if ( !validEqual(tagClass) )
               backClass+=" invalid";     //验证 id 标记内容相同
             if ( !validLength(tagClass) )
               backClass+=" invalid";     //验证标记内容长度
         }
```

```
      return backClass;
  }


  //原有第二层内部函数不变
  //在验证标记 validTag()内部函数中的任意位置增加第二层内部函数
  function validPhone()        //增加第二层内部函数验证电话号码并格式化
  { var re=/^\(?((0[12]\d{1})|(0[3-9]\d{2}))\)?[\.\-\/]?([2-9]
            \d{3})[\.\-\/]?(\d{3,4})$/;
    if ( re.exec(tag.value) )   //检索成功后各子表达式文本存入数组或类变量$1~$9
      { tag.value="("+RegExp.$1+")-"+RegExp.$4+"-"+RegExp.$5;
        return true; }
    if ( nextTag && nextTag.nodeName=="SPAN")    //存在<span>兄弟标记
      { nextTag.firstChild.nodeValue="电话号码输入错误！"; }
    else alert("电话号码输入错误！");
    return false;
  }


  function validEmail()        //增加第二层内部函数验证 E-mail
  { var re=/^\w+(-?\w+)*@\w+(-?\w+)*(\56\w{2,3})+$/;
    if ( re.test(tag.value) ) return true;   //验证成功返回 true
    if ( nextTag && nextTag.nodeName=="SPAN")    //存在<span>兄弟标记
      { nextTag.firstChild.nodeValue="Email 邮箱地址不正确！"; }
    else alert("Email 为空或不符合规则！\n 请重新填写");
    return false;
  }


  function validImgURL()   //增加第二层内部函数验证上传文件名并链接显示图像
  { var re=/^(([A-G]:\\)|(..\/)|\/)?(\w+[\/\\])?\w+\56(gif|jpg|\w+)$/i;
    if ( re.test(tag.value) )    //验证成功加载图像并返回 true
      { document.getElementById("chgImg").src=tag.value; return true; }
    if ( nextTag && nextTag.nodeName=="SPAN")     //存在<span>兄弟标记
      { nextTag.firstChild.nodeValue="路径或文件名不正确！"; }
    else alert("路径或文件名不正确！");
    return false;
  }


  function validIsZip(idClass) //增加第二层内部函数验证邮政编码与选择城市二选一
  { var zip=document.getElementById("zip");
    if (zip ) { zip.firstChild.nodeValue=" "; }        //清除原错误提示信息
    if (tag.value!="")          //邮政编码不为空，要求非 0 开头的 6 位正整数
      { if ( tag.value.length!=6 || !validIsNum() )
        //不是 6 位或函数验证不是正整数
        { if (zip ) { zip.firstChild.nodeValue="邮政编码输入不正确！"; }
          else alert("邮政编码输入不正确！");
          return false;
        }
      else return true;        //输入邮编正确不再检查是否选择城市，直接返回
```

```
    }
  var tagId=
    idClass.substring(idClass.indexOf("-")+1);   //取出-后id获取指定标记
  if (document.getElementById(tagId).value=="")   //未输入邮编也未选择城市
    { if (zip) {zip.firstChild.nodeValue="没有输入邮政编码或选择城市！";}
     else alert("没有输入邮政编码或选择城市！");
     return false;
    }
  return true;
}
```

```
function validIsNum()      //增加第二层内部函数验证非0开头的正整数
{ return ( tag.value.search(/^[1-9][0-9]*$/)!=-1 ); }
```

```
function validRadio()      //增加第二层内部函数保证单选按钮必须选中一个
{ var sex=document.getElementById("abc");
   //IE7以下不允许id与name共用sex
 if ( sex ) { sex.firstChild.nodeValue=" "; }   //清除原错误提示信息
 var radioSet=form[tag.name];  //获取与当前标记具有相同name值的单选按钮组
 for (k=0; k<radioSet.length; k++)
   { if(radioSet[k].checked) return true; } //有一个被选中立即返回true
 if (sex) { sex.firstChild.nodeValue="单选按钮必须选中一个！"; }
 else alert("单选按钮必须选中一个！");
 return false;
}
   //……其他原代码
} //第一层内部函数—验证表单内的标记结束
}//验证表单函数结束
```

运行结果如图 11-34～11-36 所示。

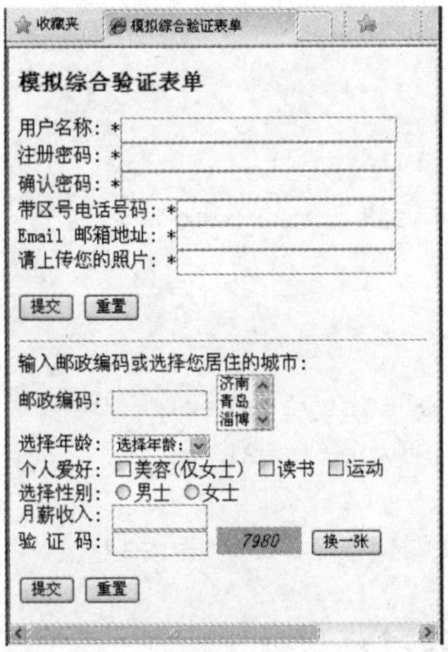

图 11-34　表单综合验证初始页面 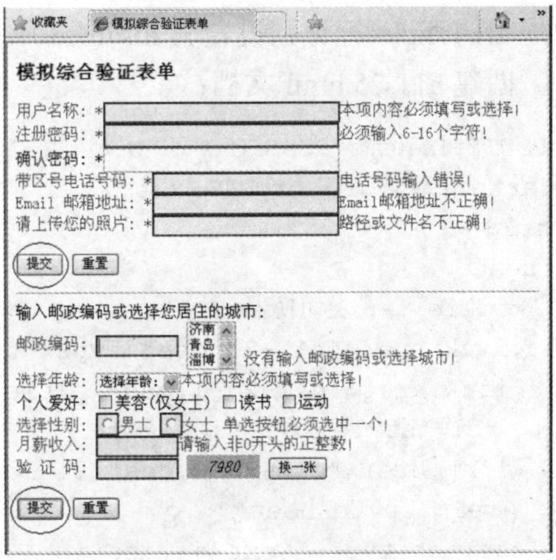　　　　图 11-35　直接单击"提交"的页面

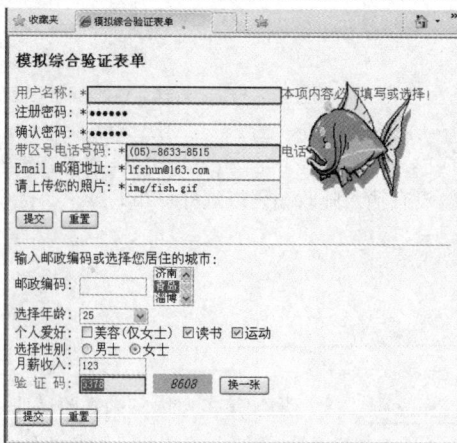

图 11-36　输入正确图像 URL 显示给定图片

11.5　样式表切换器

JavaScript 最强大的用途之一就是在页面运行时根据用户的选择改变页面所使用的样式，也就是所谓的"换肤"功能，并且将最后的选择存储在 cookie 中，用户再次打开页面时自动采用上次选择的样式。

【例 h11-25.html】使用样式表切换器。本例使用了三个样式表文件：

- C11-25.css：通用样式表文件。
- C11-25-1.css：初次加载默认首选样式表，采用小号宋体。
- C11-25-2.css：用户可选择的备用样式表，采用大号楷体。

<link>标记用 title 属性指定所引用样式表的类型，"default"为默认样式，"variable"为可变的另一种备用样式。选择样式按钮的 id 采用对应的属性值。

对禁止使用的样式表可设置<link>标记的 disabled 属性为 true，即 link.disabled=true;而对选中使用的<link>标记则设置其 disabled 属性为 false。

(1)　创建 h11-25.html 文档：

```
<!DOCTYPE html PUBLIC "-//W3C//DTD XHTML 1.0 Transitional//EN"
  "http://www.w3.org/TR/xhtml1/DTD/xhtml1-transitional.dtd" >
<html>
  <head>
    <title>样式表切换器</title>
    <link href="c11-25.css" type="text/css" rel="stylesheet" />
    <link href="c11-25-1.css" title="default" type="text/css"
      rel="stylesheet" />
    <link href="c11-25-2.css" title="variable" type="text/css"
      rel="stylesheet"/>
    <script type="text/javascript" src="j11-25.js"></script>
  </head>
<body>
  <div class="change">
```

```
<p>改变你的字体:</p>
 
<input id="default" type="button" class="but1" value="宋体小字" />
 
<input id="variable" type="button" class="but2" value="楷体大字" />
</div>
<p>该示例使用了三个样式表文件: </p>
<p>c11-25.css: 通用样式表文件</p>
<p>c11-25-1.css: 默认首选样式表, 采用小号宋体</p>
<p>c11-25-2.css: 可选择的样式表, 采用大号楷体</p>
```

JavaScript 最强大的用途之一就是在页面运行时根据用户的选择改变页面所使用的样式表,也就是某些页面的"换肤"功能, 并且将最后的选择存储在 cookie 中。

```
  </body>
</html>
```

(2) 在同一目录下创建 CSS 外部样式表文件 c11-25.css:

```
div.change { width:280px; padding:20px; background-color:#CCC;
    float:right; border-left:2px groove #999;
    border-bottom:2px groove #999; }
.but1 { font:9px/10px 宋体, verdana, geneva, arial,
    helvetica, sans-serif; }
.but2 { font:15px/16px 楷体_GB2312, Times New Roman, Times, serif; }
```

(3) 在同一目录下创建 CSS 外部样式表文件 c11-25-1.css:

```
body, p, td, ol, ul, select, span, div, input
  { font:1em/1.1em 宋体, verdana, geneva, arial, helvetica, sans-serif; }
```

(4) 在同一目录下创建 CSS 外部样式表文件 c11-25-2.css:

```
body, p, td, ol, ul, select, span, div, input
  { font:1.3em/1.3em 楷体_GB2312, Times New Roman, Times, serif; }
```

(5) 在同一目录下创建 JavaScript 外部脚本文件 j11-25.js:

```
onunload=unloadStyle;              //卸载页面事件, 创建保存 cooklie 为当前样式
onload=initStyle;
function initStyle()               //装载页面事件, 获取 cooklie 设置按钮单击
{ var style=getCookieVal("style");     //调用函数获取 cooklie 中指定键名的键值
  if (style=="") style="default";       //无 cooklie 指定键值则采用默认首选样式表
  setActiveStylesheet(style);          //调用函数按 cookie 或默认样式设置页面样式
  var allButtons=
    document.getElementsByTagName("input"); //获取所有 input 标记数组
  for (var i=0; i<allButtons.length; i++)
    { if (allButtons[i].type=="button")  //只为按钮标记设置单击事件
      { allButtons[i].onclick=setActiveStylesheet; }
    }
}
function getCookieVal(keyName)       //获取 cooklie 中指定键名的值
{ if ( document.cookie==null || document.cookie=="" ) return "";
```

```
                                           //cookie 不存在返回""
  var cookieList=
    document.cookie.split("; ");        //拆分 cookie 键值对数组，必须有空格
  for (var i=0; i<cookieList.length; i++)
    { var key=cookieList[i].split("=");           //拆分键、值数组
      if ( key[0]==keyName ) { return key[1]; }  //返回 keyName 对应的键值
    }
  return "";                               //没有指定的键名项返回""
}
function setActiveStylesheet(titleEvt)  //设置页面样式—按钮单击事件的共用函数
{ var title, thisLink, titleAttribute;
  if ( !titleEvt )
    title=event.srcElement.id;     //IE 浏览器的按钮单击事件，获取事件源 id
  else if ( typeof titleEvt!="string")
    title=titleEvt.target.id;      //非 IE 浏览器按钮事件源 id
  else title=titleEvt;                   //加载时调用函数传递的样式表字符串参数
  var linkTags=
    document.getElementsByTagName("link");  //获取<link>标记对象数组
  for (var i=0; i<linkTags.length; i++)         //对<link>对象数组循环
    { thisLink=linkTags[i];                         //当前<link>标记对象
      titleAttribute=
        thisLink.getAttribute("title");   //获取当前<link>标记 title 属性值
      if ( titleAttribute )                 //当前<link>标记包含 title 属性
        { thisLink.disabled=true;           //对包含 title 的<link>先全部禁止
          if (titleAttribute==title)          //只解禁使用 title 指定的<link>
            { thisLink.disabled=false; }
        }
    }
}
function unloadStyle()          //卸载页面，将当前使用样式保存在 cookie
{ var expireDate=new Date();
  expireDate.setYear(expireDate.getFullYear()+1);      //cookie 有效期为 1 年
  document.cookie=
    "style="+getStylesheet()+";expires="+expireDate.toGMTString();
}
function getStylesheet()         //获取当前页面正在使用未被禁止的样式表
{ var thisLink, titleAttribute;
  var linkTags=
    document.getElementsByTagName("link"); //获取<link>标记对象数组
  for (var i=0; i<linkTags.length; i++)        //对<link>对象数组循环
    { thisLink=linkTags[i];
      titleAttribute=
        thisLink.getAttribute("title");  //获取当前<link>标记 title 属性值
      if ( titleAttribute && !thisLink.disabled )
      //<link>标记包含 title 且未被禁止
        { return titleAttribute; }
    }
  return "";
}
```

运行结果如图 11-37 和 11-38 所示。

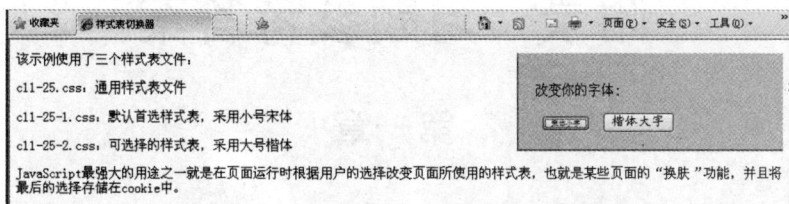

图 11-37　初次加载默认首选或选择"宋体小字"样式

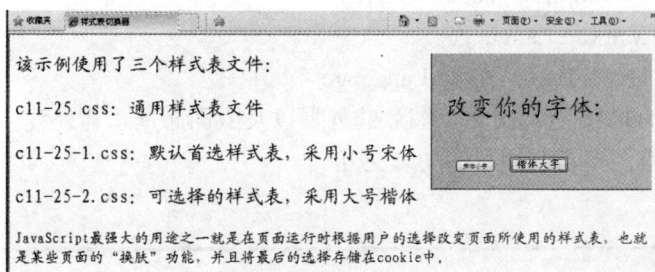

图 11-38　选择"楷体大字"样式

附录 习题参考答案

第一章

一、填空题

1. HyperText Markup Language、HTML
2. eXtensible Markup Language
3. eXtensible HyperText Markup Language
4. 用于设置 HTML 页面文本、图片的外形以及版面布局，即外观样式
5. 用于客户端浏览器与用户的动态交互

二、选择题

1	2	3
A	C	C

三、问答题

1. 网页的工作原理：我们将按 Web 标准编写的 Web 文件保存到具有 Web 服务器功能的计算机的某个网站文件夹中，当用户在他的计算机浏览器地址栏中输入该网页的网址(URL)后，通过 Internet 的 WWW 网页浏览器服务功能按 HTTP/IP 协议将指定的网页文件以及所有相关资源文件下载到用户计算机的特定文件夹中，再由用户计算机上的 Web 浏览器软件解析执行该网页文件的指令，并将执行结果显示在浏览器中。

2. 局域网内网站的发布步骤如下。
(1) 通过"控制面板"→"管理工具"，双击运行"Internet 信息服务"。
(2) 在"Internet 信息服务"窗口的默认网站下新建一个"虚拟目录"。
(3) 设置新建的虚拟目录指向网站文件夹。
(4) 其余采用默认值即可完成。

第二章

一、填空题

1. \<title\>、\</title\>
2. \<hr size="1" /\>
3. Strict 严格型、Transitional 过渡型、Frameset 框架型
4. document type definition、文档类型定义
5. \<base href="http://www.sict.edu.cn" target="_blank" /\>

6. <meta http-equiv="charset" content="gb2312" />

7. <meta http-equiv="refresh" content="20;url=www.sina.com.cn" />

8. <link href="相对路径/目标文档或资源 URL" type="目标文件类型" rel="stylesheet" />

二、选择题

1	2	3	4	5
C	C	D	A	B

三、提高题

答：这行代码在 html 4.01 strict 下是完全正确的，在 xhtml 1.0 strict 下有许多错误。

(1) 在 XHTML 下所有标签是闭合的，p，br 需要闭合，标签不允许大写，p 要小写。在 HTML 中这些都不是错，p 在 HTML 里是可选闭合标签，而且标签不区分大小写。nbsp 必须包含在容器里。

(2) 用 nbsp 控制缩进是不合理的。应该用 CSS 来实现。

(3) 标签的合理使用：br 是强制换行标签，p 是段落。原题用连续的 br 制造两个段落，效果是达到了，但显然用得不合理，段落间距后期无法再控制。正确的做法是用 p 表现段落。"我说"后面是正常的文字换行，用 br 是合理的。在 XHTML 中正确的书写为：

```
<p>前端开发工程师写 HTML，也写 JS。</p><p>我说：<br />最基础的 HTML+CSS</p>
```

第三章

一、选择题

1	2	3	4	5	6	7	8	9
C	A	BC	AC	B	C	C	A	A

二、操作题

1. 参考答案：

```
<dl>
<dt>孔雀</dt> <dd>印度的国鸟</dd>
<dt>互联网</dt> <dd>网络的网络</dd>
<dt>HTML</dt> <dd>超文本标记语言</dd>
</dl>
```

2. 参考答案：

```
<ol>
    <li>HTML 简介</li>
    <ol type="a">
        <li>万维网简介</li>
```

```
    <li>HTML 标记简介</li>
    <ul> <li>设置文本格式</li> <li>增强文本效果</li> </ul>
  </ol>
  <li>设计网站</li>
  <ol type="i"><li>设计网页</li><li>设计导航</li><li>创建超链接</li></ol>
</ol>
```

3. 参考答案：

```
<h1>中国地图</h1> <hr />
<p style="text-align:center">
  <img src="img/p3-e3.gif" alt="中国地图" usemap="#p3-e3"
    style="border:none" />
</p>
<map id="p3-e3">
  <area href="img/p3-e3-1.jpg" shape="poly"
coords="305,170,312,162,317,155,320,151,324,146,329,145,329,140,324,139,
320,139,316,140,314,144,307,144,305,140,300,140,295,140,292,143,289,148,
287,149,282,152,283,155,286,159,283,161,281,166,283,169,290,170,295,170,
301,168,303,169,303,169" />
  <area href="img/p3-e3-2.jpg shape="poly"
coords="336,275,340,270,340,263,342,259,342,253,342,246,337,247,334,254,
331,262,331,269,336,273" " />
  <area href="img/p3-e3-3.jpg" shape="poly"
coords="106,153,111,152,111,147,110,140,109,136,116,131,123,131,131,128,
133,124,133,118,139,113,143,108,148,107,153,101,152,92,149,87,142,84,136
,80,127,76,121,74,126,67,125,57,119,51,115,48,113,43,109,40,101,43,96,54
,91,54,81,52,78,57,72,62,66,64,61,64,59,68,59,78,55,83,48,89,36,92,24,93
,15,96,5,99,7,108,6,118,4,124,11,131,15,139,22,145,27,153,37,147,43,147,
50,147,57,149,63,152,67,149,77,150,84,148,88,147,95,149,104,152" />
</map>
```

4. 参考答案：

```
<table border="0" cellspacing="0" cellpadding="0"
  align="center" width="185">
    <tr><td> <img src="img/友情链接.jpg" width="185" height="35" />
    <p><img src="img/箭头.gif" width="13" height="13" />
      
    <a href="http://www.sict.edu.cn" target="_blank">山东商业职业技术学院
    </a> </p>
    <p><img src="img/箭头.gif" width="13" height="13" />  
    <a href="http://www.cisco.com" target="_blank">思科公司</a> </p>
    <p><img src="img/箭头.gif" width="13" height="13" />  
    <a href="http://166.111.180.5" target="_blank">国家精品课程网站</a> </p>
    <p><img src="img/箭头.gif" width="13" height="13" />  
    <a href="http://www.chinaitlab.com" target="_blank">中国 IT 实验室</a>
    </p>
    </td></tr>
```

```
</table>
```

5. 参考答案：

```
<p><img src="img/箭头.gif" width="13" height="13" />  
<a href="mailto:lfshun@163.com">联系站长</a> </p>
```

6. 参考答案：

```
<table bgcolor="#0000ff" cellspacing="1" align="center" width="500">
<caption>
<font face="幼圆" size="7" color="red">2006 软件 07-08-1 学期课程表</font>
</caption>
<tr bgcolor="#aa00dd">
    <th> </th>
    <th>星期一</th>
    <th>星期二</th>
    <th>星期三</th>
    <th>星期四</th>
    <th>星期五</th>
</tr>
<tbody bgcolor="#ffffff" align=center>
<tr><td colspan=6>上午</td></tr>
<tr><td rowspan=2>第一节</td><td>网页编程 实 304</td><td> </td>
  <td> </td><td> </td><td>网页编程 F309 </td></tr>
<tr><td>王爱华</td><td> </td>
  <td> </td><td> </td><td>王爱华</td></tr>
<tr><td rowspan=2>第二节</td><td> </td><td> </td>
  <td> </td><td> </td><td> </td></tr>
<tr><td> </td><td> </td>
  <td> </td><td> </td><td> </td></tr>
<tr><td colspan=6>下午</td></tr>
<tr><td rowspan=2>第三节</td><td> </td><td> </td>
  <td> </td><td> </td><td> </td></tr>
<tr><td> </td><td> </td>
  <td> </td><td> </td><td> </td></tr>
<tr><td rowspan=2>第四节</td><td> </td><td> </td>
  <td> </td><td> </td><td> </td></tr>
<tr><td> </td><td> </td>
  <td> </td><td> </td><td> </td></tr>
<tr><td colspan=6>晚上</td></tr>
<tr><td rowspan=2>第五节</td><td> </td><td> </td>
  <td> </td><td> </td><td> </td></tr>
<tr><td> </td><td> </td>
  <td> </td><td> </td><td> </td></tr>
</tbody>
</table>
```

第四章

一、选择题

1	2	3	4	5	6
B	D	D	C	A	B

二、操作题

1. 参考答案：

```
<marquee behavior="scroll">看，我一圈一圈绕着走！</marquee>
<marquee behavior="slide">呵呵，我只走一趟</marquee>
<marquee behavior="alternate" width="500px" height="100px"
  bgcolor="pink">哎呀，我碰到墙壁就回头</marquee>
```

2. 参考答案：

```
<form name="form1" method="post" action="#">
<table width="600" height="360" align="center"
  style="font-family:宋体;font-size:12pt;color:#9400d3;border:1px blue
double">
<caption>
<font size="7" color="#1a1bdd" face="隶书">手机使用意见调查表</font>
</caption>
<tr height="35">
    <td width="200">姓  名：</td>
    <td><input type="text" name="username" size="40"></td>
</tr>
<tr>
<td width="200">E-mail:</td>
<td>
    <input type="text" name="usermail" size="40"
      value="username@mailserver">
</td>
</tr>
<tr>
<td width="200">年  龄：</td>
<td>
    <input type="radio" name="userage" value="未满20岁">未满20岁
    <input type="radio" name="userage" value="20~29">20~29
    <input type="radio" name="userage" value="30~39">30~39
    <input type="radio" name="userage" value="40~49">40~49
    <input type="radio" name="userage" value="50岁以上">50岁以上
</td>
</tr>
```

```
<tr>
<td width="200">使用的手机品牌：</td>
<td>
    <input type="checkbox" name="userphone" value="诺基亚">诺基亚
    <input type="checkbox" name="userphone" value="摩托罗拉">摩托罗拉
    <input type="checkbox" name="userphone" value="爱立信">爱立信
    <input type="checkbox" name="userphone" value="三星">三星
</td>
</tr>
<tr>
<td width="200">最常碰到的问题：</td>
<td>
    <textarea name="usertrouble" cols="45" rows="4">线路太忙</textarea>
</td>
</tr>
<tr>
<td width="200">使用的手机网(可复选):</td>
<td>
    <select name="usernumber" size="3" multiple>
        <option value="中国电信">中国电信<option value="中国连通">中国连通
        <option value="远传">远传<option value="铁路网">铁路网
        <option value="其他">其他
    </select>
</td>
</tr>
<tr>
<td colspan="2" align="center">
    <input type="submit" value=" 提 交 ">
    <input type=reset value=" 重 填 ">
</td>
</tr>
</table>
</form>
```

第五章

一、选择题

1	2	3	4	5	6	7	8	9	10	11	12	13	14
B	B	B	A	D	C	D	B	A	C	C	CD	B	D

二、操作题

1. HTML 选择符的定义：input {width:220px;}
2. 派生选择符定义：#divdaohang a{text-decoration:none; font-size:12px; color:#fff;}

第六章

一、选择题

1	2	3	4	5	6	7	8	9	10	11	12	13	14	15
A	B	A	B	D	A	A	D	A	A	BCDE	ABC	ABC	C	AC

二、操作题

1. 使用两个层实现红色十字架：

```
<head>
  <title>十字架设计</title>
  <style type="text/css">
    /*使用绝对定位 left:50%与 margin-left 取宽度值的一半的负数形式设置水平居中*/
    /*使用绝对定位 top:50%与 margin-top 取高度值的一半的负数形式设置垂直居中*/
    #divx { width:880px; height:40px;background-color:#f00;
          position:absolute; left:50%;
          top:50%; margin-left:-440px;margin-top:-20px; }
    #divy { width:80px;height:460px;background-color:#f00;
          position:absolute;left:50%;
          top:50%; margin-left:-40px;margin-top:-230px; }
  </style>
</head>
<body>
  <div id="divx"></div> <div id="divy"></div>
</body>
```

2. 使用 5 个层实现红色十字架：

```
<head>
  <title>使用五个层完成十字架设计</title>
  <style type="text/css">
    #divw{ width:880px;height:460px;background-color:#f00;
          position:absolute; left:50%;
          top:50%; margin-left:-440px; margin-top:-230px; }
    #divlt,#divrt,#divlb,#divrb{ width:400px; height:210px;
          background-color:#fff; }
    #divlt{ margin:0; float:left; }
    #divrt{ margin:0; float:right; }
    #divlb{margin:40px 0 0;float:left; }
    #divrb{margin:40px 0 0;float:right; }
  </style>
</head>
<body>
  <div id="divw">
```

```
    <div id="divlt"></div> <div id="divrt"></div>
    <div id="divlb"></div> <div id="divrb"></div>
  </div>
</body>
```

第八章

一、选择题

1	2	3	4	5	6	7	8	9	10	11	12	13	14	15
ABCD	ACD	A	A	B	D	D	A	ABC	CD	A	C	BD	AC	B

二、操作题

脚本文件 xiti8-1.js 代码：

```
function cal(op){
    var n1,n2,res;
    n1=parseFloat(document.getElementById("n1").value);
    n2=parseFloat(document.getElementById("n2").value);
    if(op=='+')  res=n1+n2;
    if(op=='-')  resu=n1-n2;
    if(op=='x')res=n1*n2;
    if(op=='÷')res=n1/n2;
    document.getElementById("res").value=res;
}
```

页面文件 xiti8-1.html 如下：

```
<head>
    <script src= "xiti8-1.js" type="text/javascript">
</head>
<body>
    <form name=f1>
        第一个数 <input type=text name=n1 id=n1 size=25><p>
        第二个数 <input type=text name=n2 id=n2 size=25><p>
        <input type=button name=add value=" + " onclick="cal('+')">
        <input type=button name=sub value=" - " onclick="cal('-')">
        <input type=button name=mul value=" x " onclick="cal('x')">
        <input type=button name=div value=" ÷ " onclick="cal('÷')"><p>
        计算结果 <input type=text name=res id=res size=25>
    </form>
</body>
```

第九章

一、选择题

1	2	3	4	5	6	7	8
A	BC	C	A	AC	C	C	BC

第十章

一、选择题

1	2	3	4	5	6	7	8	9	10	11	12	13	14	15
CD	C	C	A	B	BC	B	C	B	C	A	C	D	B	C

二、操作题

HTML 页面代码如下：

```
<head>
  <style type="text/css">
    #divw{width:500px;height:200px;margin:0 auto; }
    #divleft,#divright{width:150px;height:150px;border:1px solid #aaf;
      float:left;margin:0;}
    #divcenter{width:150px;height:100px;margin:0 20px;
            padding:20px 0 0;text-align:center;float:left;}
    #divleft p,#divright p{color:#00d;font-size:20px;line-height:28px;
            margin:2px 0; }
  </style>
  <script type="text/javascript" src="ch10-2.js"></script>
</head>
<body>
  <div id="divw">
    <div id="divleft">
      <p id="p1" onclick="ponclick();">张三</p>
      <p id="p2" onclick="ponclick();">李四</p>
      <p id="p3" onclick="ponclick();">王五</p>
      <p id="p4" onclick="ponclick();">赵六</p>
    </div>
    <div id="divcenter">
      <input type="button" id="bt1" value="&gt;&gt;"
        onclick="movealls('divleft','divright');">
      <input type="button" id="bt2" value="&gt;"
        onclick="btclick('divleft','divright');">
      <input type="button" id="bt3" value="&lt;&lt;"
```

```
          onclick="movealls('divright','divleft');">
    <input type="button" id="bt4" value="&lt;"
       onclick="btclick('divright','divleft');"> </div>
   <div id="divright">`</div>
 </div>
</body>
```

脚本部分代码如下：

```
function btclick(sourdiv,destdiv){
  var sour=document.getElementById(sourdiv);
  var dest=document.getElementById(destdiv);
  for(i=1;i<=4;i++){
    ps=document.getElementById("p"+i);
    if(ps.style.backgroundColor=='#aaf'){
       ps.style.backgroundColor='#fff'; dest.appendChild(ps); }
  }
}
function movealls(sourdiv,destdiv){
  var sour=document.getElementById(sourdiv);
  var dest=document.getElementById(destdiv);
  for(i=1;i<=4;i++)
    { ps=document.getElementById("p"+i);
      ps.style.backgroundColor='#fff'; dest.appendChild(ps);
    }
}
function ponclick(){
  pid=event.srcElement.id;
  for(i=1;i<=4;i++)
  { var p=document.getElementById("p"+i);
    if(pid=="p"+i) { p.style.backgroundColor="#aaf"; }
    else { p.style.backgroundColor="#fff"; }
  }
}
```

参 考 文 献

[1] [美]Dick Oliver，Michael Morrison 著，陈秋萍译. HTML 与 CSS 入门经典(第 7 版). 北京：人民邮电
     出版社，2007.

[2] [美]Tom Negrino，Dori Smith 著，陈剑瓯等译. JavaScript 基础教程(第 6 版). 北京：人民邮电出版
     社，2007.

[3] 李天生. CSS+XHTML+JavaScript 页面设计与布局从入门到精通. 北京：中国铁道出版社，2010.

[4] 该书编委会编著. HTML/CSS/JavaScript 标准教程(实例版). 北京：电子工业出版社，2008.

[5] http://www.w3school.com.cn/html/index.asp HTML 教程.

[6] http://www.w3school.com.cn/xhtml/index.asp XHTML 教程.

[7] http://www.w3school.com.cn/css/index.asp CSS 教程.

[8] http://www.w3school.com.cn/js/index.asp JavaScript 教程.

读者回执卡

欢迎您立即填妥回函

您好！感谢您购买本书，请您抽出宝贵的时间填写这份回执卡，并将此页剪下寄回我公司读者服务部。我们会在以后的工作中充分考虑您的意见和建议，并将您的信息加入公司的客户档案中，以便向您提供全程的一体化服务。您享有的权益：

★ 免费获得我公司的新书资料；

★ 寻求解答阅读中遇到的问题；

★ 免费参加我公司组织的技术交流会及讲座；

★ 可参加不定期的促销活动，免费获取赠品；

读者基本资料

姓　　名＿＿＿＿＿＿＿　性　　别 □男　　□女　年　　龄＿＿＿＿＿＿＿

电　　话＿＿＿＿＿＿＿　职　　业＿＿＿＿＿　文化程度＿＿＿＿＿＿＿

E-mail＿＿＿＿＿＿＿　邮　　编＿＿＿＿＿＿＿

通讯地址＿＿＿＿＿＿＿＿＿＿＿＿＿＿＿＿＿＿＿＿＿＿＿＿＿

请在您认可处打✓（6至10题可多选）

1、您购买的图书名称是什么：＿＿＿＿＿＿＿＿＿＿＿＿＿＿＿＿＿＿＿＿＿

2、您在何处购买的此书：＿＿＿＿＿＿＿＿＿＿＿＿＿＿＿＿＿＿＿＿＿

3、您对电脑的掌握程度：　　□不懂　　　　□基本掌握　　□熟练应用　　□精通某一领域

4、您学习此书的主要目的是：□工作需要　　□个人爱好　　□获得证书

5、您希望通过学习达到何种程度：□基本掌握　□熟练应用　　□专业水平

6、您想学习的其他电脑知识有：□电脑入门　　□操作系统　　□办公软件　　□多媒体设计

　　　　　　　　　　　　　　□编程知识　　□图像设计　　□网页设计　　□互联网知识

7、影响您购买图书的因素：　□书名　　　　□作者　　　　□出版机构　　□印刷、装帧质量

　　　　　　　　　　　　　　□内容简介　　□网络宣传　　□图书定价　　□书店宣传

　　　　　　　　　　　　　　□封面、插图及版式　□知名作家（学者）的推荐或书评　□其他

8、您比较喜欢哪些形式的学习方式：□看图书　　□上网学习　　□用教学光盘　　□参加培训班

9、您可以接受的图书的价格是：□20元以内　□30元以内　　□50元以内　　□100元以内

10、您从何处获知本公司产品信息：□报纸、杂志　□广播、电视　□同事或朋友推荐　□网站

11、您对本书的满意度：　　□很满意　　　□较满意　　　□一般　　　　□不满意

12、您对我们的建议：＿＿＿＿＿＿＿＿＿＿＿＿＿＿＿＿＿＿＿＿＿＿＿

请剪下本页填写清楚，放入信封寄回，谢谢！

100084

北京100084—157信箱

读者服务部　　　　　收

贴邮票处

邮政编码：□□□□□□

技术支持与资源下载：http://www.tup.com.cn　http://www.wenyuan.com.cn

读 者 服 务 邮 箱：service@wenyuan.com.cn

邮 购 电 话：(010)62791865　(010)62791863　(010)62792097-220

组 稿 编 辑：张 瑜

投 稿 电 话：(010)62773995-313

投 稿 邮 箱：book1402@126.com